CAMBRIDGE LIBRARY COLI

Books of enduring scholarly value

Botany and Horticulture

Until the nineteenth century, the investigation of natural phenomena, plants and animals was considered either the preserve of elite scholars or a pastime for the leisured upper classes. As increasing academic rigour and systematisation was brought to the study of 'natural history', its subdisciplines were adopted into university curricula, and learned societies (such as the Royal Horticultural Society, founded in 1804) were established to support research in these areas. A related development was strong enthusiasm for exotic garden plants, which resulted in plant collecting expeditions to every corner of the globe, sometimes with tragic consequences. This series includes accounts of some of those expeditions, detailed reference works on the flora of different regions, and practical advice for amateur and professional gardeners.

Flora Atlantica

A member, and later president, of the Académie des Sciences, French botanist and doctor René Louiche Desfontaines (1750–1833) spent the years 1783–5 on an expedition to North Africa. During his time in Tunisia and Algeria, he collected over a thousand plant specimens: more than three hundred genera were new to European naturalists at this time. Having succeeded Le Monnier in the chair of botany at the Jardin du Roi in 1786, Desfontaines helped found the Institut de France following the Revolution and published his two-volume *Flora atlantica* in Latin in 1798–9. A lavishly illustrated second edition appeared in four volumes in 1800. Combining its two volumes of plates into one, this reissue will give modern researchers an insight into the promulgation of pioneering plant science. Volume 1 contains the first thirteen classes of plants in the Linnaean system of taxonomy, from Monandria to Polyandria.

Cambridge University Press has long been a pioneer in the reissuing of out-of-print titles from its own backlist, producing digital reprints of books that are still sought after by scholars and students but could not be reprinted economically using traditional technology. The Cambridge Library Collection extends this activity to a wider range of books which are still of importance to researchers and professionals, either for the source material they contain, or as landmarks in the history of their academic discipline.

Drawing from the world-renowned collections in the Cambridge University Library and other partner libraries, and guided by the advice of experts in each subject area, Cambridge University Press is using state-of-the-art scanning machines in its own Printing House to capture the content of each book selected for inclusion. The files are processed to give a consistently clear, crisp image, and the books finished to the high quality standard for which the Press is recognised around the world. The latest print-on-demand technology ensures that the books will remain available indefinitely, and that orders for single or multiple copies can quickly be supplied.

The Cambridge Library Collection brings back to life books of enduring scholarly value (including out-of-copyright works originally issued by other publishers) across a wide range of disciplines in the humanities and social sciences and in science and technology.

Flora Atlantica

Sive historia plantarum quae in Atlante,
agro Tunetano et Algeriensi crescunt

VOLUME 1

RENÉ LOUICHE DESFONTAINES

CAMBRIDGE
UNIVERSITY PRESS

University Printing House, Cambridge, CB2 8BS, United Kingdom

Published in the United States of America by Cambridge University Press, New York

Cambridge University Press is part of the University of Cambridge.
It furthers the University's mission by disseminating knowledge in the pursuit of
education, learning and research at the highest international levels of excellence.

www.cambridge.org
Information on this title: www.cambridge.org/9781108064323

© in this compilation Cambridge University Press 2013

This edition first published 1800
This digitally printed version 2013

ISBN 978-1-108-06432-3 Paperback

Selected botanical reference works available in the
CAMBRIDGE LIBRARY COLLECTION

al-Shirazi, Noureddeen Mohammed Abdullah (compiler), translated by Francis Gladwin: *Ulfáz Udwiyeh, or the Materia Medica* (1793) [ISBN 9781108056090]

Arber, Agnes: *Herbals: Their Origin and Evolution* (1938) [ISBN 9781108016711]

Arber, Agnes: *Monocotyledons* (1925) [ISBN 9781108013208]

Arber, Agnes: *The Gramineae* (1934) [ISBN 9781108017312]

Arber, Agnes: *Water Plants* (1920) [ISBN 9781108017329]

Bower, F.O.: *The Ferns (Filicales)* (3 vols., 1923–8) [ISBN 9781108013192]

Candolle, Augustin Pyramus de, and Sprengel, Kurt: *Elements of the Philosophy of Plants* (1821) [ISBN 9781108037464]

Cheeseman, Thomas Frederick: *Manual of the New Zealand Flora* (2 vols., 1906) [ISBN 9781108037525]

Cockayne, Leonard: *The Vegetation of New Zealand* (1928) [ISBN 9781108032384]

Cunningham, Robert O.: *Notes on the Natural History of the Strait of Magellan and West Coast of Patagonia* (1871) [ISBN 9781108041850]

Gwynne-Vaughan, Helen: *Fungi* (1922) [ISBN 9781108013215]

Henslow, John Stevens: *A Catalogue of British Plants Arranged According to the Natural System* (1829) [ISBN 9781108061728]

Henslow, John Stevens: *A Dictionary of Botanical Terms* (1856) [ISBN 9781108001311]

Henslow, John Stevens: *Flora of Suffolk* (1860) [ISBN 9781108055673]

Henslow, John Stevens: *The Principles of Descriptive and Physiological Botany* (1835) [ISBN 9781108001861]

Hogg, Robert: *The British Pomology* (1851) [ISBN 9781108039444]

Hooker, Joseph Dalton, and Thomson, Thomas: *Flora Indica* (1855) [ISBN 9781108037495]

Hooker, Joseph Dalton: *Handbook of the New Zealand Flora* (2 vols., 1864–7) [ISBN 9781108030410]

Hooker, William Jackson: *Icones Plantarum* (10 vols., 1837–54) [ISBN 9781108039314]

Hooker, William Jackson: *Kew Gardens* (1858) [ISBN 9781108065450]

Jussieu, Adrien de, edited by J.H. Wilson: *The Elements of Botany* (1849) [ISBN 9781108037310]

Lindley, John: *Flora Medica* (1838) [ISBN 9781108038454]

Müller, Ferdinand von, edited by William Woolls: *Plants of New South Wales* (1885) [ISBN 9781108021050]

Oliver, Daniel: *First Book of Indian Botany* (1869) [ISBN 9781108055628]

Pearson, H.H.W., edited by A.C. Seward: *Gnetales* (1929) [ISBN 9781108013987]

Perring, Franklyn Hugh et al.: *A Flora of Cambridgeshire* (1964) [ISBN 9781108002400]

Sachs, Julius, edited and translated by Alfred Bennett, assisted by W.T. Thiselton Dyer: *A Text-Book of Botany* (1875) [ISBN 9781108038324]

Seward, A.C.: *Fossil Plants* (4 vols., 1898–1919) [ISBN 9781108015998]

Tansley, A.G.: *Types of British Vegetation* (1911) [ISBN 9781108045063]

Traill, Catherine Parr Strickland, illustrated by Agnes FitzGibbon Chamberlin: *Studies of Plant Life in Canada* (1885) [ISBN 9781108033756]

Tristram, Henry Baker: *The Fauna and Flora of Palestine* (1884) [ISBN 9781108042048]

Vogel, Theodore, edited by William Jackson Hooker: *Niger Flora* (1849) [ISBN 9781108030380]

West, G.S.: *Algae* (1916) [ISBN 9781108013222]

Woods, Joseph: *The Tourist's Flora* (1850) [ISBN 9781108062466]

For a complete list of titles in the Cambridge Library Collection please visit:
http://www.cambridge.org/features/CambridgeLibraryCollection/books.htm

FLORA

ATLANTICA.

FLORA ATLANTICA,

SIVE

HISTORIA PLANTARUM,

QUÆ IN ATLANTE, AGRO TUNETANO

ET ALGERIENSI CRESCUNT.

AUCTORE RENATO DESFONTAINES, Instituti nationalis Scientiarum Galliæ socio, necnon in Museo Historiæ naturalis Parisiensi Botanices professore.

TOMUS PRIMUS.

———————

PARISIIS,

Apud BLANCHON, Bibliopolam, viâ Palmulæ, (vulgo, rue du Battoir), N° 1 et 2.

————————————

Typis C. PANCKOUCKE. ANNO VIII.

PRÆFATIO.

Anno 1783 consilium susceperam oras Africæ septentrionalis quæ nunc Barbaria dici solent peragrandi pro Historiæ naturalis et præsertim Botanices incremento.

Litteris et exhortationibus Civis Kercy Consulis Algeriensis, amici a teneris annis dilectissimi, qui domum et diversas commoditates offerebat innixus, desiderium quo vehementer ardebam Academiæ Scientiarum communicavi, quæ benigne excepit litterasque commendatitias et stipendium etiam libenter obtulit, ita ut sub auspiciis Societatis celeberrimæ iter suscipere datum fuerit. Massiliam celeriter petivi et octavo die a portûs discessu, auris faventibus, Tuneti et antiquæ Carthaginis littora salutavimus.

In Barbaria duos annos et ultra commoratus regnum Tunetanum et Algeriensem, non sine molestiis tamen et difficultatibus in omnem fere partem perlustravi, ditissimam Plantarum messem collegi, quarum plures Europeæ sunt, aliæ rariores et trecentæ circiter novæ. Has omnes cum adnotationibus propriis evulgandas operæ pretium duxi.

Regnum Tunetanum inter Tripolitanum et Algeriense situm, incipit in oriente ab insula Gerbi et versus occidentem ad flumen Zaine prope Tabarque desinit. Longitudo 60—70 miriametrorum. Regnum Algeriense duplo circiter longius, a prædicto flumine ad occidentem pergit usque ad montes Trara, quibus a Marocano dividitur, utriusque ad meridiem desertum Sahara dictum et in septentrione mare Mediterraneum limites ponunt.

Pars regni Tunetani quæ austrum versus protenditur arenosa, vix montosa et sole ardentissimo exsiccata parum ferax; ea quæ

1   *

mari vicinior pulcherrimis Olearum satis ditissima, ibique frequentissimæ occurrunt civitates et pagi populosi. Regio autem quæ omnino ad occidentem vergit, montibus collibusque referta, rivis et rivulis irrigata, omnium feracissima messes quotannis pulcherrimas gignit.

SAL marinum cum terrâ tantâ quantitate mixtum ut fontes aquarum dulcium longe infrequentiores quam salsi, et nitraria naturalia non desunt etiam abundantissima. Solum Algeriense minus arenosum, si regionem deserto conterminam excipias, longe adhuc fertilius ; montes altiores sunt et numerosiores, pluviæ majori abundantiâ cadunt, aquarum scaturigines et rivi frequentiores, cœlum magis temperatum, indeque major plantarum numerus.

ATLANTICI montes in duos tractus præcipuos dividuntur, quorum unus deserto conterminus Atlas magnum, alter mari Mediterraneo vicinus Atlas parvum appellatur ; parallele currunt ab oriente in occidentem : inter utrumque plurima juga intermedia et valles fluminibus rivisque multis irroratæ et fertilissimæ.

MONTES nimbos a septentrione appellantes sistunt, qui in eorum summitatibus condensati, in pluvias resolvuntur ; inde causa est cur rarissime in deserto decidant, dum e contra in regione septentrionali creberrimæ et abundantissimæ. Montium altitudinem commensurare non datum est, sed nulli in Algeriensi regno nivibus æstate obteguntur et altiores vix ni fallor 2400 metr. supra mare elevantur : in vicinio deserti sicciores et minus fertiles ; hi vero qui ad septentrionem positi feracissimi et sylvis densis obumbrati. In his magnâ copiâ crescunt Pinus alepica, Quercus suber, Q. pseudo-suber Q. ilex Q. coccifera. Q. ballota cujus glandes incolis facilem victum præbent, Pistacia lentiscus, P. Atlantica, Thuia articulata, Rhus pentaphyllum, Cupressus ramos in metam fastigiatos ad cœlum attollens, Olea sylvestris quæ fructus sponte optimos parit , Juniperus Phœnicea , Myrtus , Arbutus unedo baccis suave rubentibus et Fragam æmulantibus conspicua , Erica arborea odorem suavissimum late spargens, Cistus ladaniferus. Nerium oleander frequentissimum locis humentibus , et æstate dum aliæ omnes plantæ solis æstuantis ardore exuruntur , læte floret et a summo montium cacumine usque in valles profundissimas colore vividissimo rivulorum fluminumque ripas et ambitus pingit.

SAXA omnia quæ observavi calcaria. In montibus benemultis et etiam deserto vicinis , longeque a mare distantibus , immensas conchyliorum marinorum congeries detexi. Minera ferri a torrentibus pervoluta non raro reperiuntur. Fodinas plumbi ditissimas , incuriâ et ignorantiâ Maurorum prorsus neglectas prope Mascar vidi, nec cupreæ etiam in ea regione et aliis desunt. Aquæ thermales plurimæ et quædam calidissimæ, quales sunt quæ *Hamam Miscroutin* appellantur , ab urbe Bone non longe distantes ; hæ thermometrum Reaumurii usque ad gradus 77 elevant.

TERRÆ motus non infrequentes in regno Algeriensi , et prope Oran saxa.porosa innumera antiquis volcanibus eructata observantur.

FLUMINA fere omnia a meridie ad septentrionem fluunt et intra montes viam peregrinatoribus pandunt. Schelif in regno Algeriensi et Megerdah in regno Tunetano omnium maximi , nec tamen æstate navigabiles.

BARBARIÆ temperies calida sed salubris et gratissima in regione septentrionali. Hyems dulcis Primi Veris refert imaginem. Amygdali, Pruni , Persicæ , Armeniacæ florent , herbæ virescunt et campi innumeris luxuriant floribus. Reaumurii thermometrum ad 10—15 gradus supra congellationem elevatur. Mense Brumario cadere incipiunt imbres qui per intervalla pergunt usque ad mensem Florealem ; quo abundantiores sunt , eo spes ubertatis major et notatu dignissimum quod venti septentrionales nimbos agglomerant, dum australes e contra eos dispellunt et resolvunt. A Floreali mense usque ad Brumalem cœlum constanter serenum et nitidum. Thermometrum æstate a 26 gradibus usque ad 32 ascendit, sed calores ventis circa horam nonam matutinis e mare spirantibus nocturnisque roribus temperantur.

In parte autem meridionali, trans Atlantem sitâ, summe arenosâ et rarissime imbribus irrigatâ, æstate cœlum ardens et torridum. Domos incolæ deserunt et sub umbra Palmetorum vivunt. In tam dira regione nonnisi de nocte suscipiuntur itinera; sæpe arenarum inflammatarum nimbi elevantur qui viatores subito gradum sistere cogunt, iique suffocari aut etiam arenis circa tentoria in tumulum elevatis sepeliri summo in periculo versantur, si intra breve temporis intervallum venti non remittant.

In Barbariæ plagis septentrionalibus coluntur Triticum durum, grano corneo nec farinaceo, spicâ villosâ, culmo farcto distinctum, Hordeum vulgare Equis alendis pro avena inserviens, Zea maïs, Holcus sorghum, Holcus saccharatus, Oriza sativa in terrenis inundatis, Nicotiana rustica, Nicotiana tabacum, Oleæ plurimæ, Aurantia pulcherrima, Ficus, Punicæ, Amygdali, Vites, Pruni, Armeniacæ, Pistaciæ, Zizyphi, Melones in regione calida et arenosa suavissimi, Citrulli benemulti summe aquosi et refrigerantes, Crocus vernus, Morus alba pro Bombycibus alendis, Indigofera glauca tincturis inserviens, Gossypium herbaceum, Saccharum officinale in hortis, Hibiscus esculentus et pleraque demum olera Europæa.

Triticum et Hordeum conserunt Autumno; colliguntur sub finem mensis Florealis. Primo Vere seruntur Maïs et Sorghum qui Æstate demetiuntur.

Culmos Hordei et Tritici superne resecant, grana conculcando eximunt, vel supra trahendo tabulam subtus clavis et laminis ferreis armatam et pondere onustam. Paleæ contritæ et dispertitæ Armentis gratissimæ. Grana in fossas maximas solo sicciori excavatas coacervant, ibique per plures annos absque ullo detrimento servari possunt.

RUINÆ antiquæ benemultæ occurrunt in regno Algeriensi prope Constantine, Bone, Scherchelles, Tedelis, Bougie ; in Tunetano circa Zowan, Spitolam, Cafsam, Phradise, Hammamet, Thapsam, Africam, Elgem ubi amplissimum et miratu dignissimum superest Amphitheatrum. Aquæductus Carthaginis antiquæ qui aquas a monte Zowan adducebat, hinc et inde adhuc stat. Civitas autem olim clarissima et magnæ Romæ æmula funditus deleta, ita ut vix agnoscas campos ubi fuerit. Nonnulla Uticæ vestigia reperiuntur prope flumen Mergerdah, ab antiquis Bagrada dictum. Utica quondam urbs maritima fuit, hodie 7000 ad 8000 metr. intervallo a mare distant ruinæ.

FLORA Atlantica 1600 fere Plantas in regno Tunetano et Algeriensi observatas continet, juxta Linnæi methodum distributas. Synonyma auctorum adjeci qui Iconibus aut descriptionibus rem herbariam illustrarunt, sed nullum fide alterius. Ditissimâ *Lheritieri* bibliothecâ libere uti per plures annos quantum libuit datum est, quæ operi perficiendo summæ utilitatis fuit, ideoque collegæ amantissimo gratias memori animo palàm hîc persolvere jucundissimum ; plurimum æque debeo Civi *Deleuze* qui in castigandis typographiæ mendis, constanter et indefesse adjuvavit, adnotationesque utiles amice communicavit. Errores magni *Linnæi* nonnullos emendavi, non ut tantum virum deprimerem sed pro scientiæ emolumento. *Tournefortii*, *Vaillantii*, *Bocconi* et *Poiret* synonyma fida et certa; plantæ enim nostræ cum eorum herbariis sedulo comparatæ. Plantas quasdam incertas ad Cl. *Smith*, *Linnæi* herbarii possessorem mandavi, qui dubia libenter resolvit.

DESCRIPTIONES aut notas in omnibus fere speciebus, etiam vulgatissimis adhibui, Genera quædam nova condidi et alia nonnulla reformavi aut emendavi. Si in errores inciderim, et spero tamen eos non fore frequentissimos, in re tam difficili veri Botanici veniam facile concedent.

MULTUM abest quin omnes Plantas Atlanticas ediderim. Plurimæ adhuc supersunt detegendæ, in regione septentrionali præsertim- que in regno Tripolitano et Marocano quæ non peragravi. Octo annos integros huic operi absolvendo totis viribus incubui et plu- rima tamen desideranda supersunt.

EXPLICATIO TABULARUM.

Tabula prima.

1 Calyx. 2 Corolla. 3 Stamina pedicello articulata. 4 Pistillum. 5 Semina.

Tab. 2.

1 Calyx. 2 Corolla. 3 Stamen pedicellatum. 4 Pistillum. 5 Semina.

Tab. 3.

1 Calyx. 2 Corolla. 3 Stamen pedicellatum. 4 Pistillum.

Tab. 4.

1 Stamina. 2 Pistillum. 3 Capsula. 4 Sectio transversalis capsulæ. 5 Semina.

Tab. 5.

1 Pistillum. 2 Corollæ divisio.

Tab. 6.

1 Lacinia inferior corollæ. 2 Lacinia superior. 3 Pistillum. 4 Capsula transversim et hinc longitudinaliter secta.

Tab. 11.

1 Semen. 2 Pistillum. 3 Calyx interior cum staminibus. 4 Calyx exterior.

Tab. 12.

1 Flos. 2 Calyx exterior. 3 Calyx interior clausus. 4 Calyx interior patens cum staminibus. 5 Pistillum.

Tab. 13.

1 Flos. 2 Calyx exterior patens cum floribus duobus interioribus. 3 Flores duo interiores lente vitreo aucti. 4 Calyx interior patens cum staminibus. 5 Calyx interior lente vitreo auctus. 6 Pistillum. 7 Pistillum lente auctum. 8 Semen. 9 Semen lente auctum. 10 Semen, parte alterâ sulcatâ visum.

Tab. 14.

1 Calyx exterior. 2 Calyx interior cum staminibus. 3 Pistillum. 4 Semen.

Tab. 15.

1 Semen. 2 Pistillum. 3 Calyx interior cum staminibus. 4 Spicula lente aucta. 5 Spicula magnitudine naturali.

Tab. 16.

1 Spicula. 2 Calyx exterior. 3 Calyx interior cum staminibus. 4 Pistillum. 5 Semen.

Tab. 17.

1 Ramulus florum lente auctus. 2 Pistillum. 3 Stamen. 4 Flores interiores. 5 Ramulus florum magnitudine naturali.

Tab. 18.

1 Spicula. 2 Calyx exterior. 3 Calyces tres interiores. 4 Calyx interior patens cum staminibus. 5 Pistillum.

Tab. 19. f. 1.

1 Pistillum. 2 Calyx interior cum staminibus. 3 Calyx exterior.

Tab. 19. f. 2.

1 Pistillum. 2 Calyx interior cum staminibus. 3 Calyx exterior. 4 Semen.

Tab. 20.

1 Spicula. 2 Calyx exterior. 3 Flores interiores. 4 Flos interior patens cum staminibus.

Tab. 21. f. 1.

1 Pistillum. 2 Calyx interior uniglumis. 3 Calyx exterior.

Tab. 21. f. 2.

1 Semen. 2 Pistillum. 3 Calyx interior uniglumis cum staminibus et aristis tribus terminalibus. 4 Calyx exterior.

Tab. 22.

1 Spicula. 2 Calyx exterior. 3 Calyx interior cum staminibus. 4 Pistillum.

Tab. 23.

1 Spicula. 2 Calyx exterior. 3 Calyx interior cum staminibus.

Tab. 24. f. 1.

1 Calyx exterior. 2 Calyx interior cum staminibus. 3 Pistillum.

Tab. 24. f. 2.

1 Calyx exterior. 2 Calyx interior cum staminibus. 3 Pistillum. 4 Semen.

Tab. 25.

1 Calyx exterior. 2 Calyx interior cum staminibus et aristâ infra glumæ exterioris apicem. 3 Pistillum.

Tab. 26.

1 Calyx exterior. 2 Calyx interior cum staminibus et aristâ infra glumæ exterioris apicem. 3 Pistillum. 4 Semen.

Tab. 27.

1 Calyx exterior. 2 Calyx interior cum staminibus et aristâ. 3 Pistillum.

Tab. 28.

1 Calyx exterior. 2 Calyx interior cum staminibus et aristâ. 3 Pistillum.

Tab. 29.

1 Calyx exterior. 2 Calyx interior clausus. 3 Calyx interior patens cum staminibus et aristâ. 4 Pistillum. 5 Semen.

Tab. 30.

1 Spicula. 2 Calyx exterior. 3 Calyx interior cum staminibus et aristâ. 4 Pistillum.

Tab. 31. f. 1.

1 Calyx exterior. 2 Calyx interior cum staminibus et aristâ 3 Pistillum. 4 Semen.

Tab. 31. f. 2.

1 Calyx exterior. 2 Spicula integra. 3 Calyx interior cum staminibus et tribus aristis quarum longior dorsalis. 4 Pistillum.

Tab. 32.

1 Spicula. 2 Calyx exterior. 3 Calyces tres interiores. 4 Calyx interior patens cum staminibus et aristâ infra apicem glumæ exterioris. 5 Pistillum.

Tab. 33.

1 Calyx exterior. 2 Calyx interior cum staminibus.

Tab. 34.

1 Calyx interior basi villosus, patens cum staminibus et pistillo. 2 Calyces spiculæ unius interiores. 3 Calyx exterior. 4 Spicula integra. 5 Pistillum. 6 Stamen unum.

Tab. 35.

1 Semen. 2 Pistillum cum duabus squamulis. 3 Calyx interior uniglumis cum staminibus et tribus aristis plumosis. 4 Calyx exterior.

Tab. 36.

1 Rachis floribus denudata. 2 Pistillum. 3 Stamen unum. 4 Calyx interior. 5 Calyx exterior. 6 Flos integer patens cum staminibus et pistillo.

Tab. 37.

1 Flores terni. 2 Flos unus lateralis masculus. 3 Calyx interior ejusdem floris patens cum staminibus. 4 Flos centralis. 5 Calyx interior floris centralis patens cum staminibus, pistillo et aristâ ex apice glumæ exterioris prodeunte.

Tab. 38.

1 Flosculus marginalis cum staminibus, germine et pappo. 2 Pistillum. 3 Flosculus centralis. 4 Semen marginatum cum calyce interiori quinquesetoso.

Tab. 39. f. 1.

1 Semen cum duabus squamis et pappo latissimo campaniformi.

Tab. 39. f. 2.

1 Capsula circumscissa. 1 Capsula integra cum stylo. 3 Corolla cum staminibus quatuor. 4 Calyx cum squamulis baseos.

Tab. 39. f. 3.

1 Capsula circumscissa. 2 Capsula integra. 3 Corolla cum quatuor staminibus. 4 Calyx cum squamula baseos.

Tab. 40.

1 Corolla lente vitreo aucta. 2 Corolla magnitudine naturali. 3 Pistillum auctum. 4 Pistillum naturali magnitudine.

Tab. 41.

1 Semen unum. 2 Semina quatuor aggregata. 3 Pistillum. 4 Corolla aperta longitudinaliter cum staminibus quinque. 5 Corolla. 6 Calyx quinquepartitus.

Tab. 42.

1 Semen unum denudatum. 2 Seminis involucrum. 3 Semina quatuor echinata nonnihil sejuncta. 4 Semina quatuor approximata. 5 Corolla longitudinaliter aperta cum staminibus quinque et squamis totidem supra incumbentibus. 6 Corolla integra. 7 Calyx quinquepartitus.

Tab. 43.

1 Calyx quinquepartitus cum stylo proeminente. 2 Corolla. 3 Corolla longitudinaliter aperta cum staminibus quinque. 4 Pistillum. 5 Semina.

Tab. 44.

1 Calyx cum quatuor seminibus et stylo persistente. 2 Pistillum. 3 Stamen. 4 Corolla cum staminibus quinque.

Tab. 45.

1 Semina distincta. 2 Semina approximata cum stylo. 3 Corolla cum staminibus quinque. 4 Calyx quinquepartitus.

Tab. 46.

1 Calyx quinquepartitus. 2 Corolla. 3 Pistillum.

Tab. 47.

1 Calyx quadripartitus cum stylo. 2 Calyx cum corolla. 3 Corolla longitudinaliter fissa cum staminibus quinque et stylo. 4 Stamen. 5 Pistillum.

Tab. 49.

1 Semina. 2 Capsula. 3 Capsula junior cum stylo et stigmate duplici. 4 Corolla longitudinaliter fissa cum staminibus quinque. 5 Corolla integra. 6 Calyx.

Tab. 50.

1 Semina. 2 Capsula transversim secta. 3 Calyx, stamina, stylus, stigmata. 4 Stamen unum.

Tab. 51.

1 Pistillum. 2 Corolla longitudinaliter fissa cum quinque staminibus. 3 Calyx et corolla. 4 Calyx.

Tab. 52.

1 Pedunculus florem duplicem sustinens. 2 Folium naturali magnitudine.

Tab. 53.

1 Germen cum stylis duobus. 2 Stamina quinque germini imposita. 3 Petalum unum. 4 Corolla. 5 Calyx germinis cum squama tricuspide e basi emergente.

Tab. 54.

1 Pistillum. 2 Stamina quinque cum stylis duobus. 3 Petalum unum. 4 Corolla. 5 Calyx germinis cum squama e basi germinis emergente.

Tab. 55.

1 Calyx germinis cum squama. 2 Germen. 3 Squama distincta.

Tab. 56.

1 Semen.

Tab. 57.

1 Semina duo secedentia. 2 Corolla.

Tab. 58.

1 Semina coalita. 2 Semina duo secedentia.

Tab. 59.

1 Umbellula cum seminibus. 2 Semina duo secedentia. 3 Aculeus seminis lente auctus.

Tab. 60.

1 Umbellula fructifera. 2 Semina duo approximata. 3 Semina secedentia.

Tab. 61.

1 Flos cum staminibus quinque. 2 Semina duo approximata. 3 Semina duo secedentia.

Tab. 62.

1 Flos cum staminibus quinque. 2 Semina duo secedentia.

Tab. 63.

1 Umbellula fructifera. 2 Semina duo secedentia.

Tab. 64.

1 Semina duo secedentia lente aucta. 2 Semina duo aucta, approximata. 3 Semina magnitudine naturali.

Tab. 65.

1 Flos cum staminibus quinque et stylis duobus. 2 Semina duo secedentia.

Tab. 66.

1 Semina duo secedentia.

Tab. 67.

1 Corolla cum staminibus quinque. 2 Stamen unum. 3 Pistillum. 4 Semina duo approximata. 5 Semina duo secedentia.

Tab. 68.

1 Corolla cum staminibus quinque. 2 Stamen aliud magnitudine naturali, aliud lente auctum. 3 Pistillum. 4 Pistillum majus. 5 Semina duo approximata. 6 Semina duo secedentia. 7 Semen unum filo appensum.

Tab. 69.

1 Corolla inaperta. 2 Corolla patentiuscula cum staminibus exsertis. 3 Stamen lente auctum. 4 Germen. 5 Germen majus.

Tab. 70.

1 Semina duo approximata. 2 Semina duo secedentia. 3 Semen unum intus visum.

Tab. 71.

1 Corolla cum quinque staminibus. 2 Petalum. 3 Semina duo approximata. 4 Semina duo secedentia. 5 Semina lente aucta.

Tab. 72.

1 Flos cum quinque staminibus.

Tab. 73.

1 Corolla cum quinque staminibus. 2 Semina duo approximata. 3 Semina duo secedentia.

Tab. 74.

1 Semina duo approximata. 2 Semina duo secedentia.

Tab. 75.

1 Corolla cum staminibus. 2 Pistillum. 3 Semina duo approximata. 4 Semina secedentia. 5 Semen alis destitutum.

Tab. 76.

1 Corolla cum staminibus. 2 Pistillum. 3 Semina duo approximata. 4 Semina duo secedentia.

Tab. 77.

1 Ramulus masculus. 2 Ramulus fœmineus. 3 Calyx. 4 Petalum. 5 Stamen. 6 Germen cum stylis tribus. 7 Bacca. 8 Semen.

Tab. 78.

1 Petalum. 2 Calyx cum staminibus. 3 Stamen unum. 4 Styli quinque.

Tab. 82.

1 Corolla longitudinaliter fissa, staminibus et stylo patentibus.

Tab. 83.

1 Corolla cum sex staminibus. 2 Pistillum.

Tab. 84.

1 Stamen unum. 2 Pistillum.

Tab. 86.

1 Stamen unum magnitudine naturali, alterum lente auctum. 2 Pistillum. 3 Capsula. 4 Capsula transversim secta. 5 Semina.

Tab. 88.

1 Stamen. 2 Pistillum. 3 Capsula. 4 Capsula dehiscens. 5 Capsula transversim secta. 6 Semina.

Tab. 89.

1 Corolla cum staminibus et stylo. 2 Stamen. 3 Pistillum. 4 Capsula. 5 Capsula transversim secta. 6 Semen.

Tab. 90.

1 Corolla cum sex staminibus. 2 Stamen. 3 Pistillum. 4 Capsula junior.

Tab. 91.

1 Calyx. 2 Capsula. 3 Capsula patens. 4 Semina.

Tab. 93.

1 Flos. 2 Calyx cum squamis basim cingentibus. 3 Petalum. 4 Stamina et stylus. 5 Pistillum. 6 Capsula. 7 Capsula patens, trivalvis. 8 Semina.

Tab. 94.

1 Calyx. 2 Calyx longitudinaliter fissus cum staminibus octo. 3 Stamen alterum magnitudine naturali, alterum lente auctum. 4 Capsula cum stylo. 5 Capsula secta transversim semen ostendit.

Tab. 95.

1 Calyx. 2 Calyx longitudinaliter fissus stamina profert. 3 Pistillum.

Tab. 96. f. 1.

1 Calyx cum staminibus. 2 Corolla cum staminibus. 3 Petalum. 4 Stamen. 5 Calyx cum duobus stylis.

Tab. 97.

1 Calyx. 2 Petala quinque cum staminibus totidem basi petalorum adnexis. 3 Stamina quinque, pistillum, styli duo. 4 Capsula apice quadrivalvis. 5 Receptaculum cum nonnullis seminibus. 6 Semina.

Tab. 98.

1 Petalum. 2 Stamina. 3 Pistillum. 4 Calyx cum capsula. 5 Capsula a calyce separata. 6 Capsula transversim secta. 7 Receptaculum.

Tab. 99.

1 Calyx. 2 Petalum unum. 3 Stamina cum pistillo. 4 Pistillum. 5 Calyx cum capsula 6 Capsula a calyce separata. 7 Capsula transversim secta. 8 Receptaculum.

Tab. 100.

1 Stamen. 2 Petalum cum stamine basi adhærente. 3 Pistillum. 4 Capsula apice dehiscens. 5 Capsula transversim et longitudinaliter una parte resecta. 6 Semina.

Tab. 101.

1 Calyx. 2 Stamina et pistillum. 3 Capsula. 4 Capsulæ valvulæ tres. 5 Semina.

Tab. 102.

1 Flos. 2 Flos lente auctus. 3 Capsula tricocca. 4 Semina.

Tab. 104.

1 Varietas. 2 Calyx cum staminibus. 3 Calyx cum pistillo. 4 Petalum. 5 Stamen auctum. 6 Pistillum.

Tab. 105.

1 Calyx. 2 Petalum. 3 Stamina et pistillum. 4 Stamina duo, unum magnitudine laterali, alterum auctum. 5 Pistillum. 6 Capsula. 7 Capsula aperta. 8 Semina.

Tab. 106.

1 Calyx cum staminibus. 2 Petalum. 3 Stamen. 4 Pistillum. 5 Capsula calyce cincta. 6 Capsula patens. 7 Semina.

Tab. 107.

1 Calyx cum capsula. 2 Capsula aperta. 3 Semina.

Tab. 108.

1 Calyx. 2 Petalum. 3 Stamina duo, unum magnitudine naturali alterum auctum. 4 Capsula. 5 Capsula patens. 6 Semina.

Tab. 109.

1 Petalum. 2 Stamen. 3 Stamen auctum. 4 Calyx cum pistillo. 5 Pistillum.

Tab. 110.

1 Calyx cum staminibus. 2 Petalum. 3 Stamen auctum. 4 Pistillum.

Tab. 111.

1 Petala. 2 Petala interiora. 3 Nectaria petalo superiore involuta. 4 Nectaria duo. 5 Stamina. 6 Germina quinque.

Tab. 112.

1 Petalum. 2 Nectarium. 3 Stamen. 4 Pistillum.

Tab. 114.

1 Calyx cum staminibus. 2 Petalum. 3 Stamen. 4 Capsula immatura. 5 Semen.

Tab. 115.

1 Calyx cum staminibus. 2 Petalum. 3 Spica seminum. 4 Capsula. 5 Semen.

Tab. 116.

1 Calyx. 2 Petalum. 3 Stamen.

Tab. 117.

1 Flos in statu naturali. 2 Calyx cum pistillo. 3 Corolla. 4 Pistillum.

Tab. 118.

1 Flos cum calyce. 2 Corolla. 3 Calyx. 4 Pistillum.

Tab. 119.

1 Calyx. 2 Corolla. 3 Corolla fissa cum staminibus. 4 Pistillum.

Tab. 120.

1 Flos. 2 Corolla fissa longitudinaliter cum staminibus. 3 Pistillum.

Tab. 121. f. 1.

1 Flos magnitudine naturali. 2 Flos lente auctus. 3 Calyx auctus.

Tab. 121. f. 2.

1 Flos magnitudine naturali. 2 Flos auctus. 3 Calyx auctus.

Tab. 122.

1 Flos. 2 Calyx. 3 Corolla longitudinaliter fissa cum staminibus. 4 Pistillum.

Tab. 123.

1 Flos. 2 Calyx. 3 Corolla.

Tab. 124.

1 Flos. 2 Calyx cum pistillo.

Tab. 125.

1 Flos. 2 Calyx. 3 Corolla. 4 Corolla longitudinaliter fissa cum quatuor staminibus. 5 Pistillum.

Tab. 126.

Q

1 Flos.

Tab. 127.

1 Flos magnitudine naturali. 2 Flos alter cum labio superiore corollæ naturaliter fisso et staminibus quatuor. 3 Calyx. 4 Stamen unum. 5 Pistillum.

Tab. 128.

1 Flos. 2 Corolla. 3 Calyx. 4 Pistillum. 5 Folium.

Tab. 129.

1 Flos. 2 Calyx. 3 Corolla longitudinaliter fissa cum staminibus quatuor. 4 Pistillum. 5 Semina.

Tab. 130.

1 Calyx. 2 Corolla. 3 Capsula. 4. Capsula apice aperta foramine duplici. 5 Semina. 6 Semen auctum. 7 Folium.

Tab. 131.

1 Calyx. 2 Corolla. 3 Stamina quatuor stylo adpressa. 4 Pistillum. 5 Capsula. 6 Capsula apice foramine duplici aperta. 7 Semina.

Tab. 132.

1 Flos. 2 Calyx. 3 Stamina quatuor. 4 Pistillum. 5 Capsula. 6 Capsula apice foramine duplici dehiscens. 7 Semina.

Tab. 133.

1 Calyx. 2 Corolla. 3 Pistillum. 4 Semina. 5 Capsula. 6 Capsula transversim et perpendiculariter secta. 7 Stamina.

Tab. 134.

1 Calyx. 2 Corolla. 3 Stamina stylo per paria admota. 4 Pistillum. 5 Capsula. 6 Capsula transversim secta. 7 Semina.

Tab. 135.

1 Calyx. 2 Corolla. 3 Stamina per paria stylo admota. 4 Pistillum.

Tab. 136.

1 Flos. 2 Corolla aperta ut stamina pateant. 3 Calyx. 4 Pistillum.

Tab. 137.

1 Capsula calyce cincta. 2 Capsula patens. 3 Semina.

Tab. 138.

1 Flos. 2 Corolla aperta cum quatuor staminibus. 3 Calyx pistillum includens. 4 Pistillum. 5 Capsula. 6 Capsula transversim secta. 7 Semina.

Tab. 139.

1 Calyx. 2 Corolla. 3 Capsula. 4 Capsula foramine duplici apice dehiscens. 5 Semina. 6 Semen unum lente vitreo auctum.

Tab. 140.

1 Calyx. 2 Corolla. 3 Stamina per paria stylo approximata. 4 Pistillum. 5 Capsula. 6 Capsula transversim secta cum seminibus infra positis.

Tab. 141.

1 Calyx. 2 Corolla. 3 Stamina quatuor didynama. 4 Pistillum.

Tab. 142.

1 Flos paululum auctus. 2 Corolla longitudinaliter fissa cum quatuor staminibus. 3 Capsula. 4 Capsula transversim secta. 5 Semina.

Tab. 143.

1 Calyx cum pistillo. 2 Corolla cum staminibus quatuor. 3 Stamen. 4 Capsula. 5 Capsula aperta cum seminibus receptaculo centrali affixis. 6 Semina.

Tab. 144.

1 Flos. 2 Calyx cum bractea. 3 Stamen. 4 Pistillum.

Tab. 145.

1 Calyx cum tribus bracteis. 2 Corolla. 3 Stamen. 4 Pistillum. 5 Capsula. 6 Capsula transversim secta et aperta. 7 Semina.

Tab. 146.

1 Calyx cum tribus bracteis. 2 Corolla. 3 Stamen. 4 Pistillum.

Tab. 147.

1 Corolla. 2 Petalum. 3 Stamina. 4 Pistillum. 5 Silicula. 6 Silicula patens cum dissepimento intermedio.

Tab. 148.

1 Petalum. 2 Stamina sex cum pistillo. 3 Silicula patens. 4 Semina.

Tab. 149.

1 Silicula patens. 2 Semina.

Tab. 150.

1 Petalum. 2 Stamina. 3 Calyx. 4 Valvula una siliculæ cum stylo persistente. 5 Valvula altera. 6 Semen.

Tab. 151.

1 Flos. 2 Calyx. 3 Petalum. 4 Stamina. 5 Stamen auctum cum filamento apice bifurco. 6 Stamen alterum cum filamento simplici. 7 Pistillum.

Tab. 152.

1 Petalum. 2 Stamina. 3 Pistillum. 4 Siliqua patens. 5 Semen.

Tab. 153.

1 Calyx. 2 Petalum. 3 Stamina. 4 Pistillum. 5 Siliqua patens cum dissepimento. 6 Semina.

Tab. 154.

1 Flos. 2 Petalum. 3 Calyx cum staminibus. 4 Stamina. 5 Pistillum. 6 Siliqua. 7 Siliqua patens cum dissepimento. 8 Semina.

Tab. 155.

1 Flos antice visus. 2 Idem postice. 3 Petalum. 4 Calyx et stamina. 5 Stamen. 6 Pistillum. 7 Siliqua. 8 Siliqua patens. 9 Semina.

Tab. 156.

1 Flos. Calyx. 3 Petalum. 4 Stamina. 5 Pistillum. 6 Siliqua. 7 Dissepimentum. 8 Semina.

Tab. 157.

1 Calyx cum seminibus. 2 Petalum. 3 Stamina. 4 Pistillum. 5 Siliqua patens. 6 Valvulæ duæ cum dissepimento.

Tab. 158.

1 Siliqua læviter patens.

Tab. 159.

1 Flos. 2 Petalum. 3 Calyx. 4 Stamina. 5 Pistillum. 6 Siliqua. 7 Siliqua patens. 8 Semina.

Tab. 160.

1 Flos. 2 Petalum. 3 Stamina. 4 Pistillum. 5 Siliqua patens seminibus referta. 6 Dissepimentum basi fenestratum. 7 Semina.

Tab. 161.

1 Flos. 2 Calyx cum staminibus. 3 Petalum. 4 Stamina. 5 Siliqua. 6 Eadem patens. 7 Semina.

Tab. 162.

1 Calyx. 2 Petalum. 3 Semina. 4 Pistillum. 5 Legumen patens. 6 Semina.

Tab. 163.

1 Calyx. 2 Petalum. 3 Stamina. 4 Pistillum. 5 Flos.

Tab. 164.

1 Calyx cum staminibus. 2 Petalum. 3 Stamina. 4 Pistillum. 5 Siliqua patens cum dissepimento.

Tab. 165.

1 Calyx cum staminibus. 2 Petalum. 3 Pistillum.

Tab. 166.

1 Flos. 2 Petalum. 3 Stamina. 4 Calyx cum pistillo. 5 Siliqua. 6 Siliqua patens. 7 Semina.

Tab. 167.

1 Calyx. 2 Petalum. 3 Stamina. 4 Pistillum. 5 Siliqua patens cum dissepimento. 6 Semina.

Tab. 168.

1 Calyx cum staminibus et pistillo. 2 Petalum. 3 Pistillum. 4 Stamina.

Tab. 169.

1 Calyx cum staminibus et pistillo. 2 Petalum. 3 Capsula matura.

Tab. 170.

1 Calyx. 2 Stamina cum pistillo. 3 Pistillum.

Tab. 171.

1 Calyx. 2 Stamtna. 3 Pistillum. 4 Semina. 5 Semen unum nudum.

Tab. 172.

1 Calyx. 2 Stamina. 3 Pistillum. 4 Semina. 5 Semen unum nudum.

Tab. 173.

1 Flos. 2 Calyx. 3 Petala quatuor. 4 Stamina duo cum pistillo.

Tab. 174.

1 Flos. 2 Corolla aipce fimbriata. 3 Calyx cum pistillo. 4 Calyx cum capsula. 6 Semina duo.

Tab. 175.

1 Corolla fimbriata apice. 2 Calyx cum pistillo. 3 Capsula.

Tab. 176.

1 Flos. 2 Calyx. 3 Corolla apice fimbriata. 4 Eadem antice visa cum octo staminibus. 5 Pistillum. 6 Capsula. 7 Eadem latere utroque dehiscens. 8 Semina.

Tab. 177.

1 Corolla patens. 2 Calyx cum staminibus. 3 Tubus staminum longitudiñaliter fissus. 4 Pistillum. 5 Legumen.

Tab. 178.

1 Flos. 2 Corolla. 3 Calyx cum staminibus et pistillo. 4 Tubus staminum longitudinaliter fissus. 5 Pistillum.

Tab. 179.

1 Calyx cum staminibus et pistillo. 2 Corolla. 3 Tubus staminum longitudinaliter fissus. 4 Pistillum.

Tab. 180.

1 Calyx cum staminibus et pistillo. 2 Corolla. 3 Staminum tubus longitudinaliter fissus. 4 Pistillum. 5 Legumen. 6 Legumen apertum. 7 Semen.

Tab. 181.

1 Calyx cum staminibus et pistillo. 2 Corolla. 3 Staminum tubus longitudinaliter fissus. 4 Pistillum. 5 Legumen apertum cum seminibus.

Tab. 182.

1 Calyx cum staminibus et pistillo. 2 Corolla. 3 Staminum tubus apertus. 4 Pistillum. 5 Legumen. 6 Semina.

Tab. 183.

1 Corolla. 2 Staminum tubus fissus. 3 Calyx cum pistillo.

Tab. 184.

1 Calyx cum staminibus et pistillo. 2 Corolla. 3 Pistillum. 4 Legumen. 5 Semina.

Tab. 185.

1 Calyx. 2 Corolla. 3 Stamina. 4 Pistillum. 5 Legumen. 6 Legumen patens. 7 Semina.

Tab. 186.

1 Calyx cum staminibus et pistillo. 2 Corolla. 3 Tubus staminum fissus. 4 Pistillum. 5 Legumen apertum. 6 Semina.

Tab. 187.

1 Calyx cum staminibus et pistillo. 2 Corolla. 3 Staminum tubus longitudinaliter fissus. 4 Pistillum. 5 Legumen cum calyce. 6 Legumen apertum. 7 Semina.

Tab. 188

1 Calyx cum staminibus et pistillo. 2 Corolla. 3 Staminum tubus fissus. 4 Pistillum.

Tab. 189.

1 Calyx. 2 Corolla. 3 Staminum tubus fissus. 4 Legumen. 5 Legumen apertum. 6 Semina.

Tab. 190.

1 Calyx. 2 Corolla. 3 Staminum tubus fissus. 4 Pistillum. 5 Calyx cum legumine aperto. 6 Semina.

Tab. 191.

1 Calyx cum staminibns et pistillo. 2 Corolla. 3 Tubus staminum fissus. 4 Pistillum. 5 Capsula patens. 6 Semina.

Tab. 192.

1 Calyx. 2 Corolla. 3 Stamina. 4 Pistillum. 5 Legumen. 6 Legumen apertum. 7 Semina.

Tab. 193.

1 Flos. 2 Calyx. 3 Corolla. 4 Carina. 5 Stamina. 6 Pistillum. 7 Legumen apertum.

Tab. 194.

1 Flos. 2 Corolla. 3 Stamina. 4 Legumen pedicellatum. 5 Semina.

Tab. 195.

1 Corolla. 2 Calyx fissus cum staminibus et pistillo. 3 Stylus. 4 Legumen. 5 Semen.

Tab. 196.

1 Calyx cum staminibus et pistillo. 2 Corolla. 3 Pistillum.

1

Tab. 197.

1 Corolla. 2 Calyx fissus cum staminibus et pistillo.

Tab. 198.

1 Legumen. 2 Legumen apertum.

Tab. 199.

1 Flos. 2 Calyx. 3 Corolla. 4 Stamina. 5 Pistillum. 6 Legumen apertum. 7 Semen.

Tab. 200.

1 Calyx cum staminibus et pistillo. 2 Corolla. 3 Stamina. Calyx cum pistillo.

Tab. 201.

1 Calyx. 2 Corolla. 3 Stamina. 4 Pistillum. 5 Legumen.

Tab. 202.

1 Corolla. 2 Calyx fissus cum staminibus. 3 Stamina cum pistillo. 4 Legumen. 5 Legumen apertum.

Tab. 203.

1 Corolla. 2 Calyx fissus cum staminibus et pistillo. 3 Legumen cum septo longitudinali. 4 Legumen cum seminibus. 5 Semina.

Tab. 204.

1 Calyx cum staminibus. 2 Corolla. 3 Tubus staminum fissus. 4 Pistillum. 5 Legumen. 6 Legumen apertum. 7 Semina.

Tab. 206.

1 Calyx cum staminibus et pistillo. 2 Corolla. 3 Staminum tubus longitudinaliter fissus. 4 Pistillum. 5 Legumen. 6 Legumen apertum. 7 Semina.

***

Tab. 206.

1 Flos. 2 Calyx cum staminibus. 3 Corolla. 4 Pistilium. 5 Staminum tubus fissus. 6 Legumen apertum. 7 Semen.

Tab. 210.

1 Calyx. 2 Corolla. 3 Legumen. 4 Legumen apertum semina exhibet.

Tab. 212.

1 Calyx. 2 Corolla. 3 Stamina cum pistillo. 4 Pistillum. 5 Legumen. 6 Legumen apertum. 7 Semina.

Tab. 213.

1 Ligula cum staminibus et pistillo. 2 Semen cum pappo.

Tab. 214.

1 Ligula cum pistillo staminibus et pappo. 2 Pistillum. 3 Semen.

Tab. 215.

1 Calyx perpendiculariter sectus semina offert. 2 Semen.

Tab. 216.

1 Semiflosculus cum germine et pappo. 2 Semiflosculus auctus. 3 Pistillum. 4 Calyx cum paleis receptaculi. 5 Semen cum palea.

Tab. 217.

1 Semiflosculus. 2 Semen paleolis coronatum. 3 Squama calycina. 4 Calyx patens villos receptaculi offert.

·Tab. 218.

1 Flosculus cum squama germen involvente. 2 Stamina. 3. Germen cum pappo bisetoso. 4 Semen absque pappo. 5 Receptaculum calyce cinctum.

Tab. 219.

1 Flosculus cum pistillo. 2 Flosculus longitudinaliter fissus stamina et stylum exhibet. 3 Pistillum.

Tab. 220.

1 Flosculus cum germine et pappo.

Tab. 221.

1 Squama calycis exterior. 2 Squama interior. 3 Flosculus cum germine et pappo. 4 Flosculus longitudinaliter fissus stamina exhibet. 5 Semen cum pappo et stylo.

Tab. 222.

1 Flosculus cum germine et pappo. 2 Flosculus longitudinaliter fissus stamina exhibens. 3 Pistillum. 5 Semen cum pappo.

Tab. 223.

1 Flosculus cum germine pappo coronato. 2 Flosculus longitudinaliter fissus ostendit stamina. 3 Semen cum pappo.

Tab. 224.

1 Squama·interior calycis coronata. 2 Flosculus cum germine et pappo.

Tab. 225.

1 Folium. 2 Folium calycinum exterius. 3 Squama calycis interioris. 4 Pistillum cum germine et pappo. 5 Flosculus longitudinaliter fissus stamina exhibens. 6 Semen pappo coronatum.

Tab. 227.

1 Flosculus cum germine. 2 Flosculus fissus. 3 Semen cum stylo et pappo coronante.

Tab. 228.

1 Flosculus. 2 Flosculus fissus stamina ostendit. 3 Pistillum.

Tab. 229.

1 Flosculus cum germine. 2 Flosculus fissus stamina ostendit. 3 Semen pappo coronatum.

Tab. 230.

1 Flosculus cum germine et pappo. 2 Flosculus fissus.

Tab. 231.

1 Flos magnitudine naturali. 2 Flos idem lente auctus. 3 Flosculus hermaphroditus. 4 Idem lente auctus. 5 Idem fissus stamina quatuor ostendit. 6 Flosculus fœmineus. 7 Idem auctus. 8 Semen cum stylo et pappo plumoso.

Tab. 232.

1 Floculus hermaphroditus. 2 Flosculus hermaphroditus auctus et fissus semina exerit. 3 Pistillum. 4 Pistillum lente auctum. 5 Semen cum pappo. 6 Flosculus fœmineus. 7 Idem auctus. 8 Pistillum auctum.

Tab. 234.

1 Flosculus. 2 Semiflosculus.

Tab. 235. f. 1.

1 Calyx. 2 Semiflosculus. 3 Flosculus. 4 Flosculus fissus cum staminibus quinque. 5 Pistillum.

Tab. 235. f. 2.

1 Calyx. 2 Semiflosculus. 3 Flosculus cum germine et membranulâ oblique coronante. 4 Flosculus fissus cum staminibus quinque. 5 Pistillum.

Tab. 236.

1 Semiflosculus. 2 Flosculus. 3 Pistillum cum membranula coronante. 4 Semen. 5 Squama calycis.

Tab. 239.

1 Semiflosculus. 2 Pistillum cum membranula hinc coronante. 3 Flosculus cum squamula. 4 Flosculus fissus stamina exerens. 5 Semen. 6 Squamula receptaculi.

Tab. 240.

1 Flosculi duo, alter magnitudine naturali, alter lente auctus, cum squama receptaculi et germine setis apice plumosis coronato. 2 Semiflosculus fœmineus cum germine pappo destituto. 3 Flosculus auctus et fissus stamina exerens. 4 Semen papposum.

Tab. 241.

1 Flosculus abortivus. 2 Flosculus disci hermaphroditus fertilis. 3 Pistillum. 4 Semen.

Tab. 242.

1 Calycis squama. 2 Flosculus radii sterilis. 3 Flosculus disci hermaphroditus. 4 Pistillum. 5 Semen pappo coronatum.

Tab. 243.

1 Flosculus radii sterilis. 2 Flosculus centralis hermaphroditus fertilis.

Tab. 244.

1 Squama calycis. 2 Flosculus disci hermaphroditus. 3 Flosculus fissus stamina exerens. 4 Pistillum. 5 Flosculus radii sterilis.

Tab. 246.

1 Flos. 2 Flos laciniis corollæ superioribus denudatus antheram exhibet. 2 Pollinis massulæ duæ pedicellatæ.

Tab. 247.

1 Flos. 2 Flos laciniis destitutus antheram exhibens. 3 Massulæ duæ pollinis.

Tab. 248.

1 Flos. 2 Flos laciniis superioribus destitutus loculamenta staminum ostendit. 3 Massulæ pollinis pedicellatæ.

Tab. 249.

1 Calyx basi fissus stamina et stigmata exhibens. 2 Pistillum. 3 Capsula. 4 Capsula transversim secta. 5 Capsula valvulis sex longitudinaliter dehiscens. 6 Semina duo, quorum unum extus, alterum intus visum.

Tab. 251.

1 Flos postice visus. 2 Squamæ exteriores. 3 Flos antice visus. 4 Stamen auctum. 5 Calyx cum pistillo. 6 Squamæ cum calyce et stylo. 7 Calyx longitudinaliter fissus. 8 Germen.

Tab. 252.

1 Ramulus floriferus lente vitreo auctus. 2 Squama antherifera latere visa. 3 Altera squama antice. 4 Flos fœmineus. 5 Fructus quadrivalvis. 6 Fructus apertus. 7 Semen.

Tab. 253.

1 Spica mascula. 2 Flos masculus auctus. 3 Columna staminum antheris coronata. 4 Flos fœmineus. 5 Semina duo.

Tab. 254.

1 Spicula floribus septem composita; masculis quatuor sessilibus; duobus pedicellatis; centrali hermaphrodito aristam exserente. 2 Flos masculus. 3 Masculi duo pedicellati. 4 Flos hermaphroditus patens cum pistillo, staminibus et arista e fundo glumarum emergente.

Tab. 255.

1 Spicula. 2 Calyx exterior. 3 Calyx interior. 4 Calyx interior floris alterius. 5 Flos tertius terminalis. 6 Pistillum. 7 Semen.

Tab. 257.

1 Ramulus lente vitreo auctus et parte adversâ visus. 2 Ramulus idem naturali magnitudine.

Tab. 258. f. 1.

1 Planta naturali magnitudine. 2 Eadem lente vitreo aucta.

Tab. 258. f. 2.

1 Planta magnitudine naturali. 2 Eadem aucta..

Tab. 258. f. 3.

1 Ramulus lente auctus.

Tab. 259.

1 Ramulus lente auctus.

Tab. 260.

1 Folium. 2 Folium lente auctum.

CLASSIS I.

MONANDRIA.

MONOGYNIA.

=====

CANNA.

CALYX persistens, tripartitus ; laciniis subæqualibus, lanceolatis, erectis, adpressis, corollâ brevioribus. Corolla sexpartita ; laciniis tribus exterioribus lanceolatis, erectis, acutis ; tribus interioribus majoribus. superne dilatatis ; alterâ reflexâ. Stamen unicum. Filamentum petaloideum. Anthera adnata, apice libera, unilocularis, hinc longitudinaliter dehiscens. Stylus petaloideus, ensiformis, inferne corollæ et filamento adhærens. Stigma lineare in margine styli. Capsula scabra, infera, trilocularis, trivalvis, polysperma. Semina globosa, receptaculo centrali affixa.

CANNA INDICA.

CANNA foliis ovatis, utrinque acuminatis. *Lin. Spec.* 1.—*Miller. Illustr. Ic.*
   —*Gærtner.* 1. *p.* 37. *t.* 12. *f.* 3. —*Lamarck. Illustr. n.* 1. *t.* 1.
Cannacorus latifolius vulgaris. *T. Inst.* 367. *t.* 192.—*Schaw. Specim. n.* 109.
Canna indica. *Clus. Hist.* 2. *p.* 81. *Ic.*
Gladiolus indicus. *Camer. Epit.* 731. *Ic.*
Arundo indica latifolia. *C. B. Pin.* 19. — *Theat.* 322. *Ic.* — *Matth. Com.*
   701. *Ic.* —*J. B. Hist.* 2. *p.* 489.
Arundo seu Canna indica Clusii. *Dalech. Hist.* 1001. *Ic.*
Canna indica rubra. *H. Eyst. Autum.* 2. *p.* 1. *fig.* 1.

Arundo indica florida. *Lob. Ic. 56.* — *Ger. Hist.* 3g. *Ic.*
Arundo indica latifolia sive florida. *Tabern. Ic.* 256. — *Moris. s. 8. t.* 14. *f.* 1.
Katu Bala. *Rheed. Malab.* 11. *p.* 85. *t.* 43.
Cannacorus. *Rumph. Amb.* 5. *p.* 177. *t.* 72. *f.* 2.
Canna indica. *Rivin.* 1. *t.* 112.
Canna indica flore rubro punctato. *Debry. Flor. t.* 18. — *Swert. t.* 32.

CAULIS herbaceus, erectus, 6—10 decimetr. , crassitie digiti, nodosus, subcompressus, simplex, quandoque superne divisus. Folia alterna, basi vaginantia, 3—6 decimetr. longa, 13—22 centimetr. lata, ovata, glabra, nitida, integerrima, utrinque angustata, acuminata; nervis transversis, obliquis, parallelis; juniora convoluta. Flores laxe spicati, terminales, sessiles aut subsessiles, solitarii vel bini, ex singula bractea. Bracteæ ovatæ, breves, deciduæ. Corolla rubra, sæpe punctata, quandoque flava; laciniis 3 exterioribus calycem mentientibus. Capsula subrotunda, exasperata, calyce persistente coronata. Semina plerumque 4—5, globosa, lævia, in singulo loculo.

COLITUR in hortis. ♃

SALICORNIA.

CALYX monophyllus, truncatus, persistens. Corolla nulla. Stamen unicum aut duplex, calyce longius. Stylus bifidus. Semen unicum, superum, calyce tectum.

SALICORNIA FRUTICOSA.

SALICORNIA caule erecto, fruticoso. *Lin. Spec.* 5. — *Lamarck. Illustr. n.* 34. *t.* 4. *f.* 2.
Salicornia geniculata sempervirens. *T. Cor.* 51. *t.* 485. — *Schaw. Specim. n.* 521.
Kali. *Camer. Epit.* 246. *Ic. bona.*
Kali geniculatum majus. *C. B. Pin.* 289.

FRUTEX 3—6 decimetr. , ramosus, erectus. Rami oppositi, numerosi, erecti, teretes, glabri, obtusi, articulati; articulis apice vaginulâ urceolatâ, utrinque emarginatâ coronatis. Flores dense spicati, terminales, sessiles, parvi, plerumque terni. Stylus exsertus. Semen exiguum, ovoideum.

HABITAT ad maris littora. ♄

SALICORNIA HERBACEA.

SALICORNIA patula ; articulis· apice compressis , emarginato-bifidis. *Lin. Spec.* 5.—*Œd. Dan. t.* 303.—*Pallas. Itin.* 1. *p.* 479. *t. A. f.* 1.—*Lamarck. Illustr. n.* 33. *t.* 4. *f.* 1.

Salicornia geniculata annua. *T. Cor.* 51.

Kali. *Matth. Com.* 364. *Ic.*—*Camer. Epit.* 247. *Ic.*—*J. B. Hist.* 3. *p.* 705. *n.* 1 , 2 , 3. *Ic.* —*Moris. s.* 5. *t.* 33. *f.* 8. *Exclus. syn. C. B.*

Salicornia sive Kali geniculatum vermiculatum. *Lob. Adv.* 170. *Ic. bona.*— *Ger. Hist.* 535. *Ic.*

Salicornia. *Dod. Pempt.* 82. *Ic.*

Kali geniculatum. *Barrel. t.* 192. — *Donati. Trat. p.* 55. *Ic.*

DIFFERT a præcedenti caule herbaceo, vix 3 decimetr. longo, ramosissimo.

HABITAT ad maris littora. ☉

Ex utraque specie et ex aliis plantis maritimis , in foveola coacervatis , ubi fere exsiccantur , sal alkali combustione obtinent Tunetani. Illud mercatoribus gallis vendunt qui Massiliam mittunt. Saponi conficiendo inservit.

SALICORNIA ARABICA.

SALICORNIA articulis obtusis, basi incrassatis ; spicis ovatis. *Lin. Spec.* 5.

Kali Arabum secundum genus. *Dalech. App.* 20. *Ic.*

Kali geniculatum alterum vel minus. *C. B. Pin.* 289.—*Moris. s. 5. t. 33. f.* 7.

HABITAT ad maris littora. ♄

DIGYNIA.

CALLITRICHE.

CALYX inferus , diphyllus. Corolla nulla Stamen unicum vel duplex. Styli duo. Semina quatuor , nuda , hinc membranaceomarginata. Flores hermaphroditi aut monoici.

CALLITRICHE VERNA.

CALLITRICHE foliis superioribus ovalibus; floribus androgynis. *Lin. Spec.* 6. —*Œd. Dan. t.* 129.—*Gærtner.* 1. *p.* 330. *t.* 68. *f.* 4.—*Lamarck. Ill. n.* 45. *t.* 5.

Lenticula palustris bifolia , fructu tetragono. *C. B. Pin.* 362.

Callitriche Plinii. *Col. Ecphr.* 1. *p.* 316. *Ic.*

Alsine aquatica surrectior. *J. B. Hist.* 3. *p.* 786. *Ic.*

Stellaria foliis petiolatis , subrotundis. *Hall. Hist. n.* 553.

A. Alsine aquis innatans, foliis longiusculis. *J. B. Hist.* 3. *p.* 786. *Ic.* —
  Vail. Bot. t. 32. *f.* 10. *Flos depictus.*

Stellaria aquatica. *Lob. Ic.* 792.

Stellaria foliis imis linearibus ; superioribus subrotundis. *Hall. Hist. n.* 554.

CAULES ramosi, filiformes, 3 decimetr. et ultra, aut breviores, pro
natali solo. Radices longæ, capillares, argenteæ, plerumque binæ ex singulo
nodo. Folia parva, petiolata, opposita, glabra, subcarnosa, obtusa,
integerrima ; inferiora sensim remotiora, longiora, angustiora, immersa ;
superiora orbiculatim in rosulas conferta, in superficie aquarum natantia.
Flores sessiles, solitarii, axillares, monoici. MASC. Calyx diphyllus,
candidus ; foliolis oppositis, concavis, lunatis. Stamen 1, rarius 2. Filamentum album, nitidum, teres, erectum, calyce longius. Anthera reniformis
ex apice filamenti, unilocularis, transversim superne dehiscens. FŒM.
Calyx idem. Styli 2, exserti, albi, subulati. Germina 4, supera. Semina
totidem, nuda, approximata, minima, hinc convexa et membranaceomarginata. Planta polymorpha. Folia mire ludunt pro locis ubi crescit.
In nonnullis floribus stamina 2 vidi. Alii flores hermaphroditos observa-
verunt ; ego constanter monoicos, licet in diversis locis et tempore diverso.

HABITAT in aquis stagnantibus Algeriæ.

CALLITRICHE AUTUMNALIS.

CALLITRICHE foliis omnibus linearibus, apice bifidis ; floribus hermaphroditis. *Lin. Spec.* 6. — *Gmel. Sib.* 3. *p.* 13. *t.* 1. *f.* 2.

Stellaria quæ Lenticula palustris angustifolia, folio in apice dissecto. *Loes:*
  Prus. 140. *Ic.* — *Vail. Bot.* 190.

Stellaria foliis omnibus linearibus. *Hall. Hist. n.* 555.

DIFFERT a præcedenti foliis linearibus, apice truncatis et emarginatis.
Floret Autumno. An species distincta ?

CLASSIS II.

DIANDRIA.

MONOGYNIA.

MONGORIUM. *Juss.*

Cᴀʟʏx octofidus , inferus. Corolla infundibuliformis ; limbo patente , octopartito. Bacca disperma.

MONGORIUM SAMBAC.

Nyctanthes Sambac ; foliis inferioribus cordatis, obtusis ; superioribus ovatis, acutis. *Lin. Spec. 8. — Hort. Ups. 4. — Gærtner. 2. p.* 109. *t.* 106. *f. 3.*

Jasminum arabicum. *Clus. Cur. post.* 6. *Ic. bona.*

Syringa arabica , foliis Mali aurantii. *C. B. Pin.* 398.

Jasminum sive Sambach Arabum. *J. B. Hist.* 2. *p.* 102. *Ic.*

Sambac. *Alpin. Ægypt.* 39. *t.* 20.

Flos Manoræ. *Rumph. Amb.* 5. *p.* 52. *t.* 30.

Jasminum seu Sambac Arabum, folio acuminato etc. *Till. Pis.* 87. *t.* 31.

Jasminum Limonii folio conjugato, flore odorato etc. *Burm. Zeyl.* 128. *t.* 58. *f.* 2.

Mongorium Sambac. *Lamarck. Illustr. n.* 52. *t.* 6. *f.* 1.

Fʟᴏʀᴇs suavissimum spirant odorem.

Iɴ hortis colitur. ♄

JASMINUM.

CALYX quinquedentatus aut quinquepartitus. Corolla tubulosa; limbo quinquepartito, patente. Stamina intra tubum. Bacca supera disperma. Semen alterum sæpe abortivum.

JASMINUM GRANDIFLORUM.

JASMINUM foliis oppositis, pinnatis ; foliolis extimis confluentibus. *Lin. Spec.* 9.

·Jasminum hispanicum, flore majore externe rubente. *J. B. Hist.* 2. *p.* 101 *et* 102. *Ic.* — *T. Inst.* 597.

Gelsiminum catalonicum. *Camer. Epit.* 37. *Ic. bona.* — *H. Eyst. Arb. æst.* 1. *p.* 13. *f.* 1.

Jasminum candidiflorum. *Tabern. Ic.* 885.

Jasminum puniceum. *Dalech. Hist.* 1431. *Ic.*

Pitsjegam-Mulla. *Rheed. Malab.* 6. *p.* 91. *t.* 52.

DIFFERT a J. officinali Lin. caule non scandente ; foliolis ovatis, obtusis, lævibus ; corollis duplo majoribus ; laciniis ellipticis, obtusis, subtus sæpe purpurascentibus. Frutex elegans. Flores odorati, amœni. E ramis fistulas ad hauriendum tabacum parant.

IN hortis colitur. 5

JASMINUM FRUTICANS.

JASMINUM foliis alternis, ternatis simplicibusque ; ramis angulatis. *Lin. Spec.* 9. — *Gærtner.* 1. *p.* 196. *t.* 42. *f.* 1. — *Lamarck. Illustr. n.* 63. *t.* 7. *f.* 2.

Jasminum luteum, vulgo dictum bacciferum. *C. B. Pin.* 398. — *T. Inst.* 597: — *Schaw. Specim. n.* 350.

Polemonium Monspeliensium. *Lob. Adv.* 389. *Ic.* — *H. Eyst. Arb. vern.* 1. *p.* 11. *f.* 4.

Trifolium fruticans. *Dod. Pempt.* 571. *Ic.*

Ruta baccifera. *Tabern. Ic.* 136. et Trifolium fruticans. 530.

FRUTEX 1—2 metr. Rami virgati, erecti, virides, angulosi, glabri. Folia petiolata, alterna ; foliolis ternis, quandoque quinis aut etiam

simplicibus, parvis, ellipticis, obtusis, nitidis. Gemma tuberculosa, axillaris.
Flores corymbosi e summitate ramorum. Pedunculi uni aut multiflori.
Calyx quinquepartitus; laciniis linearibus, tubo corollæ triplo brevioribus.
Corolla flava. Bacca elliptico-globosa, lucida, atropurpurea. Semina 2,
elliptica, compressa ; altero sæpe abortivo.

HABITAT in Atlante. ♄

LIGUSTRUM.

CALYX quadridentatus. Corolla tubulosa, quadrifida. Stamina
tubo vix longiora. Bacca supera, bilocularis, tetrasperma.

LIGUSTRUM VULGARE.

LIGUSTRUM foliis lanceolatis, acutis ; paniculæ pedicellis oppositis. *Lin.*
Syst. veget. 56. — *Spec.* 10.— *Miller. Dict. t.* 162.— *Bergeret. Phyt.* 1.
p. 185.—*Bulliard. Herb. t.* 295.—*Curtis. Lond. Ic.* — *Gærtner.* 2. *p.* 72.
t. 92. *f.* 6. — *Lamarck. Illustr. n.* 69. *t.* 7.
Ligustrum. *Camer. Epit.* 89. *Ic.* — *Fuchs. Hist.* 480. *Ic.*— *Lob. Ic.* 2. *p.* 131.
—*J. B. Hist.* 1. *p.* 528.—*Matth. Com.* 153. *Ic.*—*Trag.* 1005. *Ic. mala.*
— *Tabern. Ic.* 1040. — *H. Eyst. Arb. vern.* 1. *p.* 13. *f.* 2. — *Ger. Hist.*
1394. *Ic.* — *T. Inst.* 596. *t.* 367. — *Blakw. t.* 140. — *Swert.* 2.
t. 38. *f.* 4.
Phillyrea. *Dod. Pempt.* 775.
Le Troêne. *Regnault. Bot. Ic.*

FRUTEX 2—3 metr., ramosissimus. Rami oppositi, teretes, patentes ;
juniores glandulis subasperis conspersi. Folia opposita, lanceolata, integerrima, glabra, lævia, nunc obtusa, nunc acuta, 3—6 centimetr. longa,
13—16 millimetr. lata. Flores thyrsoidei, conferti, odorati. Calyx minimus,
urceolatus. Corolla alba, tubulosa; laciniis ovoideis, obtusiusculis. Stamina
2, opposita, tubo corollæ longiora. Antheræ candidæ, crassiusculæ,
oblongæ. Stylus 1, brevissimus. Stigma crassiusculum. Bacca subrotunda,
atropurpurea, bilocularis ; loculis dispermis. Semina oblonga, hinc convexa, inde angulata ; uno altero-ve sæpe abortiente.

HABITAT in collibus Algeriæ. ♄

PHILLYREA.

CALYX persistens, quadridentatus. Corolla quadripartita. Bacca bilocularis ; loculis monospermis. Nucleus unus sæpe abortivus.

PHILLYREA MEDIA.

PHILLYREA foliis ovato - lanceolatis., subintegerrimis. *Lin. Spec.* 10. — *Gærtner.* 2. *p.* 71. *t.* 92. *f.* 5.
Phillyrea folio Ligustri. *C. B. Pin.* 476. — *T. Inst.* 596. — *Schaw. Specim.* n. 474.
Phillyrea 3. *Clus. Hist.* 52. *Ic.* — *Tabern. Ic.* 1041. — *Matth. Com.* 155. *Ic.* — *Camer. Epit.* 90. *Ic. bona.*
Phillyrea narbonensis. *Lob. Ic.* 2. *p.* 131.
Phillyrea angustifolia 1. *Park. Theat.* 1444. *Ic.*
Phillyrea latiore folio. *Ger. Hist.* 1395. *Ic.* — *J. B. Hist.* 1. *p.* 539.

ARBOR 6—8 metr., dense ramosa ; ramis oppositis, erectis ; junioribus tuberculosis. Folia opposita, perennantia, rigida, lævia, glaberrima, subtus tenuissime punctata, lanceolata, nunc profunde, nunc læviter serrata. Petioli brevissimi. Flores axillares, numerosi, racemoso - corymbosi, conferti. Pedunculi breves. Squamulæ ovatæ, concavæ, coriaceæ, deciduæ, ad basim pedunculorum. Calyx minimus, urceolatus, quadridentatus. Corolla brevis, quadrifida, pallide flava. Stamina longitudine corollæ. Antheræ crassiusculæ. Bacca rotunda ; matura nigricans. Semina 2, ovata, hinc convexa ; altero sæpe abortiente.

HABITAT in Atlante. ♄

PHILLYREA LATIFOLIA.

PHILLYREA foliis cordato-ovatis, serratis. *Lin. Spec.* 10.—*Lamarck. Illustr.* n. 71. *t.* 8. *f.* 2.
Phillyrea latifolia spinosa. *C. B. Pin.* 476. — *T. Inst.* 596. — *Schaw. Specim. n.* 475.
Phillyrea 1. *Clus. Hist.* 51. *Ic.* — *Ger. Hist.* 1600. *Ic.*
Phillyrea folio Ilicis. *J. B. Hist.* 1. *p.* 532. *Ic.*

A. Lævis.

Phillyrea folio læviter serrato. *C. B. Pin.* 476. — *T. Inst.* 596. — *Park.*
Theat. 1444. *Ic.* Inferior ramulus dextrorsum spectans.
Phillyrea 2. *Clus. Hist.* 52. *Ic.* — *Tabern. Ic.* 1040. — *Ger. Hist.* 1395. *Ic.*
Phillyrea. *Camer. Epit.* 90. *Ic.* *
Phillyrea folio Alaterni. *J. B. Hist.* 1. *p.* 532. *Ic.*

DIFFERT foliis cordato-ovatis, brevioribus, obtusioribus. Ex accurata
observatione mihi innotuit nullos naturam posuisse limites inter P. mediam,
latifoliam et lævem.

HABITAT in Atlante. ♄

PHILLYREA ANGUSTIFOLIA.

PHILLYREA foliis lineari-lanceolatis, integerrimis. *Lin. Spec.* 10. — *Lamarck.*
Illustr. *n.* 72. *t.* 8. *f.* 3.
Phillyrea angustifolia. *Matth. Com.* 155. *Ic.* — *J. B. Hist.* 1. *p.* 538. *Ic.*
— *Lob. Ic.* 2. *p.* 132.
Phillyrea 4. *Clus. Hist.* 52. *Ic.* — *Camer. Epit.* 90. *Ic. bona.* — *Tabern. Ic.* 1041.
Phillyrea angustifolia 1 et 2. *C. B. Pin.* 476. — *T. Inst.* 596. — *Schaw.*
Specim. *n.* 473.
Phillyrea angustifolia 2. *Park. Theat.* 1444. *Ic. inferior.* — *Ger. Hist.* 1395. *Ic.*

MINOR præcedenti. Folia angusto-lanceolata, nunc integerrima, nunc
serrulata. Varietas P. mediæ. GERARD.

HABITAT in Atlante. ♄

O L E A.

CALYX quadridentatus. Corolla quadrifida. Drupa supera, fœta
nucleo plerumque monospermo. Nucleus bilocularis; loculo altero
sæpe obliterato. GÆRTNER.

OLEA EUROPÆA.

OLEA foliis lanceolatis. *Lin. Spec.* 11. — *Gærtner.* 2. *p.* 75. *t.* 93. *f.* 4. —
Lamarck. Illustr. *n.* 73. *t.* 8. *f.* 1.

1   2

Olea. *Trag.* 1061. *Ic.* — *Dalech. Hist.* 342. *Ic.*
Olea sativa. *C. B. Pin.* 472. — *Clus. Hist.* 26. *Ic.* — *Lob. Ic.* 2. *p.* 135. —
   J. B. Hist. 1. *p.* 1. *Ic.* — *T. Inst.* 599. — *Park. Theat.* 1438. *Ic.*
Olea domestica. *Matth. Com.* 177. *Ic.* — *Camer. Epit.* 110. *Ic.* — *Tabern. Ic.*
   1036. — *Ger. Hist.* 1392. *Ic.* 1.

A. Olea sylvestris, folio duro subtus incano. *C. B. Pin.* 472. — *T.*
   Inst. 599.
Olea sylvestris. *Clus. Hist.* 26. *Ic.* — *Matth. Com.* 177. *Ic.* — *Camer.*
   Epit. 109. *Ic.* — *Park. Theat.* 1438. *Ic.* — *Ger. Hist.* 1392. *Ic.* 2.

COLITUR Olea per totam Barbariam et præsertim in regno tunetano.
Pulcherrimas Olearum plantationes vidi circa Tunetum, Souse, Hammamet,
Sfax, Cafsam, Neftam et Tozzer. Oleum in Barbaria non optimum, incolis
perficiendi artem ignorantibus. Magnam quotannis olei copiam ad sapo-
nes parandos mercatores galli Massiliam e Barbaria mittunt.

IN vallibus humidis et solo pinguiori ad altitudinem 13 metr. et
ultra sponte crescunt Oleæ sylvestres, et licet incultæ oleum tamen non
spernendum præbent.

VERONICA.

CALYX persistens, quadri aut quinquepartitus. Corolla rotata,
quadripartita; lacinia inferiore minore. Capsula supera, obcordata,
rarius ovata vel didyma, bivalvis, bilocularis, polysperma.

* *Corymboso-racemosæ.*

VERONICA SERPYLLIFOLIA.

VERONICA racemo terminali, subspicato; foliis ovatis, glabris, crenatis.
   Lin. Spec. 15. — *Œd. Dan. t.* 492. — *Bergeret. Phyt.* 1. *p.* 215. *Ic.* —
   Krocker. Siles. Ic. t. 4. — *Curtis. Lond. Ic.*
Veronica pratensis serpyllifolia. *C. B. Pin.* 247. — *T. Inst.* 144.
Veronica minor serpyllifolia. *Lob. Ic.* 472.
Veronica pratensis. *Dod. Pempt.* 41. *Ic.*

Veronica fœmina quibusdam. *J. B. Hist. 3. p.* 285. *Ic.*
Veronica minima repens. *Rivin.* 1. *t.* 99.
Veronica pratensis Nummulariæ folio, flore cœruleo. *Pluk. t.* 233. *f.* 4.

CAULES repentes, ascendentes, 1—2 decimetr., graciles. Folia parva, glabra, ovata, obtusa, inferiora opposita, superiora alterna, lævissime denticulata, rarius integerrima. Flores interrupte racemosi, solitarii, axillares, pedicellati; pedicellis folio brevioribus. Calycis laciniæ ovatæ, obtusæ. Corolla cœrulea, quandoque alba. Capsula glabra, obcordata, compressa.

HABITAT in agris incultis. ♃

VERONICA BECCABUNGA.

VERONICA racemis lateralibus; foliis ovatis, planis; caule repente. *Lin. Spec.* 16. — *Œd. Dan. t.* 511. — *Bergeret. Phyt.* 1. *p.* 211. *Ic.* — *Curtis. Lond. Ic.*
Anagallis aquatica major, folio subrotundo. *C. B. Pin.* 252. — *T. Inst.* 145.
Sion non odoratum. *Trag.* 188. *Ic.*
Berula seu Anagallis aquatica. *Tabern. Ic.* 719.
Sium. *Fusch. Hist.* 725. *Ic.*
Anagallis aquatica. *Lob. Ic.* 466. — *Blakw. t.* 48.
Anagallis aquatica vulgaris, sive Beccabunga. *Park. Theat.* 1236. *Ic.*
Beccabunga. *Rivin.* 1. *t.* 100.
Anagallis sive Beccabunga. *Ger. Hist.* 620. *Ic.*
Veronica foliis ovatis, serratis, glabris; ex alis racemosa. *Hall. Hist. n.* 534.
Le Becabunga. *Regnault. Bot. Ic.*

CAULIS farctus, inferne repens, teres, glaber. Folia opposita, ovata, glabra, nitida, lævissima, subcarnosa, denticulata, obtusa. Petiolus brevis. Racemi florum axillares, laxi, solitarii. Corolla cœrulea, calyce paulo longior. Capsula globosa, biloba. Semina minutissima.

HABITAT in rivulis Algeriæ. ♃

VERONICA ANAGALLIS.

VERONICA racemis lateralibus; foliis lanceolatis, serratis; caule erecto. *Lin. Spec.* 16. — *Œd. Dan. t.* 903. — *Bergeret. Phyt.* 1. *p.* 209. *Ic.* — *Curtis. Lond. Ic.*

Anagallis aquatica major et minor, folio oblongo. *C. B. Pin.* 252.—*Ger.*
　　Hist. 620. *Ic.*
Veronica aquatica major et minor, folio oblongo. *T. Inst.* 145.—*Schaw.*
　　Specim. n. 612.—*Moris. s.* 3. *t.* 24. *f.* 25.
Berula major. *Tabern. Ic.* 719.
Anagallis aquatica flore cœruleo. *J. B. Hist.* 3. *p.* 791. *Ic.*
Beccabunga minor. *Rivin.* 1. *t.* 100.
Veronica foliis lanceolatis, serratis, glabris; ex alis racemosa. *Hall. Hist.*
　　n. 533.

CAULES fistulosi, nunc erecti nunc fluitantes, læves, radicularum fasciculos inferne sæpe emittentes. Folia opposita, sessilia, lanceolata
aut ovato-lanceolata, glaberrima, serrata. Flores laxe racemosi. Racemi
axillares, longi, ascendentes. Corolla longitudine calycis, cœrulea aut alba
et venis roseis picta. Capsula didyma, subemarginata, polysperma.
Semina minutissima.

HABITAT Algeriâ ad rivulorum ripas. ☉

VERONICA SCUTELLATA.

VÈRONICA racemis lateralibus; pedicellis pendulis; foliis linearibus, inte-
gerrimis. *Lin. Spec.* 16.—*Œd. Dan. t.* 209.—*Bergeret. Phyt.* 1. 207. *Ic.*
　　— *Curtis. Lond. Ic.*
Anagallis aquatica angustifolia scutellata. *C. B. Pin.* 252.—*J. B. Hist.*
　　3. *p.* 791. *Ic.*— *Moris. s.* 3. *t.* 24. *f.* 27.
Veronica aquatica angustiore folio. *T. Inst.* 145.
Anagallis aquatica 4. *Lob. Ic.* 467.
Veronica palustris angustifolia. *Rivin.* 1. *t.* 96.
Veronica foliis lineari-lanceolatis; racemis ex alis paucifloris. *Hall. Hist.*
　　n. 532.

PLANTA glabra, rarius villosa. Caulis debilis, procumbens, basi radi-
cans. Folia horisontalia, sessilia, opposita, lineari-lanceolata aut lanceolata, acuta, subdenticulata. Racemi axillares, laxi, filiformes, flexuosi.
Pedicelli capillares. Bracteæ minimæ. Corolla alba vel rosea, calyce duplo
longior. Capsula plana, orbiculata, biloba, polysperma.

HABITAT Algeriâ in paludibus. ♃

VERONICA ROSEA.

VERONICA caule ascendente, fruticoso; foliis pinnatifidis; racemis terminalibus.

CAULES fruticosi, teretes, filiformes, pubescentes, ascendentes, 1 — 2 decimetr., plures ex eodem cespite. Folia 1 — 2 centimetr. longa, 5 — 7 millimetr. lata, glabra; inferiora cuneiformia, dentata, obtusa, in petiolum decurrentia; media et superiora pinnatifida; laciniis inæqualibus, acutiusculis; lobo terminali paulo majore. Racemi terminales, plerumque bini aut terni, 6 — 8 centimetr., inferne nudi. Flores numerosi, conferti, pedicellati. Bracteola linearis, pedicello paulo brevior. Calyx quadripartitus; laciniis lineari - lanceolatis, inæqualibus. Corolla rotata, rosea, magnitudine V. Teucrii Lin.; laciniis ovatis, obtusis; inferiore minore. Capsulam non vidi. Affinis V. austriacæ Jacq. Differt caule fruticoso, ascendente; racemis terminalibus; corollâ roseâ. Floret Æstate.

HABITAT in Atlante prope Tlemsen. ♄

* * *Pedunculis unifloris.*

VERONICA AGRESTIS.

VERONICA floribus solitariis; foliis cordatis, incisis; pedunculo brevioribus. *Lin. Spec.* 18. — *Œd. Dan. t.* 449. — *Curtis. Lond. Ic.* — *Bergeret. Phyt.* 1. *p.* 9. *Ic.*

Veronica flosculis oblongis pediculis insidentibus, Chamædryos folio. *T. Inst.* 145. — *Moris. s.* 3. *t.* 24. *f.* 22.

Alsine Chamædrifolia, flosculis pediculis oblongis insidentibus. *C.B. Pin.* 250.

Alsine media. *Fusch. Hist.* 22. *Ic. bona.*

Alsine spuria altera. *Dod. Pempt.* 31. *Ic.*

Alsine foliis Trissaginis. *Lob. Ic.* 464. — *Tabern. Ic.* 711. — *Park. Theat.* 764. *Ic.* — *Ger. Hist.* 616. *Ic.*

Alsine serrato folio glabro. *J. B. Hist.* 3. *p.* 366. *Ic.*

Veronica foliis Chamædryos. *Rivin.* 1. *t.* 99.

Veronica caule procumbente; foliis petiolatis, ovatis, crenatis. *Hall. Hist. n.* 549.

CAULES ex eodem cespite plures, villosi, teretes, graciles, procumbentes aut prostrati, 1—2 decimetr. Folia inferiora opposita, superiora alterna, nunc glabra nunc hirsuta, ovata aut cordata, obtusa, parva, dentata; dentibus obtusiusculis. Petiolus brevis. Flores solitarii, axillares. Pedicellus filiformis, maturo fructu deflexus, folio plerumque longior. Calyx quadripartitus; laciniis ovatis. Corolla cœrulea, rarius alba, parva, calycem vix superans. Capsula pubescens, calyce brevior, biloba; lobis subrotundis. Semina 12—15, minima, hinc convexa, inde excavata. Floret primo Vere.

HABITAT in arvis. ☉

VERONICA ARVENSIS.

VERONICA floribus solitariis; foliis cordatis, incisis, pedunculo longioribus. *Lin. Spec.* 18. — *Œd. Dan. t.* 515. — *Curtis. Lond. Ic.* — *Bergeret. Phyt.* 1. *p.* 213. *Ic.*

Alsine Veronicæ foliis, flosculis cauliculis adhærentibus. *C. B. Pin.* 250.

Veronica flosculis cauliculis adhærentibus. *T. Inst.* 145. — *Schaw. Specim. n.* 614.

Alyssum. *Col. Phytob. t.* 8.

Alsine serrato folio hirsutiori, etc. *J. B. Hist.* 3. *p.* 367. *Ic.*

Alsine foliis subrotundis Veronicæ. *Park. Theat.* 762. *Ic.*

Alsine foliis Veronicæ. *Tabern. Ic.* 712. — *Ger. Hist.* 613. *Ic.*

Veronica caule erecto; foliis ovatis, subhirsutis, dentatis; petiolis brevissimis. *Hall. Hist. n.* 548.

CAULIS erectus, simplex vel basi tantum ramosus, 1—2 decimetr., subvillosus, filiformis. Folia parva; inferiora, opposita, ovata aut cordata, obtusa, inæqualiter dentata, brevissime petiolata; media sessilia, alterna; superiora lanceolata, integerrima. Flores solitarii, axillares, sessiles. Calycis laciniæ sublineares, acutæ, distinctæ. Corolla calyce brevior. Capsula obcordata, plana. Semina compressa. Caules nonnunquam ramoso-paniculati.

HABITAT in arvis incultis. ☉

VERONICA HEDERÆFOLIA.

VERONICA floribus solitariis; foliis cordatis, planis, quinquelobis. *Lin. Spec.* 19. — *Œd. Dan. t.* 428. — *Bergeret. Phyt.* 1. *p.* 11. *Ic.* Semina male expressa. — *Curtis. Lond. Ic.*

Alsine Hederulæ folio. *C. B. Pin.* 250.

Veronica Cymbalariæ folio verna. *T. Inst.* 145.

Alsine hederacea. *Tabern. Ic.* 711. — *Ger. Hist.* 616. *Ic.*

Morsus gallinæ , folio Hederulæ. *Lob. Ic.* 463.

Alsine folio Hederulæ minor. *Park. Theat.* 762. *Ic.*

Alsine spuria prior , sive Morsus gallinæ. *Dod. Pempt.* 31. *Ic.*

Alsine genus Fuschio, folio Hederulæ hirsuto. *J. B. Hist.* 3. *p.* 368. *Ic.*

Veronica Hederulæ folio. *Moris. s.* 3. *t.* 24. *f.* 20.

Veronica folio Hederæ. *Rivin.* 1. *t.* 99.

Veronica caule procumbente ; foliis lobatis ; petiolis unifloris. *Hall. Hist.* *n.* 550.

PLANTA tota villosa, prostrata. Folia omnia petiolata, cordata aut ovata, tri ad quinque loba ; lobo intermedio majore. Pedicellus petiolo longior. Calyx tetragonus. Laciniæ ovatæ , margine conniventes , ciliatæ. Corolla pallide cœrulea, calyce brevior. Capsula biloba ; lobis rotundatis. Semina bina in singulo loculo , hinc rotundata , inde umbilicata , longe majora quam in V. agresti Lin.

HABITAT in arvis Algeriæ. ☉

V E R B E N A.

CALYX persistens , quinquefidus. Corolla tubulosa, inæqualis ; limbo quadri aut quinquelobo. Stamina duo vel quatuor didynama. Semina duo aut quatuor nuda aut vestita. Folia opposita.

VERBENA NODIFLORA.

VERBENA tetrandra; spicis capitato-conicis; foliis serratis; caule repente. *Lin. Spec.* 28.

Verbena nodiflora. *Matth. Com.* 742. *Ic.* — *C. B. Pin.* 269. — *Prodr.* 125. — *Dodart. Ic.* — *Imperati.* 673. *Ic.* — *J. B. Hist.* 3. *p.* 444. *Ic.* — *Moris. s.* 11. *t.* 25. *f.* 8.

Verbena repens nodiflora. *Park. Theat.* 675. *Ic.*

Verbena nodiflora capite oblongo , seu V. nodiflora Imperati. *Barrel. t.* 855.

Zapania nodiflora. *Lamarck. Illustr. n.* 248. *t.* 17. *f.* 2.

CAULES repentes , ramosi , graciles , pubescentes. Folia obovata , seu cuneiformia , parva , rigidula, crassiuscula , superne dentata , petiolata. Pedunculi axillares , solitarii , filiformes. Capitula florum densissima , nunc oblonga nunc rotunda, basi involucrata. Bracteæ ellipticæ, obtusæ. Calyx parvulus , compressus. Corolla minuta , rosea aut alba.

HABITAT ad rivulorum ripas prope Cafsam. ♃

VERBENA OFFICINALIS.

VERBENA tetrandra ; spicis filiformibus , paniculatis ; foliis multifido-laciniatis ; caule solitario. *Lin. Spec.* 29. — *Œd. Dan. t.* 628. — *Bulliard. Herb. t.* 215. — *Curtis. Lond. Ic.* — *Lamarck. Illustr. n.* 236. *t.* 17. *f.* 1.

Verbena communis cœruleo flore. *C. B. Pin.* 269. — *T. Inst.* 200. — *Dodart. Ic.* — *Moris. s.* 11. *t.* 25. *f.* 1.

Verbena vulgaris. *Clus. Hist.* 2. *p.* 45. *Ic.* — *J. B. Hist.* 3. *p.* 443. *Ic.* — *Rivin.* 1. *t.* 56. — *Blakw. t.* 41. — *Park. Theat.* 675. — *Ger. Hist.* 718. *Ic.*

Verbena erecta sive mas. *Dod. Pempt.* 150. — *Tabern. Ic.* 132.

Verbena mascula. *Brunsf.* 1. *p.* 119. *Ic.*

Verbenaca. *Matth. Com.* 742. *Ic.* — *Camer. Epit.* 797. *Ic.* — *Trag.* 210. *Ic.*

Verbena foliis tripartitis , rugosis ; spicis nudis , gracilissimis. *Hall. Hist. n.* 219.

La Verveine. *Regnault. Bot. Ic.*

CAULES ex eadem radice plures , erecti , tetragoni , striati , læves aut subvillosi, nunc virides , nunc purpurascentes , 3—6 decimetr. Rami oppositi , brachiati. Folia opposita , patentia , quandoque reflexa , rugosa , hirsuta villis brevibus , in petiolum decurrentia , ovata , plerumque triloba ; lobis inæqualiter inciso-dentatis ; laciniis obtusis ; lobo intermedio longe majore. Spicæ terminales , tenues , interruptæ. Flores solitarii, sessiles, parvi. Bractea minima, calyci adpressa. Calyx pubescens , quadripartitus ; laciniis strictis , erectis, acutis , tubo corollæ brevioribus. Corolla parva , pallide cœrulescens , quinqueloba ; lobis rotundatis. Faux villis clausa. Stamina 4 in summitate tubi. Filamenta nulla. Antheræ luteæ. Stylus brevis. Stigma capitatum. Semina 4 , minuta , oblonga , extus rotundata , striata , calyce tecta.

HABITAT in arvis Algeriæ. ♃

VERBENA SUPINA.

VERBENA tetrandra ; spicis filiformibus , solitariis ; foliis bipinnatifidis.
Lin. Spec. 29.
Verbena tenuifolia. *C. B. Pin.* 269.—*T. Inst.* 200.—*Moris. s.* 11. *t.* 25. *f.* 7.
Verbena supina. *Clus. Hist.* 2. *p.* 46. *Ic.*—*Dod. Pempt.* 150. *Ic.*
Verbenaca supina sive fœmina. *Tabern. Ic.* 132.—*J. B. Hist.* 3. *p.* 444. *Ic.*
—*Park. Theat.* 675. *Ic.*
Sacra Verbena hispanica minor. *Lob. Ic.* 535. — *Ger. Hist.* 718. *Ic.* 2.

AFFINIS præcedenti, sed longe minor. Differt caulibus prostratis, villosis ;
foliis parvis , pinnatifido-laciniatis ; floribus densius confertis , duplo
minoribus. Varietatem vidi in Horto Parisiensi erectam et fere glabram.

HABITAT in arvis incultis Algeriæ. ⊙

LYCOPUS.

CALYX persistens , quinquefidus ; dentibus setaceis. Corolla
subæqualis , quadrifida. Stamina distantia. Germen superum.
Semina quatuor , calyce tecta.

LYCOPUS EUROPÆUS.

LYCOPUS foliis sinuato-serratis. *Lin. Spec.* 30.—*Bergeret. Phyt.* 2. *p.* 153.
Ic. — *Curtis. Lond. Ic.* — *Lamarck. Illustr. n.* 262. *t.* 18.
Marrubium palustre glabrum. *C. B. Pin.* 230.
Lycopus palustris glaber. *T. Inst.* 191. — *Schaw. Specim. n.* 404.
Marrubium aquaticum. *Trag.* 9. *Ic.* — *Dod. Pempt.* 595. *Ic.* — *Ger. Hist.*
700. *Ic.*
Sideritis 1. *Matth. Com.* 711. *Ic.*—*Camer. Epit.* 746. *Ic.*
Marrubium aquaticum vulgare etc. *Lob. Ic.* 524. — *Park. Theat.* 1230.
Pseudo-Marrubium aquaticum. *Moris. s.* 11. *t.* 9. *f.* 20.—*Rivin.* 1. *t.* 22.
Lycopus foliis acute serratis et appendiculatis. *Hall. Hist. n.* 220.

CAULIS erectus , 3—6 decimetr. , tetragonus , quadrisulcus. Rami oppositi , patentes. Folia lato-lanceolata , rugosa , acuta , transversim sulcata ,
profunde serrata , pubescentia aut glabra. Petioli brevissimi. Flores dense

verticillati , sessiles. Bracteæ minimæ. Corolla parva , alba , punctis rubris conspersa. Stamina 2 , sæpe corollâ longiora ; 2 alteris emarcidis et abortivis.

HABITAT in paludibus Algeriæ. ♃

ZIZIPHORA.

CALYX persistens , gracilis , elongatus , striatus , quinquedentatus. Corolla labiata ; limbo quadrilobo ; lobis rotúndatis. Germen superum. Semina quatuor calyce tecta.

Nᵃ. IDEM. genus cum Cunila. Stamina in utroque 2 fertilia , 2 sterilia.

ZIZIPHORA TENUIOR.

ZIZIPHORA floribus lateralibus ; foliis lanceolatis. *Lin. Spec.* 31.—*Lamarck. Illustr. n.* 268. *t.* 18. *f.* 2.
Acinos syriaca folio tenuiore , capsulis hirtis. *Moris. s.* 11. *t.* 19. *f.* 4.
Clinopodium orient. hirsutum , foliis inferioribus Ocymum , superioribus Hyssopum referentibus. *T. Cor.* 12.

PLANTA 10—16 centimetr. , ramosa , erecta. Caules tetragoni , superne incrassati , pubescentes. Folia lanceolata , ciliata , denticulata aut integerrima , in petiolum decurrentia , subtus nervosa ; nervis obliquis. Flores verticillati , spicati , singuli pedicellati. Spica 2—5 centimetr. Calyx teres , gracilis , elongatus , striatus , qninquedentatus ; dentibus subulatis. Faux villis clausa.· Corolla parva. Tubus filiformis , calyce paulo longior. Labium superius integrum ; inferius trilobum ; lobis circinatis. Bracteæ lanceolatæ , oppositæ , floribus longiores. Stamina 2 fertilia , 2 sterilia.

HABITAT in collibus incultis. ☉

ZIZIPHORA CAPITATA.

ZIZIPHORA capitulis terminalibus ; foliis ovatis. *Lin. Spec.* 31. —*Lamarck. Illustr. n.* 266. *t.* 18. *f.* 3.
Thymus humilis latifolius. *Buxb. Cent.* 3. *p.* 28. *t.* 51. *f.* 1.
Clinopodium fistulosum pumilum Indiæ occidentalis , summo caule floridum. *Pluk. t.* 164. *f.* 4.

Clinopodium humile chalepense purpureum , breviori folio , Ziziphorum dictum. *Moris. s.* 11. *t. 8. f. 5.*

DIFFERT a præcedenti floribus capitatis, terminalibus; bracteis quatuor, ovatis , acutis , capitulum cingentibus.

HABITAT in collibus arenosis. ♃

ROSMARINUS.

CALYX persistens. Corolla labiata. Labium superius bifidum. Filamenta arcuata , dente laterali instructa. Germen superum. Semina quatuor, calyce tecta.

ROSMARINUS OFFICINALIS.

ROSMARINUS. *Lin. Spec. 33.*
Rosmarinus spontaneus latiore folio. *C. B. Pin.* 217.—*T. Inst.* 195.— ·
Schaw. Specim. n. 513.

HABITAT in montibus arenosis et incultis. ♄

SALVIA.

CALYX persistens , quinquedentatus. Corollæ labium superius falcatum. Filamenta staminum transversim pedicello adnexa. Germina quatuor , supera. Semina calyce tecta.

SALVIA ÆGYPTIACA.

SALVIA foliis lineari-lanceolatis, denticulatis ; floribus pedunculatis. *Lin. Spec.* 33. —*Jacq. Hort. t.* 108.
Horminum ægyptium minimum ramosissimum. *Boerh. Index.* 166.
Melissa perennis ; floribus verticillatis , utrinque ternis , pedunculatis ; foliis oblongis , crenatis. *Forsk. Arab.* 108

PLANTA cinerei coloris, 16—27 centimetr. , ramosissima, erecta. Rami graciles , hirsuti pilis brevibus , retroversis. Folia angusto - lanceolata , rugosa , undulata , denticulata , in petiolum decurrentia , 4—7 millimetr. lata , 18 — 27 longa. Verticilli distincti , inferiores sexflori , superiores biflori; floribus pedicellatis ; terminalibus abortivis. Bracteæ minimæ , ovatæ , acutæ , pedicello breviores. Calyx villosus , striatus. Labium superius brevius , bidentatum ; ore ciliato. Corolla albâ , parva , punctata. Labium superius brevissimum.

COLITUR in arenis prope Cafsam. ☉

S A L V I A   O F F I C I N A L I S.

SALVIA foliis lanceolato-ovatis , integris , crenulatis ; floribus spicatis ; calycibus acutis. *Lin. Spec. 34.—Bergeret. Phyt. 2. p. 89. Ic.*
Salvia major , an Sphacelus Theophrasti? *C. B. Pin. 237. — T. Inst. 180.*
Salvia latifolia. *Trag. 52. Ic. — Camer. Epit. 475. Ic.—Rivin. 1. t. 71.*
Salvia major. *Matth. Com. 524. Ic. — Tabern. Ic. 370.—Fuchs. Hist. 248. Iç.*
   —Dod. Pempt. 290. Ic.—Lob. Ic. 554.—J. B. Hist. 3. p. 304. Ic.

FRUTEX ramosus , 6—7 decimetr. Rami juniores tomentosi , candidi. Folia lanceolata , opposita , rugosa , brevissime petiolata , 13—22 millimetr. lata , 5 centimetr. longa , sæpe basi biaurita , cinereo - candida. Verticilli sexflori , approximati , distincti. Bracteæ ovatæ , acutæ , deciduæ. Calyx bilabiatus , striatus , quinquedentatus , denticulis acutis ; tribus superioribus subæqualibus , minoribus. Corollæ labium superius obtusum , emarginatum ; inferius trilobum ; lobis lateralibus retroflexis ; intermedio majore , bilobo.

HABITAT in collibus. ♄

S A L V I A   V I R I D I S. Tab. 1.

SALVIA foliis cordato-ovatis , obtusis , æqualiter crenatis ; calycibus quadridentatis , teretibus ; fructiferis nutantibus.
Salvia foliis oblongis , crenatis ; corollarum galea semi-orbiculata ; calycibus fructiferis reflexis. *Lin. Spec. 34.—Jacq. Misc. 2. p. 366. et Icones.*
Horminum Salviæ foliis ac sativi facie , viscosum purpureo - violaceum rigidius. *H. Cath. Suppl. Alt. 38. Vail. Herb.*

A. Horminum orientale annuum sativo simile , coma carens , flore violaceo. *T. Cor. 10. — Aubriet. Pict.*

FACIES omnino S. Hormini Lin. Caulis erectus vel basi decumbens, ramosus, hirsutus villis longiusculis. Folia cordata et ovata, obtusa, rugosa, pubescentia, æqualiter et læviter crenata, 18—26 millimetr. lata, 2—4 centimetr. longa; inferiora longe petiolata; petiolis hirsutis. Verticilli sexflori; inferiores distincti et sæpe remoti; superiores confluentes. Bracteæ magnæ, cordatæ, acutæ, hirsutæ; inferiores crenatæ, calyce longiores; interiores aliæ plerumque quatuor, lineari-subulatæ, ciliatæ. Flores S. Hormini Lin. Pedicelli breves. Calyx villosus, elongatus, profunde striatus, quadridentatus; dèntibus acutis, brevibus; perfectâ fructificatione nutans. Labium superius emarginatum. Corolla parva, rosea, calyce tertiâ parte longior. Labium superius semi-orbiculatum, obtusiusculum; inferius trilobum; lobo intermedio concavo, emarginato, dilutiore. Filamenta arcuata, transversim pedicellata. Stylus 1, corollâ brevior. Stigmata 2, minima. Semina 4, fusca, subcompressa. Adde comam coloratam et S. Horminum erit. An non varietas? Species hîc descripta eadem ac Tournefortii Cor. In Salvia viridi Lin. et Jacq. labium superius corollæ cœruleum, in nostra roseum. Cæterum simillimæ.

HABITAT in collibus circa Tunetum. ⊙

SALVIA VERBENACA.

SALVIA foliis serratis, sinuatis, læviusculis; corollis calyce angustioribus. *Lin. Spec.* 35.—*Bergeret. Phyt.* 2. *p.* 99. *Ic. bona.*
Horminum sylvestre Lavandulæ flore. *C. B. Pin.* 239. — *T. Inst.* 178. — *Schaw. Specim. n.* 335.

A. Horminum Verbenacæ laciniis angustifolium. *Triumf. Obs.* 66. *Ic. bona.* —*Schaw. Specim. n.* 336.

B. Horminum sylvestre minus, inciso folio, flore azureo. *Barrel. t.* 208.

C. Horminum minus, subrotundo scabro folio. *Barrel. t.* 207.

CAULIS 3—6 decimetr., erectus, hirsutus, ramosus, quandoque simplex. Folia glabra aut vix hirsuta, rugosa, ovato-oblonga seu elliptica, sinuata, sæpe erosa, inæqualiter dentata, dentibus obtusis, 5—8 centimetr. longa; 2—5 lata petiolata; petiolis superne planis; superiora sessilia. Verticilli sexflori. Calyx patens, villosus, striatus, subcompressus, bilabiatus. Labium superius bi aut tridentatum; dentibus vix conspicuis. Corolla parva, dilute cœrulea, calyce duplo longior. Labium superius emarginatum ; inferius trilobum ; lobo intermedio excavato. Bracteæ cordatæ, acutæ; inferiores longitudine florum ; superiores breviores.

A. Minor. Folia inæqualiter et profunde laciniata.

B. Folia nunc ovata, nunc ovato-oblonga, sinuato-repanda, paululum rugosiora. Flores intense cœrulei.

C. Differt foliis cordato-rotundatis, inciso-lobatis. Flores omnino præcedentis.

HABITAT in arvis.

SALVIA BICOLOR. Tab: 2.

SALVIA foliis cordato-oblongis ; ramis virgatis ; bracteis reflexis ; calycibus nutántibus ; corollæ lobo inferiore intermedio saccato.
Salvia foliis cordato-hastatis, inæqualiter dentatis ; spicis nudis, prælongis ; corollarum barba candida, saccata. *Lamarck. Illustr. n.* 3oo.

FOLIA cordato-oblonga, rugosa, subvillosa, 5 — 12 centimetr. lata, 1—3 decimetr. longa; inferiora obtusa, petiolata, in petiolum decurrentia, inæqualiter sinuato-dentata, sæpe eroso-laciniata ; laciniis acutis, inæqualibus ; caulina superiora connata, sessilia, acuta. Caulis 9—12 decimetr., pubescens, tetragonus ; angulis obtusis. Rami floriferi virgati, erecti, pubescentes, cubitales et ultra. Bracteæ ovato-lanceolatæ, acuminatæ, deflexæ, pubigeræ, pedicellis longiores. Verticilli plerumque sexflori, approximati. Flores pedicellati, ante et post florescentiam nutantes. Calyx quinquedentatus ; dente superiore intermedio brevissimo. Corolla magnitudine S. pratensis Lin. Labium superius falcatum, cœruleo-violaceum ; villosum, sæpe punctis albidis conspersum ; inferius album. Lobi laterales productiores, acuminati ; intermedius maximus, saccatus, nonnunquam emarginatus. Filamenta arcuata, pedicellata; pedicellis brevissimis. Stylus exsertus. Stigmata 2, acuta. Semina fusca, lævia, subrotunda. Species pulcherrima. Floret primo Vere. In hortis folia inferiora non erosa, sed crenato-sinuata.

HABITAT inter segetes circa Tlemsen. ♂

SALVIA ALGERIENSIS. Tab. 3.

SALVIA foliis inferioribus ovatis, crenatis, in petiolum decurrentibus; calycibus dentato-spinosis, nutantibus ;· bracteis reflexis.

A. Sclarea africana præcox annua. *Vail. Herb.*

CAULIS erectus, hirsutus, 6—9 decimetr., tetragonus; angulis obtusis. Rami longi, virgati, erecti. Folia glabra; inferiora ovato-oblonga, crenata, obtusa, 2—5 centimetr. lata, 8—16 longa, in petiolum brevem decurrentia; media et superiora pauca, sessilia, lanceolata, acuta, sæpe integerrima. Verticilli bi quadri aut sexflori, distincti. Flores pedicellati, ante et post florescentiam nutantes. Bracteæ ovatæ, acutæ, reflexæ. Calyx hirsutus, striatus, quinquedentatus; dentibus apice setaceo-spinosis; tribus superioribus brevioribus. Corolla cœrulea, magnitudine S. pratensis Lin. Labium superius villosum, falcatum, compressum; inferius trilobum; lobo intermedio majore, concavo. Filamenta arcuata, transversim pedicello brevi affixa. Stylus exsertus. Semina fusca, subrotunda, calyce tecta. Affinis præcedenti. Differt caule hirsuto; foliis ovato-oblongis, crenatis, nec erosis aut sinuato-crenatis.

HABITAT in Atlante prope Maiane Algeriæ. ⊙

SALVIA CLANDESTINA.

SALVIA foliis serratis, pinnatifidis, rugosissimis; spica obtusa; corollis calyce angustioribus. *Lin. Spec. 36.*
Horminum sylvestre inciso folio, cæsio flore, italicum. *Barrel. t. 220.*

FOLIA radicalia petiolata, rugosissima, subtus tomentosa, margine reflexa, pinnatifida; pinnulis sublinearibus, distinctis, inæqualibus, obtusis, inæqualiter dentatis. Caulis 16—22 centimetr., erectus, inferne ramosus, hirsutus, tetragonus. Verticilli approximati, sexflori. Flores subsessiles. Bracteæ ovatæ, calyce breviores. Calyx brevis, hirsutus. Labium superius compressum, rotundatum, emarginatum; inferius bidentatum; dentibus acuminatis. Corolla cœrulea, calyce triplo fere longior.

ICON Barrelieri folia minus profunde pinnatifida et pinnulas latiores repræsentat. An varietas aut species distincta ?

HABITAT in arenis prope Cafsam.

S A L V I A   F Œ T I D A .

SALVIA fruticosa ; foliis cordato-ovatis , rugosissimis , villosis ; floribus verticillato-spicatis ; calycibus fructiferis compressis.

Salvia foliis cordatis , inæqualiter dentatis , rugosissimis ; bracteis cordato-acutis , ciliatis , longitudine calycum. *Lamarck. Illustr. n.* 295.

An Marum ægyptiacum ? *Alpin. Ægypt.* 212. *Ic.* — *Exot.* 252. *Ic.*

Sclarea tingitana fœtidissima hirsuta , flore albo. *T. Inst.* 179. — *Vail. Herb.*

FRUTEX 10—13 decimetr. , ramosus , erectus. Rami villosi, tetragoni ; angulis obtusis. Folia opposita, cordata, nonnunquam ovata , petiolata , rugosissima , villosa , crenato-denticulata , dentibus nunc acutis nunc obtusis , 5—12 centimetr. longa , 5—8 lata ; inferiora obtusa ; ramea superiora acuta. Verticilli quadri ad sexflori. Flores subsessiles. Bracteæ cordatæ , concavæ , mucronatæ , hirsutæ. Calyx bilabiatus , villosus , punctis albidis sæpe conspersus , post florescentiam utrinque compressus et clausus. Dentes tres superiores subæquales ; inferiores subspinosi. Corolla S. pratensis Lin., sed alba et duplo minor. Labium superius villosum , arcuatum ; inferius trilobum ; lobo intermedio excavato , emarginato. Stamina 2 sterilia minima ; fertilia 2 sæpe exserta. Filamenta arcuata. Stylus exsertus. Semina subrotunda. Tota planta odorem gravissimum spirat.

HABITAT in agro Tunetano. ♄

S A L V I A   Æ T H I O P I S .

SALVIA foliis oblongis , erosis , lanatis ; verticillis lanatis ; bracteis recurvatis , subspinosis. *Lin. Spec.* 39 — *Jacq. Austr. 3. t.* 211. *bona.*

Æthiopis foliis sinuosis. *C. B. Pin.* 241.

Æthiopis phlomitis. *H. Eyst. Æst.* 8. *p.* 3. *f.* 1.

Sclarea vulgaris lanuginosa , amplissimo folio. *T. Inst.* 179. — *Schaw. Specim. n.* 538.

Æthiopis multis. *J. B. Hist. 3. p.* 315. *Ic.*

CAULIS erectus, 3 — 10 decimetr., firmus, tetragonus, lanâ candidâ vestitus, inferne simplex, superne in ramos numerosos , paniculatos divisus. Folia radicalia jacentia, ovata , 2—3 decimetr. longa, 8—12 centimetr. lata , petiolata , sinuata , crenata , rugosissima , lanata , candida , obtusa ; caulina superiora sessilia , dentata , acuta ; summa nonnunquam ad ramos reflexa. Bracteæ concavæ; nervosæ, conniventes, subrotundæ, mucronatæ, calyce breviores, lanatæ vel subvillosæ. Verticilli quadri aut sexflori. Flores breviter pedicellati. Calyx junior lanatus, striatus, quinque-dentatus; dentibus in aculeolum abeuntibus; maturo fructu clausus, utrinque compressus. Corolla alba, pubescens. Labium superius angustum, falcatum; inferius trilobum; lobis lateralibus minutis; intermedio excavato, emarginato. Antheræ luteæ. Semina fusca, lævia, inde subcompressa, hinc subtriquetra.

HABITAT in arvis. ♂

SALVIA PATULA.

SALVIA foliis radicalibus cordatis, lanatis, sinuato-erosis; caule calyci-busque villosis, glutinosis; bracteis concavis, mucronatis; floribus sum-mis evanidis.
Sclarea lusitanica glutinosa amplissimo folio. *T. Inst.* 179. — *Vail. Herb.*

AFFINIS præcedenti. Differt caule, ramis, calycibus glutinosis, villosis nec lanatis; corollâ duplo fere majore; floribus summis evanidis. Folia etiam tomentosa, in orbem jacentia profert. Variat foliis fere glabris.

HABITAT in arvis incultis. ♂

DIGYNIA.

ANTHOXANTHUM.

CALYX exterior uniflorus, biglumis; glumis inæqualibus. Calyx interior biglumis; glumâ alterâ majore, acuminatâ. Semen unicum superum, calyce tectum.

ANTHOXANTHUM ODORATUM.

ANTHOXANTHUM spica ovato-oblonga; flosculis subpedunculatis, aristâ longioribus. *Lin. Spec.* 40. — *Œd. Dan. t.* 666. — *Miller. Illustr. Ic.* — *Schreb. Gram. t.* 5. — *Curtis. Lond. Ic.* — *Lamarck. Illustr. n.* 351. *t.* 23. — *Leers. Herb.* 6. *t.* 2. *f.* 1.

Gramen Anthoxanthon spicatum. *J. B. Hist.* 2. *p.* 466. *Ic.* — *T. Inst.* 518.
— *Schaw. Specim. n.* 272.

Gramen pratense spica flavescente. *C. B. Pin.* 3.—*Theat.* 44. *Ic.*—*Seguier.*
Ver. 1. *t.* 4. *f.* 2. Flos depictus.—*Scheu. Gram.* 88.

Gramen avenaceum odoratum, spica flavesvente. *Monti. Prodr.* 57. *t.* 84.

Avena diantha; folliculo villoso; calycis glumis inæqualibus; altera de
imo dorso, altera de summo aristata. *Hall. Hist. n.* 1491.

CULMUS erectus, gracilis, nodosus, lævissime striatus, 3—6 decimetr.
Spica cylindracea, 3—6 centimetr., ramosa, laxiuscula. Calyx exterior
biglumis; glumâ exteriore membranaceâ; interiore carinatâ, acutâ, duplo
longiore. Calyx interior biglumis. Glumæ exiguæ, obtusæ, extus villosæ,
inæquales, involutæ; exteriore basi, interiore infra apicem aristatâ;
aristis setiformibus. Semen minimum, læve, oblongum. Radices odoratæ.

HABITAT prope La Calle in pascuis. ☉

CLASSIS III.

TRIANDRIA

MONOGYNIA.

═══════════

VALERIANA.

CALYX marginatus, superus. Corolla monopetala, tubulosa, basi hinc gibba aut calcarata, quinquefida. Stamina plerumque tria, rarius unum, duo aut quatuor. Germen inferum. Semen unicum, nudum, aut Pericarpium bi vel triloculare, non dehiscens; loculis monospermis.

Nᵃ. Genus polymorphum. In aliis margo calycis brevissimus; in aliis longior, dentatus, aut partitus. In nonnullis tubus corollæ calcaratus; in plurimis basi gibbosus. Limbus nunc regularis, nunc irregularis. Stamina 1, 2, 3, aut 4. Stigmata 1 vel 3. Semina figurâ varia.

VALERIANA RUBRA.

VALERIANA floribus monandris, caudatis; foliis lanceolatis, integerrimis.
   Lin. Spec. 44. — *Bergeret Phyt.* 1. *p.* 141: *Ic.* — *Gærtner.* 2. *p.* 35. *t.* 86.
   f. 1. — *Lamarck. Illustr. n.* 392. *t.* 24. *f.* 2.
Valeriana rubra. *C. B. Pin.* 165. — *T. Inst.* 131. — *Schaw. Specim. n.* 610.
   — *Dod. Pempt.* 351. *Ic.* — *Matth. Com.* 40. *Ic.* — *J. B. Hist.* 3. *p.* 211.
   Ic. — *Moris. s.* 7. *t.* 14. *f.* 15. *mala.* — *Bonan. Microgr. Ic.* 81, 82, 83.
   — *H. Eyst. Æst.* 1. *p.* 3. *f.* 1. — *Ger. Hist.* 678. *Ic.*
Phu peregrinum. *Camer. Epit.* 24. *Ic.*
Ocimastrum. *Lob. Obs.* 184. *Ic.*
Polemonii species. *Dalech. Hist.* 1187. *Ic.*

Valeriana marina. *Rivin.* 1. *t.* 3.
Valeriana foliis glaberrimis; floribus calcaratis. *Hall. Hist. n.* 213.

CAULES ramosi, læves, teretes, 6 — 9 decimetr. , nunc erecti, nunc basi decumbentes. Folia opposita, glauca, glaberrima; inferiora et media lanceolata, integerrima, in petiolum decurrentia; superiora sessilia, connata, ovata, dentata, quandoque lanceolata. Flores paniculato-corymbosi, conferti, terminales. Bracteæ minimæ, subulatæ, adpressæ. Corolla rubra, rarius alba. Tubus filiformis, compressus, 9—11 millimetr. longus; calcare subulato, recto, descendente. Limbus inæqualis. Laciniæ quinque, ellipticæ, obtusæ, patentes; unicâ distinctâ. Stamen 1, exsertum, emisso pulvere nutans. Anthera versatilis. Stylus corollâ longior. Stigma simplex. Semen 1, nudum, tenue, oblongum, compressum, superne attenuatum, corticatum, pappo plumoso, sessili, radiato, evoluto coronatum.

HABITAT in fissuris rupium Atlantis. ♃

VALERIANA ANGUSTIFOLIA.

VALERIANA foliis angusto-lanceolatis, integerrimis; floribus monandris, calcaratis.
Valeriana rubra angustifolia. *C. B. Pin.* 165. — *T. Inst.* 131.—*J. B. Hist.* 3. *p.* 211. *Ic.*
Valeriana marina angustifolia. *Moris. s.* 7. *t.* 14. *f.* 16. — *Hall. Hist. n.* 213. *B.*

DIFFERT a præcedenti foliis angusto-lanceolatis, integerrimis. Utramque semper distinctam observavi.

HABITAT in fissuris rupium Atlantis. ♃

VALERIANA CALCITRAPA.

VALERIANA floribus monandris; foliis pinnatifidis. *Lin. Spec.* 44.
Valeriana foliis Calcitrapæ. *C. B. Pin.* 164. — *T. Inst.* 132.—*Moris. s.* 7. *t.* 14. *f.* 7. — *Schaw. Specim. n.* 609.
Valeriana annua altera. *Clus. Hist.* 2. *p.* 54. *Ic.*

CAULIS lævis, erectus, fistulosus, ramosus, quandoque simplex, 3 — 6 decimetr. Folia opposita, glaberrima; inferiora minora, longe petiolata, petiolo canaliculato, ovata, obtusa, nunc integra, nunc inæqualiter dentata ; dentibus obtusis ; media et superiora pinnatifida ; pinnulis dentatis. Flores corymbosi, deinde paniculati, secundi, sessiles in ramulis dichotomis. Bracteæ subulatæ, adpressæ. Corolla minuta, dilute rosea, tubulosa ; tubo tenui, utrinque sulcato, basi hinc gibboso. Limbus quinquefidus, patens, subæqualis ; lobis oblongis, obtusis ; unico distincto. Semen 1, oblongum, compressum, superne attenuatum, striatum, pappo evoluto, radiato, plumoso coronatum. Variat foliis inferioribus pinnatifidis. Floret primo Vere.

HABITAT in arvis. ☉

VALERIANA CORNUCOPIÆ.

VALERIANA floribus diandris, ringentibus ; foliis ovatis, sessilibus. *Lin. Spec.* 44.

Valerianella cornucopioides flore galeato. *T. Inst.* 133.—*Rivin.* 1. *t.* 5.

Valeriana peregrina purpurea albave. *C. B. Pin.* 164. — *Prodr.* 87. *Ic.*— *Matth. Com.* 40. *Ic.*

Valeriana indica. *Clus. Hist.* 2. *p.* 54. *Ic. bona.*

Valeriana peregrina seu indica. *J. B. Hist.* 3. *p.* 212. *Ic.*

Pseudo-Valeriana cornucopioides, etc. *Moris. s.* 7. *t.* 16. *f.* 27.

CAULIS 16—27 centimetr., fistulosus, striatus, glaber, procumbens, dichotomus ; pedunculis valde incrassatis. Folia opposita, glaberrima, subcarnosa ; inferiora ovato-oblonga, obtusa, in petiolum decurrentia ; superiora sessilia, ovata. Flores aggregati, terminales, sessiles. Bracteæ subulatæ. Calyx marginatus, maturo fructu urceolatus. Corolla magnitudine V. rubræ Lin., subbilabiata. Laciniæ inæquales, obtusæ. Tubus basi hinc gibbus nec calcaratus. Stamina 2, exserta. Filamenta capillaria. Stylus 1. Stigmata 3, minima. Semen 1, oblongum, calyce clausum et coronatum. Pappus nullus. Floret primo Vere.

HABITAT in arvis. ☉

VALERIANA PHU.

VALERIANA floribus triandris ; foliis caulinis pinnatis ; radicalibus indivisis. *Lin. Spec.* 45.

Valeriana hortensis Phu folio Olusatri Dioscoridis. *C. B. Pin.* 164.—*T. Inst.* 132. — *Moris. s.* 7. *t.* 14. *f.* 1.

Phu magnum. *Fusch. Hist.* 856.—*Matth. Com.* 38. *Ic.*—*Camer. Epit.* 21. *Ic.*

Valeriana hortensis. *Dod. Pempt.* 349. *Ic.*

Valeriana major Phu. *Lob. Ic.* 714.—*H. Eyst. Æst.* 9. *p.* 11. *f.* 1.

Phu ponticum. *Tabern. Ic.* 164.

Valeriana major, odorata radice. *J. B. Hist.* 3. *p.* 209. *Ic.*

Valeriana hortensis flore albo. *Rivin.* 1. *t.* 3.

FOLIA glaberrima, opposita; radicalia longe petiolata, oblonga, 5—8 centimetr. longa, 2—5 lata, integra, margine glandulosa et nonnunquam subcrenata. Petiolus canaliculatus. Folia caulina remota; inferiora sæpe bi aut triloba; media et superiora pinnatifida; pinnulis lanceolatis, acutis, integerrimis; extremis nonnunquam dentatis. Caulis erectus, glaber, 6—9 decimetr. Flores corymbosi. Bracteæ lineari-subulatæ. Corolla alba; tubo hinc basi gibbo. Laciniæ oblongæ, obtusæ, crenulatæ. Stamina 3. Stigmata 3.

HABITAT prope La Calle. ♃

VALERIANA LOCUSTA.

VALERIANA floribus triandris; caule dichotomo; foliis linearibus. *Lin. Spec.* 47.

A. Olitoria.

Valeriana caule dichotomo; foliis lanceolatis, integris; fructu simplici. *Lin. Spec.* 47.

Valeriana campestris inodora major. *C. B. Pin.* 165.

Valerianella arvensis præcox humilis, semine compresso. *Moris. s.* 7. *t.* 16. *f.* 36.

B. Coronata.

Valeriana caule dichotomo; foliis lanceolatis, dentatis; fructu sexdentato. *Lin. Spec.* 48.

Valerianella semine stellato. *C. B. Pin.* 165.

Valerianella altera tenuifolia, semine Scabiosæ stellato hirsuto et etiam umbilicato. *Col. Ecphr.* 209. *Ic.*

C. Echinata.

Valerianella cornucopioides echinata. *Col. Ecphr.* 1. *p.* 206. *Ic.* — *Moris. s.* 7. *t.* 16. *f.* 28.

D. Vesicaria.

Valeriana caule dichotomo ; foliis lanceolatis , serratis ; calycibus inflatis. *Lin. Spec.* 47.

Valerianella cretica, fructu vesicario. *T. Cor.* 6. — *Boerh. Lugd.* 75. *Ic.*

HABITAT in arvis cultis et incultis. ☉

CNEORUM.

CALYX persistens , tridentatus. Corolla tripetala. Stamina tria. Stylus unicus. Germen superum. Capsulæ tres , exsuccæ , coalitæ , nucleo fœtæ biloculari.

N^a. Quarta pars sæpe fructificationi additur.

CNEORUM TRICOCCUM.

CNEORUM. *Lin. Spec.* 49.—*Miller. Dict. t.*98.—*Lamarck. Illustr. n.* 422. *t.* 27. Chamelæa tricoccos. *C. B. Pin.* 462. — *T. Inst.* 651. *t.* 421. — *Schaw. Spec. n.* 134.—*Matth. Com.* 871. *Ic.*—*Camer. Epit.* 973. *Ic.*—*Dod. Pempt.* 363. *Ic.* Mezereum Arabum. *Lob. Adv.* 157. *Ic.*

FRUTEX 2 — 3 decimetr. , ramosus , erectus , glaber. Rami juniores virides , teretes. Folia perennantia , nitida , alterna, elliptico-lanceolata , integerrima, obtusa, 3 centimetr. longa, 7—9 millimetr. lata. Petiolus brevissimus. Flores axillares , subsessiles. Petala lutea , lineari - lanceolata. Stamina 3 , petalis breviora , iisdem alterna. Stylus 1 , persistens. Stigmata 3. Drupæ 3 , rugosæ , subrotundæ.

HABITAT in collibus incultis. ♄

ORTEGIA.

CALYX persistens , pentaphyllus. Corolla nulla. Stylus unus. Stigma unicum aut triplex. Capsula apice trivalvis , unilocularis , polysperma.

ORTEGIA HISPANICA.

ORTEGIA. *Lin. Spec.* 49.—*Loefl. Hisp.* 161. — *Gærtner.* 2. *p.* 224. *t.* 129. *f.* 8. — *Lamarck. Illustr. n.* 436. *t.* 29.

Ortegia caule tetragono ; ramis oppositis ; floribus axillaribus, solitariis. *Cavanil. Ic. n. 53. t.* 47.

Juncaria salmantica. *Clus. Hist.* 2. *p.* 174. *Ic.—Tabern. Ic.* 838.—*Lob. Ic.* 797.—*J. B. Hist.* 3. *p.* 723. *Ic.*

Rubia linifolia aspera. *C. B. Pin.* 333.

RADIX descendens, nodosa , inferne in ramulos fibrosos partita. Caules ex communi cæspite plures , 2 — 3 decimetr. , erecti , tetragoni , glabri , nodosi; nodis rubentibus , crassiusculis. Rami oppositi, erecti. Folia opposita, sessilia , glabra , linearia , acuta , integerrima. Glandulæ binæ , rubræ , inter foliorum oppositiones , stipulas totidem setaceas , deciduas emittentes. Flores ex summitate ramorum , numerosi , parvi , axillares , solitarii, sessiles aut brevissime pedicellati , confertissimi et quasi glomerati. Calyx persistens , ovoideus , pentaphyllus; foliis ovatis, concavis, striatis ; duobus exterioribus alia tria includentibus. Corolla nulla. Stamina 3. Antheræ acutæ. Stylus tenuis. Stigma capitatum. Capsula parva , supera , ovata , superne obsolete triquetra, apice trivalvis, unilocularis, polysperma, calyce tecta. Semina minima, subteretia, utrinque attenuata , ferruginea.

HABITAT in arvis prope Mascar. ⊙

LOEFLINGIA.

CALYX persistens , quinquepartitus. Corolla pentapetala , calyce brevior Stamina tria. Stylus unicus. Capsula supera , trivalvis , unilocularis , polysperma.

LOEFLINGIA HISPANICA.

LOEFLINGIA ramis diffusis; foliis oppositis , subulatis , mucronatis , basi bisetosis ; floribus sessilibus ; petalis calyce brevioribus.

Loeflingia. *Lin. Spec.* 50.—*Loefl. Hisp.* 162. *t.* 1. *f.* 2.—*Act. Holm.* 1758. *p.* 16. *t.* 1. *f.* 1.—*Cavanil. Ic. n.* 103. *t.* 94.—*Lamarck. Illustr. n.* 438. *t.* 29.

PLANTA tota cinerea, pubescens et viscida, 8—16 centimetr. , ramosa. Rami divaricati, diffusi, teretes, sæpe procumbentes , nodosi. Folia opposita , parva , semiteretia, basi bisetosa, apice mucronata; superiora confertissima. Flores minimi , sessiles , axillares , ex summitate ramorum. Calyx persistens, quinquepartitus; laciniis erectis, lanceolatis, concavis, margine membranaceis, inferne bisetosis. Corolla pentapetala, alba, calyce dimidio brevior. Petala obovata, laciniis calycinis alterna. Stamina *3*, longitudine corollæ. Stylus 1, brevis. Stigma simplex, obtusum. Capsula ovata, subtrigona, trivalvis, unilocularis, polysperma. Semina minutissima.

HABITAT prope Mascar in arvis arenosis. ⊙

CROCUS.

CALYX spathæformis, monophyllus. Corolla tubulosa, regularis. Limbus campanulatus, sexpartitus. Stigmata tria. Capsula infera, trivalvis, trilocularis, polysperma.

CROCUS VERNUS.

CROCUS staminibus pistillo longioribus; limbo parvo, tubo multoties breviore. *Lamarck. Illustr. n.* 444. *t.* 3o. *f.* 2.
Crocus vernus. *Lin. Spec.* 5o. —*Jacq. Austr. app. t.* 36. — *Curtis. Magazin. t.* 45.—*Bergeret. Phyt.* 2. *p.* 159. *Ic.*—*Clus. Hist.* 2o3. *Ic.*—*Moris. s.* 4. *t.* 2. *f.* 3 *et* 4.
Crocus montanus vernalis. *H. Eyst. Æst.* 3. *p.* 10. *f.* 3.
Crocus tuba brevissima, trifida. *Hall. Hist. n.* 1257.

BULBUS solidus, subrotundus, basi compressus et umbilicatus, tunicis fuscis, fibrosis obductus, inferne radiculas, superne bulbum unicum aut plures articulatos emittens; hi vaginas et flores proferunt, et nonnunquam elongantur in radicem carnosam, crassam, fusiformem. Folia quatuor, quinque aut plura subulata, lævia, glabra, *3* millimetr. lata, caniculata, nervo medio longitudinali albo, inferne cincta vaginis duabus ad quatuor inæqualibus, monophyllis, striatis, oblique truncatis, sese mutuo involventibus. Scapi solitarii, duo aut tres, simplices, triquetri, inferne attenuati, vaginâ communi argenteâ, radicali involuti. Corolla longe tubulosa, violacea, lutea, alba aut variegata. Tubus singulus vaginâ duplici e basi germinis emergente involutus; alterâ interiore, liberâ, angustiore. Limbus campanulatus, sexpartitus; laciniis elliptico-lanceolatis; tribus interioribus minoribus. Stamina *3.* Filamenta summo tubo inserta. Antheræ sagittatæ, luteæ, erectæ, filamento adnatæ,

1   5

utrinque longitudinaliter dehiscentes. Stylus 1, tubo longior, apice trifidus. Stigmata 3, crocea, superne latiora, apice bilamellata, cristata, antheras superantia. Germen inferum, oblongum, triquetrum, venis sæpe sex violaceis pictum. Capsula trilocularis, trivalvis, polysperma.

HABITAT in Atlante. ♃

CROCUS SATIVUS.

CROCUS staminibus pistillo brevioribus ; stylo apice profunde trifido. *Lamarck. Illustr. n.* 442. *t.* 3o. *f.* 1.
Crocus officinalis. *Lin. Spec.* 5o. — *Blakw. t.* 144. — *Bergeret. Phyt.* 161. *Ic.*
Crocus sativus. *C. B. Pin.* 65. — *T. Inst.* 35o. — *Moris. s.* 4. *t.* 2. *f.* 1. — *Camer. Epit.* 33. *Ic.* — *Fuchs. Hist.* 441. *Ic.* — *Dod. Pempt.* 213. *Ic.* — *Lob. Ic.* 137. — *J. B. Hist.* 2. *p.* 637. *Ic.* — *Matth. Com.* 71. *Ic.* — *H. Eyst. Æst.* 3. *p.* 10. *f.* 4. — *Miller. Dict. t.* 111.
Le Safran. *Regnault. Bot. Ic.*

COLITUR in regno Tunetano. ♃·

IXIA.

COROLLA regularis ; limbo sexpartito. Stigmata tria. Capsula infera, trivalvis, trilocularis, polysperma.

IXIA BULBOCODIUM.

IXIA scapo unifloro, brevissimo ; foliis linearibus. *Lin. Spec.* 51. — *Jacq. Icones.*
Bulbocodium crocifolium, flore magno violaceo, fundo luteo. *T. Cor.* 5o. — *Schaw. Specim. n.* 88.
Sisyrinchium minus angustifolium, flore majore variegato. *C. B. Pin.* 41.
Crocum vernum angustifolium, violaceo flore. *Clus. Hist.* 2o8. *Ic.* — *Lob. Ic.* 141 — *Ger. Hist.* 155. *Ic.*
Sisyrinchium asprensium angustifolium alterum. *Col. Ecphr.* 2 *p.* 5. *t.* 7.

HABITAT in Atlante. ♃

GLADIOLUS.

COROLLA irregularis, sexpartita. Stamina ascendentia. Stigmata tria. Capsula infera, trivalvis, trilocularis, polysperma.

GLADIOLUS COMMUNIS.

GLADIOLUS foliis ensiformibus ; floribus distantibus. *Lin. Spec.* 52. — *Curtis. Magazin. t.* 86. — *Bulliard. Herb. t.* 8.
Gladiolus floribus uno versu dispositis major et procerior, flore purpuro-rubente. *C. B. Pin.* 41. — *T. Inst.* 365. — *Schaw. Specim. n.* 264. — *Moris. s.* 4. *t.* 4. *f.* 4.
Gladiolus. *Dod. Pempt.* 209. *Ic.* — *Rivin.* 1. *t.* 110.
Gladiolus narbonensis. *Lob. Ic.* 98. — *H. Eyst. Æst.* 4. *p.* 10. *f.* 4.
Gladiolus sive Xyphion. *J. B. Hist.* 2. *p.* 701. *Ic. mala.*

CAULIS 3—8 decimetr., erectus, teres, arcuatus, simplex, glaber. Folia ensiformia, erecta, nervosa, vaginantia. Spatha persistens, diphylla ; foliolis inæqualibus, lanceolatis, carinatis, acutis. Flores sessiles, gemino ordine uno versu dispositi. Corolla ringens, rosea, profunde sexpartita ; laciniâ superiore majore ; tribus inferioribus lineâ albâ, longitudinali distinctis. Filamenta staminum arcuata, corollæ palato admota. Antheræ lineares, hinc biloculares. Capsula erecta, obtuse trigona, torulosa. Semina subrotunda, gemino ordine disposita. Floret primo Vere.

HABITAT inter segetes. ♃

IRIS.

SPATHA basim corollæ involvens. Corolla sexpartita ; laciniis tribus erectis ; alternis tribus deflexis. Stamen singulum sub singulo stigmate reconditum. Antheræ filamentis adnatæ, extus bifariam dehiscentes. Stigmata tria, petaloidea, fornicata. Capsula infera, trivalvis, trilocularis, polysperma.

* *Corollæ barbatæ.*

IRIS FLORENTINA.

IRIS corollis barbatis ; caule foliis altiore, subbifloro ; floribus sessilibus. *Lin. Spec.* 55. — *Blakw. t.* 414.
Iris alba florentina. *C. B. Pin.* 31. — *Theat.* 577. *Ic.* — *T. Inst.* 358.
— *Moris. s.* 4. *t.* 5. *f.* 5. — *H. Eyst. Vern.* 8. *p.* 4. *f.* 3.
Iris flore albo. *J. B. Hist.* 2. *p.* 719. *Ic.*
L'Iris de Florence. *Regnault. Bot. Ic.*

CAULIS foliis longior, 3—6 decimetr. Flores bini aut terni ; inferiore sæpe pedunculato. Corolla alba, magnitudine I. germanicæ Lin. Laciniæ inferiores venis pallide luteis pictæ. Stigmata crenulata. Radix sicca suaviter odora.

HABITAT Algeriâ. ♃

IRIS GERMANICA.

IRIS corollis barbatis ; caule foliis longiore, multifloro ; floribus inferioribus pedunculatis. *Lin. Spec.* 55.—*Bulliard. Herb. t.* 141.
Iris vulgaris germanica sive sylvestris. *C. B. Pin.* 30. — *Theat.* 571. *Ic.*
— *T. Inst.* 358.
Iris latifolia vulgaris cœrulea. *H. Eyst. Vern.* 8. *p.* 5. *f.* 1. *et* 2.
Iris sylvestris. *Matth. Com.* 17. *Ic.* — *Camer. Epit.* 2. *Ic. mala.* — *Tabern. Ic.* 648.
Iris vulgaris violacea sive purpurea sylvestris. *J. B. Hist.* 2. *p.* 709.
L'Iris ou Flambe. *Regnault. Bot. Ic.*

DIFFERT a præcedenti, caule bi aut quadrifloro ; floribus inferioribus pedunculatis ; corollâ violaceâ aut cœruleâ. Radix sicca odoratissima. An species distincta ab I. florentina ? Utraque seritur et colitur ad tumulos.

HABITAT Algeriâ. ♃

* * *Corollæ imberbes.*

IRIS XIPHIUM.

IRIS corollis imberbibus; floribus binis; foliis subulato-canaliculatis, caule brevioribus. *Lin. Spec.* 58.

Xiphion latifolium caule donatum, flore cœruleo. *T. Inst.* 363.

Iris bulbosa latifolia caule donata, flore cœruleo. *C. B. Pin.* 38.

Iris bulbosa versicolor. *Clus. Hist.* 212 *et* 214. *Ic.* — *Moris. s.* 4. *t.* 7. *f.* 6, 7, 8, 9, 10. — *Ger. Hist.* 100. *Ic.*

Iris bulbosa anglica, flore cœruleo. *H. Eyst. Æst.* 4. *p.* 9. *f.* 1.

Iris bulbosa tota violacea vel cœrulea. *J. B. Hist.* 2. *p.* 703 *et* 704. *Ic.*

FOLIA subulata, striata, extus convexa, superne canaliculata. Caulis 3—6 decimetr., foliis longior, uni aut triflorus. Corolla cœrulea, magna. Laciniæ tres inferiores apice dilatatæ, obtusæ; superiores lanceolatæ. Stigmata profunde bifida. Variat flore variegato, luteo aut albo. Floret primo Vere.

HABITAT in collibus incultis Algeriæ. ♃

IRIS PSEUDO-ACORUS.

IRIS corollis imberbibus; petalis interioribus stigmate minoribus; foliis ensiformibus. *Lin. Spec.* 56.—*Bulliard. Herb. t.* 139.—*Œd. Dan. t.* 494. —*Curtis. Lond. Ic.*

Iris palustris lutea. *Tabern. Ic.* 643. — *T. Inst.* 360.—*J. B. Hist.* 2. *p.* 732. *Ic. mala.*

Acorus adulterinus. *C. B. Pin.* 34.—*Theat.* 633. *Ic.*—*Blakw. t.* 261.

Pseudo-Iris palustris. *H. Eyst. Vern.* 8. *p.* 7. *f.* 3.

Pseudo-Iris. *Dod. Pempt.* 248. *Ic.*

Acorum falsum. *Camer. Epit.* 6. *Ic. bona.*

Iris caule inflexo; foliis ensiformibus; petalis erectis minimis; reflexis imberbibus. *Hall. Hist. n.* 1260.

FOLIA longa, ensiformia, apice plerumque incurva. Corolla lutea. Laciniæ inferiores apice ovatæ; superiores erectæ, minimæ. Stigmata dentata. Folia luci opposita maculis conspersa observantur.

HABITAT in paludibus et ad ripas rivulorum Algeriæ. ♃

IRIS FŒTIDISSIMA.

IRIS corollis imberbibus ; petalis inferioribus patentissimis ; caule uni-
angulato ; foliis ensiformibus. *Lin. Spec.* 57.—*Bergeret. Phyt.* 2. *p.* 185. *Ic.*
Iris fœtidissima seu Xyris. *T. Inst.* 360.
Gladiolus fœtidus. *C. B. Pin.* 30.—*Theat.* 560. *Ic.*
Spathula fœtida. *Dod. Pempt.* 247. *Ic.*—*Tabern. Ic.* 650.—*J. B. Hist.* 2.
p. 731. *Ic.*—*Blakw. t.* 158.—*Fuchs. Hist.* 794. *Ic. absque flore.*—*H. Eyst.*
Vern. 8. *p.* 8. *f.* 1.
Xyris. *Lob. Obs.* 37. *Ic.*—*Matth. Com.* 702. *Ic.*—*Moris. s.* 4. *t.* 5. *f.* 2. *mala.*

FOLIA ensiformia, intense viridia. Caulis foliis paululum brevior,
quandoque altior. Corolla dilute cœrulea. Stigmata bifida, laciniis corollæ
inferioribus dimidio breviora. Antheræ stigmatibus paululum longiores.
Tota planta contrita odorem ingratum spirat.

HABITAT in collibus Algeriæ. ♃

IRIS SPURIA.

IRIS corollis imberbibus ; germinibus sexangularibus ; caule tereti ; foliis
sublinearibus. *Lin. Spec.* 58.—*Jacq. Austr.* 1. *t.* 4.—*Curtis. Magazin. t.* 58.
Iris pratensis angustifolia folio fœtido. *C. B. Pin.* 32.—*T. Inst.* 360.
Iris Angustifolia prima. *Clus. Hist.* 228. *Ic.*
Iris foliis angustis. *H. Eyst. Æst.* 3. *p.* 4 *f.* 3.

CAULIS erectus, foliis paulo brevior, bi aut triflorus. Folia ensiformia,
3—6 decimetr. longa, 7—11 millimetr. lata, firma, erecta. Corolla cœrulea ;
laciniis inferioribus canaliculatis, infra apicem angustatis. Limbus ovatus.
Laciniæ tres superiores erectæ, lanceolatæ, semi-infundibuliformes. Capsula
oblonga, hexagona.

HABITAT in paludibus Algeriæ. ♃

IRIS SISYRINCHIUM.

IRIS corollis imberbibus ; foliis canaliculatis ; bulbis geminis superimpo-
sitis. *Lin. Spec.* 59.
Sisyrinchium medium. *C. B. Pin.* 41. — *T. Inst.* 365. — *Schaw. Specim.*
n. 560.

Sisyrınchium majus et minus. *Clus. Hist.* 216. *Ic.* — *Dod. Pempt.* 210 *Ic.*
— *Lob. Ic.* 97. — *H. Eyst. Æst.* 3. *p.* 9. *Ic.* — *Ger. Hist.* 103. *Ic.*
Iridi bulbosæ affine Sisyrinchium majus et minus. *J. B. Hist.* 2. *p.* 708. *Ic.*

BULBI sæpe bini, subrotundi, superimpositi, tunicis fibrosis, reticulatis involuti. Folia subulata, canaliculata, arcuata et nonnunquam contorta, foliis Croci simillima, scapo longiora. Scapus 1—2 decimetr., plerumque uniflorus. Corolla parva, pallide cœrulea; laciniis tribus inferioribus maculâ luteâ pictis; superioribus tribus erectis, paulo brevioribus. Stigmata bifida. Floret Hyeme.

HABITAT in arvis Algeriæ. ♃

IRIS JUNCEA. Tab. 4.

IRIS bulbo tunicato; caule subbifloro; foliis subulatis, canaliculatis; spatha diphylla, acuta; tubo corollæ elongato.
Iris imberbis; foliis junceis, filiformibus; scapo unifloro; spathis mucronatis. *Poiret. Itin.* 2. *p.* 85. Icon lacinias omnes erectas et æquales repræsentat, dum interiores tantum erectæ sint et exteriores duplo triplove majores.
Xiphion minus, flore luteo inodoro. *T. Inst.* 364. — *Schaw. Specim.* *n.* 628.
Iris bulbosa lutea inodora minor. *C. B. Pin.* 39.
Iris mauritanica. *Clus. Cur. post.* 24.

BULBUS subrotundus, tunicis membranaceis, siccis, rufescentibus involutus. Caulis erectus, 3—6 decimetr., uni aut triflorus; floribus sessilibus, terminalibus. Folia 3 decimetr., angusta, subulata, canaliculata, sæpe reclinata aut arcuata, læviter striata. Spatha di aut triphylla, acuta; foliis carinatis, inæqualibus. Corolla lutea, imberbis, magnitudine I. palustris Lin. Laciniæ tres superiores erectæ, lanceolatæ, obtusæ; inferiores longe majores; apice ovato, acuto, aut obtuso. Tubus corollæ 5—8 centimetr. Stylus longitudine tubi. Stigmata bifida; laciniis acutis, denticulatis. Capsula 3—4 centimetr. longa, gracilis, triangularis, trivalvis, valvulis obtusis, polysperma. Semina fusca, parva, rugosa, rotunda. Floret primo Vere.

HABITAT in collibus aridis et in Atlante. ♃

IRIS STYLOSA. Tab. 5.

IRIS acaulis ; foliis ensiformibus ; corollæ laciniis subæqualibus ; tubo longissimo.

Iris imberbis ; tubo filiformi, longissimo ; petalis omnibus erectis, subæqualibus. *Poiret. Itin.* 2. *p.* 86. — *Lamarck. Illustr. n.* 572.

RADIX tuberosa, crassitie pollicis aut digiti Folia I. spuriæ Lin., ensiformia, erecta, 3 decimetr. longa, 4—9 millimetr. lata, acuta. Caulis nullus. Spatha e foliolis pluribus, membranaceis, acutis, inæqualibus, sese invicem involventibus. Corolla cœrulea, imberbis, magnitudine I. pumilæ Lin. Tubus tenuis, 2—3 decimetr. longus. Laciniæ sex, subæquales, superne ellipticæ, obtusæ, inferne sensim angustiores. Stylus filiformis, longitudine tubi. Stigmata 3, angusta, fere linearia, bifida ; laciniis acutis. Germen oblongum, teres. Capsulam non vidi. Hyeme floret.

HABITAT Algeriâ, in sepibus. ♃

IRIS SCORPIOIDES. Tab. 6

IRIS acaulis, foliis canaliculatis ; corollæ laciniis tribus erectis minimis ; tubo longissimo.

Iris microptera, imberbis ; foliis ensiformibus ; tubo longo filiformi ; petalis interioribus minimis, patenti-reflexis. *Lamarck. Illustr. n.* 571.

BULBUS tunicatus, e basi emittens radices plures, inæquales, fusiformes, obliquas, crassitie minimi digiti, in radiculam flexuosam, longam abeuntes. Folia subtriquetra, canaliculata, acuta, basi vaginantia, 8—16 millimetr. lata., 11—27 centimetr. longa. Caulis nullus. Spatha composita e membranis pluribus involutis. Corolla cœrulea, magnitudine fere I. germanicæ Lin. Tubus tenuis, 1 — 2 decimetr. Laciniæ tres inferiores imberbes, ellipticæ, crenulatæ, apice rotundatæ ; superiores tres minimæ, lanceolatæ, patulæ, hinc convexæ. Stigmata maxima, laciniis corollæ inferioribus paulo breviora, profunde bifida, denticulata, acuta. Capsula elongata, subtrigona, angulis rotundatis, trivalvis, polysperma. Semina rugosa, pallide rubra, subrotunda. Hyeme floret, locis humidis.

HABITAT Algeriâ.

SCHŒNUS.

GLUMÆ in fasciculum congestæ , univalves , subæquales. Stylus unicus. Stigmata tria. Semen unicum , superum , glumis tectum.

SCHŒNUS MUCRONATUS.

SCHŒNUS culmo tereti , nudo ; spicis fasciculatis , divaricatis ; involucro triphyllo , subulato. *Lin. Spec.* 63.

Scirpus maritimus capite glomerato. *T. Inst.* 528. — *Scheu. Gram.* 367. *t.* 8. *f.* 1.

Gramen cyperoides maritimum. *C. B. Pin.* 6. — *Theat.* 91. *Ic.*

Juncus maritimus. *Lob. Ic.* 87.

Gramen marinum cyperoides. *J. B. Hist.* 2. *p.* 498.

Cyperus ægyptiacus. *Gloxin.* 20. *t.* 3. *bona.*

RADICES tortuosæ , albæ , horizontales , 3 decimetr. et ultra. Folia radicalia glauca , cylindrica , junciformia , aspera , decumbentia , anguste caniculata , sæpe arcuata , 2 — 3 decimetr. longa , inferne vaginantia. Culmus nudus , rigidus , teres , erectus , farctus , foliis brevior. Involucrum tetra ad hexaphyllum ; foliis inæqualibus , basi latioribus et vaginantibus , acutis , canaliculatis. Spiculæ plures , acutæ , in capitulum densum , subrotundum congestæ. Squamulæ concavæ , ovoideæ , mucronatæ , imbricatæ , rufescentes.

HABITAT ad maris littora. ♃

SCHŒNUS NIGRICANS.

SCHŒNUS culmo tereti , nudo ; capitulo ovato ; involucri diphylli valvula altera subulata , longa. *Lin. Spec.* 64. — *Lamarck. Illustr. n.* 626. *t.* 38. *f.* 1.

Gramen spicatum junci facie , Lithospermi semine. *T. Inst.* 518.

Juncus capitatus Lithospermi semine. *Moris. s.* 8. *t.* 10. *f.* 28. — *Magn. Monsp.* 144. *Ic.*

Junco affinis , capitulo glomerato nigricante. *Scheu. Gram.* 349. *t.* 7. *f.* 12 , 13 , 14.

HABITAT in paludibus prope La Calle. ♃

1 6

SCHŒNUS MARISCUS.

SCHŒNUS culmo tereti ; foliis margine dorsoque aculeatis. *Lin. Spec.* 62.

Scirpus palustris altissimus , foliis et carina serratis. *T. Inst.* 528.

Cyperus longus inodorus sylvestris. *Lob. Ic.* 76.—*J. B. Hist.* 2. *p.* 503. *Ic.*

Cyperus longus inodorus germanicus. *C. B. Pin.* 14. — *Theat.* 221. *Ic.*
f. 24.

Cyperus longus major et elatior, foliis et carina serratis. *Moris. s.* 8. *t.* 11.

An Cyperoides altissimum foliis et carina serratis? *Boc. Sic.* 72. *t.* 39.
f. 2.

Pseudo-Cyperus palustris, foliis et carina serratis. *Scheu. Gram.* 375. *t.* 8.
f. 7. Descriptio bona ; Icon mala. Icones omnes exceptâ Moris. flores
rariores repræsentant.

Mariscus panicula ramosa ; foliorum oris dorsoque serratis. *Hall. Hist.*
n. 1343.

HABITAT in paludibus prope La Calle. ♃

CYPERUS.

SPICULÆ compressæ. Glumæ distiche imbricatæ. Stylus unus.
Stigmata tria. Semen unicum , superum , calyce tectum.

CYPERUS JUNCIFORMIS. Tab. 7. fig. 1.

CYPERUS culmo junciformi, subtereti, basi monophyllo ; spiculis aggregatis, sessilibus ; spatha diphylla ; foliolo altero spiculis breviore.

Cyperus culmo mucronato ; spiculis lateralibus, nigris, sessilibus, absque
involucro. *Cavanil. Ic. n.* 223. *t.* 204. *f.* 1.

CULMUS junciformis , teres , lævis , acutus , simplex , erectus , sæpe
3 decimetr. et ultra. Folium unicum , tereti - subulatum , culmo brevius,
inferne vaginans ; vaginâ integrâ nec canaliculatâ , culmum involvente.
Spiculæ tres ad sex , lineares , sæpe arcuatæ , obtusæ , fuscæ , sessiles ,
glomeratæ , 2 millimetr. latæ , 9—16 longæ. Glumæ concavæ , obtusæ.
Spatha diphylla , subulata ; foliolo altero spiculis breviore ; altero longiore,
erecto , subulato. Habitus omnino Junci. Affinis C. pannonico Jacq.

Austr. App. t. 6. Differt culmo altiore, erecto, tereti; spiculis longioribus ; folio involucri altero , spiculis breviore. An non varietas ?

HABITAT ad rivulos. ♃

CYPERUS LONGUS.

CYPERUS culmo triquetro, folioso; umbella foliosa, supradecomposita; pedunculis nudis ; spicis alternis. *Lin. Spec.* 67. —*Jacq. Icones.*

Cyperus odoratus radice longa, sive Cyperus officinarum. *C. B. Pin.* 14. — *Theat.* 216. *Ic.* — *T. Inst.* 527. — *Scheu. Gram.* 378. *t.* 8. *f.* 12. — *Monti. Prodr.* 12.

Cyperus longus odoratior. *Lob. Ic.* 75. — *Tabern. Ic.* 656. — *Matth. Com.* 26. *Ic.*

Cyperus. *Camer. Epit.* 9. *Ic.* — *Trag.* 915. *Ic.* — *Fusch. Hist.* 453. *Ic.* — *Ger. Hist.* 30. *Ic.*

Cyperus longus major , panicula sparsa speciosa. *Moris. s.* 8. *t.* 11. *f.* 13. Le Souchet. *Regnault. Bot. Ic.*

CULMUS 6—13 decimetr. , superne nudus, triqueter; angulis lævibus, acutis. Folia basi vaginantia, carinata, margine dorsoque serrata, 4—7 millimetr. lata , 3 — 9 decimetr. longa. Flores corymbosi , terminales ; corymbo laxo , magno , patente. Pedunculi triquetri, graciles, inæquales; interiores breviores ; exteriores elongati, sæpe supradecompositi. Spiculæ quinque ad decem, terminales, 1 millimetr. latæ, 11—13 longæ , acutæ , ferrugineæ, gemino ordine arcte imbricatæ. Glumæ parvæ, carinatæ , obtusiusculæ ; dorso viridi, prominulo. Involucrum tri ad hexaphyllum; foliis serratis, inæqualibus , acutis ; nonnullis paniculâ duplo triplove longioribus. Radix crassa, tortuosa , extus fusca, radiculas fibrosas in ramulos capillaceos iterum divisos emittens. Odorem aromaticum spirat.

HABITAT in pratis humidis et ad rivulorum ripas. ♃

CYPERUS ESCULENTUS.

CYPERUS culmo triquetro, nudo ; umbella foliosa ; radicum tuberibus ovatis; zonis imbricatis. *Lin. Spec.* 67.

Cyperus rotundus esculentus angustifolius. *C. B. Pin.* 14. —*Theat.* 222. *Ic.* — *T. Inst.* 527. — *Scheu. Gram.* 382. — *Moris. s.* 8. *t.* 11. *f.* 10. — *Monti. Prodr.* 12.

Dulichium. *Dod. Pempt.* 340. *Ic.*
Cyperus rotundus. *Camer. Epit.* 10. *Ic. bona.*
Trasi. *Matth. Com.* 412. *Ic. — Lob. Ic.* 78. — *J. B. Hist:* 2. *p.* 504. *Ic.*
Cyperus dulcis. *Tabern. Ic.* 657.

RADICES fibrosæ, tortuosæ, hinc et inde incrassantur in tubera parva, oblonga, articulata, radiculas undique emittentia. Culmus lævis, triqueter, aphyllus, erectus, 3—6 decimetr. Folia carinata, margine versus apicem subserrulata, 4 millimetr. lata. Flores corymbosi, terminales. Pedunculi tenues, triangulares, sæpe supradecompositi; centrales brevissimi vel nulli. Spiculæ quinque ad duodecim in eodem pedunculo, lineari-subulatæ, compressæ, ferrugineæ, 1 millimetr. latæ, 11—18 longæ, arcte imbricatæ. Involucrum subtetraphyllum; foliis nonnullis paniculâ longioribus. Radix edulis.

HABITAT ad rivulos. ♃

CYPERUS FASCICULARIS.

CYPERUS culmo triquetro, nudo, lævi; spiculis linearibus, acutis, corymboso-fasciculatis; involucris subpentaphyllis, corymbo longioribus. —*Pluk. t.* 416.

Cyperus polystachyos; involucro polyphyllo; panicula terminali, subsessili, ramosissima; spicis lineari-lanceolatis, complanatis, confertissimis. *Rottb. Cyper.* 39. *t.* 11. *f.* 1.

Cyperus culmo triquetro; umbella composita, fasciculato-capitata; spiculis linearibus, acutis. *Lamarck. Illustr. n.* 708. *t.* 38. *f.* 2.

RADICES numerosæ, fibrosæ, tenues, fasciculatæ. Folia glabra, carinata, 2 millimetr. lata, 18—27 longa, apice serrulata, quandoque integerrima. Culmus foliis longior, 3—6 decimetr. simplex, erectus, glaber, lævissime striatus, superne sensim attenuatus, triangularis; angulis acutis, lævibus. Involucrum penta aut hexaphyllum; foliis inæqualibus, carinatis, corymbo multo longioribus. Spiculæ numerosæ, corymboso-capitatæ, terminales, pallide ferrugineæ aut virides, lineares, acutæ, complanatæ, 1 millimetr. latæ, 9—11 longæ, gemino ordine arcte imbricatæ. Glumæ minimæ, carinatæ, acutæ. Pedunculi breves, sæpe decompositi. Flores in nonnullis individuis sessiles et capitatos observavi. Floret Æstate.

HABITAT ad rivulorum ripas prope La Calle.

CYPERUS BADIUS. Tab. 7. fig. 2.

CYPERUS corymbo terminali; foliis margine dorsoque serrulatis; spiculis lineari-subulatis, dense confertis; involucro pedunculis longiore.

CULMUS triangularis, 3—6 decimetr., erectus, nudus, lævis. Folia carinata, margine dorsoque serrulata, 4 millimetr. lata, culmi basim involventia. Corymbus terminalis, laxus. Pedunculi quinque ad octo, tenues, triquetri, inæquales; nonnulli supradecompositi; centrales brevissimi aut nulli. Spiculæ numerosissimæ, confertæ, terminales, lineari-subulatæ, intense ferrugineæ, vix 1 millimetr. latæ, 9—11 longæ, arcte imbricatæ. Glumæ obtusæ, carinatæ. Involucrum tetra aut pentaphyllum; foliis inæqualibus, nonnullis paniculâ duplo, triplo, aut quadruplo longioribus. Affinis C. tenuifloro Rottb. Cyper. 3o. t. 14. f. 1. Differt culmo et foliis majoribus; spiculis numerosioribus, densius congestis.

HABITAT ad ripas rivulorum Algeriæ. ♃

CYPERUS TETRASTACHYOS. Tab. 8.

CYPERUS culmo triquetro; involucris subtetraphyllis, corymbo brevioribus; spiculis subquaternis, arcuatis, acutis.

RADICES numerosæ, fibrosæ, capillares, fasciculatæ. Folia glabra, carinata, tenuissime serrata, 1 millimetr. lata, culmo duplo triplove breviora. Culmus erectus, tenuis, triqueter, lævis, substriatus, 3—6 decimetr. Involucrum tri aut tetraphyllum; foliolis inæqualibus, subulato-carinatis, corymbo plerumque brevioribus. Pedunculi tres aut quatuor; interiores brevissimi; exteriores 2—5 centimetr. longi. Spiculæ tres, quatuor, rarius quinque, ex eodem pedunculo, terminales, sessiles, subulatæ, 2 millimetr. latæ, 18—22 longæ, sæpe arcuatæ, compressæ, ferrugineæ, distiche imbricatæ. Glumæ parvæ, acutæ, carinatæ; dorso viridi, prominulo. Floret primo Vere.

HABITAT Algeriâ ad ripas fluminis Faddah.

CYPERUS PALLESCENS. Tab. 9.

CYPERUS culmo triquetro, basi folioso; pedunculis supradecompositis; spiculis lineari-subulatis, rectis, distinctis; involucro subtetraphyllo, umbella breviore.

CULMUS basi crassitie fere minimi digiti, superne sensim decrescens, 6—12 decimetr., triangularis; angulis inferne obtusis, superne acutis, lævibus. Folia pauca, vaginantia, basim culmi involventia, 4 millimetr. lata, carinata, culmo longe breviora, margine tenuissime serrata. Involucrum tri aut tetraphyllum; foliolis inæqualibus, carinato-subulatis, corymbo brevioribus. Flores laxe corymbosi, terminales. Pedunculi quinque ad duodecim, inæquales, triquetri, tenues, erecti; alii simplices; alii supradecompositi; centrales brevissimi aut nulli. Spiculæ quatuor ad duodecim in eodem pedicello, acutæ, primum albæ, deinde pallide rufæ, distinctæ, 9—11 millimetr. longæ, arcte imbricatæ, 1 millimetr. latæ, horizontales; terminali erectâ. Glumæ minutæ, concavæ, obtusiusculæ, margine membranaceæ. Floret Æstate.

HABITAT prope La Calle ad lacuum ripas. ♃

CYPERUS FLAVESCENS.

CYPERUS culmo triquetro, nudo; umbella triphylla; pedunculis simplicibus, inæqualibus; spicis confertis, lanceolatis. *Lin. Spec.* 68.—*Krocker. Siles. Ic. t.* 11. — *Lamarck. Illustr. n.* 709. *t.* 38. *f.* 1.

Cyperus minimus, panicula sparsa subflavescente. *T. Inst.* 527. — *Scheu. Gram.* 385. — *Monti. Prodr.* 13.

Gramen cyperoides minus, panicula sparsa subflavescente. *C. B. Pin.* 6. — *Theat.* 89. *Ic.*

Cyperus longus minor pulcher, panicula lata compressa subflavescente. *Moris. s.* 8. *t.* 11. *f.* 37.

Cyperus umbella trifolia; spicis sessilibus, umbellatis; glumis obtusis. *Hall. Hist. n.* 1348.

CULMUS nudus, obtuse triqueter, 1 — 2 decimetr. Folia radicalia cæspitosa, subulato-canaliculata, 2 millimetr. lata. Involucrum subtriphyllum; foliis inæqualibus, umbellâ longioribus. Pedunculi simplices, rarius compositi, inæquales, breves. Spiculæ pallide luteæ, lineares, terminales, planæ, versus apicem attenuatæ, 7—11 millimetr. longæ, quinque ad duodecim ex eodem pedunculo; aliæ sessiles; aliæ brevissime pedicellatæ. Flores novem ad quindecim. Calyces uniglumes, gemino ordine imbricati. Glumæ parvæ, concavæ, obtusiusculæ. Semen minimum, ovoideum.

HABITAT ad oras paludum prope La Calle. ♃

CYPERUS FUSCUS.

CYPERUS culmo triquetro , nudo ; umbella trifida ; pedunculis simplici-
bus , inæqualibus ; spicis confertis , linearibus. *Lin. Spec.* 69. — *Œd.
Dan. t.* 179. — *Leers. Herb.* 9. *t.* 1. *f.* 2. — *Rottb. Cyper. t.* 33. — *Krocker.
Siles. Ic. t.* 12.

Cyperus minimus , panicula sparsa nigricante. *T. Inst.* 527. — *Scheu. Gram.*
384. — *Monti. Prodr.* 13.

Gramen cyperoides minus, panicula sparsa nigricante. *C. B. Pin.* 6.

Gramen 4. *Trag.* 676. *Ic.* 679. *fig. minor.*

Cyperus longus minimus pulcher, panicula compressa nigricante. *Moris.
s. 8. t.* 11. *f. 38.*

Gramen parvum pulchrum aliud, panicula compressa nigricante. *J. B.
Hist.* 2. *p.* 471. *Ic.*

Cyperus umbella trifolia; spicis petiolatis, congestis; glumis ovato-lanceolatis. *Hall. Hist. n.* 1349.

AFFINIS omnino præcedenti. Differt spiculis fuscis, fere duplo tenuioribus ; paniculâ magis ramosâ. Semina in C. flavescente Lin. punctis
impressis scrobiculata; in C. fusco Lin. non punctata. Scop. Carniol. 1.
p. 41 et 42.

SCIRPUS.

SPICULÆ subovatæ, undique imbricatæ. Corolla nulla. Stigmata
tria. Semen unum, superum, squamis tectum.

Nᵃ Semina in plurimis basi setulis cincta.

SCIRPUS PALUSTRIS.

SCIRPUS culmo tereti, nudo ; spica subovata, terminali. *Lin. Spec.* 70 —
Lamarck. Illustr. n. 650. *t.* 38. *f.* 1. — *Œd. Dan. t.* 273. — *Leers. Herb.*
10. *t.* 1. *f.* 3.

Scirpus Equiseti capitulo majori. *T. Inst.* 528. — *Scheu. Gram.* 360. —
Monti. Prodr. 15.

Juncus capitulis, Equiseti major. *C. B Pin.* 12. — *Theat.* 186. *Ic.* — *Moris.
s. 8. t.* 10. *f.* 32.

Juncus aquaticus minor, capitulis Equiseti. *Lob. Ic.* 86.—*Ger. Hist.* 1631. *Ic.*
Juncus cyperoides, capitulo simplici. *Loes. Prus.* 136. *t.* 36.
Scirpus caule tereti; spica unica, tereti, multiflora. *Hall. Hist. n.* 1336.

CULMUS teres, aphyllus, junciformis, erectus, sæpe 3 decimetr. et ultra, inferne vaginis membranaceis, truncatis arcte involutus. Spica unica, teres, erecta, acuta aut obtusa, 9—13 millimetr. longa, aphylla, terminalis. Squamæ fuscæ, oblongæ, imbricatæ. Semen nitidum, subrotundum, basi setis nonnullis longioribus cinctum, apophysi conicâ coronatum.

HABITAT in paludibus prope La Calle. ♃

SCIRPUS LACUSTRIS.

SCIRPUS culmo tereti, nudo; spicis ovatis, pluribus, pedunculatis, termi-
nalibus. *Lin. Spec.* 72.
Scirpus palustris altissimus. *T. Inst.* 528. — *Scheu. Gram.* 354. — *Mich.
Gen.* 49. *t.* 31. —*Monti. Prodr.* 15.
Juncus maximus, sive Scirpus major. *C. B. Pin.* 12. — *Theat.* 178. *Ic.*
Juncus palustris major. *Trag.* 674. *Ic. absque flore. Descript. p.* 685.—*Tabern.
Ic.* 249.
Juncus aquaticus marinus. *Lob. Ic.* 85. — *Ger. Hist.* 35. *Ic.*
Juncus Holoschœnos. *Dod. Pempt.* 605.
Juncus maximus Holoschœnos. *J. B. Hist.* 2. *p.* 522. *Ic.*
Juncus lævis maximus. *Moris. s.* 8. *t.* 10. *f.* 1.
Scirpus caule tereti; panicula laterali, ramosa; locustis ovatis. *Hall. Hist.
n.* 1337.

RADIX crassa, repens, nodosa. Radiculæ candidæ, plurimæ, filiformes. Culmus lævis, teres, simplex, virgatus, nudus, crassitie digiti, 1 — 2 metr., a basi ad apicem sensim decrescens, acutus, inferne vaginis mem-branaceis involutus, medullâ molli, candidâ, cellulosâ farctus. Flores paniculati, terminales, nutantes; pedunculis inæqualibus, compressis, ramosis et simplicibus. Squamulæ nonnullæ basim pedunculorum vagi-nantes. Involucrum subdiphyllum; foliis concavis, acutis, inæqualibus. Spiculæ ovatæ, fuscæ aut rufescentes, una ad quatuor ex eodem pedicello. Squamæ scariosæ. Semen subtrigonum, nitidum, basi setulis cinctum.

HABITAT in paludibus prope La Calle. ♃

SCIRPUS HOLOSCHŒNUS.

SCIRPUS culmo tereti, nudo; spicis subglobosis, glomeratis, pedunculatis; involucro diphyllo, inæquali, mucronato. *Lin. Spec.* 72. — *Œd. Dan. t.* 454.

Scirpus maritimus, capitulis rotundioribus glomeratis. *T. Inst.* 528. — *Scheu. Gram.* 371. *t.* 8. *f.* 2, 3, 4, 5. — *Monti. Prodr.* 16.

Juncus acutus maritimus, capitulis rotundis. *C. B. Pin.* 11. — *Theat.* 174. *Ic.* — *Moris. s.* 8. *t.* 10. *f.* 17. — *Pluk. t.* 40. *f.* 4.

Holoschœnus. *Dalech. Hist.* 987. *Ic,*

CULMUS simplex, nudus, junciformis, subcompressus, erectus, 3—9 decimetr. farctus, solidus, inferne vaginis membranaceis involutus. Spiculæ terminales, fuscæ, congestæ in globulos compactos, pedunculatos; uno alterove sessili. Pedunculi inæquales, hinc compressi, striati. Involucrum rigidum, diphyllum, mucronatum; folio altero deflexo; altero erecto, longiore, subulato.

HABITAT in paludibus Algeriæ. ♃

SCIRPUS SETACEUS.

SCIRPUS culmo nudo, setaceo; spicis lateralibus, subsolitariis, sessilibus. *Lin. Spec.* 73. — *Œd. Dan. t.* 311. — *Leers. Herb.* 10. *t.* 1. *f.* 6. — *Rottb. Cyper.* 47. *t.* 15. *f.* 4, 5, 6. *optima.* — *Gærtner.* 1. *p.* 10. *t.* 2. *f.* 3.

Scirpus omnium minimus, capitulo breviore. *T. Inst.* 528. — *Scheu. Gram.* 358.

Juncellus inutilis. *C. B. Pin.* 12. — *Prodr.* 22.

Juncellus omnium minimus. *Moris. s.* 8. *t.* 10. *f.* 23. *bona.*

Mariscus setaceus; capitulis lateralibus, paucissimis. *Hall. Hist. n.* 1345.

FOLIUM unicum, filiforme, basim culmi involvens. Culmi plures ex communi cæspite, filiformes, 8—27 centimetr., nudi, glabri, erecti, folio longiores. Spiculæ una ad tres, minutæ, ovatæ, obtusæ aut subrotundæ, pallidæ, paulo infra culmi apicem sessiles.

HABITAT ad lacuum ripas. ☉

I

SCIRPUS MARITIMUS.

SCIRPUS culmo triquetro ; panicula conglobata , foliacea ; spicularum
squamis trifidis ; intermedia subulata. *Lin. Spec.* 74. — *Œd. Dan. t.*
937. — *Curtis. Lond. Ic.*
Cyperus vulgatior, panicula sparsa. *T. Inst.* 527.
Gramen cyperoides, panicula sparsa majus. *C. B. Pin.* 6. — *Theat.* 86. *Ic.*
Gramen cyperoides aquaticum vulgatius. *Lob. Ic.* 20. — *Ger. Hist.* 22. *Ic.*
Gramen cyperinum majus. *Tabern. Ic.* 221.
Gramen cyperoides vulgatius aquaticum. *J. B. Hist.* 2. *p.* 495. *Ic.*
Cyperus longus inodorus latifolius, spicis tumidioribus. *Moris. s.* 8.
t. 11. *f.* 25.
Cyperus panicula compacta, e spicis teretibus crassioribus composita.
Scheu. Gram. 400. *t.* 9. *f.* 9, 10.

CULMUS 8—12 decimetr., erectus, superne nudus, triangularis ; angulis,
acutis, serratis aut lævibus. Folia 3 — 6 decimetr. , glabra , carinata,
acuta, 7—9 millimetr. lata, margine dorsoque serrata. Involucrum polyphyllum ; foliis conformibus, inæqualibus, corymbo longioribus. Flores
corymbosi, terminales. Pedunculi inæquales, triquetri ; centrales longe
breviores, quandoque nulli. Spiculæ plures ex apice singuli pedunculi,
aggregatæ, ovato-oblongæ, obtusæ, fuscæ. Squamulæ ovoideæ, membranaceæ, tridentatæ ; dente intermedio productiore, setiformi. Semen
triquetrum, nudum, nitidum, basi attenuatum et setigerum.

HABITAT prope La Calle ad lacuum ripas. ♃

SCIRPUS TUBEROSUS.

SCIRPUS radice rotunda ; culmo triquetro ; spiculis congestis ; squamis
trifidis ; lacinia intermedia longiore.
Cyperus rotundus inodorus germanicus. *C. B. Pin.* 14. — *Prodr.* 24. —
Theat. 215. *Ic.* — *T. Inst.* 527.
Cyperus rotundus inodorus aquaticus septentrionalis. *Moris. s.* 8. *t.* 11.
f. 9. *bona.*
Cyperus panicula sparsa, e spicis longioribus tenuioribus teretibus
composita. *Scheu. Gram.* 398. *t.* 9. *f.* 7. 8. *Exclusis syn. quæ priorem*
spectant.

AN species distincta a S. maritimo Lin.? Differt radicibus nodosis ; nodis subrotundis ; spiculis paucioribus, confertis, angustioribus, seslibus aut breviter pedunculatis.

HABITAT in lacubus prope La Calle. ♃

SCIRPUS MICHELIANUS.

SCIRPUS culmo triquetro ; capitulo globoso ; involucro polyphyllo, longo.
   Lin. Spec. 76. — *Allion. pedem. n.* 2370.
Scirpus italicus omnium minimus. *Till. Pis.* 51. *t.* 20. *f.* 5.

CULMUS triqueter, 5—8 centimetr. quandoque longior. Folia carinata, 2 millimetr. lata, lævia. Involucrum subpentaphyllum ; foliis inæqualibus, capitulo multo longioribus. Flores capitati, densi, terminales ; capitulo nunc simplici, nunc composito. Spiculæ pallide virescentes, ovatæ, imbricatæ squamis acuminatis, laxiusculis.

HABITAT ad flumen Sebou in regno Marocano. BROUSSONET.

SCIRPUS ANNUUS.

SCIRPUS culmo triquetro, nudo ; involucro diphyllo ; pedunculis nudis ; spicis solitariis. *Allion. Pedem. n.* 2371. *t.* 88. *f.* 5.
Scirpo-cyperus aquaticus annuus minimus, capitulis ferrugineis, semine striato pulchro. *Mich. Gen.* 49.
Cyperus supinus minor, sparsa panicula ex rarioribus locustis conferta. *Monti. Prodr.* 13.

RADICES capillares. Folia pubescentia, 2 millimetr. lata, acuta, mollia, margine lævissime serrata. Culmus triqueter, striatus, erectus, foliis paululum altior, 11—16 centimetr. Involucrum subpentaphyllum ; foliolis inæqualibus ; nonnullis corymbo longioribus. Pedunculi polystachii ; centrales brevissimi aut nulli ; laterales supradecompositi ; pedicellis inæqualibus, brevibus ; spiculâ centrali sessili. Spiculæ ovatæ, rufescentes. Squamæ ovoideæ, mucronatæ, margine membranaceæ ; lineâ dorsali elevatâ. Semen striatum. Numerus pedunculorum variabilis a duobus ad octo.

HABITAT in pratis inundatis. ⊙

SCIRPUS PUBESCENS. Tab. 10.

SCIRPUS culmo folioso, triquetro, superne pubescente; spiculis paucis, secundis, terminalibus, ovatis; glumis mucronatis.

Scirpus culmo triquetro, folioso; spiculis ovatis, congestis, sessilibus, pubescentibus. *Lamarck. Illustr. n.* 663.

Carex pubescens. *Poiret. Itin.* 2. *p.* 254.

CULMUS simplex, pubescens, erectus, 3 — 6 decimetr., foliosus, triangularis; angulis, acutis. Folia vaginantia, 4 millimetr. lata, 8—13 longa, carinata, acuta, striata, integerrima; inferiora breviora. Spiculæ tres ad sex, ovatæ, obtusæ, pallidæ, terminales, unilaterales, solitariæ aut binæ ex apice pedunculorum. Pedunculi triquetri, pubescentes, inæquales, breves; inferiores longiores. Squamæ imbricatæ, ovatæ, concavæ, striatæ, mucronatæ, margine membranaceæ. Spiculæ nonnunquam sessiles. Floret Æstate.

HABITAT ad lacuum ripas prope La Calle.

LYGEUM.

SPATHA biflora, maxima, monophylla, acuta, involuta, hinc longitudinaliter dehiscens. Calyces duo, externe villosi, basi cohærentes; singulus biglumis; glumâ alterâ majore. Stylus unus. Stigma simplex. Semina duo supera, calyce indurato tecta.

LYGEUM SPARTUM.

LYGEUM Spartum. *Lin. Spec.* 78.—*Loefl. Hisp.* 365. *t.* 2.

Lygeum spathaceum. *Lamarck. Illustr. n.* 761. *t.* 39.

Gramen spicatum sparteum, spica sericea ex utriculo prodeunte. *T. Inst.* 518.

Spartum herba, alterum. *Clus. Hist.* 2. *p.* 220. *Ic.* — *Lob. Ic.* 88. — *Obs.* 45. — *Tabern. Ic.* 238.

Gramen sparteum 2, panicula brevi folliculo inclusa. *C. B. Pin.* 5.—*Moris. s.* 8. *t.* 5. *f.* 3.

FOLIA glauca, dura, convoluta, fere filiformia. Culmus tenuis, rectus, solidus, concolor, gracilis, lævissime striatus, 3 — 6 decimetr., parte mediâ nudus, superne binodosus ; nodo inferiore folium vaginans ; superiore spatham floriferam emittente. Folia et culmi aquâ macerati, funibus conficiendis inserviunt.

HABITAT in collibus aridis et incultis. ♃

DIGYNIA.

SACCHARUM.

CALYX exterior nullus aut biglumis, externe villosus, uniflorus. Calyx interior biglumis, aristatus vel muticus. Semen unum, nudum, superum.

SACCHARUM OFFICINARUM.

SACCHARUM floribus paniculatis. *Lin. Spec.* 79.
Arundo saccharifera. *C. B. Pin.* 18. —*Theat.* 293. — *Sloan. Jam.* 1. *t.* 66. — *Rumph. Amb.* 5. *p.* 186. *t.* 74. *f.* 1. — *Dutrône, Precis sur la Canne,* *etc. Ic. bona.* —*Monti. Prodr.* 33. —*J. B. Hist.* 2. *p.* 531. *Ic.*
Le Sucre. *Regnault. Bot. Ic.*

COLITUR in hortis. ♃

SACCHARUM RAVENNÆ.

ANDROPOGON Ravennæ ; panicula laxa ; rachi lanata ; flosculo utroque arista recta. *Lin. Spec.* 1481.
Gramen paniculatum arundinaceum ramosum plumosum, panicula densa sericea. *T. Inst.* 523.
Gramen arundinaceum, ramosum plumosum album. *C. B. Pin.* 7. — *Prodr.* 14. — *Theat.* 95. — *Scheu. Gram.* 136. *t.* 3. *f.* 7. *a, b.*
Gramen paniculatum arundinaceum ramosum, panicula densa sericea. *T. Inst.* 523.
Arundo farcta vallium Ravennæ. *Zan. Hist.* 30. *t.* 19. *f.* 3. *mala.* — *Monti Prodr.* 32.
Arundo cava de Ravenna. *Moris. s.* 8. *t.* 8. *f.* 32. *mala.*

CULMUS crassitie digiti aut pollicis, erectus, lævis, 2 metr. Folia glabra, magnitudine Arundinis Donacis Lin. margine serrata ; costâ mediâ candidâ. Flores numerosissimi, paniculati. Panicula elongata, 3—7 decimetr., laxa, sericea, argentea, ramosissima. Calyx uniflorus, biglumis. Glumæ angustæ, concavæ, oblongæ, acuminatæ, subæquales, externe villosæ ; villis argenteis, flore longioribus. Calyx interior biglumis, exteriore brevior; glumâ alterâ longiore, aristatâ. Arista brevis, setiformis. Planta pulcherrima. E culmis fistulas ad hauriendum tabaci fumum parant Arabes.

HABITAT in Atlante ad rivulorum ripas. ♄

SACCHARUM CYLINDRICUM.

LAGURUS spica cylindrica, mutica. *Lin. Syst. veget.* 123.—*Lamarck. Illustr. n.* 769. *t.* 40. *f.* 2.

Gramen tomentosum creticum spicatum, spica purpurea. *T. Cor.* 39. — *Scheu. Gram.* 57. *t.* 2. *f.* 4. *a.*

Gramen tomentosum spicatum. *C. B. Pin.* 4. — *T. Inst.* 518. *Eadem ac Cor.*

Gramen alopecuros, spica longa tomentosa candicante. *J. B. Hist.* 2. *p.* 474. *Ic. mala.* — *Monti. Prodr.* 59. *t.* 88.

Gramen alopecuros maritima repens, spica longiore. *Moris. s.* 8. *t.* 4. *f.* 4.

Gramen pratense alopecuros, sericea panicula. *Barrel. t.* 11.

RADICES longæ, graciles, tortuosæ, candidæ. Culmus 6—10 decimetr., erectus, firmus, nodosus, basi sæpe ramosus. Folia glauca, glabra, dura, convoluta. Spica cylindrica, argentea, sericea, 8—16 centimetr. longa, densa, ramosa. Calyx exterior biglumis. Glumæ concavæ, muticæ, subæquales, setis niveis, numerosis, longioribus cinctæ. Calyx interior brevissimus, biglumis. Antheræ violaceæ. Styli concolores. Arenas mobiles coercet.

HABITAT ad maris littora. ♃

PHALARIS.

CALYX exterior biglumis, uniflorus, carinatus ; interior brevior, biglumis, muticus. Semen unum, nudum, superum. Spica ramosa.

PHALARIS CANARIENSIS.

PHALARIS panicula subovata, spiciformi; glumis carinatis. *Lin. Spec.* 79.
—*Lamarck. Illustr. n.* 836. *t.* 42.—*Schreb. Gram.* 83. *t.* 10. *f.* 2.—*Gærtner.*
2. *p.* 6. *t.* 80. *f.* 6.
Gramen spicatum, semine miliaceo albo. *T. Inst.* 518.
Phalaris Dioscoridis. *Trag.* 669. *Ic.*
Phalaris major semine albo. *C. B. Pin.* 28. — *Theat.* 534. *Ic.* — *Moris.*
s. 8. *t.* 3. *f.* 1. — *Scheu. Gram. t.* 2. *f.* 3. *a, c, e, f.*
Phalaris. *Camer. Epit.* 661. *Ic. bona.* —*J. B. Hist.* 442. *Ic.* — *Tabern. Ic.*
240. — *Matth. Com.* 659. *Ic.* — *Lob. Ic.* 43. — *Ger. Hist.* 86. *Ic.*
Gramen phalaroides verius, bulbosa radice. *Barrel. t.* 9. *f.* 2. — *Monti.*
Prodr. 46.

A. Phalaris canar., semine miliaceo nigro. *T. Inst.* 518. — *Monti. Prodr.* 47.
Phalaris major semine nigro. *C. B. Pin.* 28. — *J. B. Hist.* 2. *p.* 443.

CULMUS erectus, 3—7 decimetr. Spica ovata, 13—22 millimetr. longa.
Calycis exterioris glumæ compressæ, semicirculares, carinatæ, conni-
ventes, lineolis duobus viridibus pictæ. Calycis interioris glumæ inæquales.
Semina alba aut fusca, ovata, compressa, glumis adhærentia.

HABITAT inter segetes. ☉

PHALARIS BULBOSA.

PHALARIS panicula cylindrica; glumis carinatis. *Lin. Spec.* 79.
Phalaris bulbosa semine albo. *Rai. Hist.* 1249. — *Scheu. Gram.* 53. —
Park. Theat. 1163. *Ic.*
Phalaris altissima. *Ger. Vail. Herb.*

AFFINIS P. canariensi Lin. Differt spicâ tenuiore, cylindraceâ, 5 centimetr. circiter longâ; seminibus duplo minoribus, griseis nec glumæ
adhærentibus. Species nostra radices fibrosas absque bulbis emittit.
Cæterum P. bulbosæ Lin. simillima, quæ varietas videtur distincta
tantum bulbis radicalibus. Semina utriusque, a Mauris collecta, in Euro-
pam mittuntur pro avium domesticarum nutrimento. Hæc grana Gallice
dicuntur : *Escayole* ou *Graines de Canari.*

HABITAT inter segetes. ☉

PHALARIS AQUATICA.

PHALARIS panicula ovato-oblonga, spiciformi; glumis carinatis, lanceolatis. *Lin. Spec.* 79. *Exclus. Syn. Buxbaumii.*

Gramen typhinum phalaroides majus bulbosum aquaticum. *Barrel. t.* 700. *f.* 1.

Gramen spicatum perenne, semine miliaceo, tuberosa radice. *T. Insl.* 519. — *Monti. Prodr.* 47.

RADICES bulbosæ. Spica teres, crassa, 5 — 11 centimetr. Glumæ P. canariensis Lin.

HABITAT in pratis aquosis. ♃

PHALARIS CŒRULESCENS.

PHALARIS culmo superne nudo ; spica tereti, laxiuscula ; glumis carinatis, acutis.

Gramen phalaroides hirsutum, spica longissima. *Buxb. Cent.* 4. *p.* 30. *t.* 53.

CULMUS erectus, 7 decimetr., nodosus, superne nudus, filiformis. Folia glabra, 5 millimetr. lata. Spica ramosa, teres, laxiuscula, 5—8 centimetr. Calyx exterior biglumis, uniflorus. Glumæ membranaceæ, carinatæ, acuminatæ, conniventes, subæquales, pallide cœruleæ. Calyx interior biglumis. Glumæ parvæ, acutæ, subæquales, calyce exteriore breviores. Affinis P. bulbosæ Lin. differt spicâ laxiore, glumis cœrulescentibus.

HABITAT in arvis Algeriæ.

PHALARIS PARADOXA.

PHALARIS panicula cylindrica ; flosculis mucronatis ; neutris plurimis ; infimis præmorsis. *Lin. Spec.* 1665.—*Lin. Fil. Decad.* 35. *t.* 18. —*Schreb. Gram.* 93. *t.* 12.

Gramen spicatum perenne, semine miliaceo, radice repente. *T. Insl.* 519. — *T. et Vail. Herb.*

Gramen phalaroides, spica brevi reclinata ex utriculo prodeunte. *Pluk. t.* 33. *f.* 5.

Gramen phalaroides lusitanicum. *Moris. s.* 8. *t.* 3. *f.* 6. — *Monti. Prodr.* 47.

CULMUS 3—4 decimetr., erectus. Spica cylindrica, ramosa, 3—5 centimetr. longa, vaginâ hinc involuta. Ramuli multiflori. Flos centralis fertilis; laterales abortivi. Calyx exterior uniflorus, biglumis. Glumæ planæ, carinatæ, acuminatæ, conniventes, calycem biglumem includentes. Flores inferiores steriles, rigidi, præmorsi, brevissimi. Semen compressum, nitidum, acuminatum.

HABITAT in arvis. ☉

PANICUM.

CALYX uniflorus, triglumis; glumâ exteriore minimâ. Semen unum, nudum, superum.

PANICUM VERTICILLATUM.

PANICUM spica verticillata; racemulis quaternis; involucellis unifloris, bisetis; culmis diffusis. *Lin. Spec.* 82. — *Lamarck. Illustr. n.* 871. *t.* 43. *f.* 1. — *Curtis. Lond. Ic.*
Panicum vulgare spica simplici et aspera. *T. Inst.* 515. — *Monti. Prodr.* 10.
Gramen paniceum spica aspera. *C. B. Pin.* 8. — *Theat.* 139. *Ic.* — *Scheu. Gram.* 47.
Gramen geniculatum. *Ger. Hist.* 15. *Ic.* — *Schaw. Specim. n.* 292.
Gramen paniceum spica aspera simplici. *Moris. s.* 8. *t.* 4. *f.* 11.
Panicum spica unica, paniculata; setis paucioribus. *Hall. Hist. n.* 1543.

CULMUS teres, 3—7 decimetr., diffusus. Spica inferne subverticillata. Bracteæ asperæ, setiformes, floribus longiores. Variat flore viridi et cœrulescente.

HABITAT in arvis cultis Algeriæ. ☉

PANICUM GLAUCUM.

PANICUM spica tereti; involucellis bifloris, fasciculato-setosis; seminibus undulato-rugosis. *Lin. Spec.* 83. — *Schreb. Gram.* 2. *p.* 21. *t.* 25. — *Leers. Herb.* 12. *t.* 2. *f.* 2. — *Gærtner.* 1. *p.* 2. *t.* 1. *f.* 3.
Panicum vulgare spica simplici et molliori. *T. Inst.* 515. — *Monti. Prodr.* 10.

CULMUS erectus, superne striatus, 3—6 decimetr. Spica cylindrica, 5—8 centimetr., non interrupta. Bracteæ setiformes, læves, primum virides; deinde flavescentes, apice plerumque purpurascentes, floribus longiores. Antheræ violaceæ. Semina transverse sulcata. Affinis P. viridi Lin. Magna apud auctores synonymorum confusio de P. viridi et glauco quæ tamen species distinctæ.

HABITAT in arvis Algeriæ. ⊙

PANICUM VIRIDE.

PANICUM spica tereti; involucellis bifloris, fasciculato-pilosis; seminibus nervosis. *Lin. Spec.* 83.—*Curtis. Lond. Ic.*—*Œd. Dan. t.* 852,—*Leers. Herb.* 13. *t.* 2. *f.* 2.

AFFINIS P. verticillato Lin. Differt spicâ regulari nec inferne verticillatâ; bracteis setaceis, mollibus. Variat colore viridi et purpurascente.

HABITAT inter segetes Algeriæ. ⊙

PANICUM CRUS GALLI.

PANICUM spicis alternis conjugatisque; spiculis subdivisis; glumis aristatis, hispidis; rachi quinquangulari. *Lin. Spec.* 83.
Panicum vulgare spica multiplici asperiuscula. *T. Inst.* 515. — *Monti. Prodr.* 9.
Gramen paniceum spica divisa. *C. B. Pin.* 8. — *Scheu. Gram.* 49.
Gramen paniceum seu Panicum sylvestre spica divisa. *Moris. s.* 8. *t.* 4. *f.* 15.
Panicum spica ramosa; setis nullis. *Hall. Hist. n.* 1544.

A. Aristatum. *Leers. Herb.* 13. *t.* 2. *f. 3.*
Panicum vulgare spica multiplici, longis aristis circumvallata. *T. Inst.* 515. — *Monti. Prodr.* 9.
Gramen paniceum, spica aristis longis armata. *C. B. Pin.* 8.—*Theat.* 137. Ic. — *Scheu. Gram.* 48. *t.* 2. *f.* 2. — *Moris. s.* 8. *t.* 4. *f.* 16.
Panicum sylvestre. *Camer. Epit.* 196. *Ic.*
Gramen paniceum 2. *Tabern. Ic.* 228.

CULMUS compressus, geniculatus, sæpe basi decumbens. Folia denticulata. Vagina membranulâ coronante destituta. Spicæ paniculatæ; infe-

riores patentés ; superiores rachi approximatæ. Flores ciliati , unilaterales ,
sæpe purpurascentes. Valvula altera calycis nunc mutica , nunc subaristata. In varietate A calyx longe aristatus.

HABITAT inter segetes. ⊙

PANICUM SANGUINALE.

PANICUM spicis digitatis , basi interiore nodosis ; flosculis geminis , mu-
ticis ; vaginis foliorum punctatis. *Lin. Spec.* 84. — *Œd. Dan. t.* 388.
Mala — Schreb. Gram. 119. *t.* 16. — *Leers. Herb.* 14. *t.* 2. *f.* 6. —
Curtis. Lond. Ic.
Gramen dactylon folio latiore. *C. B. Pin.* 8. — *Theat.* 114. *Ic.* — *T. Inst.*
520. — *Moris. s.* 8. *t.* 3. *f.* 1. — *Scheu. Gram.* 101.
Ichæmon Plinii. *Clus. Hist.* 2. *p.* 217. *Ic.* — *Lob. Ic.* 24. — *Ger. Hist.* 27.
Ic. — *Monti. Prodr.* 62.
Ischæmum gramen sanguinarium. *Tabern. Ic.* 222.
Graminis genus dens caninus tertius, sive gramen priorum vel Galli crus.
J. B. Hist. 2. *p.* 444. *Ic.*
Gramen dactylon majus repens , foliis hirsutissimis. *Buxb. Cent.* 5. *p.* 34.
t. 65. *Mala.*

A. Digitaria foliis subhirsutis ; caule debili ; spicis verticillatis ; scapo an-
cipite. *Hall. Hist. n.* 1526.

CULMUS basi geniculatus , 3—7 decimetr. Folia 7—9 millimetr. lata ;
margine serrato , plerumque purpurascente. Vaginæ compressæ , villosæ ,
membranulâ coronatæ. Spicæ quinque ad novem , graciles , erectæ , digitatæ , purpureæ , 8—11 centimetr. , terminales. Flores parvi , unilaterales ,
adpressi , ovoidei , acuti , compressi. Rachis flexuosa.

HABITAT in hortis. ⊙

PANICUM DEBILE.

PANICUM spicis digitatis , interruptis , subquinis , filiformibus ; floribus
binis , secundis , adpressis ; altero sessili , altero pedicellato.

CULMUS filiformis , debilis , 3—7 decimetr. , superne nudus. Folia
pauca , glabra , 2 millimetr. lata , 5—16 centimetr. longa. Spicæ quatuor
ad septem , terminales , digitatæ , filiformes , interruptæ , 11—13 centimetr.

longæ. Rachis flexuosa, capillaris. Flores binati, adpressi, compressi, minimi, oblongi, acuti; altero sessili, altero pedicellato; pedicello brevi. Affinis P. lineari Lin.

HABITAT in pascuis prope La Calle.

PANICUM NUMIDIANUM. Tab. 11.

PANICUM culmo erecto; floribus racemosis, secundis, geminis; altero sessili; racemis laxe paniculatis, nutantibus.
Panicum numidianum. *Lamarck. Illustr. n. 902.*

CULMUS erectus, 3—9 decimetr., simplex aut ramosus, nodosus; nodis pubescentibus. Folia 5—7 millimetr. lata, 14—27 centimetr. longa, acuta, glabra, margine serrata. Flores racemosi, unilaterales. Racemi plures, distincti, 3—8 centimetr., laxe paniculati; paniculâ elongatâ. Rachis flexuosa, tenuis, angulosa. Flores parvi, conferti, unilaterales, ovoidei, magnitudine P. viridis Lin., plerumque bini; altero sessili aut subsessili, altero brevissime pedicellato. Calyx exterior triglumis. Glumæ extus convexæ, obtusæ, virides; exteriore minimâ. Calyx interior brevior, biglumis, muticus. Antheræ parvæ. Stigmata fusca. Semen exiguum, nitidum, læve, subrotundum. Floret Autumno.

HABITAT prope La Calle in arenis humidis.

PANICUM REPENS.

PANICUM panicula virgata; foliis divaricatis. *Lin. Spec. 87.* — *Cavanil. Ic. n. 119. t. 110.*
Milium angustifolium, panicula perampla sparsa et erecta. *T. Cor. 39.* — *Vail. Herb.*

CULMI basi repentes, geniculati, sæpe ramosi, nodosi, 3—6 decimetr., ascendentes. Folia striata, rigidula, 3—7 millimetr. lata, acuta, margine denticulata, erecta. Vaginæ subvillosæ, culmum involventes et obtegentes. Flores paniculati; panicula erecta, subcontracta. Rami capillares, numerosi, flexuosi, asperi. Flores parvi, ovoidei, nunc solitarii, nunc bini; altero subsessili, altero pedicellato. Calyx pallidus, uniflorus; gluma exteriore minore; duobus alteris æqualibus, acuminatis, convexis.

Calyx interior biglumis , brevior. Stigmata violacea. Semen minimum , læve , ovoideum. Affinis P. capillari Lin. Differt radice perenni ; culmis basi decumbentibus , repentibus; vaginis subvillosis nec pilosis et asperis ; paniculâ longe minori nec patente. Species distinctissima a P. colorato Lin.

HABITAT in Barbaria. ♃

PHLEUM.

FLORES spicati , sessiles. Calyx exterior biglumis , truncatus , uniflorus ; interior brevior , biglumis , muticus. Semen unum , nudum , superum.

PHLEUM PRATENSE.

PHLEUM spica cylindrica, longissima ; culmo recto. *Lin. Spec.* 87.—*Schreb. Gram.* 102. *t.* 14. *f.* 1 *et* 2. — *Leers. Herb.* 16. *t.* 3. *f.* 1. — *Lamarck. Illustr. n.* 851. *t.* 42.
Gramen spicatum , spica cylindracea longissima. *T. Inst.* 519.
Gramen typhoides maximum , spica longissima. *C. B. Pin.* 4. — *Prodr.* 10. *Ic.* — *Theat.* 49. — *Moris..s.* 8. *t.* 4. *f.* 1. — *Scheu. Gram.* 60. *t.* 2. *f.* 5. *a. b.* — *Monti. Prodr.* 49. *Ic. n.* 52.
Gramen cum cauda muris majoris longa , majus. *J. B. Hist.* 2. *p.* 472. *Ic.*
Phleum caule erecto ; spicis cylindricis , longissimis ; glumis calycinis oblique truncatis. *Hall. Hist. n.* 1528.

CULMUS 6—10 decimetr. , erectus, nodosus. Folia margine denticulata. Spica cylindrica , truncata , 5—16 centimetr. , densissima. Flores parvi , sessiles ; superiores inferique abortivi. Calyx compressus , biglumis , uniflorus. Glumæ æquales , truncatæ , hinc apice mucronatæ , mucrone brevissimo , horizontaliter conniventes ; margine interiore membranaceo. Calyx interior muticus , brevior. Glumæ inæquales , membranaceæ. Antheræ minutæ , violaceæ. Semen minimum , ovoideum. Pecori pabulum optimum præbet. Spicam 3 decimetr. sæpe vidi.

HABITAT in pascuis humidis. ♃

CRYPSIS.

CALYX exterior biglumis, oblongus, uniflorus. Calyx interior, biglumis, exteriore longior. Flores spicati aut capitati.

CRYPSIS SCHŒNOIDES.

CRYPSIS spicis obovatis, glabris, basi vagina foliacea cinctis ; caulibus ramosis, procumbentibus. *Lamarck. Illustr. n.* 855. *t.* 42. *f.* 1.
Phleum spicis ovatis, obvolutis ; foliis brevissimis, muticis, amplexicaulibus. *Lin. Spec.* 88. — *Jacq. Icones.* — *Cavanil. Ic. n.* 58. *t.* 52. *V.*
Crypsis. *Hort. Kew.* 1. *p.* 48.
Gramen aquaticum typhinum supinum italicum minus. *Barrel. t.* 54.

CULMI procumbentes aut prostrati, ramosi, geniculati. Spica compacta, ovata, obtusa, inferne subramosa, folio spathiformi basi involuta. Glumæ parvæ, compressæ, oblongæ nec apice truncatæ.

HABITAT Algeriâ in arenis. ☉

CRYPSIS ACULEATA.

CRYPSIS spicis capitato-hemisphæricis, glabris ; vaginis mucronatis, subpungentibus cinctis ; caulibus ramosis. *Lamarck. Illustr. n.* 856. *t.* 42. *f.* 2.
Schœnus aculeatus ; culmo tereti, ramoso ; capitulis terminalibus ; involucro triphyllo, brevissimo, rigido, patente. *Lin. Spec.* 63. — *Schreb. Gram.* 2. *p.* 62. *t.* 32.
Anthoxanthum aculeatum ; spicis subglobosis ; involucro foliaceo, brevi, mucronato. *Lin. Suppl.* 89.
Gramen album capitulis aculeatis italicum. *C. B. Pin.* 7. — *Theat.* 108. *Ic. Moris. s.* 8. *t.* 5. *f.* 3. — *Scheu. Gram.* 85.
Gramen spicatum, spicis in capitulum foliatum congestis. *T. Inst.* 519.
Gramen aculeatum. *Camer. Epit.* 745. *Ic.* — *Matth. Com.* 709. *Ic.*
Gramen supinum aculeatum. *J. B. Hist.* 2. *p.* 461. *Ic.*
Gramen typhinum aculeatum. *Zanich. Ist. t.* 69.
Gramen typhinum aculeatum, spica ex utriculo vix prodeunte. *Monti. Prodr.* 50.

Phleum schœnoides. *Jacq. Austr. App. t.* 7.—*Cavanil. Ic. n.* 58. *t.* 52.—
Pallas. Itin. 2. *p.* 733. *t. k. f.* 1.
Antitragus aculeatus. *Gærtner.* 2. *p.* 7. *t.* 80. *f.* 7.

CULMI flexuosi, procumbentes, 16—27 centimetr. , ramosi ; ramulis strictis. Folia glabra, acuta ; superiora brevia, rigidula, patentia. Spicæ parvæ, subrotundæ, densissimæ, solitariæ, ex apice ramorum, foliis spathaceis duobus aut tribus cinctæ. Flores minimi, compressi. Calyx exterior uniflorus ; glumis carinatis , acutis ; interior biglumis , paulo longior. Stamina 2 — 3. Semen minimum , oblongum, compressum. Species a præcedenti distincta. Ill. Jacq. utramque descripsit et delineavit sub eadem denominatione.

HABITAT Algeriâ in arenis. ♃

CRYPSIS ARENARIA.

CRYPSIS spica ovato-cylindrica , utrinque attenuata ; glumis acutis, ciliatis ; culmo subramoso. *Lamarck. Illustr. n.* 857.
Phleum spica ovata , ciliata ; caule ramoso. *Lin. Spec.* 88. — *Œd. Dan. t.* 915.
Gramen spicatum maritimum minimum, spica cylindracea. *T. Inst.* 520. — *Scheu. Gram.* 63.
Gramen typhinum maritimum minus. *Rai. Hist.* 1267. — *Pluk. t.* 33. *f.* 8.
Gramen phalaroides maritimum minimum. *Monti. Prodr.* 48. *t.* 47.

PLANTA parva, cæspitosa. Culmi 13—27 centimetr., basi decumbentes. Spica densa , ovato-cylindrica, 19—22 millimetr. longa. Calyces ciliati , acuti. Antheræ minimæ , pallide luteæ.

HABITAT in arvis.

ALOPECURUS.

CALYX exterior uni aut biglumis ; interior uniglumis. Semen unum , nudum , superum. Flores spicati.

ALOPECURUS PRATENSIS.

ALOPECURUS culmo spicato , erecto ; glumis villosis. *Lin. Spec.* 88. —
Schreb. Gram. 133. *t.* 19. *f.* 1. — *Leers. Herb.* 15. *t.* 2. *f.* 4. — *Curtis.
Lond. Ic.*

Gramen spicatum , spica cylindracea longioribus villis donata. *T. Inst.*
520.

Gramen phalaroides majus sive italicum. *C. B. Pin.* 4. — *Monti. Prodr.* 47.

Gramen alopecurinum majus. *Ger. Hist.* 11. *Ic.*

Gramen alopecuroides. *Lob. Ic.* 8.

Gramen alopecuroides spica longiore medium vulgare. *Moris. s.* 8. *t.* 4.
f. 8.

CULMUS erectus , 6—10 decimetr. , nodosus. Spica densa, cylindrica,
3—6 centimetr. longa , ramosa ; ramulis brevissimis. Calyx exterior biglumis. Glumæ carinatæ , compressæ , acutæ , villosæ , lineolis viridibus
longitudinaliter variegatæ. Arista setiformis , flore triplo longior , emergens
e basi glumæ calycis interioris. Morbo qui gallice dicitur *Ergot* obnoxius.

HABITAT in pratis humidis. ♃.

ALOPECURUS AGRESTIS.

ALOPECURUS culmo spicato , erecto; glumis nudis. *Lin. Spec.* 89. — *Œd.
Dan. t.* 697. — *Schreb. Gram.* 140. *t.* 19. *f.* 2. — *Leers. Herb.* 15. *t.* 2.
f. 5.

Gramen spicatum , spica cylindracea tenuissima longiore. *T. Inst.* 519.—
Scheu. Gram. 69.

Gramen typhoides spica angustiore. *C. B. Pin.* 4. — *Theat.* 53. *Ic.* —
Monti. Prodr. 49. *Ic. n.* 51.

Gramen alopecuroides minus alterum. *Lob. Ic.* 9.

Gramen alopecurinum minus. *Ger. Hist.* 11. *Ic.*

Gramen cum cauda muris purpurascente. *J. B. Hist.* 2. *p.* 473. *Ic.*

Gramen alopecuroides , spica longa tenuiore. *Moris. s.* 8. *t.* 4. *f.* 12.

Gramen typhinum Plantaginis spica , aristis geniculatis. *Barrel. t.* 699. *f.* 2.

Alopecurus culmo erecto , spicato ; calyce ciliato. *Hall. Hist. n.* 1540.

CULMUS gracilis , erectus , 3—6 centimetr. Spica tenuis , densa , superne
attenuata , glabra , 3—8 centimetr. , basi subramosa. Spiculæ compressæ,

intus concavæ. Calyx exterior uniglumis, acuminatus, semibifidus; interior uniglumis ; glumâ hinc longitudinaliter fissâ. Arista setiformis triplo longior ex ejusdem basi.

HABITAT in pratis Algeriæ. ♃

ALOPECURUS GENICULATUS.

ALOPECURUS culmo spicato, infracto. *Lin. Spec.* 89. — *Leers. Herb.* 16.
  t. 2. *f.* 7. — *Curtis. Lond. Ic.*—*Œd. Dan. t.* 861. — *Hall. Hist. n.* 1541.
Gramen spicatum aquaticum, spica cylindracea brevi. *T. Inst.* 520.
Gramen aquaticum geniculatum spicatum. *C. B. Pin.* 3. — *Theat.* 41. *Ic.*
Gramen fluviatile album. *Tabern. Ic.* 217.
Gramen aquaticum spicatum. *Lob. Ic.* 13.
Gramen typhinum aquaticum molle, spica glauca. *Monti. Prodr.* 49.
Gramen alopecurum fluviatile geniculatum procùmbens. *Moris. s. 8. t.* 4. *f.* 15.

CULMUS basi repens, geniculatus, infra spicam subinflatus, 3 decimetr. Folia mollia, glauca. Spica 2—3 centimetr. longa, cylindrica, obtusa, densa, ramosa ; ramulis brevissimis. Flores exigui. Calyx exterior ciliatus ; glumis truncatis; interior uniglumis. Arista setiformis, flore vix longior, e basi valvulæ emergens. Antheræ minutæ, albæ aut luteæ.

HABITAT in pratis humidis. ♃

MILIUM.

CALYX exterior biglumis, uniflorus, ovatus ; interior brevior, biglumis, aristatus aut muticus. Semen unum, nudum, superum.

Nª. Genus vix distinctum.

MILIUM LENDIGERUM.

MILIUM panicula subspicata ; floribus aristatis. *Lin. Spec.* 91. *Exclus. Syn.*
  Moris. et Pluk. — *Schreb. Gram.* 2. *p.* 14. *t.* 23. *f.* 3.
Agrostis ventricosa. *Gouan. H. Monsp.* 39. *Ic. mala.*
Agrostis panicea, panicula spicata ; flosculis subulatis, subnitidis, basi
  nodulo instructis ; aristis rectis, brevibus. *Lamarck. Illustr. n.* 811.

Panicum serotinum arvense, spica pyramidata. *T. Inst.* 515. — *Vail. Herb.*
— *Monti Prodr.* 10.

Gramen serotinum arvense, panicula contractiore pyramidali. *Rai. Synops.* 2.
p. 259. — *Schaw. Specim. n.* 297.

CULMI plures ex eodem cæspite, graciles, 2—3 decimetr., basi sæpe
geniculati. Folia linearia, glabra, acuta. Panicula subspicata, 5—8 centimetr., erecta. Calyx exterior biglumis. Glumæ glabræ, inæquales, subulatæ, membranaceæ, nitidæ. Calyx interior brevior, parvus, villosus.
Glumæ subæquales ; alterâ aristatâ. Semina parva, oblonga, hirsuta ; matura protuberantia.

HABITAT in agro tunetano inter segetes. ☉

MILIUM CŒRULESCENS. Tab. 12.

MILIUM panicula laxa ; pedunculis capillaribus ; calyce exteriore membranaceo, acuto ; interiore subaristato.
Gramen miliaceum saxatile angustifolium, panicula non aristata fusca,
semine nigro splendente. *Vail. Herb.*

CULMI erecti, graciles, 6— 10 decimetr., superne nudi. Folia glabra,
glauca, 2—5 millimetr. lata, remota. Vagina membranulâ coronata. Flores
laxe paniculati. Rami capillares, flexuosi, divaricati, ramosi, inæquales.
Calyx exterior biglumis, uniflorus. Glumæ subæquales, apice membranaceæ, acutæ, convexæ, basi cœruleæ. Calyx interior biglumis ; glumis
obtusis ; alterâ aristatâ. Arista terminalis, brevissima, caduca. Semen
oblongum, fuscum, nitidum, hinc sulco longitudinali exaratum. Affinis
M. paradoxo Lin. Differt foliis duplo triplove angustioribus, glaucis ;
glumis calycinis exterioribus basi cœrulescentibus ; semine tenuiore ; aristis
calyce brevioribus.

HABITAT in fissuris rupium Atlantis. ♃

POLYPOGON.

CALYX exterior biglumis, uniflorus ; glumis aristatis. Calyx
interior brevior, biglumis ; glumâ alterâ aristatâ ; aristâ terminali.

POLYPOGON MONSPELIENSE.

Alopecurus monspeliensis; panicula subspicata; calycibus scabris; corollis aristatis. *Lin. Spec.* 89.

Gramen alopecurum majus, spica virescente divulsa, pilis longioribus. *Barrel. t.* 115. *f.* 2. *bona.* — *Scheu. Gram.* 155.

Alopecurus maxima Angliæ paludosa. *Moris. s.* 8. *t.* 4. *f.* 3. *mala.*

Alopecuros maxima anglica. *Park. Theat.* 1166. *Ic.*

Gramen alopecuroides maximum. *Schaw. Specim. n.* 271.

Phleum crinitum. *Schreb. Gram.* 151. *t.* 20. *f.* 3.

A. Alopecurus paniceus; panicula· subspicata; glumis villosis; corollis aristatis. *Lin. Spec.* 90. — *Schreb.* 151. *Variet. B.*

Panicum maritimum spica longiore villosa. *T. Inst.* 515. — *Monti. Prodr.* 10.

Gramen alopecuros minus spica longiore. *C. B. Pin.* 4. — *Theat.* 57. — *Scheu. Gram.* 154.

Gramen alopecurum minus, spica virescente divulsa. *Barrel. t.* 115. *f.* 1.

Culmus 3—7 decimetr., simplex, erectus. Folia rigidula, 2—7 millimetr. lata. Panicula spicata, pallide flavescens, 2—5 centimetr. Flores minimi, numerosissimi. Calyx exterior biglumis, uniflorus. Glumæ ciliatæ, oblongæ, acutæ; singula aristata; aristâ terminali, albâ,· setiformi. Calyx interior brevior, biglumis; glumâ alterâ apice aristatâ; aristâ brevi, erectâ, tenuissimâ. A. paniceus Lin., varietas certissime præcedentis, differt spica minore et arctius contracta.

Habitat inter segetes. ☉

AGROSTIS.

Calyx exterior biglumis, uniflorus; interior biglumis, muticus aut aristatus. Semen unum, nudum, superum. Flores minimi.

AGROSTIS SPICA-VENTI.

Agrostis petalo exteriore exserente aristam rectam, strictissimam, longissimam. *Lin. Spec.* 91. — *Œd. Dan. t.* 853. — *Leers. Herb.* 18. *t.* 4. *f.* 1.

Gramen capillatum paniculis rubentibus et viridantibus. *T. Inst.* 524.

Gramen capillatum. *J. B. Hist.* 2. *p.* 462. *Ic. mala.*

Gramen segetum altissimum , panicula sparsa. *C. B. Pin.* 3. — *Theat.* 34. *descriptio bona. Exclud. Ic. flores majores nec aristatos repræsentans.* — *Scheu. Gram.* 144. *t.* 3. *f.* 10.

Avena monantha ; panicula ascendente , multiflora ; calyce lævi ; florali arista longissima. *Hall. Hist. n.* 1480.

CULMUS erectus , gracilis, 3—6 decimetr. Folia margine et paginâ superiore denticulata. Panicula maxima , regularis , patens, sæpe 3 decimetr. ; junior contracta. Rami numerosi , multifariam divisi , inæquales , verticillati, capillares. Flores minimi. Calyx exterior biglumis ; glumis acutis , glabris. Calyx interior biglumis ; glumis inæqualibus ; alterâ aristatâ ; aristâ setiformi , flore multo longiore. Panicula nunc viridis , nunc purpurascens.

HABITAT inter segetes. ☉

AGROSTIS PUNGENS.

AGROSTIS culmo basi procumbente , ramoso ; foliis subulatis , rigidulis , convolutis ; panicula coarctata , mutica.

Agrostis panicula coarctata , mutica ; foliis involutis , rigidis , pungentibus ; superioribus oblique oppositis ; culmo ramoso. *Schreb. Gram.* 2. *p.* 46. *t.* 27. *f.* 3.

Gramen paniculatum maritimum narbonense , radice repente. *T. Inst.* 523. — *T. et Vail. Herb.*

Agrostis panicula parva , conferta , subovata ; foliis convolutis , pungentibus ; culmo ramoso , repente. *Lamarck. Illustr. n.* 817.

Agrostis radice repente ; foliis subulatis , rigidis , suboppositis. *Cavanil. Ic. n.* 120. *t.* 111.

CULMUS basi procumbens , 3 decimetr. , ramosus. Folia glauca , approximata , striata , subulata , glabra , rigidula , pungentia , culmum obtegentia , margine convoluta. Flores parvi , pallidi. Panicula coarctata , ovata , 5—8 centimetr. Calyx exterior uniflorus. Glumæ ovoideæ , approximatæ , membranaceæ , muticæ , hinc convexæ , inæquales , pallide virescentes. Calyx interior muticus, biglumis. Glumæ concavæ , inæquales.

HABITAT in arenis ad maris littora et aliis locis. ♃

AGROSTIS MINIMA.

AGROSTIS panicula mutica , filiformi. *Lin. Spec.* 93.
Gramen loliaceum minimum elegantissimum. *T. Inst.* 517. — *Monti.*
Prodr. 43.
Gramen minimum , paniculis elegantissimis. *C. B. Pin.* 2.—*Scheu. Gram.* 40.
t. 1.*f.* 7. *I.*
Gramen minimum. *J. B. Hist.* 2. *p.* 465. *Ic.*
Gramen minimum unciale aut biunciale. *Moris. s.* 8. *t.* 2. *f.* 10. —
Icones C. B. Theat. 26 *et Dalech. Hist.* 425 *malæ.*

CULMI filiformes., enodes , 3—8 centimetr. , simplices , erecti , plures
ex eodem cæspite. Spica gracilis, simplex. Flores minimi , sessiles , unilaterales , sæpe purpurascentes. Calyx exterior biglumis , obtusus ; margine
membranaceo ; interior villosus , biglumis.

HABITAT Algeriâ. ☉

AGROSTIS STOLONIFERA.

AGROSTIS paniculæ ramis divaricatis , muticis ; culmo ramoso , repente ;
calycibus æqualibus. *Lin. Spec.* 93. — *Œd. Dan. t.* 564.
Poa monantha , stolonifera ; calycibus exasperatis. *Hall. Hist. n.* 1473.
Gramen panicula fere arundinacea , locustis brevissimis. *T. Inst.* 521.
— *T. Herb.*

CULMUS 3—6 decimetr., basi prostratus , geniculatus. Panicula inferne coarctata , 5—8 centimetr. Pedunculi inæquales , capillares , verticillati. Flores mutici , sæpe purpurascentes. Panicula tota coarctata fructu
maturo.

HABITAT in arvis. ♃

AGROSTIS CAPILLARIS.

AGROSTIS panicula capillari, patente ; calycibus subulatis , æqualibus, his-
pidulis , coloratis ; flosculis muticis. *Lin. Spec.* 93. — *Œd. Dan. t.* 163.
— *Leers. Herb.* 20. *t.* 4. *f.* 3.

Gramen miliaceum minus , panicula rubente. *Monti.* 52. *Ic.* 64.

Poa monantha; caule erecto ; panicula diffusa; calycibus dorso exasperatis. *Hall. Hist. n.* 1475.

CULMUS filiformis , erectus , 3 decimetr. Panicula patula , nec basi coarctata ut in præcedenti. Rami capillares. Flores omnium minimi , mutici , sæpe purpurascentes.

HABITAT in arvis. ♃

A I R A.

CALYX exterior biglumis , membranaceus , biflorus ; interior biglumis. Semen unum , nudum , superum.

AIRA ARTICULATA. Tab. 13.

AIRA paniculata ; calyce flosculo longiore , acuto , nitido ; arista medio nodosa e basi glumæ prodeunte.

A. Gramen panicula miliacea , locustis minimis. *T. Inst.* 522. — *T. Herb.*

RADICES capillares. Culmi plures ex communi cæspite , erecti , glabri , tenues , inferne ramosi , geniculati , 3 decimetr. , superne filiformes. Folia. 1 millimetr. lata , glauca , glabra ; sicca convoluta et filiformia. Flores paniculati. Pedunculi capillares , plerumque bini , ramosi , superne floriferi. Flores aggregati , parvi. Calyx exterior biflorus , biglumis , flosculo longior. Glumæ angustæ , elongatæ , acutæ , subæquales , membranaceæ , nitidæ. Calyx interior biglumis. Glumæ minimæ , ovatæ , inferne villosæ , subæquales. Arista superne clavata , alba ; inferne crassior , fusca ; medio nodosa , articulata et villis cincta , e basi glumæ exterioris , ut in A. canescente Lin. Stamina 3. Antheræ oblongæ. Styli 2 barbati. Semen minimum , oblongum , obtusum , hinc sulco longitudinali exaratum. Varietas A simillima differt floribus duplo fere minoribus.

HABITAT in arvis prope Mascar. ☉

MELICA.

CALYX exterior biglumis, triflorus ; flosculo intermedio sterili, pedicellato. Aristæ nullæ. Semen unum , nudum , superum.

MELICA CILIATA.

MELICA flosculi inferioris petalo exteriore ciliato. *Lin. Spec.* 97.
Gramen avenaceum montanum lanuginosum. *C. B. Pin.* 10. — *T. Inst.* 524. — *Monti. Prodr.* 58. *t.* 83.
Gramen montanum Avenæ simile. *Clus. Hist.* 2. *p.* 219. *Ic.*
Gramen· cum locustis parvis candidis pilosis, semine avenaceo. *J. B. Hist.* 2. *p.* 434. *Ic.*
Gramen avenaceum spica simplici , locustis densissimis candicantibus et lanuginosis. *Scheu. Gram.* 174. *t.* 3. *f.* 16. *g, h, i, k.* — *Itin. Alp.* 174. *t.* 3. *f.* 16.
Arundo locustis bifloris , spicatis ; gluma florali exteriore ciliata. *Hall. Hist. n.* 1517.

CULMUS 6 decimetr. , erectus. Folia 2 millimetr. lata , glauca. Vagina aspera , internodiis longior. Spica interrupta , 8—11 centimetr., ramosa. Pedunculi tenues , rachi adpressi. Calyx exterior subtriflorus. Glumæ acutæ , inæquales, membranaceæ. Flos unicus fertilis. Gluma exterior setis numerosis , argenteis , mollibus , maturo fructu patentibus conspersa.

HABITAT in Atlante. ♃

MELICA ASPERA.

MELICA foliis angustis, convolutis, asperis ; panicula patente, pyramidata ; glumis imberbibus.
Gramen avenaceum angustifolium paniculatum pyramidale. *Barrel. t.* 95. *f.* 1. — *Scheu. Gram.* 173.
Gramen avenaceum saxatile , panicula sparsa , locustis latioribus candicantibus et nitidis. *T. Inst.* 524. — *T. Herb.*

CULMUS simplex , quandoque basi ramosus , erectus , 3—6 decimetr. , filiformis , superne nudus. Folia glabra , glauca , aspera , convoluta , filiformia. Vaginæ striatæ. Flores paniculati. Panicula laxa. Pedunculi capillares ; inferiores patentes. Flores distincti , terminales , racemosi, unilaterales. Calyx exterior triflorus, scariosus, biglumis. Glumæ oblongæ, convexæ, subæquales. Calyces interiores biglumes ; glumis inæqualibus, imberbibus.

HABITAT in fissuris rupium. ♃

MELICA PYRAMIDALIS.

MELICA panicula patente , pyramidata ; glumis variis ; foliis convolutis. *Lamarck. Illustr. n.* 956.
Gramen avenaceum majus gluma rariore virginianum. *Moris. s.* 8. *t.* 7. *f.* 51. *quoad Iconem.*
Gramen avenaceum latifolium minus , panicula sparsa. *Barrel. t.* 95. *f.* 2.
Melica nutans. *Cavanil. Ic. n.* 192. *t.* 175. *f.* 2. *non Linnæi.*

PRÆCEDENTI simillima. Folia latiora nec aspera. An varietas ?

HABITAT in Atlante. ♃

P O A.

CALYX exterior biglumis, multiflorus ; interior biglumis. Glumæ obtusiusculæ , muticæ. Spiculæ plerumque ovoideæ , nunc longiores , nunc breviores. Semen unum , superum.

POA ANNUA.

POA panicula diffusa ; angulis rectis ; spiculis obtusis ; culmo obliquo , compresso. *Lin. Spec.* 99. — *Leers. Herb.* 29. *t.* 6. *f.* 1. *Curtis. Lond. Ic.*
Gramen pratense paniculatum minus. *C. B. Pin.* 2. — *Theat.* 31. *Ic.* — *Scheu. Gram.* 189. *t.* 3. *f.* 17.
Poa culmo infracto ; panicula triangulari ; locustis trifloris, glabris. *Hall. Hist. n.* 1466.

RADICES capillares. Culmi semiprocumbentes , compressi, tenues , læves , 16—40 centimetr. , sæpe geniculati, infra paniculam nudi. Folia glabra , 2—5 millimetr. lata, margine asperiuscula. Vaginæ compressæ , membranulâ albâ , sæpe lacerâ coronatæ. Panicula patens , laxa , subsecunda. Pedunculi binati , capillares , inæquales , horizontales , divergentes , ante florescentiam erecti , maturo fructu demissi. Spiculæ unilaterales , inferæ ; nonnullæ sæpe pendulæ , ovatæ aut ovato-oblongæ , obtusæ , compressæ , pallide virescentes , quandoque amœne purpureæ. Calyx exterior tri ad quinqueflorus , biglumis ; glumis inæqualibus , ovatis , margine membranaceo , albo cinctis. Glumæ calycum interiorum consimiles. Antheræ flavæ.

HABITAT ad vias et in hortis Algeriæ. ☉

POA ATROVIRENS. Tab. 14.

POA glabra ; culmo erecto ; foliis rigidulis ; vagina internodiis breviore ; panicula patente ; spiculis planis , linearibus.

CULMUS erectus , 3—6 decimetr. , superne nudus , nodosus , glaber , firmus. Folia glaberrima , acuta , rigidula , 1 millimetr. lata , 13—22 centimetr. longa. Vagina internodiis brevior , absque corona membranacea. Flores laxe paniculati. Pedunculi longi , capillares , angulosi , flexuosi , asperi , ramosi , solitarii , bini aut terni. Rachis flexuosa , angulosa , aspera. Spiculæ singulæ pedicellatæ , 2 millimetr. latæ , 6—9 longæ , planæ , obtusæ , fusco-virescentes. Calyx exterior octo ad decemflorus , biglumis ; glumis inæqualibus , subacutis. Calyces interiores biglumes ; glumâ exteriore carinatâ , majore , alteram includente. Antheræ minimæ. Semen exiguum , oblongum. Affinis P. verticillatæ Cavanil. Ic. 63. t. 93 ; differt spiculis duplo latioribus ; culmis erectis ; vaginis membranulâ coronante destitutis ; radice perenni. Floret Æstate.

HABITAT in arvis incultis prope La Calle. ♃

POA BULBOSA.

POA panicula secunda , patentiuscula ; spiculis quadrifloris. *Lin. Spec.* 102.
Poa foliis bulbosis ; panicula diffusa ; locustis quadrifloris ; folliculis subvillosis. *Hall. Hist. n.* 1461.
Gramen paniculatum proliferum. *T. Inst.* 523.
Gramen loliaceum , panicula variegata , radicibus bulbosis. *Monti. Prodr.* 38. *t.* 13.

I   10

A. Gramen arvense panicula crispa. *C. B. Pin. 3. —Theat. 32. Ic.—Prodr. 6. Ic.—Schaw. Specim. n. 273.*
Gramen cum panicula molli rubente. *J. B. Hist. 2. p. 464. Ic. mala.*
Gramen. *Matth. Com. 707. Ic.*
Gramen arvense, panicula crispa hiante, foliis geniculâtis, minus et majus. *Barrel. t. 703.*
Gramen arvense angustifolium , panicula densa foliacea, foliolis in panicula angustissimis. *Scheu. Gram. 211. t. 4. f. 12. a, b, c.*
Gramen loliaceum , panicula bulbis foliaceis donata. *Monti. Prodr. 38.*

BULBI plures radicales , aggregati. Folia angusta, brevia, glabra. Culmus erectus , gracilis , *3* decimetr. , superne nudus. Panicula ovata , seu ovato-oblonga , 2 — 5 centimetr. longa , laxiuscula , purpurascens. Pedunculi plures , inæquales , capillares , ex eodem nodulo. Spiculæ ovatæ , tri aut quadrifloræ. Glumæ margine membranaceæ. Corollæ valvula exterior mucronata. Flores sæpe bulbiferi.

HABITAT in arvis. ♃

POA ERAGROSTIS.

POA panicula patente; pedicellis flexuosis; spiculis serratis , decemfloris. *Lin. Spec. 100. — Schreb. Gram. 2. p. 81. t. 38.*
Gramen paniculis elegantissimis minimum. *T. Inst. 522 — Scheu. Gram. 192. t. 4. f. 2.*
Gramen phalaroides, sparsa Brizæ panicula, minus. *Barrel. t. 44. f. 2.*

CULMI plures ex eodem cæspite , tenues , basi procumbentes , nodosi , sæpe geniculati , 11—27 centimetr. longi. Folia 2 millimetr. lata, subvillosa. Vagina setulis coronata. Panicula elongata , angusta , 5 — 8 centimetr. Pedunculi capillares , flexuosi. Spiculæ compressæ, lineari-subulatæ, fusco-purpureæ , 1 millimetr. latæ , 9—11 longæ , gemino ordine arcte imbricatæ. Calyx exterior octo ad quindecimflorus. Glumæ calycum exteriores carinatæ , obtusiusculæ.

HABITAT in arenis. ☉

POA RIGIDA.

POA panicula lanceolata , subramosa ; floribus alternis , secundis. *Lin. Spec. 101. — Curtis. Lond. Ic.*

Gramen minus vulgare , panicula rigida. *T. Inst.* 522.
Gramen panicula multiplici. *C. B. Pin.* 3. — *Prodr.* 6. *Ic.* — *Theat.* 32.
Ic. — *Scheu. Gram.* 271. *t.* 6 , *f.* 2.
Gramen loliaceum murorum duriusculum , spica erecta rigida. *Moris. s.* 8.
t. 2. *f.* 9.
Gramen arvense filicina duriore panicula gracilius. *Barrel. t.* 49. *bona.*
Gramen filiceum rigidiusculum. *Vail. Bot.* 92. *t.* 18. *f.* 4.

RADICES capillares. Culmus erectus, 11—27 centimetr. , gracilis, glaber,
compressus, nodosus. Folia glabra , 2 millimetr. lata, denticulata. Vagina
membranulâ laciniatâ coronata. Panicula rigida , angusta , elongata ,
unilateralis , 2—8 centimetr. longa. Pedunculi breves. Spiculæ graciles,
acutæ, gemino ordine dispositæ , primum coarctatæ , deinde divaricatæ.
Calyx exterior, sex ad decemflorus. Glumæ parvæ , acutæ ; interiores
consimiles. Rachis angulosa, flexuosa.

HABITAT in Atlante. ☉

POA· DIVARICATA.

POA panicula ramosissima ; pedunculis capillaribus , divaricato-patenti-
bus , apice trichotomis ; pedicellis superne incrassatis.
Poa paniculæ ramis geminatis, divaricatis ; spiculis subquadrifloris. *Gouan.*
Illustr. 4. *t.* 2. *f.* 1.
Gramen perexile marcoticum humillimum , locustis eleganter atque dis-
tincte positis. *Lippi. Mss.*
Gramen paniculatum maritimum apulum omnium minimum elegantissi-
mum. *Vail. Herb.*

RADICES capillares. Culmi plures ex eodem cæspite , filiformes , erecti,
glabri, 16—27 centimetr. , nodosi. Folia subulata , glabra , 1 millimetr.
lata , 2—8 centimetr. longa. Panicula ramosissima. Rami capillares , solitarii , bini aut terni , inæquales , patentes , divaricati , apice ramosi ,
subtrichotomi ; ramulis inæqualibus. Pedicelli superne sensim incrassati.
Spiculæ oblongæ , parvæ , laxiusculæ , albo-virescentes , in fasciculos laxos
dispositæ. Calyx exterior minimus, biglumis ; glumis inæqualibus, membranaceis. Calyces interiores conformes. Flosculi maturo fructu cadunt ,
calyce exteriore superstite. Gramen elegans. Floret primo Vere.

HABITAT in arvis cultis prope Mascar. ☉

POA CRISTATA.

POA panicula spicata ; calycibus subpilosis ; subquadrifloris , pedunculo longioribus ; petalis aristatis. *Lin. Syst. veget.* 115. — *Leers. Herb.* 3o. *t. 5. f.* 6.

Aira cristata ; calycibus subtrifloris , pedunculo longioribus ; petalis sub-aristatis , inæqualibus. *Lin. Spec.* g5.

Gramen spicatum , spica purpuro-argentea molli. *T. Inst.* 519.

Gramen avenaceum , spica simplici, locustis candicantibus splendentibus et densioribus. *T. Herb.*

Festuca locustis bifloris , mucronatis, confertis , imbricatis , paniculatis , in' spicam congestis. *Hall. Hist. n.* 1444.

HABITAT in arvis incultis prope La Calle. ♃

POA SICULA.

POA culmo superne incrassato ; rachi flexuosa ; spiculis distichis, sessilibus , planis , rigidis , ovato-lanceolatis.

Gramen paniculis elegantissimis densis , siculum. *T. Inst.* 522.

Gramen filiceum paniculis integris. *Boc. Sic. t. 33. f.* 2. — *Moris. s.* 8. *t. 6. f.* 53.

Cynosurus siculus. *Jacq. Obs.* 2. *p.* 22. *t.* 43.

Poa sicula. *Jacq. Icones.*

Briza cynosuroides. *Scop. Insub.* 2. *p.* 21. *t.* 11.

RADICES capillares , villosæ. Culmi plures ex eodem cæspite , erecti , firmi, teretes, striati, superne nudi et incrassati , 11—21 centimetr. longi. Folia glabra , 2—5 millimetr. lata , culmo breviora. Vaginæ membranulâ albâ coronatæ. Rachis simplex , flexuosa , striata , hinc et inde alternatim excavata. Spiculæ gemino ordine , sessiles, alternæ , glaberrimæ , planæ , ovato-lanceolatæ , subacutæ , rigidæ , arcte imbricatæ , 9—13 millimetr. longæ , 4—5 latæ , duodecim ad vigintifloræ. Gluma exterior carinata , subacuta ; interiore minore.

HABITAT in arvis. ☉

BRIZA.

CALYX exterior biglumis, multiflorus. Spiculæ ovatæ, obtusæ, distiche imbricatæ. Calyces interiores biglumes; glumâ exteriore apice rotundatâ, muticâ; interiore minimâ. Semen unum, nudum, superum.

BRIZA MINOR.

BRIZA spiculis triangulis; calyce flosculis longiore. *Lin. Spec.* 102.
Gramen tremulum minus, locusta deltoide. *Moris. s.* 8. *t.* 6. *f.* 47.

CULMUS erectus, simplex, 16—27 centimetr. Folia mollia, pubescentia, 2 millimetr. lata. Membranula alba vaginam coronans. Panicula patens, ovata. Pedunculi capillares, plerumque bini, ramosi; ramulis divaricatis. Spiculæ singulæ pedicellatæ, pendulæ, parvæ, triquetræ, obtusæ. Calycum gluma exterior rotundata, concava; margine membranaceo, albo; interior orbiculata, plana, minima. Antheræ exiguæ.

HABITAT in arvis. ☉

BRIZA VIRENS.

BRIZA spiculis ovatis; calyce flosculis æquali. *Lin. Spec.* 103.
Gramen tremulum minus, panicula parva. *C. B. Pin.* 2.—*Moris. s.* 8. *t.* 6. *f.* 46.
Gramen eranthemum palustre et sparsa Brizæ panicula. *Barrel. t.* 743.

VARIETAS præcedentis. Differt spiculis ovatis.

HABITAT in arvis. ☉

BRIZA MAXIMA.

BRIZA spiculis cordatis; flosculis septemdecim. *Lin. Spec.* 103. — *Jacq. Obs.* 3. *p.* 10. *t.* 60. — *Lamarck. Illustr. n.* 1013. *t.* 45. *f.* 2. — *Gærtner.* 1. *p.* 4. *t.* 1. *f.* 6.
Gramen paniculatum, locustis maximis candicantibus tremulis. *T. Inst.* 523.
Gramen tremulum maximum. *C. B. Pin.* 2. — *Prodr.* 5. *Ic.* — *Theat.* 24. *Ic.*

— *Scheu. Gram.* 202. *t.* 4. *f.* 7. — *Moris. s.* 8. *t.* 6. *f.* 48. — *Schaw. Specim. n.* 302.

Gramen tremula panicula longiore et laxiore , colore candicante. *Clus. Cur. Post.*

Phalaris pratensis altera. *Ger. Hist.* 87. *Ic.*

Gramen tremulum maximum. *J. B. Hist.* 2. *p.* 470. *Ic.*

Gramen tremulum seu phalaroides majus. *Barrel. t.* 23. *f.* 1 , 2. *et t.* 15. *f.* 1.—*Monti. Prodr.* 45. *t.* 34.

CULMUS erectus , sæpe 3 decimetr. et ultra. Flores laxe paniculati. Spiculæ maximæ , ovatæ, obtusæ , 9 — 13 millimetr. longæ , pendulæ , solitariæ aut binæ ex singulo pedunculo. Pedunculi capillares. Gluma exterior magna , convexa , elliptica , lineolis virescentibus et pallidioribus variegata ; interior orbiculata , plana , inclusa. Spiculæ nunc paucæ, nunc numerosæ , majores aut minores , sæpe purpurascentes.

HABITAT in arvis. ⊙

BRIZA ERAGROSTIS.

BRIZA spiculis lanceolatis ; flosculis viginti. *Lin. Spec.* 103. — *Schreb. Gram.* 2. *p.* 83. *t.* 39.

Gramen paniculis elegantissimis , sive Eragrostis majus. *C. B. Pin.* 2. — *Theat.* 25. *Ic.* — *T. Inst.* 522. — *Scheu. Gram.* 194. *t.* 4. *f.* 4.

Gramen Amourettes. *Clus. Hist.* 2. *p.* 218. *Ic.*

Gramen paniculatum sativum. *Tabern. Ic.* 204.

Gramen paniculosum phalarioides. *Lob. Ic.* 7.

Gramen filicinum sive paniculis elegantissimis. *Moris. s.* 8. *t.* 6. *f.* 52.

Gramen eranthemum seu Eragrostis, etc. *Barrel. t.* 43. — *Monti. Prodr.* 45.

Poa Eragrostis ; paniculata ; paniculæ ramis •alternis , solitariis ; corollis trinerviis ; spiculis lato-lanceolatis. *Cavanil. Ic. n.* 101. *t.* 92.

Poa locustis distichis , decemfloris ; calycibus acutis. *Hall. Hist. n.* 1450.

CULMI ascendentes , geniculati , 2—3 decimetr., sæpe ramosi. Folia 2—4 millimetr. lata. Panicula patens. Pedunculi ramosi , plerumque solitarii. Spiculæ lineari-lanceolatæ , compressæ , fuscæ aut atrovirentes , 9 — 13 millimetr. longæ , 2 latæ , arcte bifariam imbricatæ. Calyx quindecim ad vigintiflorus. Antheræ minimæ , albæ. Semen reticulato-rugosum.

HABITAT in arvis. ⊙

DACTYLIS.

CALYX exterior biglumis , multiflorus. Glumæ inæquales, acutæ, carinatæ. Calyces interiores consimiles. Flores secundi. Semen unum , nudum , superum.

DACTYLIS GLOMERATA.

DACTYLIS panicula secunda , glomerata. *Lin. Spec.* 105. — *Œd.Dan. t.*743.
— *Leers. Herb.* 22. *t. 3. f. 3.* — *Schreb. Gram.* 72. *t. 8. f. 2.* — *Lamarck. Illustr. n.* 963. *t. 44. f.* 1.
Gramen paniculatum , spicis crassioribus et brevioribus. *T. Inst.* 521.
Gramen spicatum folio aspero. *C. B. Pin.* 3. — *Prodr.* 9. *Ic.* — *Theat.* 45. *Ic.* — *Moris. s.* 8. *t. 6. f.* 38. — *Scheu. Gram.* 299. *t. 6. f.* 15. — *Schaw. Specim. n.* 300.
Gramen spicatum. *Dalech. Hist.* 427. *Ic. mala.*
Gramen asperum. *J. B. Hist.* 2. *p.* 467. *Ic. mala.*
Gramen arvense spica compacta divulsa. *Loes. Prus.* 110. *t.* 23.
Gramen spicatum folio aspero , spica grumosa longiore et breviore. *Barrel. t.* 26. *f.* 1 , 2. *mala.*
Bromus locustis tetranthis , fasciculatis, imbricatis. *Hall. Hist. n.* 1512.

CULMUS erectus , 6—10 decimetr. Folia 4—7 millimetr. lata , glauca. Panicula unilateralis, ante et post florescentiam coarctata. Flores glomerati; glomerulis crassis , densis. Pedunculi inferiores unus aut duo , distincti, patentes. Calyx exterior tri ad quinqueflorus. Glumæ carinatæ , acutæ , mucronatæ, sæpe violaceæ.

HABITAT in arvis et ad maris littora. ♃

DACTYLIS REPENS. Tab. 15.

DACTYLIS culmo repente ; ramis fasciculatis ; foliis villosis , subulatis , rigidis; floribus spicato-capitatis , secundis.
Gramen humile marcoticum hirsutius , caule sanguineo , spica densa breviori. *Lippi. Vail. Herb.*
Gramen maderaspatanum minus Eryngii capitulis. *Petiv. Vail. Herb.*

CULMI longi, repentes, teretes, vaginis membranaceo-coriaceis involuti. Rami plures ex singulo nodo, erecti, 8—16 centimetr., simplices
aut ramosi. Folia rigida, disticha, approximata, villosa, horizontalia,
subulata, 1—3 centimetr. longa, 2 millimetr. basi lata. Flores sessiles,
capitato-spicati, unilaterales, densissimi. Spica ovata, 7—13 millimetr.
longa. Spiculæ parvæ, pubescentes, compressæ, subquadrifloræ. Calyx
exterior biglumis; glumis inæqualibus, carinatis, mucronatis. Calyces
interiores biglumes; glumâ exteriore majore, consimili. Antheræ minimæ,
pallidæ. Semen exiguum, subrotundum.

HABITAT in arenis ad maris littora et in deserto. ♃

DACTYLIS PUNGENS. Tab. 16.

DACTYLIS culmo erecto, superne nudo; spiculis terminalibus, sessilibus,
   in capitulum congestis; involucro squamoso.
Dactylis pungens; capitulo globoso; calycibus multifloris; culmis erectis.
   Schreb. 2. *p.* 42. *t.* 27.
Gramen humile, capitulis glomeratis pungentibus. *Schaw. Specim. n.* 286.
Sesleria echinata; spica subrotunda, involucrata; spiculis subquinque-
   floris; flosculis aristatis. *Lamarck. Illustr. n.* 1097. *t.* 47. *f.* 2.

RADICES capillares, villosæ, in fasciculum congestæ. Culmi ex eodem
cæspite plures, filiformes, erecti, inferne nodosi, foliacei, superne nudi,
læviter striati, 1—3 decimetr., firmi. Folia glabra, acuta, mollia, 2 millimetr. lata, 2—8 centimetr. longa, margine serrulata. Membranula alba
vaginam coronans. Flores in capitulum subrotundum dense congesti,
terminales, sessiles. Involucrum commune e squamulis pluribus, ovatis.
Spiculæ dense congestæ, ovato-oblongæ, compressæ; floribus gemino
ordine dispositis. Calyx exterior sex ad decemflorus, biglumis. Glumæ
ovatæ muticæ, subæquales. Calyces interiores biglumes; glumâ exteriore
carinata, margine membranaceâ. Arista brevis, rigida, terminalis. Gluma
interior, minor, mutica. Stamina 3. Antheræ luteæ. Styli 2 barbati. Semen
unum, exiguum, ovoideum, glabrum.

HABITAT in arenis prope Mascar. ☉

CYNOSURUS.

CALYX exterior biglumis , multiflorus. Flores secundi, bracteati. Semen unum , nudum , superum.

CYNOSURUS CRISTATUS.

CYNOSURUS bracteis pinnatifidis. *Lin. Spec.* 105. — *Œd. Dan.* t. 238.—
   Schreb. Gram. 69. *t.* 8. *f.* 1. — *Leers. Herb.* 47. *t.* 7. *f.* 4. — *Lamarck.
   Illustr. n.* 1092. *t.* 47. *f.* 1.
Gramen pratense cristatum , sive gramen spica cristata læve. *C. B. Pin.* 3.
   — *Prodr.* 8. *Ic.* — *Theat.* 43. *Ic.*
Gramen spicatum glumis cristatis. *T. Inst.* 519. — *Scheu. Gram.* 79.
Gramen cristatum. *J. B. Hist.* 2. *p.* 468. *Ic. mala.*
Gramen loliaceum , spicæ locustis cristatis. *Monti. Prodr.* 42. *t.* 23.
Gramen pratense cristatum. *Moris. s.* 8. *t.* 4. *f.* 6.
Gramen typhinum Plantaginis spica glumosa heteromalla digitata majus.
   Barrel. t. 27.
Cynosurus involucris pinnatis , retusis. *Hall. Hist. n.* 1545.

CULMUS erectus , 3—6 decimetr. Folia 2 millimetr. lata. Spica tenuis. Rachis flexuosa. Flores unilaterales. Bracteæ pinnatifidæ , flabelliformes.

HABITAT in pratis humidis prope La Calle. ♃

CYNOSURUS ECHINATUS.

CYNOSURUS bracteis pinnato-paleaceis , aristatis. *Lin. Spec.* 105. — *Gærtner.*
   1. *p.* 5. *t.* 1. *f.* 8.
Gramen spicatum echinatum , locustis unam partem spectantibus. *T. Inst.*
   519.
Gramen alopecuroides , spica aspera. *C. B. Pin.* 4. — *Theat.* 591. *Ic.* —
   Park. Theat. 1168. *Ic.* — *Scheu. Gram.* 80.
Gramen cum cauda leporis aspera, sive spica murina. *J.B.Hist.* 2. *p.* 473. *Ic.*
Gramen alopecurum , spica aspera. *Barrel. t.* 123. *f.* 2.
Gramen paniceum , spica aspera latiore. *Moris. s.* 8. *t.* 4. *f.* 13.
Cynosurus dentibus bracteæ lanceolato-linearibus. *Hall. Hist. n.* 1546.

CULMUS erectus, 16—40 centimetr., filiformis, superne nudus. Folia rigidula. Vagina membranulâ coronata. Spica brevis, ovata, compacta, secunda. Bracteæ subulatæ, numerosæ. Arista setiformis, floribus longior, ex apice singulæ bracteæ. Calyx exterior bi aut triflorus, biglumis; glumis acutis. Calyces interiores biglumes; glumâ alterâ aristatâ. Aristæ albæ, setiformes.

HABITAT in arvis. ☉

CYNOSURUS ELEGANS. Tab. 17.

CYNOSURUS panicula ovata, laxa; floribus fasciculatis; calycis valvula altera aristata; bracteis setiformibus.

RADICES capillares, in fasciculum collectæ. Culmus erectus, 3 decimetr., filiformis. Folia glabra, mollia, 2 millimetr. lata. Flores paniculati. Panicula ovata, unilateralis, 6—10 centimetr. longa. Flores minuti, glomerati, flavescentes; glomerulis inferioribus sæpe remotis. Pedunculi capillares, superne multifidi. Bracteæ setiformes, flore multo longiores, e basi pedicellorum. Calyx exterior biglumis, bi aut triflorus. Glumæ subæquales, membranaceæ, setiformes. Calyces interiores biglumes; glumâ exteriore aristatâ; aristâ setaceâ, fere 3 decimetr., albidâ, mollissimâ; glumâ interiore muticâ. Antheræ oblongæ, parvæ, flavæ. Styli 2 barbati. Semen minutum, læve, subrotundum. Species pulcherrima et elegantissima.

HABITAT in Atlante prope Mayane Algeriæ. ☉

CYNOSURUS PHLEOIDES. Tab. 18.

CYNOSURUS foliis villosis; floribus dense spicatis; spiculis trifloris, aristatis, pubescentibus.

CULMUS erectus, 16—32 centimetr., simplex, superne nudus. Folia plana, mollia, villosa, 5—7 millimetr. lata, 8—13 centimetr. longa. Spica ovato-cylindrica, densa, obtusa, 3 centimetr., pubescens, ramosa; ramulis brevissimis. Bracteolæ membranaceæ, acutæ. Calyx communis triflorus, biglumis. Glumæ inæquales, parvæ, concavæ, acutæ. Calyces interiores biglumes. Gluma exterior subcarinata, ciliata, aristata; aristâ brevi, setiformi, terminali, calycem adæquante. Antheræ parvæ, albæ.

HABITAT in arenis ad maris littora. ☉

CYNOSURUS LIMA. Tab. 19.

CYNOSURUS culmo filiformi, superne nudo ; spica rigida ; spiculis sub-quinquefloris.

Cynosurus spica secunda ; calycis gluma interiore spiculis subjecta. *Lin. Spec.* 105. — *Cavanil. Ic. n.* 100. *t.* 91.

RADICES capillares, in fasciculum aggregatæ. Culmi plures ex eodem cæspite, erecti, fere filiformes, basi nodosi, superne aphylli, 16—32 centimetr., læviter striati. Folia glabra, lineari-subulata. Vagina membranulâ coronata. Flores spicati, secundi. Spica 2—5 centimetr., rigida, glabra. Calyx exterior bracteiformis, biglumis, muticus ; glumis inæqualibus, divergentibus ; glumâ alterâ majore, subulatâ, postice ad spiculæ latus positâ ; alterâ minore sub spicula. Spicula compressa, flabelliformis, quadri ad octoflora. Calyces interiores mutici, biglumes. Gluma exterior carinata, angusta ; interior plana, minor, elongata, inclusa. Antheræ parvæ, oblongæ. Styli 2. Semen gracile.

HABITAT in arenis prope Mascar. ☉

CYNOSURUS DURUS.

CYNOSURUS spiculis alternis, secundis, sessilibus, rigidis, obtusis, ad-pressis. *Lin. Spec.* 105. — *Krocker. Siles. Ic. t.* 28. — *Pollich. Palat.* 1. *p.* 98. *t.* 1. *f.* 1.

Gramen arvense Polypodii panicula crassiore. *Barrel. t.* 50.

Lolium procumbens ; spica disticha ; locustis teretibus, trifloris. *Hall. Hist. n.* 1419.

CULMUS 8—19 centimetr., compressus. Spica erecta, secunda, 2—5 centimetr. Bracteæ lineares, obtusæ, rigidæ. Semen exiguum, fuscum, oblongum, rugosum.

HABITAT in arvis. ☉

CYNOSURUS AUREUS.

CYNOSURUS paniculæ spicis sterilibus pendulis, ternatis ; floribus aristatis. *Lin. Spec.* 107.

Gramen barcinonense , panicula densa aurea. *T. Inst.* 523. *— Schaw. Spccim. n.* 279. *Ic. — Scheu. Gram.* 149.

Gramen sciurum seu alopecurum minus, heteromalla panicula. *Barrel. t.* 4.

FOLIA mollia , glabra , vel pubescentia , 4—7 millimetr. lata , 11—24 centimetr. longa. Vagina membranâ albâ , pellucidâ coronata. Culmus 16—27 centimetr. , compressus, inferne nodosus. Panicula secunda, flavescens, subspicata, 5—8 centimetr. Rachis flexuosa. Pedunculi capillares, erecti , adpressi , ramosi ; ramulis villosis. Spiculæ, in fasciculos approximatos collectæ. Fasciculus singulus e spiculis quinque compositus, quarum tres steriles, elongatæ, graciles, nutantes, sex ad octofloræ. Calyx communis biglumis, setiformis. Calyces interiores uniglumes. Glumæ parvæ, ovatæ, membranaceæ , obtusæ , alternæ , gemino ordine laxe imbricatæ absque floris rudimento. Spiculæ fertiles duæ , parvæ , longe breviores. Calyx exterior biglumis, setaceus, subbiflorus, longitudine spiculæ. Calyx interior biglumis ; glumâ exteriore oblongâ , margine membranaceâ , paulo infra apicem aristatâ ; aristâ setiformi ; glumâ interiore minimâ. Stamina 3. Styli 2. Rudimentum secundi floris pedicellatum ; pedicello tenuissimo , e basi floris hermaphroditi prodeunte.

HABITAT in arvis. ☉

ELEUSINE. *Gærtner.*

SPICÆ digitatæ. Flores secundi, mutici , rachi impositi. Calyx multiflorus. Semen unum , arillatum , superum.

ELEUSINE CORACANA.

CYNOSURUS spicis digitatis , incurvatis; culmo compresso , erecto ; foliis suboppositis. *Lin. Spec.* 106. *— Schreb. Gram.* 2. *p.* 71. *t.* 35. *— Gærtner.* 1. *p.* 8. *t.* 1. *f.* 2. *— Lamarck. Illustr. n.* 1122. *t.* 48. *f.* 1.

Tsjetti-Pullu. *Rheed. Malab.* 12. *p.* 149. *t.* 78.

Neiem el Salib. *Alpin. Ægypt.* 2. *p.* 201. *Ic. mala.*

Panicum gramineum seu Naatsjoni. *Rumph. Amb.* 5. *p.* 203. *t.* 76. *f.* 2.

Gramen dactylon orientale majus frumentaceum , semine Napi. *Pluk. t.* 91. *f.* 5.

CULMI plures ex eodem cæspite, decumbentes, crassi, compressi. Folia ciliata, dentata, carinata. Vaginæ magnæ, compressæ. Spicæ digitatæ, erectæ, subarcuatæ, crassæ, obtusæ. Flores secundi, sessiles. Calyx communis muticus, subquadriflorus. Colitur circa Sphax in regno Tunetano. Optimum pecoribus pabulum præbet.

HABITAT in arenis ad maris littora. ⊙

ELEUSINE ÆGYPTIA.

CYNOSURUS spicis quaternis, obtusis, patentibus, dimidiatis; calycibus mucronatis; caule repente. *Lin. Spec.* 106.
Neiem el Salib. *Alpin. Ægypt.* 2. *p.* 56. *Ic.*
Gramen dactylon ægyptiacum. *C. B. Pin.* 7.—*Theat.* 110. — *T. Inst.* 521.
— *Moris. s.* 8. *t.* 3. *f.* 7.—*Pluk. t.* 300. *f.* 8. — *Scheu. Gram.* 109.
Gramen crucis sive Neiem el Salib. *J. B. Hist.* 2. *p.* 460. *Ic.*
Eleusine cruciata. *Lamarck. Illustr. n.* 1125. *t.* 48. *f.* 2.

CULMI basi procumbentes, 1—2 decimetr. Spicæ quatuor, horizontales, planæ, obtusæ, cruciatim dispositæ. Flores secundi, conferti. Glumæ mucronatæ.

HABITAT in arenis deserti et ad maris littora. ⊙

FESTUCA.

CALYX exterior biglumis, multiflorus. Spiculæ oblongæ, compressæ. Calycum interiorum gluma exterior apice mucronata aut aristata. Semen unum, superum, nudum. Flores plerumque paniculati.

FESTUCA DURIUSCULA.

FESTUCA panicula secunda, oblonga; spiculis sexfloris, oblongis, lævibus; foliis setaceis. *Lin. Spec.* 108. — *Leers. Herb.* 32. *t.* 8. *f.* 2.
Gramen pratense, panicula duriore laxa unam partem spectante. *Rai. Synops. p.* 413. *t.* 19. *f.* 1.

HABITAT Algeriâ. ♃

FESTUCA MYUROS.

FESTUCA panicula spicata , nutante ; calycibus minutissimis , muticis ; floribus scabris, longius aristatis. *Lin. Spec.* 109. — *Leers. Herb. 33. t.3. f.5.*
Gramen loliaceum murorum, spica longissima , aristis tenuissimis donata. *T. Inst.* 517.
Gramen murorum spica longissima. *Ger. T. Herb.*
Gramen avenaceum murorum , spica longissima nutante aristata. *Moris. s. 8. t. 7. f.* 43.
Gramen spica nutante longissima. *Park. Theat.* 1162. *Ic.*
Gramen festucum myurum, minori spica heteromalla. *Barrel. t.* 99. *f.* 1. — *Scheu. Gram.* 294. *t. 6. f.* 12.
Festuca foliis setaceis; panicula erecta ; locustis glabris , longius aristatis. *Hall. Hist. n.* 1443.

RADICES capillares, pubescentes. Folia glabra, 1 millimetr. lata , convoluta , filiformia. Culmi plures ex eodem cæspite , erecti , graciles , nonnunquam ad nodos geniculati, 2—3 decimetr. Panicula tenuis, stricta, elongata, arcuata, subunilateralis, 8—16 centimetr. Pedunculi solitarii aut bini , rachi admoti, nunc simplices , nunc in breves ramulos divisi. Rachis tenuis , angulosa. Pedicelli hinc compressi , superne paululum incrassati. Spiculæ tenues , elongatæ, primum teretes, deinde laxiusculæ ; floribus gemino ordine dispositis. Calyx exterior tri aut quadriflorus , biglumis. Glumæ longæ , angustæ, carinatæ, margine membranaceæ , singulæ aristatæ ; aristâ alterâ longiore. Calyces interiores conformes ; glumâ exteriore aristatâ ; interiore muticâ, inclusâ. Aristæ setiformes. Variat glumis glabris et hirsutis ; paniculâ viridi et purpurascente.

HABITAT in collibus Algeriæ. ♃

FESTUCA PATULA.

FESTUCA pedunculis binis, elongatis , superne floriferis ; calycibus subquinquefloris ; glumis acuminatis.

CULMUS erectus , lævis, 6—10 decimetr. Panicula magna , laxa , patentissima. Pedunculi longi , plerumque bini , tenues , angulosi , asperi , superne ramosi ; inferioribus remotis. Flores ex eorum summitate plures. Spiculæ glabræ , compressæ, pedicellatæ, 9 millimetr. longæ , 5 latæ, in

racemos terminales , laxos dispositæ. Calyx communis tri ad quinqueflorus , biglumis ; glumis inæqualibus , oblongis , acutis , carinatis. Calyx
interior singulus biglumis ; glumâ exteriore majore , acuminatâ.

HABITAT prope Bone et La Calle. ♃

FESTUCA CŒRULESCENS.

FESTUCA foliis hinc striatis , rigidis ; panicula secunda , coarctata ; spiculis subtrifloris ; glumis acutis , muticis.

PLANTA glabra. Vaginæ plures , siccæ , basim culmi involventes. Folia
dura , 2 millimetr. lata , 2—3 decimetr. longa , hinc striata , inde lævia.
Culmus 6 decimetr. , erectus , nodosus. Panicula 5—8 centimetr. , coarctata , secunda , spicæformis , ramulos breves , floriferos emittens. Rachis
angulosa , aspera. Calyx communis biglumis , subtriflorus. Glumæ concavæ , oblongæ , acutæ , subæquales , cœrulescentes. Calyces interiores biglumes ; glumis oblongis , acutis , muticis. Affinis F. spadiceæ Villars.
An varietas ? Panicula cœrulescens aut virescens nec aurea.

HABITAT in arvis Algeriæ. ♃

FESTUCA TRIFLORA. Tab. 20.

FESTUCA panicula nutante , elongata ; spiculis subtrifloris , acutis , muticis ,
teretibus.

FOLIA glabra , margine serrulata , 2 millimetr. lata. Vagina membranâ
albâ coronata. Culmus erectus , 6—7 decimetr. , glaber. Panicula elongata ,
coarctata , nutans. Rami multifidi , tenues , flexuosi. Spiculæ subteretes.
Calyx exterior biglumis , tri rarius quadriflorus. Glumæ membranaceæ ,
ovatæ , acutæ , pallidæ , subæquales. Calyces interiores longiores , biglumes ,
mutici , glabri ; glumâ exteriore convexâ , oblongâ , acutâ , muticâ.

HABITAT in arvis.

FESTUCA FLUITANS.

FESTUCA panicula ramosa , erecta ; spiculis subsessilibus , teretibus , mu-
ticis. *Lin. Spec.* 111. — *Curtis. Lond. Ic.* — *Œd. Dan. t.* 237. — *Schreb.*
Gram. 37. *t.* 3. — *Leers. Herb.* 35. *t.* 8. *f.* 5.
Gramen paniculatum aquaticum fluitans. *T. Inst.* 521.

Gramen aquaticum fluitans , multiplici spica. *C. B. Pin. 3.* — *Theat.* 41.
Ic. — *Scheu. Gram.* 199. *t.* 4. *f. 5.* — *Monti. Prodr.* 46. 35.
Gramen fluviatile. *Tabern. Ic.* 216. — *Ger. Hist.* 14. *Ic.*
Gramen aquis innatans. *Lob. Ic.* 12.
Gramen aquaticum cum longissima panicula. *J. B. Hist.* 2. *p.* 490. *Ic.*
Gramen mannæ esculentum prutenicum. *Loes. Prus.* 108. *t.* 21. *mala.*
Gramen loliaceum fluviatile , longissima panicula. *Moris. s.* 8. *t. 3. f.* 16.
Poa locustis teretibus , multifloris ; glumis floralibus exterioribus truncatis ;
interioribus bifidis. *Hall. Hist. n.* 1453.

CULMUS basi decumbens, 6—10 decimetr. Geniculi inferiores radicantes.
Folia glabra , 4—6 millimetr. lata. Panicula laxa, sæpe 3 decimetr. et ultra.
Spiculæ teretes, pedicellatæ, 2—3 centimetr. longæ ; aliæ axi admotæ ; aliæ
horizontales aut nutantes. Calyx exterior octo ad decemflorus. Calycum
interiorum glumæ exteriores obtusæ , muticæ , margine membranaceæ.

HABITAT ad rivulos Algeriæ. ♃

FESTUCA CALYCINA.

FESTUCA panicula coarctata ; spiculis linearibus ; calyce flosculis longiore ;
foliis basi barbatis. *Lin. Spec.* 110. — *Cavanil. Ic. n.* 49. *t.* 44. *f.* 2.
Festuca panicula contracta ; spiculis linearibus, muticis, longitudine calycis.
Loefl. Hisp. 166.

RADICES capillares, pubescentes, in fasciculum collectæ. Culmi plures ex
eodem cæspite , filiformes, nodosi, nunc erecti, nunc decumbentes, 8—16
centimetr. , folia lineari-subulata , glabra aut versus apicem hirsuta , brevia. Vaginæ foliorum apice barbatæ. Panicula contracta , 13—22 millimetr.
longa. Ramuli breves, inæquales. Spiculæ parvæ , oblongæ , quadri ad sexfloræ, lineares. Calyx communis glaber, biglumis. Glumæ subæquales , carinatæ , acutæ , margine membranaceæ , longitudine spiculæ. Calyces interiores minimi, biglumes, mutici. Gluma exterior concava, obtusa, extus villosa.

HABITAT in arenis. ☉

FESTUCA CYNOSUROIDES. Tab. 21.

FESTUCA spiculis solitariis, compressis, secundis, sessilibus ; glumis acutis,
subaristatis.

RADICES capillares, fasciculatæ. Folia cæspitosa, conferta, lineari-subulata, glabra, 1 millimetr. lata, 2—5 centimetr. longa. Culmi filiformes,
superne nudi, basi nodosi, 8—13 centimetr., erecti vel decumbentes.
Spica unilateralis, 2—3 centimetr. longa. Spiculæ compressæ, glabræ,
laxiusculæ, 7—11 millimetr. longæ, superne sensim latiores, solitariæ,
sessiles aut subsessiles. Flores gemino ordine dispositi. Calyx communis
biglumis, sex ad octoflorus. Glumæ subulatæ, subæquales, canaliculatæ,
muticæ. Calyces interiores consimiles. Gluma exterior apice membranacea,
aristata. Arista brevis, terminalis. Gluma altera tenuis, brevior, inclusa,
mutica. Rachis hinc et inde denticulata.

HABITAT in arenis prope Cafsam. ☉

FESTUCA INTERRUPTA.

FESTUCA culmo filiformi; spica secunda, interrupta; pedicellis brevibus,
adpressis; spiculis subquinquefloris; glumis acutis.

FOLIA glabra, vix 2 millimetr. lata; superiora angustiora. Culmus gracilis, erectus, 6 decimetr., nodosus, superne tetragonus, tenuissime striatus.
Spica tenuis, 8—16 centimetr. longa, unilateralis, interrupta. Spiculæ
glabræ, oblongæ, muticæ, sessiles, aut pedicellis brevibus, inæqualibus
innixæ, axi admotæ, 2 millimetr. latæ, 7—9 longæ. Calyx communis
biglumis, quadri ad sexflorus; glumis subulatis, subæqualibus. Calyces
interiores biglumes; glumâ exteriore elongatâ, subulatâ; interiore breviore, inclusâ. Affinis F. loliaceæ Hudson.

HABITAT in arvis.

FESTUCA DIVARICATA. Tab. 22.

FESTUCA culmo basi geniculato; spiculis compressis, elongatis, muticis,
paniculato-divaricatis.
Gramen maritimum panicula loliacea, locustis strigosioribus unciam longis.
Vail. Herb.

RADICES capillares. Culmi plures ex eodem cæspite, tenues, 13—27 centimetr., basi geniculati, nodosi. Folia glabra, 2 millimetr. vix lata. Spiculæ
graciles, compressæ, 13—22 millimetr. longæ, patentes, divaricatæ, glabræ,
aliæ sessiles, aliæ pedicellatæ, solitariæ, binæ aut plures ex communi

peaunculo , sex ad duodecimfloræ. Glumæ calycum exteriores obtusiusculæ, oblongæ, muticæ, apice membranaceæ, arcte imbricatæ. Rachis angulosa, nodosa , aspera. Diversa a Tritico maritimo Lin.

HABITAT in arenis ad maris littora. ⊙

FESTUCA PHLEOIDES. Tab. 23.

FESTUCA panicula spicata ; glumis ciliatis ; spiculis quinque ad octofloris ; arista infra apicem brevissima.

Festuca panicula spicata ; calycibus subtrifloris, dorso ciliatis ; corollis sub apice aristatis. *Villars. Delph.* 1. *p.* 95.

Poa panicula spicata , typhina ; spiculis compressis , villosis, subaristatis. *Gerard. Gallop.* 92.

Gramen spicatum , spica cylindracea molli et densa. *T. Inst.* 520.—*T. Herb.*

Gramen typhoides molle. *Scheu. Gram.* 246. *t.* 5. *f.* 5. *sed non C. B.*

Gramen alopecurum viridi et molli spica. *Barrel. t.* 123. *f.* 1.

Gramen loliaceum molle, spica viridi ex pluribus spicis congesta. *Monti. Prodr.* 42. *t.* 22.

RADICES capillares , pubescentes , in fasciculum collectæ. Culmi sæpe plures ex eodem cæspite , 2—3 decimetr., erecti, fere filiformes , inferne nodosi , sæpe ramosi , superne nudi. Folia 2—4 millimetr. lata, mollia , villosa ; villis brevibus. Vagina membranulâ , brevi, laciniatâ coronata. Spica 2—5 centimetr., erecta, densa, obtusa, cylindrica aut ovato-cylindrica, ramosa ; ramulis brevissimis ; ita ut Phleum aut Alopecurum referat. Spiculæ parvæ, compressæ, ovatæ , utrinque imbricatæ. Calyx communis parvus, biglumis, quinque ad octoflorus. Glumæ acutæ , inæquales, muticæ. Calyces interiores biglumes. Gluma exterior carinata , dorso ciliata , acuta , aristata ; aristâ setiformi, brevissimâ, paulo infra apicem. Gluma interior minor , membranacea , mutica. Stamina 3. Antheræ minimæ, luteæ. Styli 2 barbati. Semen minimum, ovoideum. Ramuli inferiores nonnunquam distincti. Variat spiculis tri aut quadrifloris. Eadem certo ac Villardi et Gerardi qui specimina communicaverunt.

HABITAT in arvis.

FESTUCA STIPOIDES.

FESTUCA panicula erecta, secunda ; spiculis subquinquefloris ; glumis breviter aristatis ; pedicellis ensiformibus.

Bromus stipoides ; panicula erectiuscula ; pedunculis ensiformibus. *Lin.*
    Mant. 557.
Bromus incrassatus ; panicula erecta , ovato-pyramidata ; spiculis glabris ,
    subquadrifloris; pedicellis superne incrassatis. *Lamarck. Dict.* 1. *p.* 469.

CULMUS erectus , filiformis , 2—3 decimetr. Folia angusta, 2 millimetr.
lata , mollia , acuta. Panicula erecta , laxa , 5—8 centimetr. Spiculæ
glabræ , graciles , alternæ , secundæ. Rachis aspera. Pedicelli ensiformes,
superne incrassati. Calyx communis biglumis. Glumæ subulatæ , canaliculatæ, quadri ad sexfloræ , spiculâ breviores. Calycum interiorum gluma
exterior major , subulata , canaliculata. Arista brevis , setiformis , terminalis.

HABITAT in arenis prope Mascar. ☉

FESTUCA MADRITENSIS.

FESTUCA panicula secunda , coarctata , erecta ; pedicellis triquetris , su-
    perne incrassatis ; glumis aristatis.
Bromus sterilis erecta panicula major. *Barrel. t.* 76. *f.* 1.
Bromus madritensis ; panicula patulo-erecta ; spiculis linearibus ; interme-
    diis geminis ; pedicellis incrassatis. *Lin. Spec.* 114.

CULMI basi sæpe ramosi, erecti, 2—3 decimetr. Folia glabra, angusta.
Panicula erecta , coarctata, secunda, 5—8 centimetr. Rachis aspera. Pedicelli breves, solitarii aut bini, triquetri, scabri, superne crassiores. Spiculæ glabræ , 2 centimetr. longæ. Flores distincti. Calyx exterior quadri ad
quinqueflorus, biglumis ; glumis subulatis , concavis , aristatis , spiculam
æquantibus aut longioribus. Calyx interior biglumis ; glumâ exteriore
subulatâ , aristatâ. Arista tenuïs , recta , aspera , terminalis , 3—4 centimetr. longa. Semen gracile , elongatum. Facies omnino Bromi, sed aristæ
terminales.

HABITAT in arvis. ☉

FESTUCA CÆSPITOSA. Tab. 24. f. 1.

FESTUCA culmo filiformi; foliis capillaribus , convolutis; spiculis elongatis,
    compressis , subaristatis.
Bromus pinnatus. *Lin. Variet. B. Smith. Lin. Herb.*

Gramen loliaceum corniculatum veluti fruticosum, foliis angustissimis.
T. Inst. 517. — *T. Herb.*
Gramen loliaceum minus, spica Brizæ prælonga , capillaceo folio. *T. Inst.*
5₁7. — *T. et Vail. Herb.*

CULMI erecti, basi sæpe ramosi, 3—7 decimetr., filiformes, superne, nudi.
Folia glauca, numerosa, capillaria, cæspitosa, convoluta. Vaginæ radicales siccæ, membranaceæ. Spiculæ terminales, solitariæ aut paucæ, glabræ, erectæ,
20—22 millimetr. longæ, 1 latæ, compressæ, spiculis Bromi pinnati Lin. simillimæ, gemino ordine imbricatæ. Calyx communis biglumis. Glumæ inæquales, acutæ, concavæ, novem ad quindecimfloræ. Calyces interiores biglumes. Glumæ oblongæ, striatæ, extus convexæ, subacutæ, margine membranaceæ ; interiores breviores, lineares, obtusæ, membranaceæ. Flores inferiores mutici ; superiores subaristati. Aristæ setiformes, breves, terminales.

HABITAT in arenis ad maris littora. ♃

FESTUCA MONOSTACHYOS. Tab. 24. f. 2.

FESTUCA culmo filiformi ; foliis ciliatis ; spicula subsolitaria , terminali,
erecta, barbata. *Poiret. Itin.* 2. *p.* 98.
Festuca spicula unica , terminali ; aristis longis ; foliis margine ciliatis.
Lamarck. Illustr. n. 1027.

CULMUS filiformis , debilis , erectus , simplex , sæpe geniculatus ,
nodulis intersectus, 14—22 centimetr. Folia plana , 2 millimetr. lata,
3 centimetr. longa, villosa, mollia. Spiculæ una aut duæ , complanatæ,
terminales , erectæ , sessiles , 9—11 millimetr. longæ , 3 latæ , superne
dilatatæ. Calyx exterior subsexflorus , biglumis. Glumæ subulatæ, muticæ,
inæquales. Calyces interiores biglumes ; glumâ exteriore aristatâ, margine
ciliatâ. Arista setiformis , erecta, terminalis , spiculâ paulo longior.

HABITAT in arvis prope La Calle. ☉

BROMUS.

CALYX exterior biglumis, multiflorus ; interior singulus biglumis,
glumâ exteriore aristatâ ; aristâ infra apicem. Semen unum, nudum,
superum.

BROMUS MOLLIS.

BROMUS panicula erectiuscula ; spicis ovatis , pubescentibus ; aristis rectis ; foliis mollissime villosis. *Lin. Spec.* 112. — *Leers. Herb.* 36. *t.* 11. *f.* 1. — *Schreb. Gram. t.* 6. *f.* 1. — *Weig. Obs.* 7. *t.* 1. *f.* 4. — *Curtis. Lond. Ic.*
Gramen avenaceum , locustis villosis crassiôribus angustis candicantibus et aristatis. *T. Inst.* 5a5. — *Scheu. Gram.* 254. *t.* 5. *f.* 12.
Gramen avenaceum pratense, gluma breviore squamosa. et villosa. *Moris. s.* 8. *t.* 7. *f.* 18.
Bromus hirsutus; locustis septifloris , ovato-conicis. *Hall. Hist. n.* 1504.

CULMUS 3 decimetr. , quandoque brevior aut altior. Folia molli lanugine pubescentia , 4 — 7 millimetr. lata. Panicula erecta , deinde nutans. Spiculæ ovatæ , pubescentes , subcompressæ , gemino ordine imbricatæ. Calyx communis biglumis , quinque ad novemflorus. Glumæ obtusæ , lineatæ ; margine membranaceæ. Calycum interiorum gluma exterior aristata ; aristâ setaceâ , rectâ , longitudine glumæ. Gluma interior mutica , minor , inclusa.

HABITAT inter segetes. ☉

BROMUS SQUARROSUS.

BROMUS panicula nutante ; spicis ovatis ; aristis divaricatis. *Lin. Spec.* 112.
Gramen avenaceum , locustis amplioribus candicantibus glabris et aristatis. *T. Inst.* 5a5. — *T. Herb.*
Gramen phalaroides acerosum, nutante spica. *Barrel. t.* 24. *f.* 1. *Aristas rigidiores repræsentat.* — *Monti. Prodr.* 44. *t.* 3a.
Festuca graminea glumis vacuis. *Scheu. Gram.* 25l. *t.* 5. *f.* 11.

CULMUS erectus , 3 decimetr. , filiformis , superne nudus. Folia 2—4 millimetr. lata , pubescentia. Vagina villosa. Spiculæ crassæ , subcylindricæ , obtusæ, unilaterales, 2—3 centimetr. longæ, 7—9 millimetr. latæ , obtusæ , paniculatæ, nutantes. Pedunculi solitarii , bini aut terni , capillares, asperi. Calyx exterior biglumis, decem ad quindecimflorus. Glumæ inæquales , ovato-oblongæ , acutiusculæ , muticæ , striatæ. Calyces interiores biglumes. Gluma exterior ovata , obtusa , striata , glabra , margine membranaceo cincta , nunc integra , nunc apice bidentata. Arista patens, setiformis, longitudine glumæ. Gluma interior membranacea , linearis , obtusiuscula. Differt a B. grandifloro, glumis laxioribus, mollioribus; spicis longe pedicellatis; aristis setiformibus, dimidio brevioribus; vaginis foliorum villosissimis.

HABITAT in Atlante. ☉

BROMUS STERILIS.

BROMUS panicula patula; spiculis oblongis, distichis; glumis subulato-aristatis. *Lin. Spec.* 113. —*Leers. Herb.* 37. *t.* 11. *f.* 4. —*Weig. Obs.* 9. *t.* 11. *f.* 6. —*Curtis. Lond. Ic.*

Gramen avenaceum, panicula sparsa, locustis majoribus aristatis. *T. Inst.* 526. — *Scheu. Gram.* 258. *t.* 5. *f.* 14.

Festuca avenacea sterilis elatior. *C. B. Pin.* 9. — *Theat.* 146.

Gramen loliaceum, locustis longissimis, modo purpurascentibus, modo viridibus. *Monti. Prodr.* 35. *t.* 1.

Festuca graminea annua sterilis, spicis dependentibus. *Moris. s.* 8. *t.* 7. *f.* 11.

PANICULA magna, laxa, nutans, deinde pendula. Pedunculi longi, tenues, angulosi, asperi, sæpe ramosi, plures ex eodem nodulo. Spiculæ compressæ, lineares, 2—3 centimetr. longæ, a basi ad apicem sensim latiores. Calyx communis biglumis. Glumæ inæquales, subulatæ, elongatæ. Calyx interior singulus biglumis. Gluma exterior longa, subulato-carinata, striata, aspera, glabra, margine membranacea; membranulâ bicorni auctâ. Arista tenuis, recta, glumâ duplo fere longior. Gluma interior minor, ciliata.

HABITAT in arvis Algeriæ. ☉

BROMUS RUBENS.

BROMUS panicula fasciculata; spiculis subsessilibus, villosis; aristis erectis. *Lin. Amœnit.* 4. *p.* 265. —*Spec.* 14.

Gramen avenaceum, spica simplici breviori et crassiori, locustis densissimis longius aristatis. *T. Inst.* 524. — *T. Herb.*

CULMUS erectus, 3 decimetr. Folia 2 millimetr. lata, pubescentia. Panicula terminalis, erecta, in fasciculum ovatum coarctata. Spiculæ sessiles, 17—22 millimetr. longæ, septem ad octofloræ, villosæ, compressæ, erectæ, lineares, sæpe purpurascentes. Aristæ rectæ, setiformes, spiculâ breviores.

HABITAT in arvis. ☉

BROMUS CONTORTUS. Tab. 25.

BROMUS foliis villosis ; panicula coarctata, erecta ; spiculis quindecimfloris,
subsessilibus, pubescentibus ; aristis basi contortis.
An Bromus alopecuros ? *Poiret. Itin.* 2. *p.* 100.

CULMUS erectus, 6 decimetr. et ultra, superne nudus. Folia mollia,
villosa, 4 millimetr. lata. Panicula coarctata, elongata, erecta. Spiculæ
subteretes, 3—4 centimetr. longæ, pubescentes ; aliæ sessiles ; aliæ pedicellatæ ; pedicello brevi. Calyx communis quatuordecim ad quindecimflorus, biglumis. Glumæ carinatæ, acutæ, inæquales. Calyces interiores
biglumes, elongati, conferti. Gluma exterior acuta, ciliata ; apice bicornis,
membranacea. Arista rigidula, basi arcuata, contorta, erecta, spiculâ
duplo triplove brevior. Gluma interior minor, acuta, membranacea, ciliata,
mutica. Distinguitur a B. grandifloro, spiculis congestis, erectis ; foliis
villosis ; glumis pubescentibus, paululum minoribus ; glumâ interiore acutâ
nec truncatâ ; aristis tenuioribus, erectis. Facies B. rubentis Lin. ;
differt spiculis duplo majoribus ; racemo elongato ; aristis contortis, brevioribus.

HABITAT prope La Calle. ☉

BROMUS MAXIMUS. Tab. 26.

BROMUS foliis villosis ; panicula patulo - erecta ; aristis longis, rectis ;
rachi pubescente.
Gramen avenaceum paniculatum, locustis spadiceo-albidis. *T. Cor.* 39.
— *Vail. Herb.*

CULMI 3—6 decimetr., erecti, superne nudi, pubescentes. Folia villosa, 4—5 millimetr. lata. Panicula secunda, erecta, patentiuscula, deinde
coarctata. Spiculæ binæ aut ternæ, 2—3 centimetr. longæ, primum teretes,
maturo fructu subcompressæ, a basi ad apicem sensim latiores ; aliæ
sessiles ; aliæ pedicellatæ ; pedicello brevi, anguloso, superne crassiore.
Calyx exterior biglumis. Glumæ laxæ, subulatæ, canaliculatæ, subæquales,
apice membraneæ, spiculam adæquantes. Calyces interiores biglumes.
Gluma exterior elongata, acuta, margine membranacea, apice bicornis.
Arista 5—8 decimetr., rigida, recta. Gluma interior brevior. Semen
elongatum, glabrum, teres, hinc sulco longitudinali exaratum. Rachis

et pedunculi pubescentes. Affinis B. sterili Lin. Distinguitur panicula erecta, nec propendente et patente ; spiculis rotundioribus, majoribus.

HABITAT in arvis. ☉

BROMUS MACROSTACHYS. Tab. 19. f. 2.

BROMUS culmo basi geniculato ; spiculis maximis, teretibus; aristis rigidis, patentibus.

CULMUS erectus, gracilis, nodosus, 3—6 decimetr., inferne geniculatus, superne nudus. Folia 2—5 millimetr. lata, 5—17 centimetr. longa; vaginâ hirsutâ. Flores paniculati, secundi. Spiculæ teretes, maximæ, acutæ, glabræ, 3—4 centimetr. longæ ; inferioribus nutantibus. Pedicelli breves, solitarii, bini, quandoque terni. Calyx exterior quatuordecim ad sexdecimflorus, biglumis ; glumis inæqualibus, carinatis, acutis, muticis. Calyx interior singulus, biglumis ; glumâ exteriore majore, convexâ, margine et apice scariosâ, bifidâ. Arista rigida, horizontalis, 9—13 millimetr. longa. Gluma interior minor, obtusa, linearis, ciliata, apice membranacea. Semen oblongum, læve, obtusum', hinc convexum.

HABITAT in Atlante prope Tlemsen. ☉

BROMUS DISTACHYOS.

BROMUS spicis duobus, erectis, alternis. *Lin. Spec.* 115. — *Weig. Obs.* 16. *t.* 1. *f.* 6.
Gramen loliaceum minus, spica Brizæ prælonga aristis donata. *T. Inst.* 517. — *T. et Vail. Herb.*
Gramen spica Brizæ minus. *C. B. Pin.* 9. —*Prodr.* 19. —*J. B. Hist.* 2. *p.* 477.
Bromus spiculis subbinatis, compressis, sessilibus. *Gerard. Gallop.* 98. *t.* 3. *f.* 1.

CULMUS erectus, 16—32 centimetr. Folia ciliata. Spiculæ plerumque duæ, tres, quandoque quatuor, sessiles, erectæ, compressæ, 13—22 millimetr. longæ. Calyx exterior biglumis. Glumæ canaliculatæ, acutæ. Calyx interior singulus biglumis ; glumâ exteriore aristatâ, rigidâ ; aristâ paulo infra apicem. Gluma interior ciliata, minor, plana, membranacea. Aristæ erectæ, duplici serie. Semen oblongum, compressum. Varietatem vix 3 centimetr. observavi.

HABITAT in collibus Algeriæ. ☉

STIPA.

CALYX exterior biglumis, uniflorus. Glumæ laxæ, membranaceæ, acutæ, flosculo longiores. Calyx interior biglumis. Glumæ
coriaceæ, involutæ, truncatæ. Arista terminalis, basi contorta,
decidua. Semen unum, nudum, superum, calyce tectum.

STIPA PENNATA.

STIPA foliis filiformibus; aristis pennatis, inferne glabris.
Stipa aristis lanatis. *Lin. Spec.* 115. — *Hall. Hist. n.* 1514. — *Lamarck.
Illustr. n.* 783. *t.* 41. *f.* 1.
Gramen spicatum, aristis pennatis. *T. Inst.* 518. — *Scheu. Gram.* 153. *t.* 3.
f. 13. *b.*
Gramen sparteum pennatum. *C. B. Pin.* 5. — *Theat.* 71. *Ic.* — *Monti. Prodr.*
57. *t.* 68.
Spartum austriacum pennatum. *Clus. Hist.* 2. *p.* 221. *Ic.* — *Ger. Hist.* 42.
Gramen pennatum aliis Spartum. *J. B. Hist.* 2. *p.* 512. *Ic.*
Avena capillacea austriaca, aristis longissimis pennatis. *Moris. s.* 8. *t.* 7. *f.* 9.
Gramen sparteum pennatum majus. *Barrel. t.* 46.
Gramen pennatis aristis. *Zanich. Ist. t.* 48.
Gramen plumeum. *Munting. t.* 173.

CULMUS tenuis, erectus. Folia 3—7 decimetr., convoluta, capillaria,
sæpe arcuata. Flores e vagina spathiformi emergentes, paniculati. Pedunculi longi, filiformes. Calyx exterior uniflorus, biglumis. Glumæ membranaceæ, subulatæ, acutæ, muticæ, 5 centimetr. Calyx interior biglumis.
Glumæ coriaceæ, 11—16 millimetr. longæ; exteriore alteram arcte involvente. Arista 3 decimetr., articulata, angulosa, inferne contorta, superne
plumosa, basi nuda, arcuata. Semen gracile, glabrum, longitudine fere
calycis interioris.

HABITAT in collibus arenosis. ♃

STIPA BARBATA. Tab. 27.

STIPA foliis rigidis, hinc striatis; panicula laxa, elongata; aristis longissimis, a basi ad apicem barbatis.

1   13

DIFFERT a S. plumosa Lin. , foliis rigidis , glaucis , planiusculis , hinc striatis , latioribus , margine serratis ; aristâ longissimâ, a basi ad apicem undique hirsutâ.

HABITAT in collibus incultis circa Mascar et Tlemsen. ♃

STIPA JUNCEA. Tab. 28.

STIPA foliis convolutis , filiformibus; panicula laxa, elongata; aristis longis, pubescentibus.

A. Stipa aristis nudis , rectis; calycibus semine longioribus. *Lin. Spec.* 116. Gramen avenaceum maximum , utriculis cum lanugine alba et longissimis aristis. *Magn. Bot.* 121. — *T. Inst.* 525. — *T. et Vail. Herb.*
Festuca junceo folio. *C. B. Pin.* 9. — *Prodr.* 19. — *Theat.* 145. — *J. B. Hist.* 2. *p.* 480. — *Scheu. Gram.* 151. *t. 3. f.* 13. *a.*

FOLIA glabra , convoluta , lævia, rigida, teretia, fere filiformia, *3—6* decimetr. Membranula lacera , acuta , alba, vaginam coronans. Culmus erectus , gracilis , inferne nodosus , *3—9* decimetr. Panicula laxa, elongata , sæpe *3* decimetr. Pedunculi capillares, longi, angulosi, asperi, pauciflori , axi admoti ; floribus pedicellatis. Calyx exterior biglumis. Glumæ membranaceæ , laxæ, subulatæ·, *2* centimetr. , calyce interiori duplo longiores. Calyx interior biglumis , teres , coriaceus , truncatus , gracilis , 1 centimetr. longus. Glumæ arcte involutæ, basi villosæ. Arista terminalis, inferne contorta, pubescens , 11—16 centimetr. longa. Semen gracile , elongatum. Varietas S. junceæ Lin. ; differt aristis undique pubescentibus. Stipa juncea et capillata Lin. eadem species apud Hallerum et Scheuchzerum.

HABITAT in collibus aridis. ♃

STIPA PARVIFLORA. Tab. 29.

STIPA foliis radicalibus rigidulis , filiformibus ; panicula diffusa ; aristis nudis , capillaceis.

RADICES fibrosæ, flexuosæ, longæ. Culmi plures ex eodem cæspite , *3—6* decimetr. , tenues , erecti. Folia glabra ; radicalia , rigida , filiformia, convoluta , brevia. Panicula elongata , diffusa , arcuata. Pedunculi longi,

plures ex singulo nodo , capillares , inæquales , multiflori ; floribus pedicellatis, tenuibus , elongatis. Calyx exterior uniflorus, biglumis. Glumæ
inæquales, membranaceæ, canaliculatæ, angustæ, acutæ. Calyx interior
brevior, gracilis , glaber, teres, 4—5 millimetr. longus. Glumæ coriaceæ,
arcte involutæ. Arista capillaris , nuda, 8—11 centimetr. basi contorta.
Semen tenue , elongatum , glabrum.

HABITAT in collibus aridis prope Mascar et in regno Tunetano. ♃

STIPA TENACISSIMA. Tab. 3o.

STIPA aristis basi pilosis ; panicula spicata ; foliis filiformibus. *Lin. Spec.*
116. — *Lamarck. Illustr. n.* 788. *t.* 41. *f.* 2.
Spartum herba Plinii. *Clus. Hist.* 2. *p.* 220. *Ic. mala.*
Gramen sparteum panicula comosa. *C. B. Pin.* 5.

HABITUS Avenæ.Culmus erectus , nodosus , 6—10 decimetr. Folia dura,
glabra , convoluta, 3—6 decimetr. Flores paniculati , approximati , numerosi. Panicula 16—27 centimetr. , erecta, coarctata, flavescens. Calyx
exterior biglumis. Glumæ concavæ, elongatæ, acutæ, subæquales, margine
et apice membranaceæ , 3 centimetr. longæ. Calyx interior brevior ,
elongatus, teres, coriaceus, villosus ; villis candidis. Gluma exterior arcte
involvens alteram. Arista geniculata, 5—9 centimetr. , inferne contorta et
villosa, superne nuda. Semen tenue , elongatum. Denso cæspite crescit.
E foliis funes et tapetes conficiunt incolæ.

HABITAT in collibus incultis. ♃

STIPA TORTILIS. Tab. 31. f. 1.

STIPA panicula spicata , basi involuta ; calyce interiore villoso ; aristis con-
tortis , inferne villosis.
Spartium spica et setulis tenuissimis , caudam equinam æmulantibus. *Boc.*
Mus. t. 97. — *Scheu. Gram.* 152.
Gramen avenaceum supinum minus , spica densissima cum longis aristis
lanuginosis tortilibus. *T. Inst.* 524. — *T. Herb.*

CULMI erecti , 3 decimetr. , plures ex eodem cæspite. Folia glabra , convoluta ; radicalia fere capillaria ; caulina 2 — 5 millimetr. lata. Panicula
spicata , flavescens , 8—11 decimetr. , basi folio vaginante involuta. Ramuli

adpressi. Flores decidui. Calyx exterior biglumis. Glumæ subulatæ, membranaceæ, albæ, nitidæ, 16—18 millimetr. longæ, acutæ, subæquales, laxæ. Calyx interior deciduus, teres, extus villosus, biglumis; glumis arcte convolutis. Arista basi villosa, tortilis, superne glabra, maturo fructu geniculata, terminalis. Semen elongatum, tenue, hinc sulco longitudinali exaratum.

Flores decidui, numerosissimi, vestimentis viatorum adhærent, perforant, cutimque incommode titillant et pungunt.

HABITAT in arvis. ☉

AVENA.

CALYX exterior biglumis, multiflorus. Calyces interiores biglumes; glumâ exteriore aristatâ. Arista dorsalis contorta. Semen unum, nudum, superum.

AVENA ELATIOR.

AVENA paniculata; calycibus bifloris; flosculo hermaphrodito mutico; masculo aristato. *Lin. Spec.* 117. — *Œd. Dan. t.* 165. — *Schreb. Gram.* 25. *t.* 1. — *Leers. Herb.* 40. *t.* 10. *f.* 4. — *Curtis. Lond. Ic.*
Gramen avenaceum elatius, juba longa splendente. *Scheu. Gram.* 239.
Gramen non nodosum. *Monti. Prodr.* 53.
Gramen avenaceum elatius, juba argentea longiore. *Moris. s.* 8. *t.* 7. *f.* 37.

A. Gramen nodosum, avenacea panicula. *C. B. Pin.* 2. — *Prodr.* 3. *Ic.* — *Theat.* 18. *Ic.* — *Scheu. Gram.* 237. *t.* 4 *f.* 27, 28. — *Monti. Prodr.* 53. *t.* 76.
Gramen nodosum. *J. B. Hist.* 2. *p.* 456. *Ic. mala.*
Gramen avenaceum elatius, radice tuberculis prædita. *Moris. s.* 8. *t.* 7. *f.* 38.
Avena diantha; folliculis basi villosis, majoris arista geniculata. *Hall. Hist. n.* 1492.

OPTIMUM pecoribus pabulum.

HABITAT in arvis. ♃

AVENA FATUA.

AVENA paniculata ; calycibus trifloris ; flosculis omnibus basi pilosis ; aristis totis lævibus. *Lin. Spec.* 118. — *Schreb. Gram.* 109. *t.* 15. — *Leers. Herb.* 42. *t.* 9. *f.* 4.

Gramen avenaceum, utriculis lanugine flavescentibus. *T. Inst.* 524. — *Scheu. Gram.* 239. *t.* 5. *f.* 1.

Ægilops quibusdam , aristis recurvis , sive Avena pilosa. *J. B. Hist.* 2. *p.* 433. *Ic.*

Festuca dumetorum , utriculis lanugine pubescentibus. *C. B. Pin.* 10. — *Theat.* 149. *Ic.* — *Barrel. t.* 75. *f.* 2. — *Monti. Prodr.* 6.

Avena mauritanica , aristis longioribus binis. *Petiv. Gazoph. t.* 38. *f.* 7.

Avena triantha ; locustis patulis , villosis. *Hall. Hist. n.* 1495.

SPICULÆ pendulæ , triflorae ; fertiles binæ , aristatæ , pilosæ. Calyx spiculâ longior.

GRAMEN summe nocivum et agricolis detestabile. Segetes suffocat et vix eliminari potest ex agris ubi semel radices egit. Est Ægilops et Bromos Plinii. Antiqui nonnulli Avenam appellaverunt. Sic Virgilius :

> Exspectata seges vanis elusit avenis.
> Infelix lolium et steriles dominantur avenæ.

CONSULATUR opusculum Gerardi dictum : *Recherches sur la nature de la folle Avoine.*

HABITAT inter segetes. ☉

AVENA FLAVESCENS.

AVENA panicula laxa ; calycibus trifloris , brevibus ; flosculis omnibus aristatis. *Lin. Spec.* 118. — *Schreb. Gram.* 76. *t.* 9.

Gramen avenaceum pratense elatius, panicula flavescente, locustis parvis. *Rai. Hist.* 1284. — *T. Inst.* 525. — *Scheu. Gram.* 223. *t.* 4. *f.* 18. — — *Monti. Prodr. p.* 55. *t.* 79.

Gramen avenaceum , spica sparsa flavescente, locustis parvis. *Moris. s.* 8. *t.* 7. *f.* 42.

Avena triantha ; locustis teretibus ; calycina gluma minima ; petiolo villoso. *Hall. Hist. n.* 1497.

CULMUS filiformis, 3—10 decimetr. Folia 2 millimetr. lata, villosa. Panicula nunc laxa, nunc coarctata, pro ætate. Pedunculi capillares, flexuosi, ramosi, inæquales, brevissime pubescentes. Spiculæ parvæ, pallide luteæ, primum teretes, deinde compressæ. Calyx exterior tri aut quadriflorus. Glumæ inæquales, acutæ. Calyces interiores biglumes, acuti, apice membranacei, bicornes. Arista setiformis, spiculâ duplo longior. Variat floribus binis. Optimum pecori pabulum præbet.

HABITAT in pascuis. ♃

AVENA PANICEA.

AVENA panicula contracta; spiculis subquadrifloris, glabris, nitidis, subsessilibus; aristis dorsalibus rectis. *Lamarck. Illustr. n.* 1117.

CULMUS erectus, tenuis, 3 decimetr. Folia villosa, 2—5 millimetr. lata. Vagina membranulâ coronata. Panicula coarctata, quandoque patens, ovata, 2—5 centimetr., maturo fructu in fasciculos confluentes collecta. Pedunculi inæquales, terni aut quaterni. Spiculæ parvæ, magnitudine A. flavescentis Lin., compressæ, numerosæ, flabelliformes. Calyx exterior biglumis, tri aut quadriflorus; glumis acuminatis. Calyces interiores biglumes; glumâ exteriore sæpe biaristatâ; aristis brevibus, setiformibus; alterâ terminali, alterâ dorsali longiore.

HABITAT in arvis. ☉

AVENA NITIDA. Tab. 31. f. 2.

AVENA panicula spicata; glumis membranaceis, nitidis, pubescentibus, triaristatis.

RADICES capillares, pubescentes, fasciculatæ. Culmus erectus, 3 decimetr., superne nudus, filiformis, glaber. Folia 2 millimetr. lata, pubescentia. Panicula spicata, 2—5 centimetr. longa. Ramuli breves, adpressi. Rachis pubescens. Spiculæ 7 millimetr. longæ, 2 latæ, pubigeræ, luteopallescentes. Calyx exterior biglumis, tri aut quadriflorus. Glumæ carinatæ, subæquales, apice scariosæ, acutæ, spiculâ longe breviores. Calyces interiores biglumes, membranacei; glumâ exteriore concavâ, oblongâ, acutâ , triaristatâ. Arista terminalis , brevissima ; dorsalis setiformis glumâ duplo, triplove longior. Gluma interior subulata , mutica.

HABITAT in arenis prope Mascar.

AVENA PARVIFLORA. Tab. 32.

AVENA foliis pubescentibus ; panicula patula ; spiculis bi aut trifloris ; arista brevi, setiformi , infra glumæ apicem emergente.

FACIES Agrostidis. Culmus 3 decimetr. , erectus , filiformis , basi sæpe ramosus. Folia pubescentia , 2 millimetr. lata , 5 — 11 centimetr. longa. Flores numerosi , minimi , flavescentes , paniculati. Panicula 8—20 centimetr. Calyx exterior bi aut triflorus , biglumis ; glumis inæqualibus , concavis , acutis ; glumâ longiore spiculam adæquante. Calyces interiores biglumes. Glumæ acutæ. Arista brevis , setiformis , recta , infra glumæ apicem.

HABITAT inter segetes. ⊙

AVENA PUMILA.

AVENA floribus paniculato-spicatis ; spiculis subquadrifloris ; glumis dorso ciliatis ; arista setiformi , longitudine glumæ.

RADICES capillares , pubescentes , fasciculatæ. Culmi plures ex eodem cæspite , filiformes , 8—16 centimetr. , basi nodosi , sæpe geniculati. Folia 2 millimetr. lata , mollia , pubescentia. Flores paniculati. Panicula erecta , coarctata , 2—5 centimetr. Rachis pubescens. Ramuli breves , capillares , inæquales. Spiculæ parvæ , compressæ , subquadrifloræ, 2 millimetr. longæ, 1 latæ , pallide flavescentes. Calyx communis biglumis. Glumæ subæquales, carinatæ , dorso ciliatæ, apice et margine membranaceæ. Calyces interiores biglumes ; glumâ exteriore consimili , aristatâ. Arista setiformis, recta , infra apicem , 4 millimetr. vix longa.

HABITAT in arenis prope Mascar. ⊙

AVENA FRAGILIS.

AVENA spicata ; flosculis subquaternis, calyce longioribus. *Lin. Spec.* 119. — *Schreb. Gram.* 2. *p.* 19. *t.* 24. *f. 3.*

Gramen loliaceum, angustiore folio et spica, aristis donatum. *T. Inst.* 516.

Gramen loliaceum lanuginosum, spica fragili articulata, glumis pilosis, aristatum. *Scheu. Gram.* 32. *t.* 1. *f.* 7. *g.*

Gramen loliaceum spurium hirsutum, aristis geniculatis. *Barrel. t.* 905. *f.* 1, 2, 3.

A. Gramen loliaceum lanuginosum, spica fragili articulata, glumis glabris, aristatum. *Scheu. Gram.* 33. — *Schreb. Gram.* 2. *p.* 19. *Variet. B.*

CULMUS gracilis, 3 decimetr., erectus. Folia mollia, villosa. Spica 3—27 centimetr. Spiculæ gemino ordine, axi admotæ, graciles, sessiles, compressæ. Calyx exterior quadri ad sexflorus. Glumæ inæquales, angustæ, elongatæ. Calyces interiores biglumes. Arista dorsalis, setiformis, patula. Rachis nodosa, articulata, alternatim excavata.

HABITAT in arvis Algeriæ. ☉

AVENA BROMOIDES.

AVENA subspicata; spiculis binatis; altera pedunculata; aristis divaricatis; calycibus octofloris. *Lin. Spec.* 1666.

Gramen avenaceum montanum, spica simplici, aristis recurvis. *Rai. Synops.* 262. — *T. Inst.* 525. — *T. et Vail. Herb.* — *Schaw. Specim. n.* 274. — *Monti. Prodr.* 55. *t.* 66.

Gramen avenaceum alpinum glabrum angustifolium, locustis aristatis in spicam dispositis. *Scheu. Gram.* 228. *t.* 4. *f.* 21, 22.

Gramen avenaceum distichon, locustis longioribus cum aristis nigricantibus inflexis. *T. Inst.* 525. — *Vail. Herb.*

CULMUS erectus, superne nudus, 3—6 decimetr., inferne nodosus. Folia glabra, brevia. Flores spicati; spicâ 5—10 centimetr., interruptâ. Rachis nodosa, læviter flexuosa. Spiculæ subteretes, glabræ, 13—16 millimetr. longæ; inferiores binæ; alterâ sessili; alterâ pedicellatâ; superiores solitariæ. Calyx exterior quadri ad octoflorus, biglumis. Glumæ inæquales, acutæ, elongatæ, muticæ, apice membranaceæ. Calyces interiores biglumes, pallidi, superne membranacei, nitidi. Aristæ geniculatæ, basi tortiles, rigidulæ, spiculæ longitudine, e dorso glumæ exterioris prodeuntes.

HABITAT in collibus Algeriæ. ♃

LAGURUS.

CALYX exterior biglumis , uniflorus ; glumis aristatis. Calyx interior biglumis ; glumâ exteriore triaristatâ ; aristâ intermediâ dorsali. Semen unum , nudum, superum. Flores lanigeri.

LAGURUS OVATUS.

LAGURUS spica ovata, aristata. *Lin. Spec.* 119. — *Schreb. Gram.* 143. *t.* 19. *f.* 3. — *Lamarck. Illustr. n.* 155. *t.* 41. — *Gærtner.* 1. *p.* 3. *t.* 1. *f.* 5.
Gramen spicatum tomentosum longissimis aristis donatum. *T. Inst.* 517. — *Scheu. Gram.* 58. *t.* 2. *f.* 4. *b , c.*
Gramen alopecuros spica rotundiore. *C. B. Pin.* 4. — *Theat.* 56. *Ic.* — *Moris. s.* 8. *t.* 4. *f.* 1. — *Monti. Prodr.* 59. *t.* 87.
Alopecurus. *Tabern. Ic.* 240.
Alopecurus altera Lobelii. *J. B. Hist.* 2. *p.* 475.
Gramen alopecurum molle , spica incana, etc. *Barrel. t.* 116. *f.* 1 , 2.

CULMUS 3 decimetr. Folia mollia, villosa, 7—9 millimetr. lata. Spica ovata, villosissima ; villis candidis, tenuissimis, numerosissimis, lanam mollissimam referentibus.

HABITAT in arvis. ☉

ARUNDO.

CALYX exterior biglumis, uni aut multiflorus ; interior biglumis, extus villosus, muticus. Semen unum , nudum, superum.

ARUNDO DONAX.

ARUNDO calycibus quinquefloris ; panicula diffusa ; culmo fruticoso. *Lin. Syst. veget.* 123.
Arundo sativa quæ Donax Dioscoridis et Theophrasti. *C. B. Pin.* 17. — *Theat.* 271. *Ic.* — *T. Inst.* 526. — *Scheu. Gram.* 159. *t.* 3. *f.* 14. *a, b , c.* — *Monti. Prodr.* 31. *t. A.*
Arundo domestica. *Matth. Com.* 137. *Ic.*

Arundo domestica. *Tabern. Ic.* 253.

Arundo Donax sive Cypria. *Lob. Ic.* 51. — *Dod. Pempt.* 602. *Ic.*

Arundo maxima et hortensis. *J. B. Hist.* 2. *p.* 486. *Ic.*

Arundo caule lignoso , geniculato; foliis latissimis ; locustis trifloris. *Hall. Hist. n.* 1516.

CULMUS 2—4 metr., nodosus, lignosus , fistulosus, crassitie pollicis. Folia conferta , gemino ordine disposita , glauca , dura , perennantia, lævia , glabra , reflexa , 3—6 decimetr. longa , 2—5 centimetr. lata , nunc serrulata , nunc integerrima. Membranula nulla aut brevissima. Flores paniculati ; paniculâ erectâ. Rachis et pedunculi angulosi, asperi. Flores numerosissimi. Calyx exterior tri ad quinqueflorus, biglumis. Glumæ elongatæ, acutæ , subæquales , spiculam adæquantes. Calyx interior biglumis, extus villosus; glumis inæqualibus , oblongis, acutis , muticis.

HABITAT Algeriâ. ♄

ARUNDO MAURITANICA.

ARUNDO culmo fruticoso; floribus paniculatis ; calycibus uni ad trifloris ; gluma exteriore subaristata.

Arundo Rheni bononiensis Plinio. *Zan. Hist.* 62. — *Monti. Prodr.* 32. *t. D , F.*

AFFINIS præcedenti ; differt culmo graciliore; foliis duplo triplove angustioribus ; floribus minoribus; calycibus uni ad trifloris ; glumâ exteriore calycum interiorum breviter aristatâ. Hortis sepiendis inservit.

HABITAT Algeriâ. ♄

ARUNDO ARENARIA.

ARUNDO calycibus unifloris ; foliis involutis , mucronato-pungentibus. *Lin. Spec.* 121. — *Œd. Dan. t.* 917.

Gramen spicatum secalinum maritimum maximum , spica longiore. *T. Inst.* 518. — *Scheu. Gram.* 138. *t.* 3. *f.* 8. *a , b , c.*

Gramen sparteum spicatum , foliis mucronatis longioribus , vel spica secalina. *C. B. Pin.* 5. — *Theat.* 67. *Ic.*

Spartum herba 3 maritimum. *Clus. Hist.* 2. *p.* 221. *Ic.*

Spartium spicatum pungens oceanicum. *J. B. Hist.* 2. *p.* 511. *Ic.*

Gramen sparteum juncifolium non aristatum , spica secalina. *Moris. s.* 8. *t.* 4. *f.* 16.

RADICES longe repentes. Culmus 7—10 decimetr., erectus. Folia glauca, longa, convoluta, striata, rigida, pungentia, 4 millimetr. lata. Vagina membranâ longâ, sæpe bipartitâ coronata. Spica cylindrica, 16—27 centimetr., ramosa; ramulis brevibus, rachi adpressis. Calyx exterior biglumis, uniflorus. Glumæ glabræ, subæquales, elongatæ, margine membranaceæ. Calyx interior biglumis, longitudine fere calycis exterioris. Glumæ muticæ, involutæ, extus villosæ. Semen tenue, oblongum. Arenas mobiles coercet.

HABITAT in arenis ad maris littora. ♃

ARUNDO BICOLOR. Tab. 33.

ARUNDO panicula coarctata, elongata; calyce bifloro; flosculo altero sterili; glumis subaristatis.

CULMUS erectus, firmus, basi nodosus, 6—10 decimetr. Folia glabra, dura, striata, 3—6 decimetr. longa, 4 millimetr. lata, margine convoluta, serrata, secantia. Vagina membranâ lacerâ coronata. Panicula angusta, elongata, 2—3 decimetr. Pedunculi angulosi, asperi, stricti. Rachis aspera. Spiculæ oblongæ, teretes, cœrulescentes. Calyx exterior biflorus, biglumis. Glumæ subæquales, glabræ, canaliculatæ, acuminatæ, margine membranaceæ, spiculam adæquantes. Calyces interiores consimiles; glumâ exteriore basi villosâ, subaristatâ. Flos alter abortivus.

HABITAT prope La Calle. ♃

ARUNDO PHRAGMITES.

ARUNDO calycibus quinquefloris; panicula laxa. *Lin. Spec.* 120. — *Leers. Herb.* 44. *t.* 7. *f.* 1.

Arundo vulgaris sive Phragmites Dioscoridis. *C. B. Pin.* 17. — *Theat.* 269. *Ic.* — *Scheu. Gram.* 161. *t.* 3. *f.* 14. *d.* — *Monti. Prodr.* 32. *t. B.*

Harundo. *Trag. Hist.* 674. — *Lob. Obs.* 28. *Ic.*

Arundo Phragmites. *Dod. Pempt.* 602. *Ic.*

Arundo palustris. *Camer. Epit.* 73. *Ic.*

Arundo vulgaris palustris. *J. B. Hist.* 2. *p.* 485. *Ic.*—*Moris. s.* 8. *t.* 8. *f.* 1.

Arundo vellatoria sive Phragmites. *Lob. Ic.* 51.

Arundo foliis secantibus; locustis trifloris, papposis, muticis. *Hall. Hist.* *n.* 1515

RADICES late repentes. Culmi firmi, 1—2 metr. Folia glauco-viridantia, 2 centimetr. lata, striata; oris tenuissime serratis, secantibus. Vagina villis longis, albis coronata. Panicula erecta, patula, sæpe 3 decimetr., cœrulescens. Rami filiformes, angulosi, multifidi. Rachis angulosa. Flores numerosissimi. Spiculæ graciles, acutissimæ. Setæ longæ, albæ, tenuissimæ, calycem interiorem involventes. Calyx exterior tri ad quinqueflorus. HALLER.

HABITAT ad lacuum ripas prope La Calle. ♃

ARUNDO FESTUCOIDES. Tab. 34.

ARUNDO foliis asperis, striatis; floribus paniculatis; spiculis compressis, subquadrifloris; glumis mucronatis.
Gramen avenaceum lignosum sylvaticum. *T. Inst.* 526. — *T. et Vail. Herb.*

CULMUS erectus, glaber, lævis, 6—9 decimetr., firmus, crassitie pennæ anserinæ aut minimi digiti. Folia dense cæspitosa, 6 — 9 decimetr. longa, 4 — 7 millimetr. lata, glabra, superne striata, aspera, muricata, dura, margine denticulata. Vagina membranulâ coronata. Rachis aspera, angulosa. Pedunculi plures, fasciculati, flexuosi, inæquales. Panicula magna, elongata, 16—27 centimetr. longa, unilateralis. Spiculæ compressæ, pedicellatæ, 12 millimetr. longæ, 4 — 7 latæ. Calyx exterior quadri aut quinqueflorus, muticus, biglumis; glumis inæqualibus, coriaceis, concavis; glumâ longiore acuminatâ. Calyces interiores biglumes, mutici; glumâ exteriore carinatâ, acutâ, extus basi villosâ; interiore minore. Antheræ flavæ, elongatæ. Semen oblongum, subcylindricum. Densissimo cæspite crescit. Ex ejus foliis aquâ maceratis funes et varia opera textilia conficiunt Arabes.

HABITAT in collibus incultis. ♃

ARISTIDA.

CALYX exterior biglumis, uniflorus. Calyx interior uniglumis; glumâ apice triaristatâ. Semen unum, nudum, superum.

ARISTIDA PLUMOSA.

ARISTIDA paniculata; arista intermedia longiore, lanata; culmis villosis. *Lin. Spec.* 1666.—*Valh. Symb.* 1. *p.* 11. *t. 3.*—*Lamarck. Illustr. n.* 778. *t.*41.*f.*1. Gramen orientale, tomentosum spicatum minus, aristis pennatis. *T. Cor.* 39.

RADICES longæ, fibrosæ, flexuosæ, albæ. Folia glabra, subulato-fili-formia, rigidula, convoluta, brevia, sæpe arcuata. Culmus 6 decimetr., nodosus, gracilis, superne lævis; nodis ciliatis. Panicula elongata, con-tracta, 11—27 centimetr. longa; ramis capillaribus. Calyx exterior uni-florus, biglumis, glaber, membranaceus. Glumæ elongatæ, subæquales. Calyx interior uniglumis. Gluma glabra, cartilaginea, tenuis, teres, acu-minata, hinc longitudinaliter fissa, basi villosa. Arista terminalis, arti-culata, tripartita; aristis duobus lateralibus, setiformibus, nudis; intermediâ longiore, candidâ, plumosâ, inferne nudâ. Semen gracile, elongatum, glabrum. In speciminibus in Oriente a Cl. Tournefortio collectis va-ginæ foliorum tomentosæ; in nostris glabræ; ceterum adeo similes ut ad eamdem speciem pertinere omnino videantur.

HABITAT in montibus aridis prope Kerwan in regno Tunetano. ♃

ARISTIDA PUNGENS. Tab. 35.

ARISTIDA culmo perennante; foliis subulatis, rigidis, pungentibus; pani-cula laxa; aristis tribus plumosis, subæqualibus.

CULMUS fruticosus, erectus, 6—13 decimetr., glaber, lævis, inferne ramosus. Folia glabra, rigida, subulata, acutissima, patentia, canalicu-lata, pungentia, 1—3 decimetr. longa. Flores paniculati; paniculâ patente. Pedunculi capillares, ramosi. Calyx exterior biglumis, uniflorus. Glumæ membranaceæ, acutæ, concavæ, subæquales, 13—18 millimetr. longæ. Calyx interior uniglumis; glumâ coriaceâ, acutâ, hinc longitudinaliter fissâ. Arista terminalis, tripartita, articulata; setis omnibus plumosis, sub-æqualibus, spiculâ duplo triplove longioribus. Semen gracile, elongatum.

HABITAT in arenis humidis prope Sfax et in deserto. ♄

ARISTIDA CŒRULESCENS. Tab. 21. f. 2.

ARISTIDA foliis glabris; panicula coarctata, elongata, arcuata, subsecunda interrupta; aristis lævibus, subæqualibus.

RADICES fibrosæ, tortuosæ. Culmus fere filiformis, basi sæpe ramosus, 3—9 decimetr., lævis, nodosus. Folia glabra, 1 millimetr. lata. Panicula elongata, coarctata, unilateralis, arcuata, interrupta, 16—26 centimetr. longa, cœrulescens. Rachis subaspera. Pedunculi capillares, stricti, inæ- quales. Spiculæ teretes, graciles, acutæ. Calyx exterior biglumis. Glumæ subulatæ, inæquales. Calyx interior longior, uniglumis. Gluma gracilis, acuta. Arista tripartita ; setis glabris, subæqualibus, glumâ vix duplo lon- gioribus. Semen tenue, elongatum, glabrum.

HABITAT in arvis prope Kerwan. ♃

ROTTBOLLA.

CALYX exterior uniglumis, integer aut bipartitus, uni aut biflorus. Flores sessiles, alterni. Rachis flexuosa, articulata. Semen unum, nudum, superum.

ROTTBOLLA FASCICULATA. Tab. 36.

ROTTBOLLA spicis axillaribus, aggregatis, arcuatis ; floribus quadrifariam dispositis.
Rottbolla altissima. *Poiret. Itin. 2. p.* 105.

CULMUS erectus, 6—9 decimetr., nodosus, lævis, ramosus, alternatim ex nodo uno ad alterum compressus et canaliculatus. Folia glabra, 4—7 millimetr. lata, vaginantia. Vagina internodiis brevior. Spicæ tres ad sex, fasciculatæ, axillares, pedunculatæ. Pedunculi vaginâ involuti, adpressi. Membranæ plures, interiores, acutæ, e singulo nodo prodeuntes. Spicæ arcuatæ, glabræ, 2—11 centimetr. longæ. Flores quadrifariam dispositi, arcte adpressi. Calyx exterior uniflorus, uniglumis ; glumâ coriaceâ, ovatâ, compressâ, subacutâ. Calyx interior biglumis, membranaceus, muticus, brevior. Stamina 3. Styli 2 barbati. Rachis articulata, quadrifariam excavata.

HABITAT ad lacuum ripas prope La Calle. ♃

ROTTBOLLA INCURVATA.

ROTTBOLLA spica tereti, subulata, glauca ; gluma calycina subulata, ad- pressa, bipartita. *Lin. Suppl.* 114. — *Œd. Dan. t.* 938. — *Lamarck. Illustr. n.* 1129. *t.* 48. *f.* 2. — *Cavanil. Ic. n.* 235. *t.* 213.

Ægilops incurvata. *Lin. Spec.* 1490.
Gramen loliaceum maritimum, spicis articulatis. *T. Inst.* 517. — *Moris. s.* 8.
    t. 2. *f.* 8. — *Scheu. Gram.* 43. — *Monti. Prodr.* 43. *t.* 29.
Gramen loliaceum junceum majus et minus. *Barrel. t.* 5.

A. Gramen myuros erectum minimum arundinaceum. *Boc. Mus. t.* 59.
Gramen loliaceum junceum minus. *Barrel. t.* 6.
Phœnix acerosa aculeata. *Park. Theat.* 1146.
Gramen loliaceum, spicis articulosis erectis. *T. Inst.* 517.

CULMI ramosi , basi procumbentes , geniculati , 3 decimetr. , nodosi.
Folia glabra, 2 millimetr. lata. Spicæ graciles, subulatæ , incurvæ, 1—2
decimetr. longæ. Rachis flexuosa , nodosa , striata , alternatim hinc et
inde excavata. Flores solitarii , sessiles , adpressi. Calyx exterior biflorus,
uniglumis ; glumâ coriaceâ , bipartitâ , subulatâ ; laciniis margine conniventibus , æqualibus. Calyx interior membranaceus, biglumis , brevior ,
muticus ; flore altero plerumque abortivo. Varietas A spiculis rectis
distinguitur.

HABITAT in arvis. ⊙

LOLIUM.

CALYX exterior uniglumis , multiflorus ; glumâ rachi oppositâ.
Calyces interiores biglumes. Semen unum , nudum , superum. Spiculæ sessiles.

LOLIUM PERENNE.

LOLIUM spica mutica ; spiculis compressis, multifloris. *Lin. Spec.* 122. —
    Œd. Dan. t. 747. — *Leers. Herb.* 46. *t.* 12. *f.* 1. — *Schreb. Gram.* 2.
    p. 79. t. 37.
Gramen loliaceum, angustiore folio et spica. *C. B. Pin.* 9. — *Theat.* 127. *Ic.*
    — *T. Inst.* 516. — *Scheu. Gram.* 25. *t.* 1. *f.* 7. — *Monti. Prodr.* 40. *t.* 19.
Phœnix sive Lolium murinum. *Dod. Pempt.* 540.
Hordeum murinum. *Lob. Ic.* 34.
Phœnix Lolio similis. *J. B. Hist.* 2. *p.* 436.

Gramen loliaceum spica simplici vulgare. *Moris. s.* 8. *t.* 2. *f.* 2.
Lolium radice perenni ; locustis contiguis , octifloris. *Hall. Hist. n.* 1416.

VARIAT spiculis in summo caule approximatis et rachi ramosâ.

HABITAT in arvis. ♃

HORDEUM.

CALYX exterior biglumis , uniflorus , ternus. Calyx interior biglumis. Flores spicati. Semen unum , nudum , superum.

HORDEUM VULGARE.

HORDEUM floribus omnibus hermaphroditis , aristatis ; ordinibus duobus erectioribus. *Lin. Spec.* 125.
Hordeum polystichum vernum. *C. B. Pin.* 22. — *Theat.* 439. *Ic.* — *Monti. Prodr.* 4.
Hordeum polystichum æstivum. *Tabern. Ic.* 275.

AVENÆ loco jumentis alendis inservit.

COLITUR in Barbaria. ⊙

HORDEUM MURINUM.

HORDEUM flosculis lateralibus masculis , aristatis ; involucris intermediis ciliatis. *Lin. Spec.* 126. — *Œd. Dan. t.* 629. — *Curtis. Lond. Ic.*
Gramen spicatum vulgare secalinum. *T. Inst.* 517.—*Monti. Prodr.* 60. *t.* 90.
Gramen hordeaceum minus et vulgare. *C. B. Pin.* 9. — *Theat.* 134. *Ic.* — *Scheu. Gram.* 14.
Hordeum spontaneum spurium. *Lob. Ic.* 30.
Hordeum murinum. *J. B. Hist.* 2. *p.* 431.
Gramen secalinum vulgatissimum viarum. *Moris. s.* 8. *t.* 6. *f.* 4.

CULMUS nodosus , sæpe basi geniculatus , erectus , glaber , lævis. Folia margine denticulata , pubescentia villis brevissimis , 4—5 millimetr. lata. Membranula nulla , aut brevissima vaginam coronans. Spica erecta , subcompressa , 5—8 centimentr. Rachis compressa , nodosa. Flores terni ex singulo nodulo ; laterales duo masculi steriles. Calycis exterioris glumæ setaceæ, compressæ , aristatæ , erectæ , divergentes. Calyx interior oblongus , tenuis, acutus ; glumâ exteriore aristatâ. Flos medius hermaphroditus , fertilis. Calycis exterioris glumæ paululum latiores , ciliatæ , aristatæ ; interioris gluma exterior longius aristata.

HABITAT in agro Tunetano et Algeriensi. ⊙

HORDEUM STRICTUM. Tab. 37.

HORDEUM flosculo hermaphrodito aristato ; aristis utrinque adpressis ; masculis duobus muticis , subpedicellatis.
Gramen creticum spicatum secalinum altissimum , tuberosa radice. *T. Cor.* 39. — *T. et Vail. Herb.*

CULMUS 6—10 decimetr. , erectus, glaber, nodosus. Folia aspera, hirsuta pilis brevibus , 4 millimetr. lata. Vagina membranulâ brevi coronata. Spica Secalis cerealis Lin. , compressa , glabra, 8—11 centimetr. Flores terni. Calyx exterior uniflorus, biglumis. Glumæ setiformes, divergentes , flosculo longiores. Flos intermedius sessilis , hermaphroditus, aristatus ; aristâ rigidulâ, 3—4 centimetr. longâ, serratâ, erectâ, adpressâ. Flores duo laterales masculi, brevissime pedicellati, mutici. Rachis compressa, nodosa, glabra. Synon. Tournefortii ad Secale creticum inconsulte retulit Cl. Linnæus , plantam omnino distinctam. Utriusque specimina possideo , et servantur etiam in herbario Tournefortii, lecta in oriente.

HABITAT prope Biserte in regno Tunetano.

HORDEUM CRINITUM.

HORDEUM floribus geminis fertilibus; calycibus subbifloris ; flore altero sterili ; aristis longissimis , asperis.
Elymus crinitus ; spiculis unifloris, scabris ; involucris erectis. *Schreb. Gram.* 2. *p.* 15. *t.* 24. *f.* 1.
Gramen hordeaceum, spica aristis longissimis circumvallata. *Buxb. Cent.* 1. *p.* 33. *t.* 52. *f.* 1. — *Scheu. Gram.* 20.

CULMUS 3 decimetr. , erectus. Folia 2 millimetr. lata , striata, villosa. Spica erecta , 2 — 5 centimetr. Flores bini fertiles ex singulo nodo. Calycis exterioris glumæ tenues , divergentes , in aristam setiformem abeuntes. Calyx interior pubescens , biglumis ; glumâ exteriore aristatâ. Arista rigida , aspera , hinc compressa, 10—13 centimetr. , erecta, superne divergens. Rudimentum floris alterius pedicellatum. Diversa ab H. jubato Lin. Species intermedia inter Hordeum et Elymum.

HABITAT in collibus arenosis prope Mascar. ⊙

TRITICUM.

CALYX exterior biglumis, multiflorus. Spiculæ obtusiusculæ, muticæ aut aristatæ. Flores spicati. Semen unum , superum.

TRITICUM DURUM.

TRITICUM culmo farcto ; glumis pubescentibus, aristatis ; spiculis quadrifloris.

CULMUS farctus, 11—14 decimetr. Spica 10—15 centimetr. longa, villosa. Aristæ longissimæ. Semen longius quam in T. æstivo et hyberno. Seritur autumno , colligitur abeunte vere. Culmi sæpe ex eodem cæspite, 30, 40 et plures. Substantia grani cornea; farinosa fere nulla; prior panem optimum ; posterior nigrum , vilem et neglectum suppeditat.

COLITUR in Barbaria. ⊙

TRITICUM JUNCEUM.

TRITICUM calycibus truncatis, quinquefloris ; foliis involutis. *Lin. Spec.* 128.—*Œd. Dan. t.* 916.
Gramen angustifolium, spica Tritici muticæ simili. *C. B. Pin.* 9. — *Theat.* 132. *Ic.* —*Prodr.* 17. *Ic.* —*Moris. s.* 8. *t.* 1. *f.* 5.—*Scheu. Gram.* 7.
Gramen caninum maritimum , spica triticea. *Rai. T. Herb.*
Triticum radice repente ; culmo duro ; foliis hirsutis ; locustis quinquefloris. *Hall. Hist. n.* 1428.

PLANTA glauca, glaberrima. Culmus 10 — 13 decimetr. Folia 5—7 millimetr. lata , sæpe convoluta , dura , retrorsum aspera. Spiculæ sessiles , gemino ordine axi admotæ, compressæ, utrinque attenuatæ , muticæ.

Calyx exterior biglumis. Glumæ subæquales, virides, lævissime striatæ, acuminatæ, margine membranaceæ, spiculâ triplo breviores. Calyces interiores, biglumes. Glumæ oblongæ, obtusiusculæ. Antheræ violaceæ.

HABITAT in arenis ad maris littora. ♃

TRIGYNIA.

POLYCARPON.

CALYX persistens, quinquepartitus. Corolla pentapetala, calyce brevior. Styli tres. Capsula supera, unilocularis., trivalvis, polysperma.

POLYCARPON TETRAPHYLLUM.

POLYCARPON. *Lin. Spec.* 131.—*Lamarck. Illustr. n.* 1194. *t.* 51.—*Gærtner.*
   2. *p.* 224. *t.* 129. *f.* 9.
Mollugo tetraphylla; foliis quaternis, obovatis; paniculis dichotomis. *Lin.*
   Hort. clif. 28.
Herniaria Alsines folio. *T. Inst.* 507.
Anthyllis maritima Alsinefolia. *C. B. Pin.* 282.
Marina incana Anthyllis Alsinefolia Narbonensium. *Lob. Ic.* 468.—*Adv.*
   195. *Ic.*—*Ger. Hist.* 622. *Ic.·*
Paronychia altera. *Dalech. Hist.* 1213. *Ic.*
Anthyllis Alsinefolia polygonoides major. *Barrel. t.* 534.
Paronychia Alsinefolia incana. *J. B. Hist.* 3. *p.* 366. *Ic. bona.*

PLANTA glabra, 10—16 centimetr. Caules nunc erecti, nunc basi procumbentes, ramosi, teretes, nodosi, articulati, fere filiformes. Folia ovata, obtusa, lævia, integerrima, brevissime petiolata, 4—7 millimetr. lata, 9—12 longa, plerumque quaterna, verticillata, inæqualia. Stipulæ parvæ; intermediæ membranaceæ, candidæ, integræ aut laceræ. Flores parvi, numerosi, paniculato-corymbosi, terminales. Calyx persistens, quinquepartitus; laciniis carinatis, acutis, margine membranulâ albâ cinctis. Petala 5 minima. Stamina 3, calyce breviora. Filamenta tenuissima. Styli 3 brevissimi. Stigmata totidem simplicia. Capsula supera, ovata, tenuis, trivalvis, unilocularis, polysperma. Semina minutissima. Petala nonnunquam abortiva.

HABITAT in arvis. ⊙

MINUARTIA.

CALYX persistens, quinquepartitus; laciniis subulatis. Corolla nulla, rarius tri ad quinquepetala. Styli tres. Capsula supera, trivalvis, unilocularis, polysperma.

MINUARTIA CAMPESTRIS.

MINUARTIA floribus confertis, terminalibus, alternis, bractea longioribus. *Lin. Spec.* 132. — *Loefl. Hisp.* 174.

RADIX tenuis, descendens, simplex aut vix ramosa, tortuosa, fibrillas emittens. Caulis erectus, ramosus, nodosus, pubescens, 2—5 centimetr. Folia sessilia, opposita, rigida, subulata, erecta, margine sæpe ciliata, basi striis quinque ad septem alternatim minoribus exarata. Flores numerosi, glomerati, erecti, terminales et sæpe axillares, sessiles aut brevissime pedicellati. Calyx persistens, profunde quinquepartitus; foliolis subulatis, rigidis, extus striatis. Corolla nulla. Stamina 7—8 numeravi. Filamenta capillaria, calyce triplo breviora. Antheræ parvæ, didymæ. Styli 3 tenuissimi. Capsula calyce tecta, oblonga, membranacea, trivalvis, unilocularis. Semina septem ad novem, minima, fusca, reniformia, vix rugosa. Bracteæ, calyce breviores; nonnullis sæpe longioribus. Variat caule simplici, ramoso, 15 millimetr. ad 5 centimetr. longo.

HABITAT in collibus et in arvis incultis prope Maşcar. ⊙

TETRANDRIA.

MONOGYNIA.

***

GLOBULARIA.

FLORES capitati. Calyx communis polyphyllus; proprius quinquefidus. Corolla infundibuliformis, quinquefida, inæqualis. Semen unum, superum, calyce tectum. Receptaculum paleaceum.

GLOBULARIA ALYPUM

GLOBULARIA caule fruticoso; foliis lanceolatis, tridentatis, integrisque. *Lin. Spec.* 139.

Globularia fruticosa Myrti folio tridentato. *T. Inst.* 467. — *Schaw. Specim.* n. 267.

Thymelæa foliis acutis, capitulo Succisæ, sive Alypum Monspeliensium. *C. B. Pin.* 463.

Hyppoglossum valentinum. *Clus. Hist.* 90. *Ic.*

Alypum montis Ceti Narbonensium, Herba terribilis vulgo. *Lob. Adv.* 158. *Ic.* — *Ger. Hist.* 506. *Ic.*

Alypum Herba terribilis. *Tabern. Ic.* 596.

Ptarmice quorumdam. *Gesner. Ic. lign. t.* 6. *f.* 50.

Alypum Monspeliensium, sive Frutex terribilis. *J. B. Hist.* 1. *p.* 598. *Ic.*

Frutex terribilis. *Niss. Acad.* 1712. *p.* 341. *t.* 18.

FRUTEX 6 decimetr. , erectus , ramosus ; ramis angulosis. Folia parva alterna, glabra , glauca, perennantia , spathulata , quandoque cuneiformia , nunc integerrima et mucronata , nunc apice tridentata , 2—7 millimetr. lata, 11—16 longa. Calyx hemisphæricus, arcte imbricatus squamis ovatis, margine ciliatis. Corollæ cœruleæ.

HABITAT in collibus aridis et incultis. ♄

DIPSACUS.

FLORES capitati, conferti. Calyx persistens; communis polyphyllus ; proprius minimus. Corolla tubulosa, quadrifida. Semen unum , nudum , inferum. Receptaculum paleaceum.

DIPSACUS SYLVESTRIS.

DIPSACUS foliis sessilibus serratis. *Lin. Spec.* 140. — *Jacq. Austr. t.* 402. — *Curtis. Lond. Ic.* — *Œd. Dan. t.* 965.
Dipsacus sylvestris aut Virga pastoris major. *C. B. Pin.* 385. — *T. Inst.* 466. — *Moris. s.* 7. *t.* 36. *f. 3.*
Carduus fullonum. *Brunsf.* 3. *p.* 32. *Ic.*
Dipsacus sylvestris. *Dod. Pempt.* 735. *Ic.* — *Ger. Hist.* 1167. *Ic.*
Labrum veneris alterum. *Matth. Com.* 493. *Ic.* — *Camer. Epit.* 432. *Ic.*
Labrum veneris. *Lob. Ic.* 2. *p.* 18.
Dipsacus purpureus. *Fusch. Hist.* 225. *Ic.*
Dipsacus sylvestris sive Labrum veneris. *J. B. Hist.* 3. *p.* 74. *Ic.*

HABITAT in arvis Algeriæ. ♂

SCABIOSA.

CALYX communis polyphyllus , partitus aut imbricatus. Calyx proprius duplex semen coronans. Corolla tubulosa, quadri aut quinquefida. Stamina quatuor aut quinque. Semen unum , nudum , inferum. Receptaculum paleaceum vel setosum.

Nª. Calyx proprius exterior plerumque scariosus ; interior setosus , quandoque plumosus. Folia opposita.

SCABIOSA ARVENSIS.

SCABIOSA corollulis quadrifidis , radiantibus ; caule hispido ; foliis pinnatifidis ; lobis distantibus. *Lin. Spec.* 143. — *Œd. Dan. t.* 447. —*Curtis.*
Lond. Ic.

Scabiosa pratensis hirsuta quæ officinarum. *C. B. Pin.* 269. — *T. Inst.* 464.
— *Moris. s.* 6. *t.* 13. *f.* 1.

Scabiosa. *Trag.* 242. *Ic.* — *Fusch. Hist.* 716. *Ic.*

Scabiosa sylvestris. *Blakw. t.* 185.

Scabiosa arvensis sive segetalis. *Tabern. Ic.* 159.

Scabiosa major communior hirsuta , folio laciniato. *J. B. Hist.* 3.
p. 2. *Ic.*

Scabiosa officinarum , flore purpuro-cœruleo. *Vail. Acad.* 1722. *p.* 177.

Scabiosa foliis petiolatis , ovato-lanceolatis , dentatis ; superioribus semipinnatis. *Haller. Hist. n.* 206.

HABITAT in arvis. ♃

SCABIOSA PARVIFLORA.

SCABIOSA caule dichotomo ; foliis inferioribus obovatis , crenatis ; corollulis subæqualibus , quadrifidis ; capitulis ovatis ; calyce proprio
interiore brevissimo.

Scabiosa sicula Cardiacæ folio. *T. Inst.* 465.

Scabiosa alpina Hieracii folio. *Boc. Mus. t.* 120.

Asterocephalus annuus , foliis imis Senecionis retusis. *Vail. Acad.* 1722.
p. 181.

CAULIS villosus , erectus , 6 decimetr. , dichotomus. Folia subvillosa ;
inferiora obovata , crenata , aut crenato-incisa ; crenulis latis , inæqualibus , obtusis ; superiora basi pinnatifida ; lobo extimo majore. Capitula
florum parva , densa , maturo fructu oblonga , in singula dichotomia ; inferiora
sessilia ; superiora pedunculata. Calyx multipartitus ; foliolis linearibus ,
capitulo brevioribus , absolutâ florescentiâ deflexis. Corollulæ parvæ , irregulares , subæquales , quadrifidæ , subvillosæ. Calyx proprius duplex , superus ; exterior membranaceus , parvus ; interior minimus , radiatus. Semen
sulcatum , subvillosum. Receptaculum tenue , elongatum , setigerum.

HABITAT Algeriâ.

SCABIOSA GRAMUNTIA.

SCABIOSA corollulis quinquefidis ; ·calycibus brevissimis ; foliis caulinis bipinnatis, filiformibus. *Lin. Syst. veget.* 145.

Scabiosa capitulo globoso , foliis in tenuissimas lacinias divisis. *C. B. Pin.* 271. — *Vail. Herb.*

Asterocephalus subincanus Sophiæ foliis. *Vail. Acad.* 1722. *p.* 179. — *Schaw. Specim. n.* 535.

FOLIA radicalia villosa, cinerea, profunde pinnatifida ; pinnulis obtusis, distinctis ; inferioribus linearibus , integris ; superioribus sensim latioribus, obtusis , inciso-dentatis. Folia caulina bipinnata ; foliolis linearibus angustis, inæqualibus , vix pubescentibus. Pedunculi longi, filiformes, aphylli, pubescentes. Calyx communis corollis brevior , multipartitus ; foliolis linearibus , acutis. Corollulæ radiantes, quinquefidæ. Semina in capitulum parvum , rotundum aggregata, profunde sulcata. Calyx proprius duplex ; exterior brevis , membranaceus ; interior quinquesetosus , fuscus. Receptaculum paleaceum. Affinis S. columbariæ Lin. An varietas ? differt caule breviore ; foliis inferioribus villosis , cinereis ; capitulo florum duplo minore.

HABITAT in arvis.

SCABIOSA COLUMBARIA.

SCABIOSA corollulis quinquefidis , radiantibus ; foliis radicalibus ovatis , crenatis ; caulinis pinnatis , setaceis. *Lin. Spec.* 143. — *Œd. Dan. t.* 314.

Scabiosa capitulo globoso major. *C. B. Pin.* 270. — *T. Inst.* 465. — *Moris. s.* 6. *t.* 14. *f.* 20.

Scabiosa minor. *Camer. Epit.* 711. *Ic.* — *Matth. Com.* 688. *Ic.*

Scabiosa 5. *Clus. Hist.* 2. *p.* 2. *Ic.*

Phyteuma. *Col. Phytob. t.* 22.

Scabiosa media. *Dod. Pempt.* 122. *Ic.*

Scabiosa minor sive Columbaria. *Lob. Ic.* 535.

Asterocephalus vulgaris , flore cœruleo. *Vail. Acad.* 1722. *p.* 179.

Scabiosa glabra , carnosis foliis virentibus. *Herm. Parad. t.* 221.

Scabiosa foliis imis ovatis ; superioribus pinnatis ; pinnis semipinnatis , acutis ; ciliis flosculorum longitudine. *Hall. Hist. n.* 202.

FOLIA radicalia pubescentia, ovata seu ovato-oblonga, serrata, in petiolum longum decurrentia ; nervo medio candido. Caulina media bipinnatifida, superiora pinnata. Pinnulæ lineari-lanceolatæ, acutæ, inæquales, distinctæ, crassiusculæ, glabræ aut subvillosæ. Caulis 3—6 decimetr., erectus, lævis. Rami brachiati. Pedunculi longi, nudi, uniflori. Capitulum florum convexum. Calyx communis decem ad duodecimpartitus ; laciniis lineari-subulatis, adpressis, deinde reflexis. Corollulæ radiantes, cœruleæ aut violaceæ, tubulosæ, quinquefidæ, subæquales in disco, irregulares in radio. Semina in capitulum subrotundum congesta, sulcata, pubescentia, teretia, calyce duplici coronata ; exteriore membranaceo, campanulato-patente, parvo, striato ; interiore e setis quinque, fuscis, corollâ brevioribus. Receptaculum oblongum. Paleæ angustæ, superne latiores, semine breviores.

HABITAT in arvis. ♃

SCABIOSA PROLIFERA.

SCABIOSA corollulis quinquefidis, radiantibus ; floribus sessilibus ; caule prolifero ; foliis indivisis, subserratis. *Lin. Spec.* 144.—*Mant.* 329.
Scabiosa stellata prolifera annua. *Acad.* 1666-98. *t.* 4. — *Dodart. Ic.*
Scabiosa stellata humilis, integrifolia prolifera. *Herm. Parad.* 223. *Ic.*
Asterocephalus annuus, humilis, integrifolius. *Vail. Acad.* 1722. *p.* 182.
—*Schaw. Specim. n.* 532.

CAULIS 2—3 decimetr., erectus, villosus, striatus, dichotomus. Folia opposita, villosa, ovato-oblonga, in petiolum decurrentia integerrima aut inæqualiter dentata, 5—8 centimetr. longa, 2 lata. Flores in dichotomia sessiles aut breviter pedunculati. Calyx communis multipartitus ; laciniis angusto-lanceolatis, obtusis. Corollulæ tubulosæ, radiantes, irregulares, quinquefidæ. Calyx proprius duplex ; exterior magnus, membranaceus, campanulatus, striatus, denticulatus ; interior quinquesetosus, basi villosus, pedicellatus, vix longior. Semen teres, profunde sulcatum, villosum. Receptaculum subrotundum. Paleæ setaceæ, apice villosæ.

HABITAT in arvis. ☉

SCABIOSA ARGENTEA.

SCABIOSA corollulis quinquefidis ; foliis pinnatis ; laciniis lanceolatis ; pedunculis nudis, lævibus, longissimis. *Lin. Spec.* 145.

1

Scabiosa orientalis argentea, foliis inferioribus incisis. *T. Cor.* 34.
Asterocephalus perennis argenteus laciniatus, caule tenui eburneo. *Vail.*
   Acad. 1722. *p.* 181.

A. Scabiosa orientalis hirsuta tenuissime laciniata, flore parvo purpureo
   et albicante. *T. Cor.* 34. — *Vail. Herb.*

FOLIA villosa; radicalia, spathulata, angusta, obtusa, dentata, in petiolum
decurrentia; caulina profunde pinnatifida; laciniis lineari-lanceolatis, distinctis, integerrimis aut rarius dentatis. Caulis asper, villosus, erectus, dichotomus. Pedunculi filiformes, elongati, uniflori. Calyx communis
hirsutus, floribus longior, profunde multipartitus. Laciniæ inæquales,
lineares, erectæ; maturo fructu deflexæ. Corollulæ radiantes, quinquefidæ
sericeæ, albæ aut roseæ. Semina in capitulum subrotundum aggregata.
Calyx proprius duplex; exterior scariosus, rotato-campanulatus, denticulatus, striatus; interior quinquesetosus, longior; setis rufescentibus.
Semen teres, inferne villosum, foveolis octo ad novem profundis ins-
culptum. Variat foliis et caule glabro. Descriptio varietatis A.

HABITAT Algeriâ. ♃

SCABIOSA URCEOLATA.

SCABIOSA calyce multifido, urceolato; corollis quinquefidis, radiantibus;
   foliis subcarnosis, pinnatifidis.
Scabiosa maritima, Rutæ caninæ foliis. *Boc. Sic.* 74. *t.* 40. *f.* 3. *et* 95. *t.* 52.
   Certo ex Herbario Boc.—*Moris. s.* 6. *t.* 13. *f.* 24. —In herbario Vail.
   diversa species sub eadem denominatione.
Scabiosa divaricata; corollulis quinquefidis; calyce communi monophyllo;
   foliis subbipinnatis. *Lamarck. Illustr. n.* 1311.

CAULES erecti, glabri, teretes, 6—10 decimetr. Rami numerosi, oppositi, divaricati, graciles, dichotomi. Folia opposita, glabra, lucida, crassiuscula; radicalia lanceolata, dentata; inferiora et media profunde pinnatifida; pinnulis linearibus, integris aut dentatis; ramea superiora lineari-
subulata, integerrima. Flores parvi, capitati, terminales, longe pedunculati; pedunculis aphyllis, striatis. Calyx communis simplex, cyathiformis,
corollâ brevior, semi sex aut octofidus; laciniis angustis, acutis; alternis
sæpe minoribus. Corollulæ radiantes, quinquefidæ, infundibuliformes, pallide flavescentes, irregulares in radio, regulares in disco. Stamina 5 exserta;

filamentis capillaribus. Stylus 1. Stigma 1. Calyx proprius duplex; exterior brevis, quadridentatus; dentibus obtusis; interior parvus, quinquesetosus. Semen oblongum, tetragonum, glabrum, sulcatum. Receptaculum paleaceum; paleis hinc convexis, mucronatis.

HABITAT ad maris littora.

SCABIOSA DAUCOIDES. Tab. 38.

SCABIOSA corollulis quinquefidis, radiantibus; foliis bipinnatis; calyce communi villoso, pinnatifido.

CAULIS erectus, 6 decimetr., striatus, subvillosus, asper, simplex aut ramosus; ramis paucis, erectis. Folia opposita, pubescentia; radicalia ovata aut ovato-oblonga, dentata, obtusa, basi pinnatifida, petiolata; caulina inferiora pinnatifida; lobo terminali ovato, obtuso, dentato; media bipinnata; laciniis inæqualibus, linearibus, acutis; superiora pinnata; pinnulis lineari-subulatis. Pedunculi longi, striati. Calyx communis corollis brevior, hirsutus, polyphyllus; foliolis pinnatifidis. Flos magnitudine S. columbariæ Lin. Corollulæ cœruleæ aut violaceæ, radiantes, quinquefidæ, irregulares in radio, regulares in disco. Stamina 5. Stylus 1. Stigma 1. Calyx proprius duplex; exterior subcampanulatus; interior quinquearistatus. Germen oblongum, subtetragonum. Receptaculum convexum. Paleæ membranaceæ, subulatæ, hinc convexæ. Semen maturum non vidi. Affinis S. columbariæ Lin.; differt calyce villoso, pinnatifido.

HABITAT in collibus Algeriæ.

SCABIOSA GRANDIFLORA.

SCABIOSA corollulis quinquefidis, radiantibus; foliis radicalibus oblongis, crenatis; caulinis pinnatifidis; pinnis lanceolato-linearibus, patulis. *Scop. Insub. 3. p.* 29. *t.* 14.
Scabiosa pyrenaica villosa cinerea, magno flore. *T. Inst.* 465.

A. Asterocephalus tomentosus cinereus, foliis dissectis. *Vail. Acad.* 1722. *p.* 180.

FOLIA nunc villosa, nunc fere glabra; radicalia petiolata, ovata, obtusa, dentata; caulina pinnatifida; lobo extremo majore, in inferioribus ovato, in superioribus lanceolato. Caules pubescentes, ramosi, surculos

e basi sæpe emittentes. Pedunculi longi. Flos magnitudine S. atropurpureæ Lin. Calyx communis multipartitus ; laciniis inæqualibus, linearibus, flore brevioribus. Corollulæ radiantes, magnæ, pallide flavæ aut
albæ, quinquefidæ ; tubo subvilloso. Calyx proprius duplex ; exterior
membranaceus, denticulatus ; interior pedicellatus.. Setæ 5 longæ, fuscæ
aut rufescentes. Semina in capitulum ovatum conferta. Affinis S. columbariæ Lin.; differt foliis caulinis, simpliciter pinnatis aut pinnatifidis; lobo
terminali lanceolato ; corollis tertiâ parte majoribus.

HABITAT in arvis.

SCABIOSA STELLATA.

SCABIOSA corollulis quinquefidis ; foliis dissectis ; receptaculis florum sub-
rotundis. *Lin. Spec.* 144.
Scabiosa stellata, folio laciniato major. *C. B. Pin.* 271. — *T. Inst.* 465.
— *Schaw. Specim. n.* 533.
Scabiosa major hispanica sive 1. *Clus. Hist.* 2. *p.* 1. *Ic.* — *Tabern. Ic.*
159. — *Lob. Ic.* 539.
Scabiosa peregrina. *Dod. Pempt.* 122. *Ic.*
Scabiosa major cum pulchro semine. *J. B. Hist.* 3. *p.* 9.
Asterocephalus major annuus laciniatus, capite pulchro globoso. *Vail.
Acad.* 1722. *p.* 182.

FOLIA villosa; radicalia, spathulata, obtusa, serrata, petiolata ; caulina
pinnatifida ; laciniis angusto-lanceolatis ; aliis integerrimis ; aliis obtusis,
apice dentatis aut incisis. Caulis 3 decimetr., erectus, ramosus, striatus,
villosus. Pedunculi aphylli, elongati, asperi. Calyx communis floribus
longior, polyphyllus ; foliolis linearibus. Corollulæ subæquales, tubulosæ,
quinquefidæ. Calyx proprius duplex ; exterior magnus, scariosus, rotato-
campanulatus, striatus; interior floribus longior, quinquesetosus. Semina
in capitulum aggregata, villosa, profunde sulcata. Receptaculum paleaceum.

HABITAT in arvis. ☉

SCABIOSA GRAMINIFOLIA.

SCABIOSA corollulis quinquefidis; foliis lineari-lanceolatis, integerrimis;
caule herbaceo. *Lin. Spec.* 145.
Scabiosa argentea angustifolia. *C. B. Pin.* 270. — *Prodr.* 127. *Ic.*

Scabiosa graminea argentea. *J. B. Hist.* 3. *p.* 12. *Ic.*

Scabiosa stellata argentea angustifolia. *Moris. s.* 6. *t.* 15. *f.* 36.

Asterocephalus argenteus graminifolius, flore cœruleo. *Vail. Acad.* 1722. *p.* 183.

Succisa foliis gramineis, tomentosis. *Hall. Hist. n.* 203.

CAULES basi ramosi, procumbentes, nodosi. Folia conferta, opposita, angusto-lanceolata, integerrima, utrinque attenuata, basi vaginantia, argentea, nitida; villis adpressis. Pedunculus terminalis, longus, aphyllus, pubescens, teres nec striatus, uniflorus. Calyx communis villosus, multipartitus; laciniis linearibus, subæqualibus, flore duplo fere brevioribus. Capitulum planum. Corollulæ cœruleæ, tubulosæ, quinquefidæ, longiores, irregulares in radio; laciniis denticulatis. Calyx proprius duplex; exterior membranaceus, campanulatus, striatus; interior quinquesetosus, vix longior. Semen villosum, cylindricum. Receptaculum oblongum, paleaceum; paleis concavis, mucronatis.

HABITAT in collibus. ♃

SCABIOSA SIMPLEX. Tab. 39. f. 1.

SCABIOSA caule superne nudo; foliis bipinnatis, villosis; foliolis linearibus, acutis; calyce seminis maximo, campanulato.

CAULIS 3 decimetr., erectus, simplex aut vix ramosus, villosus, læviter striatus, superne aphyllus. Folia opposita, internodiis longiora, villosa, bipinnatifida; pinnulis inæqualibus, linearibus, acutiusculis. Calyx communis multipartitus; laciniis inæqualibus, lineari-subulatis. Calyx proprius duplex; exterior, maturo fructu, maximus, membranaceus, campanulatus, patens, flavescens, nervosus; nervis plurimis, radiantibus; interior paululum longior, quinquearistatus. Semen teres, profunde sulcatum, villosissimum. Receptaculum convexum, paleaceum. Paleæ membranaceæ, ovatæ, concavæ, acuminatæ. Florem non vidi.

HABITAT in collibus Algeriæ. ☉

SHERARDIA.

CALYX persistens, quadri aut quinquedentatus. Corolla infundibuliformis ; limbo quadrifido. Semina duo, hinc convexa, inde plana, infera, calyce persistente coronata.

SHERARDIA ARVENSIS.

SHERARDIA foliis omnibus verticillatis ; floribus terminalibus. *Lin. Spec.* 149. — *Œd. Dan. t.* 439. — *Lamarck. Illustr. n.* 1399. *t.* 61. — *Curtis. Lond. Ic.* — *Gærtner.* 1. *p.* 110. *t.* 24. *f.* 2.
Aparine pumila supina, flore cœruleo. *T. Inst.* 114.
Rubeola arvensis repens cœrulea. *C. B. Pin.* 334. — *Prodr.* 145.
Rubia parva, flore cœruleo, se spargens. *J. B. Hist.* 3. *p.* 719. *Ic. inferior.*
Sherardia foliis senis, lanceolatis ; floribus sessilibus, umbellatis. *Hall. Hist. n.* 734.

HABITAT inter segetes Algeriæ. ☉

ASPERULA.

CALYX quadridentatus. Corolla infundibuliformis, quadrifida. Semina duo, nuda, infera, conniventia.

ASPERULA CALABRICA.

ASPERULA foliis quaternis, oblongis, obtusis, lævibus. *Lin. Suppl.* 120.
Rubeola cretica fœtidissima frutescens myrtifolia, flore magno suaverubente. *T. Cor.* 5.
Thymelæa supina lignosior cretica ingrati odoris major. *Zan. Hist.* 215. *t.* 166.
Nerium Oleæ folio viridi, fœtidissimum, incarnato flore. *H. Cath. Suppl.* 3. — *Vail. Herb.*
Sherardia fœtidissima. *Cyril. Char.* 69. *t.* 3. *f.* 7.
Asperula foliis oppositis, lineari-lanceolatis ; caule fruticoso. *Lherit. Stirp.* 65. *t.* 32.

CAULES prostrati, fruticosi, ramosi, 3 — 6 decimetr., grisei. Rami oppositi, teretes. Folia opposita, glabra, lineari-lanceolata, integra, crassiuscula, utrinque attenuata, 2—3 centimetr. longa, 2—5 millimetr. lata, subsessilia, subtus pallida. Stipulæ duæ, exiguæ, acutæ, adpressæ. Flores octo ad duodecim, corymbosi, terminales, sessiles, erecti. Calyx superus, minimus, quadridentatus, erectus, persistens. Corolla rosea, infundibu-. liformis, supera. Tubus tenuis, 1 centimetr. longus, superne vix ampliatus. Limbus quadrifidus. Laciniæ patentes, acutæ, sæpe revolutæ. Stamina 4. Filamenta summo tubo imposita, exserta. Antheræ oblongæ, versatiles. Stylus filiformis. Stigmata 2. Baccæ 2 adnatæ, graciles, vix carnosæ, rubræ, semiteretes. Semina totidem oblonga, hinc convexa. Tota planta contrita odorem fœtidum spirat. Floret primo Vere.

HABITAT in Atlante. ♄

ASPERULA HIRSUTA.

ASPERULA foliis senis, linearibus, acutis, denticulatis; inferioribus hirsutis; floribus aggregatis, terminalibus.
Rubeola lusitanica aspera, floribus purpurascentibus. *T. Inst.* 130. — *Vail. Herb.*

FACIES Galii uliginosi Lin. Caulis 3 decimetr., erectus, gracilis, lævis, ramosus, tetragonus, inferne hirsutus, superne glaber. Folia sena, glauca, angusta, sublinearia, a basi ad apicem sensim latiora, acuminata, denticulato-serrata; inferiora hirsuta pilis brevibus, rigidulis. Verticilli inferiores approximati; superiores remoti. Flores capitati, terminales. Corolla pallide rosea, infundibuliformis, 9—11 millimetr. longa; limbo quadrifido; laciniis ovoideis. Semina glabra.

HABITAT in collibus Algeriæ.

ASPERULA LÆVIGATA.

ASPERULA foliis quaternis, ellipticis, læviusculis; pedunculis trichotomis; seminibus lævibus. *Lin. Mant.* 38.
Cruciata lusitanica latifolia glabra, flore albo. *T. Inst.* 115.
Cruciata minor glabra, flore Molluginis albo. *Barrel. t.* 323. Semina hirsuta repræsentat ceterum simillima.

CAULIS glaber , lævis , tetragonus , ramosus , 3—6 decimetr. Folia quaterna , glabra , elliptica , lævissima , integra , obtusa , 7—9 millimetr. lata ,
10 — 13 longa , brevissime petiolata. Flores pauci , terminales. Corollæ
parvæ , albæ , quadri aut quinquefidæ. Semina lævia.

HABITAT in sepibus Algeriæ.

G A L I U M.

CALYX subquadridentatus , persistens. Corolla rotato-campanulata , quadrifida. Semina duo , infera , conniventia.

GALIUM SYLVATICUM.

GALIUM foliis octonis , lævibus , subtus scabris ; floralibus binis ; pedun-
culis capillaribus ; caule lævi. *Lin. Spec.* 155.
Gallium montanum latifolium ramosum. *T. Inst.* 115. — *Vail. Herb.*
Mollugo montana latifolia ramosa ? *C. B. Pin.* 334.
Galium caule tereti ; foliis octonis , ellipticis. *Hall. Hist. n.* 712.

CAULIS glaber , lævis , 6—10 decimetr. , basi sæpe decumbens , obtuse
tētragonus ; geniculis incrassatis. Verticilli inferiores octo ad decaphylli
ramei superiores diphylli. Folia elliptico-lanceolata , glabra , acuminata.
Flores distincti , laxe paniculati. Panicula patens , magna. Pedunculi capillares , ramosi. Flores bini aut terni , distincti , pedicellati. Corolla alba.
Laciniæ ovatæ , acutæ. Semina subrotunda , lævia.

HABITAT in Atlante. ♃

GALIUM GLOMERATUM. Tab. 40.

GALIUM glabrum ; foliis octonis , linearibus , serratis ; caule aspero , paniculato ; seminibus nudis.
Gallium flore luteo , annuum , lusitanicum. *Grisley. Virid. n.* 537. — *T. Inst.*
115. — *T. Herb.*

PLANTA glabra , 15—22 centimetr. Caulis tetragonus , acutangulus ,
erectus , asper , a basi ad apicem ramosus. Rami paniculati. Folia 6 — 8

verticillata , 2 millimetr. lata , 9—11 longa , internodiis breviora , nunc obtusa , nunc acutiuscula , margine serrata. Flores parvi , glomerato-corymbosi, terminales; glomerulis numerosis. Corolla pallide flava ; laciniis aristatis. Semina glabra.

HABITAT inter segetes. ⊙

GALIUM LUCIDUM.

GALIUM foliis senis , rigidis , obscure virentibus; floribus e summo caule prodeuntibus. *Allion. Enum. nic.* 4.—*Miscel.* 5. *p.* 57. — *Pedem.* 1. *p.* 5. *t.* 77. *f.* 2.

GALIUM TUNETANUM.

GALIUM caule tereti, canescente; foliis octo ad decem, linearibus, pubescentibus , margine revolutis , asperis ; seminibus hispidis.
Galium tunetanum. *Poiret. Itin.* 2. *p.* 110.
Galium tunetanum ; foliis octonis , denisve , lineari-setaceis , margine revolutis, glabriusculis ; floribus paniculatis ; pedunculis germinibusque hirtis. *Lamarck. Illustr. n.* 1380.

FACIES G. veri Lin. Caulis 3 — 6 decimetr. , teres , ramosus , erectus , incanus , tomentoso-pubescens. Folia octo ad decem , verticillata , lineari-subulata, internodiis breviora , margine subtus reflexa , aspera , mucronata , brevissime pubescentia. Panicula , elongata , patula. Ramuli filiformes , pubescentes. Flores numerosissimi. Pedunculi 2 axillares , breves , oppositi , ramosi , multiflori. Corolla parva , rotata , extus pubescens , quadripartita ; laciniis ovoideis , acutis. Germen hispidum ; villis brevissimis. Semina hispida , subrotunda. Floret primo Vere.

HABITAT in sepibus Algeriæ.

GALIUM SETACEUM.

GALIUM foliis senis , lineari-subulatis , glabris , denticulatis ; caule lævi , subtereti; fructibus hispidis. *Lamarck. Dict.* 2. *p.* 584. —*Illustr. n.* 1383.
Galium creticum annuum tenuifolium , flore albido. *T. Cor.* 4.

1
. 17

CAULIS 8—13 centimetr., erectus, lævis, glaber, gracilis, subrotundus, ramosus; ramis filiformibus. Folia sena, plana, glabra, linearia, angustissima, 9—11 millimetr. longa, acuta. Flores minimi, terminales, corymboso-paniculati, distincti. Pedunculi capillares. Corolla alba. Semina parva, subrotunda, hispidula.

HABITAT in collibus Algeriæ. ⊙

GALIUM MICROSPERMUM.

GALIUM caule aspero; ramis divaricatis; foliis senis, linearibus, acutis, denticulatis; semine hispido.

RADICES fibrosæ, tortuosæ. Caules 15—32 centimetr., plures ex communi cæspite, tenues, tetragoni, asperi, erecti, glabri. Rami paniculati, divaricati. Folia plerumque sena, glabra, aspera, acuminata; inferiora obtusa, 9—11 millimetr. longa, 1 lata, rigidula. Flores numerosi, in glomulos parvos, laxiusculos aggregati. Pedunculi terminales et axillares. Corollæ minutæ, albæ. Semina minima, hispida. Simillimum G. pivaricato Lamarck; differt seminibus hispidis. An varietas ?

HABITAT in arvis prope Mascar. ⊙

GALIUM APARINE.

GALIUM foliis octonis, lanceolatis, carinatis, scabris, retrorsum aculeatis; geniculis villosis; fructu hispido. *Lin. Spec.* 157. — *Œd. Dan. t.* 495.— *Curtis. Lond. Ic.* — *Bergeret. Phyt.* 2. *p.* 39. *Ic.* — *Bulliard. Herb. t.* 315. —*Gærtner.* 1. *p.* 110. *t.* 24. *f.* 1.
Aparine vulgaris. *C. B. Pin.* 334. — *T. Inst.* 114. — *Dod. Pempt.* 353. *Ic.* — *Lob. Ic.* 800. — *Fusch. Hist.* 50. *Ic.* — *Trag.* 494. *Ic.* — *J. B. Hist.* 3. *p.* 713. *Ic.* — *Matth. Com.* 590. *Ic.* — *Blakw. t.* 39.
Aparine vulgaris, semine hirsuto. *Moris. s.* 9. *t.* 22. *f.* 1.
Galium caule serrato; foliis senis, linearibus, serratis; petiolis unifloris. *Hall. Hist. n.* 723.

CAULES ramosi, tetragoni, fragiles, procumbentes, intertexti et adhærentes. Anguli dentati; dentibus asperis, retroversis. Articuli villosi. Folia octo ad decem, verticillata, lineari-lanceolata, tuberculosa, margine dorsoque retrorsum aculeata , mucronata. Flores capitati , pedicellati ; pedicellis tenuibus. Corolla pallide flava. Semina globosa , aculeis uncinatis conspersa.

HABITAT in hortis Algeriæ. ☉

CRUCIANELLA.

COROLLA infundibuliformis , quadrifida. Bracteæ tres carinatæ ad basim germinis. Semina duo , nuda , infera , conniventia. Flores spicati.

CRUCIANELLA ANGUSTIFOLIA.

CRUCIANELLA erecta ; foliis senis , linearibus ; floribus spicatis. *Lin. Spec.* 157. — *Gærtner.* 1. *p.* 111. *t.* 24. *f. 3.*
Rubeola angustiore folio. *T. Inst.* 130.
Rubia angustifolia spicata. *C. B. Pin.* 334. — *Prodr.* 145. — *Barrel. t.* 550.

CAULIS erectus , ramosus , tetragonus , rigidulus , 16—26 centimetr. , nodosus. Folia quaterna aut sena , glauca , verticillata , subulata , erecta , rigidula , aspera , mucronata , utrinque cartilaginea ; inferiora breviora. Spicæ tetragonæ, asperæ , quadrifariam imbricatæ. Flores conferti, sessiles , cruciatim oppositi. Bracteæ ternæ ,. carinato-subulatæ , margine membranaceæ. Corolla pallide lutea. An distincta species a C. Monspeliaca Lin. ?

HABITAT in arenis ad maris littora. ☉

CRUCIANELLA LATIFOLIA.

CRUCIANELLA procumbens ; foliis quaternis , lanceolatis ; floribus spicatis. *Lin. Spec.* 158.
Rubeola latiore folio. *T. Inst.* 130.
Rubia latifolia spicata. *C. B. Pin.* 334. — *Barrel. t.* 520 *et* 549.
Rubia spicata cretica. *Clus. Hist.* 2. *p.* 177. *Ic.* — *Ger. Hist.* 1119. *Ic.*
Rubia spicata. *Imperati.* 666. — *J. B. Hist.* 3. *p.* 721. *Ic.*
Pseudo-Rubia spicata latifolia. *Moris. s.* 9. *t.* 22. *f.* 2.
Crucianella latifolia spicata *Schmied. Ic. p.* 87. *t.* 23.

CAULIS erectus, tetragonus, 16—32 centimetr., nodosus, asper, ramosus; ramis patulis, virgatis. Folia inferiora quaterna, elliptica, obtusa, serrulata; superiora sena, patentia, lanceolata, acuta, mucronata. Spicæ tenues, acutæ, imbricatæ, subtetragonæ. Bracteæ ternæ, carinato-subulatæ, adpressæ; exteriore majore; lateralibus duobus oppositis. Flores bini, oppositi, sessiles. Corollæ pallide luteæ, infundibuliformes. Tubus tenuis. Limbus quadrifidus, parvus ; laciniis apice aristatis. Semina oblonga, hinc compressa, lævissime rugosa, obtusa.

HABITAT ad maris littora. ☉

CRUCIANELLA MARITIMA.

CRUCIANELLA procumbens, suffruticosa; foliis quaternis; floribus oppositis, quinquefidis. *Lin. Spec.* 158.
Rubeola maritima. *T. Inst.* 130.
Rubia maritima. *C. B. Pin.* 334.
Rubia marina. *Clus. Hist.* 2. *p.* 176. *Ic.* — *Dod. Pempt.* 357. *Ic.* — *Tabern.*
  Ic. 789. — *Ger. Hist.* 1119. *Ic.*
Rubia marina Narbonensium. *Lob. Ic.* 799. — *Adv.* 357. *Ic.* — *J. B. Hist.*
  3. *p.* 721. *Ic.* — *Moris. s.* 9. *t.* 21. *f.* 1.
Rubia marina strigosior, flore rubello. *Barrel. t.* 355.

CAULES suffruticosi, procumbentes aut prostrati, nodosi, articulati, læves, albidi, ramosi, subtetragoni. Folia quaterna, rarius sena, glauca, glabra, integra, lanceolato-elliptica, mucronata; margine cartilagineo. Bracteæ ternæ; mediâ majore; lateralibus oppositis. Flores gemini, oppositi, sessiles. Corolla lutea aut rubra; limbo quadri aut quinquefido; laciniis mucronatis. Styli sæpe 2.

HABITAT ad maris littora. ♄

RUBIA.

CALYX minimus, quadridentatus. Corolla rotato - campanulata, quadri aut quinquefida. Stamina quatuor aut quinque. Stylus unus. Baccæ duæ coadunatæ, inferæ.

RUBIA TINCTORUM.

RUBIA foliis subsenis. *Lin. Spec.* 158. — *Bergeret. Phyt.* 2. *p.* 181. *Ic.*

Rubia foliis quinis senisque, lanceolatis, margine et carina asperrimis; caule aculeato. *Lamarck. Illustr. n.* 1385. *t.* 60. *f.* 1.

Rubia tinctorum sativa. *C. B. Pin.* 333. — *T. Inst.* 114. *t.* 38. — *Schaw. Specim. n.* 516.

Rubia. *Trag.* 498. *Ic.* — *Dod. Pempt.* 352. *Ic.* — *Moris. s.* 9. *t.* 21. *f.* 1.

Rubia major. *Lob. Ic.* 798. — *Clus. Hist.* 2. *p.* 177. *Ic.*

Rubia sativa. *Fusch. Hist.* 280. *Ic.* — *Matth. Com.* 659. *Ic.*

A. Rubia foliis ellipticis, asperis, quinis senisque. *Hall. Hist. n.* 708.

Rubia sylvestris aspera. *Zan. Hist.* 192. *t.* 145.

RADICES late repentes. Caules tetragoni, nodosi, articulati, tuberculis rigidis, acutis conspersi. Folia sena et quaterna, lanceolata, margine dorsoque exasperata. Flores paniculati. Corollæ patentes, flavæ, quadri aut quinquepartitæ; laciniis ovato-oblongis. Stamina 4—5 corollâ breviora. Baccæ 2 subrotundæ; maturæ, nigræ, nitidæ; altero sæpe abortivo. Tincturis inservit.

HABITAT in Atlante. ♃

RUBIA LUCIDA.

RUBIA foliis perennantibus, senis, ellipticis, lucidis; caule lævi. *Lin. Syst. veget.* 152.

Rubia quadrifolia asperrima lucida peregrina. *T. Inst.* 114.

AFFINIS præcedenti. Folia quaterna, ovata aut ovato-oblonga, nitida.

HABITAT in rupibus ad maris littora. ♃

PLANTAGO.

CALYX persistens, quadrifidus. Corolla persistens, tubulosa, quadrifida, membranacea. Filamenta staminum longissima. Capsula supera, circumscissa.

PLANTAGO MAJOR.

PLANTAGO foliis ovatis , glabris ; scapo tereti ; spica flosculis imbricatis. *Lin. Spec.* 163. — *Gærtner.* 1. *p.* 236. *t.* 51. *f.* 3. — *Œd. Dan. t.* 461. — *Bergeret. Phyt.* 1. *p.* 131. *Ic.* — *Curtis. Lond. Ic.* — *Lamarck. Illustr. n.* 1650. *t.* 85.

Plantago latifolia sinuata. *C. B. Pin.* 189.—*T. Inst.* 126.

Plantago rubra. *Trag.* 225. *Ic.* — *Brunsf.* 1. *p.* 25. *Ic.*

Plantago major. *Fusch. Hist.* 38. *Ic.* — *Dod. Pempt.* 107. *Ic.* — *Camer. Epit.* 261. *Ic.* — *Matth. Com.* 375. *Ic.*—*Moris. s.* 8. *t.* 15. *f.* 2.—*Blakw. t.* 35. — *Tabern. Ic.* 731.

Plantago latifolia lævis. *Lob. Ic.* 303.

Plantago major , folio glabro non laciniato. *J. B. Hist.* 3. *p.* 502. *Ic.*

Plantago foliis petiolatis , ovatis , glabris ; spica cylindrica. *Hall. Hist. n.* 660.

FOLIA ovata, obtusa, in petiolum canaliculatum decurrentia, quinque ad septemnervia·, margine denticulato - glandulosa ; dentibus remotis. Scapus teres, non striatus, conspersus villis adpressis. Flores dense spicati ; spicâ 1—3 decimetr. Capsula ovata, bilocularis ; dissepimento per maturitatem libero. Semina plerumque 9, pallide fusca, oblonga, hinc convexa, receptaculo carnoso, scrobiculato affixa. GÆRTNER.

HABITAT Algeriâ. ♃

PLANTAGO LANCEOLATA.

PLANTAGO foliis lanceolatis ; spica subovata , nuda ; scapo angulato. *Lin. Spec.* 164. — *Œd. Dan. t.* 437.—*Bergeret. Phyt.* 1. *p.* 133. *Ic.*—*Curtis. Lond. Ic.*

Plantago angustifolia major. *C. B. Pin.* 189. — *T. Inst.* 127.

Plantago lanceolata. *Trag.* 225. *Ic.* — *J. B. Hist.* 3. *p.* 505. *Ic.* — *Tabern. Ic.* 735.—*Blakw. t.* 14.

Plantago longa. *Matth. Com.* 376. *Ic.* — *Camer. Epit.* 263. *Ic.*

Plantago minor. *Dod. Pempt.* 107. *Ic.* — *Fusch. Hist.* 39. *Ic.*—*Brunsf.* 1. *p.* 24. *Ic.*

Plantago quinquenervia sive lanceolata. *Lob. Ic.* 305. — *Ger. Hist.* 422. *Ic.*

Plantago foliis lanceolatis , quinquenerviis ; scapo nudo ; spica ovata. *Hall. Hist. n.* 656.

FOLIA lanceolata , pubescentia , 16 — 26 centimetr. longa , 16 — 22 millimetr. lata, in petiolum canaliculatum decurrentia, denticulata, quinque ad septemnervia. Scapus 3—6 decimetr. , pubescens , rectus , sulcatus , heptagonus. Spica densa , ovato-cylindracea , 2—5 centimetr. Stamina alba.

HABITAT Algeriâ. ♃

PLANTAGO LAGOPUS.

PLANTAGO foliis lanceolatis , obsolete denticulatis ; spica subrotunda , hirsuta ; scapo tereti. *Lin. Spec.* 165.
Plantago angustifolia , paniculis Lagopi. *C. B. Pin.* 189. — *Prodr.* 98. — *T. Inst.* 127. — *Moris. s.* 8. *t.* 16. *f.* 13. — *Schaw. Specim. n.* 484.

FOLIA lanceolata , denticulata , pubescentia , quinquenervia. Scapus pubescens , striatus , tenuis. Spica brevis , ovata , densa , sericea ; villis incanis, mollissimis ; matura cylindracea.

HABITAT Algeriâ. ♃

PLANTAGO LAGOPOIDES. Tab. 39. f. 2.

PLANTAGO foliis lanceolatis , nervosis , ciliatis , denticulatis ; caule folioso ; pedunculis axillaribus ; spicis ovatis ; bracteis , membranaceis.

CAULIS 5—11 centimetr. , simplex , villosus. Folia P. Lagopi Lin. , lanceolata , acuta , nervosa , ciliata , denticulata aut integerrima , 8—13 centimetr. longa, 9—13 millimetr. lata , in petiolum basi vaginantem decurrentia. Pedunculi axillares , teretes nec striati , villosi , folio duplo aut triplo longiores. Flores dense spicati. Spica ovata , 13—18 millimetr. longa. Bracteæ ovatæ , concavæ , ellipticæ , margine scariosæ , calyce longiores. Corollæ laciniæ ovatæ. Affinis P. amplexicauli Cavanil. Ic. n. 137. t. 125.; differt foliis ciliatis nec undique hirsutis. An varietas ?

HABITAT in arenis prope Tozzer.

PLANTAGO LUSITANICA.

PLANTAGO foliis lato-lanceolatis , trinerviis , subdentatis , subpilosis ; scapo angulato ; spica oblonga , hirsuta. *Lin. Spec.* 1667.
Plantago trinervia latifolia minor incana hispanica. *Barrel. t.* 745.

FOLIA ovali-oblonga, nervosa, denticulata, in petiolum brevem, basi tomentosum decurrentia, 5—11 centimetr. longa, 2—5 lata, utrinque attenuata. Scapus striatus, glaber, superne parum villosus; villis adpressis. Spica fere P. Lagopi Lin., ovato-cylindracea, molli lanugine obducta.

HABITAT in arvis incultis prope La Calle. ♃

PLANTAGO ALBICANS.

PLANTAGO foliis lanceolatis, obliquis, villosis; spica cylindrica, erecta; scapo tereti, foliis longiore. *Lin. Spec.* 165.
Holosteum hirsutum albicans majus. *C. B. Pin.* 190.—*Matth. Com.* 687. *Ic.*
Holosteum salmanticense majus. *Clus. Hist.* 2. *p.* 110. *Ic.* — *Lob. Ic.* 307.
    —*Tabern. Ic.* 735.— *Ger. Hist.* 423. *Ic.*
Plantago angustifolia albida hispanica. *T. Inst.* 127.
Holostium. *Camer. Epit.* 707. *Ic.*
Plantago angustifolia albida. *Dod. Pempt.* 111. *Ic.*
Holosteum Plantagini simile. *J. B. Hist.* 3. *p.* 508. *Ic.*
Plantago mollis seu Holosteum hirsutum albicans majus. *Moris. s.* 8. *t.* 16. *f.* 23.

FOLIA angusto-lanceolata, 5—7 millimetr. lata, 8—16 centimetr. longa, in petiolum decurrentia, tri ad quinquenervia, integerrima, rarius denticulata, villosa; villis albis, confertissimis, adpressis. Scapus teres, pubescens, vix striatus, erectus, 2—3 decimetr. Spica 2—8 centimetr. longa, cylindrica; adultior nonnihil interrupta. Rachis villosa. Bracteæ concavæ, ovatæ, margine membranaceæ, longitudine calycis. Laciniæ corollæ ovoideæ, acutiusculæ, rufescentes. Antheræ crassæ, luteæ. Stylus exsertus, filiformis, pubescens.

HABITAT in collibus arenosis. ♃

PLANTAGO ARGENTEA.

PLANTAGO foliis angusto-lanceolatis, integerrimis, sericeis, incanis; scapo non striato; spica tereti; floribus confertissimis.

FOLIA angusto-lanceolata, integerrima, canescentia, sericea villis adpressis, 2—4 millimetr. lata, 9—11 longa, acutissima, inferne attenuata. Scapus teres, pubescens, gracilis, nec striatus; foliis paulo longior. Spica vix 3 decimetr. ; junior ovata ; maturo fructu cylindrica , densissima. Bracteæ ovatæ, acutæ , margine membranaceæ ; flore breviores. Corolla pallide rufescens ; laciniis ovoideis , glabris. Affinis P. albicanti Lin. ; differt spicâ breviore , tereti , confertissimâ nec maturo fructu interruptâ.

HABITAT in arenis prope Cafsam.

PLANTAGO HOLOSTEA.

PLANTAGO foliis angusto-lanceolatis, nervosis, ciliatis, integerrimis ; scapis hirsutis ; floribus dense spicatis ; bracteis subulatis.

Plantago Bellardi , pubescens ; foliis sublinearibus, planis, petiolatis ; scapo tereti , foliorum longitudine ; spicis cylindricis. *Allion. Pedem. n.* 3oo. *t.* 85. *f.* 3.

Plantago Holostea , villosa ; foliis linearibus , subintegerrimis ; scapo tereti ; spica oblonga , densa , lanuginosa. *Lamarck. Illustr. n.* 1667.

FOLIA angusto-lanceolata , acuta , ciliata , integerrima , tri ad quinque-nervia, 4—6 millimetr. lata, 5—8 centimetr. longa. Scapus teres nec striatus, foliis paulo longior , villosus ; villis longis , patulis. Spica densa , 2 — 5 centimetr. , pubescens. Bracteæ subulatæ ; inferiores flore longiores. Calyx villosus. Corollarum laciniæ parvæ, acutæ. Affinis P. albicanti Lin ; differt villis patulis nec adpressis ; spicâ breviore , densiore ; bracteis subulatis ; corollæ laciniis minimis.

HABITAT in arenis. ⊙

PLANTAGO CILIATA. Tab. 3g. f. 3.

PLANTAGO foliis incanis , angusto-lanceolatis ; scapo folia adæquante , hirsuto ; capitulis florum rotundis , aphyllis ; corollis ciliatis.

PLANTA 2 — 5 centimetr. Caules ex eodem cæspite plures , brevissimi. Folia integerrima , incana , sericea villis adpressis , angusto-lanceolata , acuta , inferne attenuata , 2 — 7 millimetr. lata , 1—5 centimetr. longa. Pedunculi axillares , solitarii , villosi , teretes nec striati , foliis breviores aut paululum longiores. Flores in capitulum subrotundum, aphyllum aggregati. Bracteæ ovatæ , concavæ , pubescentes , margine membranaceæ , apice ciliatæ, longitudine calycis. Calyx villosus, quadripartitus ; laciniis

1   18

ellipticis. Corolla pallide rufa , tubulosa, quadrifida ; lobis acutis , ciliatis. Stamina exserta. Capsula ovata , circumscissa.

HABITAT in arenis deserti prope Cafsam et Elhammah. ☉

PLANTAGO MARITIMA.

PLANTAGO foliis cylindraceis , integerrimis , basi lanatis ; scapo tereti. *Lin. Spec.* 165. — *Œd. Dan. t.* 243.
Plantago maritima major tenuifolia. *T. Inst.* 127.
Coronopus maritima major. *C. B. Pin.* 190.
Plantago angustifolia. *Dod. Pempt.* 108. *Ic.*
Plantago marina. *Lob. Ic.* 306. — *Moris. s.* 8. *t.* 17. *f.* 34.

A. Coronopus maritimus nostras. *J. B. Hist.* 3. *p.* 511. *Ic.*

FOLIA subulata , carnosa , semiteretia , glabra , integerrima , rarius deǹtata , basi tomentosa , cæspitosa , 8—16 centimetr. longa. Scapus 16—32 centimetr., teres nec striatus , glaber aut pubescens. Spica tenuis , densa , 8—11 centimetr. Antheræ luteæ.

HABITAT ad maris littora. ♃

PLANTAGO SUBULATA.

PLANTAGO foliis subulatis , triquetris , striatis , scabris; scapo tereti. *Lin. Spec.* 166.
Plantago gramineo folio minor. *T. Inst.* 127.
Holosteum strictissimo folio minus. *C. B. Pin.* 190.
Serpentaria omnium minima. *Lob. Ic.* 439. — *Ger. Hist.* 426. *Ic.* — *J. B. Hist.* 3. *p.* 511. *Ic.*

A. Coronopus maritimus ·Rainaudeti. *J. B. Hist.* 511. *Ic.*
Plantago maritima minima, gramineo folio rigido. *T. Inst.* 127.

FOLIA subulata, striata, integerrima , 2 — 5 centimetr. longa , rigidula , plura ex eodem cæspite , confertissima. Scapus filiformis, non striatus , foliis multo longior. Spica gracilis , densa , 1—2 centimetr. longa. Denso cæspite crescit in arenis.

HABITAT in Atlante prope Tlemsen. ♃

PLANTAGO GRACILIS.

PLANTAGO foliis lanceolatis, denticulatis, obtusiusculis ; scapo tereti non striato; spica densa, longissima. *Poiret. Itin.* 2. *p.* 115.

FOLIA lanceolata, glabra, denticulata, basi tomento rufescente involuta. Scapus sæpe 3 decimetr. , teres, non striatus. Spica gracilis, 5 — 8 centimetr. , tenuis nec interrupta.

HABITAT prope La Calle.

PLANTAGO SERRARIA.

PLANTAGO foliis lanceolatis, quinquenerviis, dentato - serratis ; scapo tereti. *Lin. Spec.* 166.
Plantago apula laciniata bulbosa. *Col. Ecphr.* 1. *p.* 258. *Ic.* — *Moris. s.* 8. *t.* 16. *f.* 19.
Plantago angustifolia serrata hispanica. *Barrel. t.* 749. *absque flore.* — *Schaw. Specim. n.* 485.
Plantago angustifolia serrata hispalensis. *C. B. Pin.* 189. — *Vail. Herb.*
Plantago angustifolia altera. *Clus. Cur. post.* 65.

FOLIA fere P. lanceolati Lin. , villosa, quinquenervia, serrata ; dentibus subulatis, longiusculis, remotis, patentibus. Scapus non striatus, foliis longior, villosus ; villis adpressis. Spica densa, gracilis, 10—16 centimetr. Corollarum laciniæ parvæ, acutæ.

HABITAT Algeriâ. ♃

PLANTAGO CORONOPUS.

PLANTAGO foliis linearibus, dentatis ; scapo tereti. *Lin. Spec.* 166. — *Œd. Dan. t.* 272. — *Bergeret. Phyt.* 1. *p.* 135. *Ic.*
Coronopus hortensis. *C. B. Pin.* 190. — *T. Inst.* 128.
Coronopus. *Fusch. Hist.* 449. *Ic.* — *Trag.* 99. *Ic.* — *Tabern. Ic.* 102. — *Camer. Epit.* 276. *Ic.* — *Matth. Com.* 383. *Ic.* — *Blakw. t.* 460. — *H. Eyst. Æst.* 7. *p.* 8. *f.* 3.
Cornu cervinum. *Lob. Ic.* 437. — *Ger. Hist.* 427. *Ic.*
Herba Stella, sive Cornu cervinum. *Dod. Pempt.* 109. *Ic.*

Plantago ceratophyllos, sive Coronopus hirsutus hortensis. *Moris. s.* 8. *t.* 17. *f.* 31.

Coronopus sive Cornu cervinum vulgo, spica Plantaginis. *J. B. Hist.* 3. *p.* 509. *Ic.*

Plantago foliis subhirsutis, semipinnatis; pinnis raris, lanceolatis. *Hall. Hist. n.* 658.

A. Coronopus massiliensis hirsutior latifolius. *T. Inst.* 128.
Coronopus Prochytæ. *Col. Ecphr.* 1. *p.* 258.

SEMINA in singulo loculamento 4, parva, angulata. GÆRTNER.

HABITAT in arvis. ⊙

PLANTAGO CRITHMOIDES.

PLANTAGO hirsuta; foliis spathulatis, carnosis, dentatis; floribus dense spicatis.

Coronopus siculus fruticosus platyphyllos. *Boc. Sic.* 30. *t.* 15. *f.* 2. —*Moris. s.* 8. *t.* 17. *f.* 36.

Plantago macrorhiza. *Poiret. Itin.* 2. *p.* 114. — *Lamarck. Illustr. n.* 1677.

PLANTA humilis, cæspitosa, hirsuta, ramosa, basi decumbens. Radix crassa, tortuosa, suffruticosa. Folia conferta, spathulata, carnosa, in petiolum decurrentia, hirsuta, profunde dentata; dentibus acutis, remotiusculis. Petioli basi tomentosi, vaginantes. Scapus villosissimus, erectus, teres, foliis longior. Spica 2—5 centimetr., densissima, villosa. Bracteæ subulatæ, flore paulo longiores, apice setaceæ. Corolla rufescens. Laciniæ parvæ, ovatæ, acutæ.

HABITAT ad maris littora in fissuris rupium. ♃

PLANTAGO PSYLLIUM.

PLANTAGO caule ramoso, herbaceo; foliis subdentatis, recurvatis; capitulis aphyllis. *Lin. Spec.* 167. — *Bergeret. Phyt.* 1. *p.* 201. *Ic.*

Psyllium majus erectum. *C. B. Pin.* 191. — *J. B. Hist:* 3. *p.* 513. — *T. Inst.* 128. — *Schaw. Specim. n.* 494.

Psyllium. *Trag.* 167. *Ic.* — *Matth. Com.* 753. *Ic.* — *Fusch. Hist.* 888. *Ic.* — *Dod. Pempt.* 115. *Ic.* — *Blakw. t.* 412.

Psyllium Herba pulicaris. *Tabern. Ic.* 145. — *Ger. Hist.* 587. *Ic.*

Pulicaris herba. *Lob. Ic.* 436.

Plantago caulibus erectis , herbaceis ; foliis linearibus , patulis ; capitulis ovatis , hirsutis. *Hall. Hist. n.* 661.

HABITAT in arvis. ☉

PLANTAGO CYNOPS.

PLANTAGO caule rámoso , fruticoso ; foliis integerrimis , filiformibus , strictis ; capitulis subfoliatis. *Lin. Spec.* 167. — *Bergeret. Phyt.* 1. *p.* 203. *Ic.*

Psyllium majus supinum. *C. B. Pin.* 191. — *T. Inst.* 128. — *J. B. Hist. 3. p.* 513. *Ic.*

Psyllium plinianum forte , radice perenni supinum. *Lob. Ic.* 437.

Plantago caule lignoso , prostrato ; foliis linearibus , erectis ; capitulis subhirsutis. *Hall. Hist. n.* 662.

CAULES basi procumbentes , suffruticosi , ramosi. Folia opposita , villosa , subulata , integerrima aut vix denticulata. Pedunculi nudi , axillares , teretes , villosi , folio longiores. Flores capitati , terminales. Bracteæ ovatæ , acutæ , concavæ , margine membranaceæ ; inferiores sæpe apice foliaceæ.

HABITAT in collibus incultis Algeriæ. ♃

PLANTAGO AFRA.

PLANTAGO caule ramoso , fruticoso ; foliis lanceolatis , dentatis ; capitulis aphyllis. *Lin. Spec.* 168.

Psyllium Dioscoridis vel indicum , foliis crenatis. *C. B. Pin.* 191. — *T. Inst.* 128

Psyllium laciniatis foliis. *Boc. Sic. t.* 4. *f. A.* — *Moris. s.* 8. *t.* 17. *f.* 4.

HABITAT in regno Tunetano. ♃

PLANTAGO PARVIFLORA.

PLANTAGO foliis oppositis , linearibus , ciliatis ; pedunculis folio brevioribus ; capitulis rotundis ; bracteis adpressis , calycem æquantibus.

RADIX longa , tenuis , tortuosa , descendens , fibrillas hinc et inde capillares emittens. Caules herbacei , plures e communi cæspite , tenues , pubescentes , 5—11 centimetr. Folia opposita , linearia , sæpe arcuata , rigidula , crassiuscula. Capitula florum parva , subrotunda , stricta , sessilia aut pedunculata ; pedunculis folio brevioribus. Bracteæ 'lineari-subulatæ , minimæ , adpressæ , longitudine calycis. Corolla minuta. Laciniæ ovoideæ , acutæ , pallide rufescentes.

HABITAT in deserto. ☉

SANGUISORBA.

CALYX persistens, basi tetragonus , quadripartitus ; laciniis ovatis, coloratis. Stylus unus. Stigma capitatum. Germen squamulis duobus cinctum. Semina bina , calyce indurato tecta ; altero sæpe abortivo. Folia pinnata.

SANGUISORBA MAURITANICA.

SANGUISORBA villosa; foliis profunde serratis ; spicis ovatis , virescentibus ; calyce rugoso.
Pimpinella tingitana , semine rugoso majore et minore , foliisque magis incisis. *Moris. s.* 8. *t.* 18. *f.* 4.

CAULIS erectus , 6 decimetr. , striatus , hirsutus. Folia pinnata ; foliolis lanceolatis , profunde serratis , subtus villosis. Pedunculi longi. Spica terminalis , primum rotunda, deinde ovata aut ovato-cylindrica. Calyx maturo semine rugosus. Laciniæ virescentes. Stamina exserta. Affinis S. officinali Lin.; differt hirsutie; foliolis profundius serratis ; calyce virescente , basi rugoso.

HABITAT Algeriâ in sepibus. ♃

ISNARDIA.

CALYX quadrifidus , persistens. Corolla nulla. Capsula supera , tetragona, quadrilocularis , polysperma.

ISNARDIA PALUSTRIS.

ISNARDIA palustris. *Lin. Spec.* 175. — *Lamarck. Illustr. n.* 1557. *t.* 77.
Isnardia altera subrotundo folio. *Boc. Mus. t.* 84.

Donatia palustris. *Petit. Epist. p.* 49. *Ic.*

Alsine palustris rotundifolia repens, foliis Portulacæ pinguibus, binis ex adverso nascentibus, flosculis virescentibus rosaceis, seu Portulaca aquatica. *Lindern. Tournef. alsat. t.* 2. *f.* 6.

Ocymotriphyllum. *Buxb. Act. petrop.* 4. *p.* 277. *t.* 27.

Dantia palustris. *Zan. Hist.* 96. *t.* 67.

CAULES repentes, ramosi. Folia parva, opposita, petiolata, glabra, ovata, integerrima, obtusa, in petiolum decurrentia.Flores parvi, axillares, oppositi, sessiles, solitarii. Calyx persistens, oblongus, tetragonus, quadridentatus. Capsula quadrilocularis. Semina minuta, numerosa, oblonga. Habitus Peplidis Portulæ Lin.

HABITAT ad lacuum ripas prope La Calle. ⊙

ELÆAGNUS.

CALYX tubulosus, coloratus, quadrifidus. Corolla nulla. Stamina laciniis calycinis alterna. Germen inferum. Drupa fœta nucleo monospermo.

ELÆAGNUS ANGUSTIFOLIA.

ELÆAGNUS foliis lanceolatis. *Lin. Spec.* 176. — *Pallas. Ros.* 1. *p.* 10. *t.* 4. — *Lamarck. Illustr. n.* 1512. *t.* 73. *f.* 1.

Elæagnus orientalis angustifolius, fructu parvo olivæformi subdulci. *T. Cor.* 53. — *Duham. Arb.* 213. *t.* 89.

Ziziphus alba. *Clus. Hist.* 1. *p.* 29. *Ic.*

Oliva bohemica sive Elæagnos. *Matth. Com.* 174. *Ic.*

Olea sylvestris, folio molli incano. *C. B. Pin.* 472.

Elæagnos. *Camer. Epit.* 106. *Ic.*

Ziziphus cappadocica. *Dod. Pempt.* 807. *Ic.*—*J. B. Hist.* 1. *p.* 27. *Ic.*

Olea sylvestris Septentrionalium. *Lob. Ic.* 2. *p.* 136.

Oliva bohemica sive Elæagnus. *Dalech. Hist.* 111. *Ic.*

ARBOR 6 — 10 metr. Rami juniores candidi, teretes. Folia alterna, breviter petiolata, lanceolata, nunc obtusa, nunc acuta, integerrima, squamulis argenteis obtecta. Flores solitarii et aggregati, axillares,

subpedicellati. Calyx tubulosus , extus argenteus, interne luteus, quadrifidus; laciniis ovatis. Corolla nulla. Filamenta staminum brevissima.Drupa
parva , subrotunda , candida. Calyx nonnunquam quinque ad octofidus et
stamina quinque ad octo. Folia mire ludunt; junior cordata, obtusa, pubescentia et viridantia profert; in adultâ. ætate candidissima, lanceolata,
duplo triplove angustiora. Flores odorem late spargunt.

HABITAT in hortis.   ♄

CAMPHOROSMA.

CALYX parvus, persistens, urceolatus, quadripartitus ; laciniis
duobus oppositis majoribus. Corolla nulla. Stamina exserta. Capsula supera , non dehiscens, monosperma, calyce tecta.

CAMPHOROSMA MONSPELIACA.

CAMPHOROSMA foliis hirsutis , linearibus. *Lin. Spec.* 178.
Camphorosma foliis lineari-subulatis, villosis ; floribus glomeratis, axillà-
ribus. *Lamarck. Illustr. n.* 1698. *t.* 86.
Camphorata hirsuta. *C. B. Pin.* 486. — *T. Acad.* 1705. *p.* 238. *t.* 4.
Camphorata monspeliaca. *Tabern. Ic.* 17. — *Lob. Ic.* 403. *mala.* —*J. B.
Hist. 3. p.* 379. *Ic.*

HABITAT in collibus incultis.   ♄

PTERANTHUS.

CALYX persistens, quadripartitus; laciniis concavis ; duobus majoribus extra apicem cristatis ; duobus oppositis minoribus apice
subulatis. Filamenta basi monadelpha. Corolla nulla. Stylus unus.
Stigmata duo. Germen superum. Capsula membranacea , non dehiscens, monosperma, calyce tecta. Pedicelli plani, obovati , multiflori.

PTERANTHUS ECHINATUS.

PTERANTHUS ramis articulato-nodosis ; foliis verticillatis , linearibus ;
pedicellis planis, obovatis ; floribus aggregatis, terminalibus, echinatis.

Camphorosma Pteranthus, ramosissima ; pedunculis ensiformibus, dilatatis; bracteis aristatis. *Lin. Mant.* 41.

Pteranthus. *Forsk. Arab.* 36.

Louichea cervina. *Lherit. Stirp.* 135. *t.* 65.

RADIX alba, ramosa; ramis capillaribus. Caules ex communi cæspite
plures, ramosi, geniculati, basi procumbentes, subtetragoni, graciles,
glabri, articulato-nodosi, 1—2 decimetr. Folia plerumque sena, verticillata, linearia, glabra, mollia, obtusiuscula, integerrima, subglauca,
8—18 millimetr. longa; duobus oppositis majoribus. Stipulæ minimæ,
membranaceæ, acutæ. Caules in summitate furcati. Pedicellus communis planus, obovatus, striatus. Flores glomerati, terminales, echinati.
Calyx persistens, quadripartitus ; laciniis duobus majoribus extra apicem cristatis ; duobus aliis minoribus apice uncinato-subulatis. Corolla
nulla. Stamina 4. Filamenta setacea., inferne latiora, calyce breviora,
ejusdem laciniis opposita. Antheræ exiguæ, subrotundæ, biloculares.
Stylus 1, filiformis, bifidus, staminibus brevior. Stigmata 2. Germen
superum, turbinatum. Capsula membranacea, non dehiscens, calyce tecta,
monosperma. Semen parvum, obovatum, glabrum. Hyeme et primo Vere
floret.

HABITAT prope Cafsam et Mascar in arvis argillosis et arenosis. ⊙

ALCHEMILLA.

CALYX persistens, octofidus ; laciniis alternis minoribus. Corolla
nulla. Stylus unus e basi germinis. Stigma simplex. Semen unum,
superum, calyce tectum.

ALCHEMILLA APHANES.

APHANES arvensis. *Lin. Spec.* 179. — *Lamarck. Illustr. n.* 1708. *t.* 87. —
   Œd. Dan. t. 973. — *Leers. Herb.* 54. — *Gærtner.* 1. *p.* 346. *t.* 73. *f.* 2.

Alchimilla montana minima. *Col. Ecphr.* 146. *Ic.* — *T. Inst.* 508. — *Moris.*
   s. 2. *t.* 20. *f.* 4.

Chærophyllo nonnihil similis. *C. B. Pin.* 152.

Perchpier Anglorum. *Lob. Ic.* 727. — *Adv.* 324. *Ic.* — *Gerard. Hist.* 1594.
   Ic. — *J. B. Hist.* 3. *p.* 74. *Ic.* — *Dodart. Icones.*

1   19

Scandix minor. *Tabern. Ic.* 96.
Alchemilla hirsuta, foliis trilobatis; lobis bi et tripartitis. *Hall. Hist. n.* 1569.

PLANTA 8—13 centimetr., erecta, tota villosa, ramosa. Cauliculi erecti, plures ex eodem cæspite. Folia parva, alterna, flabelliformia, subtriloba; lobis laciniatis. Stipulæ dentatæ. Flores glomerati, sessiles, axillares, minuti. Calycis laciniæ apice setosæ. Stamina 4 calyci inserta. Stigma capitatum. Semen minimum. Scopoli, Gærtner et Lamarck semina duo numerant. Leers semen unum, nunquam duo, centies repetitâ fructus anatome se observavisse affirmat. Ego semper unicum vidi. Stamina sæpe 3 abortiva; unico antherifero.

HABITAT in arvis Algeriæ. ☉

DIGYNIA.

CUSCUTA.

CALYX quadri aut quinquefidus. Corolla globosa, quadri aut quinquefida. Stamina quatuor ad quinque, laciniis alterna, squamulis totidem opposita. Capsula supera, basi circumscissa, bilocularis; loculis dispermis.

N^a. SEMINA sphericea, imo dissepimento affixa supra persistentem capsulæ basim peltatam. JUSS. gen. p. 135. Embryo monocotyledoneus. GÆRTNER.

CUSCUTA EUROPÆA.

CUSCUTA floribus sessilibus. *Lin. Spec.* 180. —*Œd. Dan. t.* 199. —*Gærtner.* 1. *p.* 297. *t.* 62. *f.* 6. —*Lamarck. Illustr. n.* 1716. *t.* 88.
Cuscuta major. *C. B. Pin.* 219. —*T. Inst.* 652.
Cuscuta. *Camer. Epit.* 984. *Ic.* —*Matth. Com.* 879. *Ic.* —*Blakw. t.* 554. —*Ger. Hist.* 577. *Ic.*
Cassitha. *Tabern. Ic.* 901. —*Lob. Ic.* 427.
Androsaces vulgo Cuscuta. *Trag.* 810. *Ic.*
Cassutha. *Fusch. Hist.* 348. *Ic.* —*Dod. Pempt.* 554. —*J. B. Hist.* 3. *p.* 266. *Ic.*

A. Cuscuta epithymum ; floribus sessilibus , quinquefidis ; bracteis obvallatis. *Lin. Syst. veget.* 167. — *Œd. Dan. t.* 427.

Cuscuta minor. *T. Inst.* 652.

Epithymum sive Cuscuta minor. *C. B. Pin.* 219.

Epithymum. *Tabern. Ic.* 357. — *Camer. Epit.* 983. *Ic.*

PLANTA parasitica , aphylla , in terra germinans , caulem dextrorsum volubilem , filiformem emittens , papillas hinc et inde proferentem , quarum ope plantis affigitur et nutrimentum haurit. Radix cito perit , plantâ superstite et vigente.

HABITAT in arvis Algeriæ. ☉

HYPECOUM.

CALYX diphyllus. Corolla tetrapetala. Petala duo exteriora plana , opposita , obtusa , approximata ; duo interiora tripartita ; laciniâ mediâ erectâ, compressâ. Stamina quatuor ; antheris in columnam coalitis. Siliqua supera , torulosa , bivalvis , polysperma.

HYPECOUM PROCUMBENS.

HYPECOUM siliquis arcuatis , compressis , articulatis. *Lin. Spec.* 181. — *Gærtner.* 2. *p.* 164. *t.* 115. *f.* 4. — *Lamarck. Illustr. n.* 1720. *t.* 88.

Hypecoon latiore folio. *T. Inst.* 230.

Hypecoum. *C. B. Pin.* 172. — *Dod. Pempt.* 449. *Ic.* — *Gesner. Ic. lign. t.* 13. *f.* 109.

Cuminum sylvestre alterum siliquosum. *Lob. Ic.* 744. — *Camer. Epit.* 520. *Ic.* — *Tabern. Ic.* 65.

Cuminum sylvestre 2. *Matth. Com.* 556. *Ic.*

Hypecoum siliquosum. *J. B. Hist.* 2. *p.* 899. Quoad descriptionem. Icon Papaver repræsentat.

HABITAT in arvis. ☉

HYPECOUM LITTORALE.

HYPECOUM siliquis articulatis, compressis , arcuatis ; petalis integris ; exterioribus longioribus, lineari-spathulatis. *Jacq. Collect.* 2. *p.* 205. *et Icones.*

HABITAT ad maris littora. ☉

TETRAGYNIA.

POTAMOGETON.

CALYX persistens, quadripartitus. Corolla nulla. Stylus nullus. Stigmata quatuor. Drupæ totidem superæ, monospermæ.

POTAMOGETON NATANS.

POTAMOGETON foliis oblongo-ovatis, petiolatis, natantibus. *Lin. Spec.* 182. — *Mill. Illustr. Ic.* — *Œd. Dan. t.* 1025. — *Hall. Hist. n.* 843. — *Gærtner.* 2. *p.* 23. *t.* 84. *f.* 5. — *Lamarck. Illustr. n.* 1736. *t.* 89.
Potamogeton rotundifolium. *C. B. Pin.* 193. — *T. Inst.* 233. — *Moris. s.* 5. *t.* 29. *f.* 1. *mala.*
Potamogeton. *Fusch. Hist.* 651. *Ic.* — *Matth. Com.* 796. *Ic.* — *Trag.* 688. *Ic.*
Potamogeton spicata. *Tabern. Ic.* 739.
Potamogeton latifolium. *Ger. Hist.* 821. *Ic.*

FOLIA in superficie aquarum natantia, longe petiolata, opposita, firma, ovata, ovato-lanceolata, seu elliptica, integerrima, obtusa; nervis arcuatis utrinque confluentibus. Vagina axillaris magna, canaliculata, angusto-lanceolata. Pedunculi axillares, erecti, crassi, firmi, solitarii. Spica florum teres, densa. Folia in nonnullis lanceolata et acuta observavi.

HABITAT in lacubus prope La Calle. ♃

POTAMOGETON PERFOLIATUM.

POTAMOGETON foliis cordatis, amplexicaulibus. *Lin. Spec.* 182. — *Œd. Dan. t.* 196. — *Hall. Hist. n.* 845.
Potamogeton foliis latis splendentibus. *C. B. Pin.* 193. — *T. Inst.* 233.
Potamogeton tertia. *Dod. Pempt.* 582. *Ic.*
Potamogeton altera Dodonæi. *J. B. Hist.* 3. *p.* 778. *Ic.*
Potamogeton rotundifolium alterum. *Loes. Prus.* 205. *t.* 65.

FOLIA alterna, ad exortum pedunculorum conjugata, sessilia, caulem amplectentia, ovata, ovato-oblonga aut lanceolata, obtusa, nervosa, pellucida, undulata, integerrima. Vaginæ nullæ. Pedunculi crassi, axillares. Flores dense spicati.

HABITAT in aquis. ♃

POTAMOGETON DENSUM.

POTAMOGETON foliis ovatis, acuminatis, oppositis, confertis; caulibus dichotomis; spica quadriflora. *Lin. Spec.* 182.
Potamogeton minus, foliis densis mucronatis non serratis. *Magn. Bot.* 304. — *T. Inst.* 233.
Fontinalis media lucens. *J. B. Hist. 3. p.* 777. *Ic.*
Potamogeton caule dichotomo; foliis conjugatis, ellipticis, complicatis, imbricatis. *Hall. Hist. n.* 849.

CAULES dichotomi. Folia opposita, sessilia, lanceolata, acuta, undulata, conferta, integerrima. Pedunculi breves, axillares, reflexi, subquadriflori.

HABITAT in rivulis Cafsæ. ♃

POTAMOGETON LUCENS.

POTAMOGETON foliis lanceolatis, planis, in petiolos desinentibus. *Lin. Spec.* 183. — *Œd. Dan. t.* 195.
Potamogeton alpinum Plantaginis folio. *T. Inst.* 233.
Fontinalis lucens major. *J. B. Hist. 3. p.* 777. *Ic.*
Potamogeton altera. *Dod. Pempt.* 582. *Ic.*
Potamogeton foliis tenuibus, longissime lanceolatis. *Hall. Hist. n.* 847.

FOLIA elliptica seu lanceolata, acuminata, pellucida, alterna, subundulata, in petiolum decurrentia, nervosa; nervis confluentibus. Stipula magna, membranacea, canaliculata, ad basim singuli petioli. Flores spicati. Pedunculi incrassati. P. serratum Lin. hujus varietas videtur distincta foliis angustioribus, longe lanceolatis.

HABITAT in lacubus prope La Calle. ♃

POTAMOGETON MARINUM.

POTAMOGETON foliis linearibus, alternis, distinctis, inferne vaginantibus. *Lin. Spec.* 184. — *Œd. Dan. t.* 186.

HABITAT in aquis. ♃

POTAMOGETON CONTORTUM.

POTAMOGETON caule filiformi ; foliis alternis, subulato-filiformibus, contortis.

HABITAT in rivulis Cafsæ. ♃

PENTANDRIA.

MONOGYNIA.

HELIOTROPIUM.

CALYX persistens, quinquepartitus. Corolla hypocrateriformis, quinquefida. Stamina intra tubum. Semina quatuor nuda, supera. Flores spicati, unilaterales. Spicæ convolutæ.

HELIOTROPIUM CRISPUM. Tab. 41.

HELIOTROPIUM caule fruticoso, procumbente; foliis lanceolatis, hirsutis, margine crispis, revolutis.
An Heliotropium undulatum? *Vahl. Symb.* 1. *p.* 13.

PLANTA aspera. Caules fruticosi, teretes, ramosi, procumbentes, 3—6 decimetr. Rami graciles, hirsuti, cinerei. Folia lanceolata, 5—8 millimetr. lata, 11—18 longa, rugosa, utrinque attenuata, petiolata, scabra, cinerea; margine undulato, crispo, revoluto. Spicæ axillares, solitariæ, pedunculatæ; terminales sæpe conjugatæ. Flores parvi. Calyx pilosus, quinquepartitus. Corolla alba. Semina 4, subcordata, acuta, hinc convexa; uno aut altero sæpe abortivo.

HABITAT in arenis prope Tozzer et Elhammah. ♄

HELIOTROPIUM EUROPÆUM.

HELIOTROPIUM foliis ovatis , integerrimis , tomentosis , rugosis ; spicis conjugatis. *Lin. Spec.* 187. — *Jacq. Austr. t.* 207. — *Bergeret. Phyt.* 2. *p.* 15. *Ic.* — *Lamarck. Illustr. n.* 1758. *t.* 91. *f.* 1.

Heliotropium majus Dioscoridis. *C. B. Pin.* 253. — *T. Inst.* 139. — *Schaw. Specim. n.* 320. — *Dodart. Icones.*

Heliotropium. *Clus. Hist.* 2. *p.* 46. *Ic.* — *Dod. Pempt.* 70. *Ic.*

Heliotropium majus. *Camer. Epit.* 1000. *Ic.* — *Matth. Com.* 893. *Ic.* — *Lob. Ic.* 260. — *Dalech. Hist.* 1350. *Ic.* — *Tabern. Ic.* 548. — *Ger. Hist.* 334. *Ic.* — *Moris. s.* 11. *t.* 31. *f.* 7.

Heliotropium majus flo̓re albo. *J. B. Hist.* 3. *p.* 604. *Ic.* — *Boc. Sic.* 91. *t.* 49.

Heliotropium foliis petiolatis , ovatis ; spicis inferioribus simplicibus ; supremis gemellis. *Hall. Hist. n.* 593.

CAULIS erectus , dichotomus , asper , villosus ; villis brevibus. Folia ovata , obtusa , integerrima , cinerea , villosa , nervosa ; nervis obliquis. Petiolus longitudine folii. Spicæ inferiores solitariæ ; terminales gemellæ. Corolla alba. Denticuli qui̓nque laciniis interjecti. Semina hirsuta.

HABITAT in arvis. ☉

HELIOTROPIUM SUPINUM.

HELIOTROPIUM foliis ovatis , integerrimis , tomentosis , plicatis ; spicis solitariis. *Lin. Spec.* 187.

Heliotropium minus supinum. *C. B. Pin.* 253. — *T. Inst.* 139.

Heliotropium supinum. *Clus. Hist.* 2. *p.* 47. *Ic.* — *Dod. Pempt.* 70. *Ic.* — *Tabern. Ic.* 548. — *Gerard. Hist.* 335. *Ic.* — *Moris. s.* 11. *t.* 31. *f.* 10.

Heliotropium minus quorumdam sive supinum. *J. B. Hist.* 3. *p.* 605.

CAULES ex eodem cæspite plures , prostrati , villosi , asperi , ramosi , 3—6 decimetr. Folia parva , ovata , obtusa , integerrima , petiolata , cinereo-canescentia ; nervis transversis , obliquis , profundioribus. Spicæ laterales solitariæ , rarius binæ , pedunculatæ ; terminales sæpe conjugatæ. Flores parvi. Calyx villosus , maturo fructu clausus. Corolla alba. Semina sub-cordata , acuta ; uno alterove sæpe abortivo.

HABITAT in arenis. ☉

HELIOTROPIUM CURASSAVICUM.

HELIOTROPIUM foliis lanceolato-linearibus , glabris, aveniis; spicis conjugatis. *Lin. Spec.* 188. — *Gærtner.* 1. *p.* 329. *t.* 68. *f.* 2. — *Lamarck. Illustr. n.* 1767. *t.* 91. *f.* 2.

Heliotropium curassavicum , folio Lini umbilicati. *T. Inst.* 139. — *Herm. Parad.* 183. *Ic.* — *Moris. s.* 11. *t.* 31. *f.* 12.

Heliotropium monospermum indicum procumbens glaucophyllon, floribus albis. *Pluk. t.* 36. *f.* 3.

Heliotropium marinum minus , folio glauco, flore albo. *Sloan. Hist.* 1. *p.* 312. *t.* 132. *f.* 3.

PLANTA glauca et glaberrima. Caules ramosi, ascendentes. Folia lævia, carnosa, integerrima, angusto-lanceolata, obtusiuscula. Spicæ conjugatæ , recurvæ. Corolla alba, vix calyce longior , absque dentibus interjectis.

HABITAT in arenis ad maris littora. ☉

MYOSOTIS.

CALYX persistens, quinquepartitus. Corolla hypocrateriformis, quinquefida ; laciniis obtusis. Faux glandulis clausa. Stamina intra tubum. Semina quatuor, supera.

MYOSOTIS SCORPIOIDES.

MYOSOTIS seminibus nudis; foliorum apicibus callosis. *Lin. Spec.* 188. — *Œd. Dan. t.* 583.

Lithospermum arvense minus. *T. Inst.* 137.

Echium scorpioides arvense. *C. B. Pin.* 254.—*Rai. Synops.* 128. *t.* 9.*f.* 2.

Auricula muris cœrulea. *Tabern. Ic.* 197.

Scorpioides tertium. *Dod. Pempt.* 72. *Ic.*—*Gesner. Ic. lign. t.* 21.*f.* 187.

Alsine Myosotis sive Auricula muris. *Lob. Ic.* 461.

Myosotis scorpioides arvensis hirsuta. *Ger. Hist.* 337. *Ic.*

Echium scorpioides solisequum , flore minore. *J. B. Hist.* 3. *p.* 589. *Ic.*

Scorpiurus arvensis hirsutus annuus. *Moris. s.* 11. *t.* 31.*f.* 1.

Scorpiurus annuus ; radice exigua. *Hall. Hist. n.* 590.

PLANTA tota pilis hirsuta. Caulis ramosus, erectus , 16—32 centimetr. , quandoque brevissimus. Folia lingulata, integerrima, apice callosa ; inferiora, petiolata , obtusa ; supériora sessilia. Racemi incurvi. Flores pedicellati. Calyx hispidus. Corolla cœrulea. Faux lutéa. Semina nigra , ovata , acuminata.

HABITAT in arvis Algeriæ. ⊙

MYO'SOTIS APULA.

MYOSOTIS seminibus nudis ; foliis hispidis ; racemis foliosis. *Lin. Spec.* 189.
Buglossum luteum annuum minimum. *T. Inst.* 134.—*Schaw. Specim.n.*83.
Echioides lutea sylvestris minima. *Col. Ecphr.* 1. *p.* 185. *Ic.*
Anchusa lutea. *Lob. Ic.* 578.—*Pluk. t.* 6. *f.* 5.
Anchusa lutea minor. *J. B. Hist. 3. p.* 583.
Lithospermum luteum annuum , hirsuto folio. *Moris. s.* 11. *t.* 28. *f.* 8.

CAULES ex eodem cæspite plures, erecti, 11 — 15 centimetr. , pilosi, teretes , simplices aut ramosi. Folia pilosa, tuberculosa, aspera, 2—7 millimetr. lata, 1—5 centimetr. longa , quandoque breviora aut longiora ; inferiora spathulata , obtusa , in petiolum decurrentia ; caulina superiora lineari-lanceolata , acuta , sparsa. Flores racemoso-paniculati, axillares , approximati. Calyx quinquepartitus ; laciniis subulatis , hispidis , corollæ tubo paulo brevioribus. Corolla parva , lutea. Semina glabra, tuberculosa , calyce tecta.

HABITAT in arenis prope Cafsam. ⊙

LITHOSPERMUM.

CALYX persistens , quinquepartitus. Corolla infundibuliformis ; limbo quinquefido , obtuso. Faux pervia. Stamina intra tubum. Semina quatuor , nuda , supera.

LITHOSPERMUM ARVENSE.

LITHOSPERMUM seminibus rugosis ; corollis calycem vix superantibus. *Lin. Spec.* 190. — *Œd. Dan. t.* 456.
Buglossum arvense annuum , Lithospermi folio. *T. Inst.* 134.

Lithospermum arvense , radice rubra. *C. B. Pin.* 258. — *Matth. Com.* 658. *Ic.*

Echioides alba. *Col. Ecphr.* 1. *p.* 185. *Ic.*

Lithospermum sylvestre. *Camer. Epit.* 660. *Ic.*

Anchusa degener , facie Milii solis. *Lob. Ic.* 459.

Anchusa arvensis minor , facie Milii solis. *Tabern. Ic.* 849.

Lithospermum nigrum quibusdam , flore albo, semine Echii. *J. B. Hist. 3. p.* 592.

Echioides flore albo. *Rivin.* 1. *t.* 9.

Heliotropium foliis ligulatis ; floribus tubulosis. *Hall. Hist. n.* 594.

HABITAT in arvis. ☉

LITHOSPERMUM ORIENTALE.

LITHOSPERMUM ramis floriferis lateralibus ; bracteis cordatis , amplexicaulibus. *Lin. Syst. veget.* 185.

Anchusa orientalis. *Lin. Spec.* 191.

Buglossum orientale, flore luteo. *T. Cor.* 6 — *Buxb. Cent. 3. p.* 17. *t.* 29. — *Dill. Elth.* 60. *t.* 52. *f.* 60.

Asperugo divaricata. *Murray. Gott.* 1776. *p.* 25. *t.* 2.

CAULES procumbentes, 3—6 decimetr. , ramosi , hirsuti. Folia villosa, lanceolata, denticulata ; inferiora 1—2 decimetr. longa aut longiora, in petiolum decurrentia; caulina minora, sessilia, caulem amplectantia, cordato-lanceolata. Flores axillares , solitarii , subsessiles , folio breviores. Calyx hirsutus, quinquepartitus ; laciniis lineari-subulatis. Corolla lutea, infundibuliformis , parva. Limbus quinquefidus ; lobis obovatis. Faux patens. Tubus inferne subinflatus. Filamenta brevissima. Stylus filiformis. Stigmata 2. Semina subrotunda

HABITAT in arenis Cafsæ. ♃

LITHOSPERMUM FRUTICOSUM.

LITHOSPERMUM foliis linearibus, hispidis ; staminibus corollam subæquantibus. *Lin. Spec.* 190.

Buglossum fruticosum Rorismarini folio. *T. Inst.* 134.—*Garid. Aix.* 68. *t.* 15.

Anchusa angustifolia. *C. B. Pin.* 255.

Anchusa lignosior angustifolia. *Lob. Ic.* 578.—*Moris. s.* 11. *t.* 27. *f.* 7.

Libanotidis species Rondeletii. *J. B. Hist.* 2. *p.* 25. *Ic.*
Anchusa lignosior Monspeliensium. *Barrel. t.* 1168.
Lithospermum umbellatum angustifolium. *Boc. Sic.* 76. *t.* 41. *f.* 2. Certo ex herbario Bocconi.

HABITAT Algeriâ. ♄

ANCHUSA.

CALYX quinquepartitus. Corolla infundibuliformis; limbo quinquefido. Squamulæ quinque ex apice tubi. Stamina intra tubum. Semina quatuor, supera, basi insculpta.

ANCHUSA TINCTORIA.

ANCHUSA tomentosa; foliis lanceolatis, obtusis; staminibus corolla brevioribus. *Lin. Spec.* 192.
Buglossum radice rubra, sive Anchusa vulgatior floribus cœruleis. *T. Inst.* 134. — *Schaw. Specim. n.* 84.
Anchusa puniceis floribus. *C. B. Pin.* 255. — *Moris. s.* 11. *t.* 26. *f.* 5.
Anchusa monspeliana. *J. B. Hist.* 3. *p.* 584. *Ic.*

RADICES longæ, tortuosæ, extus fuscæ, sublignosæ. Caules ex eodem cæspite plures, prostrati aut procumbentes, 2—3 decimetr. et ultra, nunc simplices, nunc ramosi, pilosi. Folia tuberculis minimis, pilisque albidis, numerosis conspersa, 4—9 millimetr. lata, 2—4 centimetr. longa; inferiora petiolata, spathulato-lanceolata, obtusa, integerrima, in petiolum decurrentia; superiora sessilia, acuta. Flores racemosi, secundi, terminales. Calyx hirsutissimus, quinquepartitus. Laciniæ lineari-lanceolatæ, acutæ, tubo corollæ paulo breviores. Corolla cœrulea aut violacea, infundibuliformis, quinquefida; lobis rotundatis. Stamina intra tubum. Variat foliis caulinis ovato-lanceolatis, vix pilosis. Radix tincturis inservit.

HABITAT in arenis prope Spitolam et in Atlante. ♃

ANCHUSA MACROPHYLLA.

ANCHUSA verrucosa; foliis radicalibus ellipticis; caulinis lanceolatis, sessilibus; caule debili; racemis laxis.

Anchusa foliis radicalibus maximis ; caule debili ; calyce subpentaphyllo ; bracteis linearibus , minutis. *Lamarck. Illustr. n. 1816.*

PLANTA tota tuberculis albis , numerosis conspersa, nec pilosa. Folia integerrima ; radicalia ovalia , petiolata , 3—6 decimetr. longa, 13—22 centimetr. lata ; caulina superiora lanceolata , semiamplexicaulia. Caulis debilis , ramosus , 6 — 13 decimetr. Flores · laxe paniculati , pedicellati. Calyx quinquepartitus ; laciniis lineari-lanceolatis , obtusiusculis. Corolla pallide flava , parva, calyce paulo longior, glabra, tubulosa, quinquefida ; laciniis obtusis.

HABITAT in regno Marocano.

ANCHUSA OFFICINALIS.

ANCHUSA foliis lanceolatis ; spicis imbricatis, secundis. *Lin. Spec.* 191. — *Œd. Dan.* · *t.* 572. *mala.* — *Lamarck. Illustr. n.* 1809. *t.* 92.
Buglossum angustifolium majus, flore cœruleo. *C. B. Pin.* 256. — *T. Inst.* 134. *t.* 53. *f. A.* — *Moris. s.* 11. *t.* 26. *f.* 1. *mala.*
Cirsium italicum. *Fusch. Hist.* 343. *Ic.*
Buglossum vulgare. *Camer. Epit.* 915. *Ic.* — *Matth. Com.* 825. *Ic.*
Buglossum angustifolium. *Lob. Ic.* · 576. — *Schaw. Specim. n.* 80.
Anchusa Alcibiadum. *Dod. Pempt.* 629. *Ic.*
Buglossum vulgare majus. *J. B. Hist.* 3. *p.* 578. *Ic. mala.*
Buglossum. *Blakw. t.* 500.
La Buglose. *Regnault. Bot. Ic.*

PLANTA 9—12 decimetr. Caules pilosi, asperi, ramosi ; ramis paten-tibus , numerosis. Folia pilosa, integra, acuta ; inferiora lato-lanceolata, in petiolum decurrentia ; caulina superiora sessilia, lanceolata. Flores soli-tarii , racemosi , unilaterales. Calyx pilosus , quinquepartitus ; laciniis lineari-subulatis , tubo corollæ longioribus. Corolla hypocrateriformis , cœrulea, violacea, aut alba. Limbus quinquefidus ; laciniis apice circinnatis. Squamulæ 5 laciniis oppositæ, erectæ, conniventes, hirsutæ, intus forni-catæ, tubum corollæ claudentes. Stamina in summitate tubi. Filamenta brevissima. Antheræ oblongæ, versatiles. Stylus unus. Stigma bilobum. Semina crassa, oblonga, oblique sulcata, tuberculosa, basi strangulata.

HABITAT in arvis Algeriæ. ♃

ANCHUSA LANATA.

ANCHUSA tomentosa; foliis lanceolatis; staminibus corolla longioribus. *Lin. Spec.* 192.

Anchusa foliis tomentoso-incanis, obtusiusculis; calycibus lanatis; staminibus corolla sublongioribus. *Lamarck. Illustr. n.* 1813.

FACIES Cynoglossi cheirifolii Lin. Caulis erectus, simplex, sulcatus, 2—3 decimetr. Folia lanceolata, incana, integerrima, obtusa; inferiora longe petiolata, in petiolum decurrentia; superiora sessilia. Flores racemosi; racemis convolutis. Calyx quinquepartitus; laciniis lanceolatis, obtusis, tomentosis, candidis; tomento brevi, densissimo. Corolla tubulosa, rosea, calyce paulo longior; limbo quinquefido; laciniis obtusis. Stamina paululum exserta. Stylus longior. Stigma capitatum. Semina non vidi.

HABITAT in arvis prope Sbibam.

CYNOGLOSSUM.

CALYX persistens, quinquepartitus. Corolla tubulosa, quinquefida. Faux squamulis coronata. Germen superum. Semina quatuor, arillata, depressā aut urceolata, interiori latere stylo affixa.

CYNOGLOSSUM OFFICINALE.

CYNOGLOSSUM staminibus corolla brevioribus; foliis lato-lanceolatis, tomentosis, sessilibus. *Lin. Spec.* 192. — *Curtis. Lond. Ic.* — *Lamarck. Illustr. n.* 1793. *t.* 92. *f.* 1.

Cynoglossum majus vulgare. *C. B. Pin.* 257.—*T. Inst.* 139.—*Moris. s.* 11. *t.* 30. *f.* 1.

Cynoglossa major. *Brunsf.* 1. *p.* 175. *Ic.*

Cynoglossum vulgare. *Camer. Epit.* 917. — *Matth. Com.* 827. *Ic.* — *Lob. Ic.* 580. —*J. B. Hist.* 3. *p.* 598. *Ic.* —*Clus. Hist.* 2. *p.* 161. — *Ger. Hist.* 804. *Ic.* —*H. Eyst. Æst.* 8. *p.* 6. *f.* 2.

Cynoglossum. *Dod. Pempt.* 54. *Ic.* — *Tabern. Ic.* 737. — *Blakw. t.* 249.

Cynoglossum foliis ellipticis , lanceolatis , sericeis ; caule folioso. *Hall.*
Hist. n. 587.
La Cynoglosse. *Regnault. Bot. Ic.*

FOLIA pubescentia , mollia , integerrima ; inferiora ovato - oblonga , in petiolum decurrentia ; caulina numerosa ; media et superiora sparsa, sessilia, lanceolata, acuta. Caulis erectus , 3—6 decimetr. , villosus, crassus, sulcatus. Flores racemosi ; racemis paniculatis. Bracteæ nullæ. Calyx villosus ; laciniis lanceolatis. Corolla duplo longior , tubulosa ,. cœruleo-violacea , quinquefida ; laciniis obtusis , erectis. Stamina exserta. Squamulæ 5 alternæ. Semina obovata , superne plana , aculeolis apice peltato-uncinatis muricata.

HABITAT in arvis Algeriæ. ♃

CYNOGLOSSUM CLANDESTINUM. Tab. 42.

CYNOGLOSSUM foliis lanceolatis, villosis ; corollis calycem æquantibus , apice tomentoso-pubescentibus.

RADICES fusiformes. Folia lanceolata , integerrima , 7—11 millimetr. lata, 11—22 centimetr. longa , villosa ; villis brevibus , mollibus , numerosissimis ; radicalia obtusa , in petiolum longum , canaliculatum decurrentia ; caulina media et superiora sessilia. Caulis erectus , villosus , teres , 3—6 decimetr. , superne ramosus; ramis paniculatis , floriferis. Flores laxe racemosi , secundi , solitarii , pedicellati. Calyx persistens, villosus, quinquepartitus ; laciniis ovato-lanceolatis , obtusis. Corolla violacea , vix calyce longior, infundibuliformis. Limbus quinquefidus ; lobis apice tomentosovillosis , obtusis. Tubus brevis , glandulis clausus. Stamina intra tubum. Filamenta brevissima. Antheræ parvæ , acutæ. Stylus 1. Semina 4 , arillata, obovata , depressa , echinata spinulis apice peltato-uncinatis.

HABITAT ad limites agrorum Algeriæ.

CERINTHE.

CALYX persistens , quinquepartitus. Corolla cylindrica. Tubus a parte media ad apicem ampliatus, quinquedentatus. Antheræ hastatæ , approximatæ. Faux intus foraminibus quinque pervia. Drupæ duæ , superæ , biloculares ; loculis monospermis.

CERINTHE MAJOR.

CERINTHE foliis amplexicaulibus ; fructibus geminis ; corollis obtusius-culis , patulis. *Lin. Spec.* 195.—*Lamarck. Illustr. n.* 1844. *t.* 93. — *Gærtner.* 1. *p.* 321. *t.* 67.*f.* 1.

Cerinthe quorumdam major, versicolore flore. *J. B. Hist. 3. p.* 602.—*Clus. Hist.* 2. *p.* 167. *Ic.*—*T. Inst.* 80. *t.* 56.*f. C.* — *Schaw. Specim. n.* 132. — *Tabern. Ic.* 420. — *Lob. Ic.* 397. — *Mill. Dict. t.* 91.

Cerinthe seu Cynoglossum montanum majus. *C. B. Pin.* 258. — *Moris. s.* 11. *t.* 29.*f.* 1.

Maru herba. *Dod. Pempt.* 632. *Ic.*

Cerinthe major. *Ger. Hist.* 538. *Ic.*

Cerinthe foliis amplexicaulibus, ovatis ; floris denticulis brevissimis, revo-lutis. *Hall. Hist. n.* 602.

HABITAT inter segetes Algeriæ. ☉

CERINTHE MINOR.

CERINTHE foliis amplexicaulibus, integris; fructibus geminis; corollis acutis, clausis. *Lin. Spec.* 196.—*Jacq. Austr. t.* 124.

Cerinthe quorumdam minor, flavo flore. *J. B. Hist. 3. p.* 603. *Ic.*—*Clus. Hist.* 2. *p.* 168. *Ic.*

Cerinthe minor. *C. B. Pin.* 258. — *Ger. Hist.* 538. *Ic.* —*T. Inst.* 80. *t.* 56. *f. A.*

DIFFERT a præcedenti corollis luteis , acutis , semiquinquefidis; laciniis subulatis, rectis , canaliculatis , approximatis et raro patentibus.

HABITAT Algeriâ. ☉

ONOSMA.

CALYX quinquepartitus , persistens. Corolla campanulato-cylin-drica , quinquedentata. Faux intus foraminibus quinque pervia. Antheræ approximatæ. Semina quatuor , supera.

ONOSMA ECHIOIDES.

ONOSMA foliis lanceolatis, hispidis ; fructibus erectis. *Lin. Spec.* 196. —
Jacq. Austr. 3. *t.* 295. — *Gærtner.* 1. *p.* 326.
Symphytum Echii folio angustiore, radice rubra, flore luteo. *T. Inst.* 138.
Anchusa lutea minor. *C. B. Pin.* 255.
Anchusa echioides lutea, cerinthoides montana. *Col. Ecphr.* 1. *p.* 183. *Ic.*
Anchusa tertia. *Camer. Epit.* 736. *Ic.*
Symphytum foliis lingulatis, hispidis. *Hall. Hist. n.* 601.
Onosma caule superne ramoso ; foliis lanceolato-linearibus , hispidis ;
fructibus erectis. *Lamarck. Illustr. n.* 1838. *t.* 93.

CAULIS 1—3 decimetr., erectus , pilosus , superne ramosus , tuberculis
conspersus. Folia aspera , hispida , angusto-lanceolata ; superiora plerumque latiora. Flores solitarii , pedicellati , racemosi ; racemis junioribus
convolutis. Calycis laciniæ lineari-lanceolatæ, hispidæ. Corolla lutea; dentibus 5 reflexis. Stylus exsertus. Stigma emarginatum. Semina dimidio
majora quam in O. simplicissimâ Lin., tota ex cinereo spadicea, haud raro
duobus ocellis albicantibus , fusco annulo cinctis , ad latera dorsi notata ,
nitidissima , glaberrima , argute rostellata. GÆRTNER.

HABITAT Algeriâ. ♃

ONOSMA ECHINATA. Tab. 43.

ONOSMA pilosissima ; foliis angusto-lanceolatis , verrucosis ; floribus nutantibus ; semine tuberculoso.

PLANTA hispida pilis longis , albis , pungentibus , numerosissimis. Folia
media et superiora sessilia , angusto - lanceolata , integerrima , tuberculis
callosis conspersa , 4—7 millimetr. lata , 2—5 centimetr. longa ; inferiora
obtusa , in petiolum decurrentia. Caulis 16—22 centimetr., erectus ,
superne ramosus. Flores pedicellati , unilaterales , racemosi ; racemis
convolutis. Calyx persistens, quinquepartitus ; laciniis lineari-lanceolatis ,
obtusiusculis , laxis. Corolla flava , calyce paulo longior , tubuloso-cam-
panulata , quinquedentata ; dentibus reflexis. Stylus exsertus. Semina magna,
ovata , hinc convexa , rufescentia , tuberculis exasperata ; uno alterove
sæpe abortivo.

HABITAT in arenis deserti prope Cafsam. ♂

1   21

BORRAGO.

CALYX persistens, quinquepartitus. Corolla rotata ; tubo brevis-simo ; limbo quinquepartito ; laciniis ovatis. Antheræ approximatæ. Semina quatuor, supera.

BORRAGO OFFICINALIS.

BORRAGO foliis omnibus alternis ; calycibus patentibus. *Lin. Spec.* 197.
Borrago floribus cœruleis. *J. B. Hist. 3. p.* 574. — *T. Inst.* 133 *t.* 53.
Buglossum latifolium , Borrago flore cœruleo. *C. B. Pin.* 256.
Buglossum. *Fusch. Hist.* 142. *Ic.*
Buglossum sive Borrago. *Matth. Com.* 825. *Ic.* — *Camer. Epit.* 914. *Ic.*
Borrago. *Brunsf.* 1. *p.* 113. *Ic.* — *Trag.* 237. *Ic.* — *Dod. Pempt.* 627. *Ic.*
    — *Blakw. t.* 36. — *Ger. Hist.* 797. *Ic.*
Borrago floribus albis. *Tabern. Ic.* 417.
Buglossum latifolium sive Borrago. *Lob. Ic.* 575. — *Moris. s.* 11. *t.* 26. *f.* 1.
Borrago foliis asperis, lanceolatis ; palis florum duplicatis. *Hall. Hist. n.* 607.
La Bourrache. *Regnault. Bot. Ic.*

FOLIA radicalia et caulina inferiora magna , ovata , rugosa , pilosa , aspera, in petiolum decurrentia. Caulis 3 decimetr., teres, pilosus, scaber, ramosus , patulus. Flores paniculati , pedicellati, nutantes. Calyx patens, quinquepartitus ; laciniis lineari-lanceolatis , pilosis. Corolla rotata , cœ-rulea aut alba. Laciniæ ovatæ , acutæ , horizontales. Glandula emarginata ad basim singulæ laciniæ. Filamenta carnosa, arcuata, inferne dilatata, antheris apice admota. Staminum filamenta brevissima. Antheræ hastatæ, in fasciculum pyramidatum collectæ. Folia aquâ ebulliente cocta cum oleo, aceto et sale condita comedunt Mauri.

HABITAT Algeriâ. ☉

BORRAGO LONGIFOLIA. Tab. 44.

BORRAGO caule erecto , piloso ; foliis sparsis , sessilibus, lanceolatis ; ca-lycibus hispidis ; floribus paniculatis.
Borrago foliis lineari-lanceolatis, sessilibus, alternis ; calycibus basi hirsu-tissimis. *Poiret. Itin.* 2. *p.* 119. — *Lamarck. Illustr. n.* 1847.

RADIX perennis, ramosa, longa, tortuosa, sublignosa. Caulis erectus, simplex, 6—10 decimetr. , hispidus, asper. Folia alterna, sessilia, nervosa, integerrima, lanceolata, acuta, pilis brevibus, numerosis conspersa, 9—11 millimetr. lata, 8—22 centimetr. longa. Flores paniculati, terminales, pedicellati, nutantes. Calyx basi pilosissimus, persistens, quinquepartitus; laciniis angusto-lanceolatis, hirsutis, corollam æquantibus. Corolla B. officinalis Lin. Squamulæ intus 5, obtusæ, emarginatæ, absque filamentis arcuatis. Filamenta staminum brevia. Antheræ hastatæ, acutæ, in fasciculum pyramidalem approximatæ. Stylus 1. Stigma 1. Semina 4, oblonga, obtusa, lævia, hinc teretia. Floret primo Vere.

HABITAT Algeriâ et prope La Calle ad rivulorum ripas. ♃

ECHIOIDES.

CALYX persistens, inflatus, quinquefidus. Corolla infundibuliformis ; limbo quinquefido. Stamina intra tubum. Faux pervia. Semina quatuor, supera.

ECHIOIDES NIGRICANS.

ECHIOIDES caule procumbente; foliis integerrimis; calycibus fructiferis pendulis ; corollis calyce brevioribus.
Buglossum alterum sylvestre flore nigro. *Camer. Epit.* 916. *Ic. A.* — *Schaw. Specim. n.* 85.
Buglossum sylvestre majus nigrum. *C. B. Pin.* 256. — *T. Inst.* 134.
Buglossum procumbens annuum, pullo minimo flore. *Zan. Hist.* 56. *t.* 38. — *Moris. s.* 11. *t.* 26. *f.* 11.

CAULES procumbentes, ramosi, pilosi, asperi, 3—6 decimetr. Folia alterna, cinerea, sessilia, lanceolata, integerrima, pilosa. Flores axillares, solitarii, pedicellati. Calyx persistens, hirsutus, maturo fructu inflatus, cernuus, quinquefidus; laciniis erectis, ovatis, acutis. Corolla infundibuliformis, calyce paulo brevior; limbo nigricante, parvo, quinquefido; laciniis obtusis. Tubus rectus. Stamina summo tubo inserta. Antheræ fuscæ. Stylus 1. Stigma simplex. Semina tuberculosa, acuminata, basi insculpta.

HABITAT in arenis prope Tozzer. ☉

ECHIOIDES VIOLACEA.

ECHIOIDES foliis lanceolatis ; caule prostrato ; calycibus fructiferis nutantibus ; corolla calyce longiore.

Lycopsis vesicaria ; foliis integerrimis ; caule prostrato ; calycibus frutescentibus inflatis, pendulis. *Lin. Spec.* 198.

Buglossum alterum sylvestre, flore purpureo. *Camer. Epit.* 916. *Ic. B.*

Echioides flore pullo. *Rivin.* 1. *t.* 8.

DIFFERT a præcedenti limbo corollæ violaceo, calycem paululum superante.

HABITAT in deserto. ⊙

ECHIUM.

CALYX persistens, quinquepartitus. Corolla infundibuliformis ; tubo superne ampliato, conoideo. Limbus irregularis, quinquefidus. Faux patens. Stamina distincta. Semina quatuor, supera. Flores racemosi, secundi.

ECHIUM VULGARE.

ECHIUM caule tuberculato, hispido ; foliis caulinis lanceolatis, hispidis ; floribus spicatis, lateralibus. *Lin. Spec.* 200.—*Œd.Dan. t.* 445.—*Lamarck. Illustr. n.* 1853. *t.* 94. *f.* 1.

Echium vulgare. *C. B. Pin.* 254. — *J. B. Hist.* 3. *p.* 586. *Ic.* — *T. Inst.* 135. — *Clus. Hist.* 2. *p.* 163. *Ic.* —*Dod. Pempt.* 631. *Ic.* —*Matth. Com.* 705. *Ic.* — *Moris. s.* 11. *t.* 27. *f.* 1. — *Rivin.* 1. *t.* 7. —*Blakw. t.* 29. — *Ger. Hist.* 802. *Ic.*

Echium sive Buglossum sylvestre. *Lob. Ic.* 579.

Buglossum vulgare. *H. Eyst. Æst.* 8. *p.* 6. *f.* 1.

Buglossa sylvestris. *Brunsf.* 1. *p.* 111. *Ic.*

HABITAT in arvis Algeriæ. ♂

ECHIUM PYRENAICUM.

ECHIUM pilosissimum, asperum ; ramis patulis ; foliis lanceolatis, tuberculosis ; corolla villosa ; staminibus exsertis.

Echium italicum *Lin. Mant. 334. variet.* B.

Echium majus et asperius , flore dilute purpureo. *T. Inst.* 135.

Lycopsis monspeliaca flore dilute purpureo. *Moris. Bles.* 284.

Echium asperrimum ; caule ramoso , pilosissimo ; corollis calyce longioribus ; staminibus exsertis. *Lamarck. Illustr. n.* 1854.

CAULIS 3—6 decimetr. , ramosus , scaber , pilosissimus ; pilis rigidis ,
albis , pungentibus. Rami patentes. Folia angusto - lanceolata , pilosa ,
tuberculosa, aspera ; caulina sessilia. Racemi breves , axillares. Calyx hispidus , quinquepartitus; laciniis lanceolato-subulatis. Corolla villosa , dilute purpurea, calyce duplo triplove longior. Limbus subregularis, quinquefidus ; laciniis obtusis. Stamina exserta , corollâ duplo longiora.

HABITAT in agro Tunetano et Algeriensi. ♂

E C H I U M   F L A V U M. Tab. 45.

ECHIUM caule simplici ; foliis lanceolatis , hirsutissimis; staminibus corolla
subregulari duplo longioribus.

PLANTA tota pilis numerosissimis , flavescentibus obtecta. Folia radicalia
lanceolata, 14—22 millimetr. lata, 10—16 centimetr. longa , integerrima;
caulina sparsa, angusto - lanceolata , sessilia. Caulis simplex, striatus ,
erectus , 13 — 16 decimetr. , crassitie digiti. Racemi floriferi numerosissimi , axillares , in spiram convoluti; fructiferi , erecti. Bracteæ lineari-
lanceolatæ. Calyx persistens , quinquepartitus. Laciniæ subulatæ. Corolla
flava, calyce duplo longior. Tubus tenuis, subarcuatus. Limbus quinquefidus. Laciniæ parvæ , subæquales , obtusæ. Stamina 5. Filamenta filiformia , corollâ duplo longiora. Antheræ exiguæ. Stylus longitudine staminum. Stigmata 2 , minima. Semina 4 , parva, tuberculosa, ossea, cordata.
Affinis E. altissimo Jacq. Austr. 5. t. 6. Differt pilis flavescentibus; corollâ
luteâ nec albâ.

HABITAT in Atlante prope Tlemsen. ♂

E C H I U M   H U M I L E.

ECHIUM foliis angusto-lanceolatis , pilosis , scabris , in petiolum decurrentibus ; calycibus hirsutissimis.

CAULES ex communi cæspite plures, erecti, palmares, simplices, hirsuti pilis rigidis, albis, longis, pungentibus. Folia angusto-lanceolata, pilosa, tuberculosa,scabra; inferiora 5—7 millimetr. lata,5—11 centimetr. longa, in petiolum decurrentia ; superiora sessilia, minora. Racemi axillares, revoluti. Calycis laciniæ lineari-subulatæ, hirsutissimæ ; pilis candidis, mollioribus. Flores apertos non vidi.

HABITAT in arenis deserti prope Cafsam.

ECHIUM GRANDIFLORUM. Tab. 46.

ECHIUM foliis, pubescentibus, vix pilosis ; caulinis inferioribus ovato-oblongis; caule piloso, tuberculoso ; corollis calvce quadruplo longioribus.

CAULIS erectus, simplex aut parce ramosus, scaber, pilosus, 3—6 decimetr. Folia integerrima, vix pilosa, pubescentia, mollia ; inferiora ovato-oblonga, in petiolum producta; media et superiora, nunc acuta, nunc obtusiuscula. Racemi florum axillares, pilosi, convoluti. Calyx pilosus, quinquepartitus ; laciniis lineari-subulatis, corollâ quadruplo aut quintuplo brevioribus. Corolla magna violacea, 3 centimetr. longa; limbo irregulari, oblique truncato. Tubus striatus. Stamina non exserta. Stylus filiformis, villosus. Stigmata 2. Affinis E. Australi Lamarck. Illustr. Differt foliis lævibus, aut tuberculis vix conspicuis conspersis; corollâ duplo triplove majore. Distinctissima ab E. plantagineo Lin. ⊙

ECHIOCHILON.

CALYX persistens, quadripartitus ; laciniis subulatis. Corolla tubulosa ; limbo patente, bilabiato. Labium superius bilobum; inferius trilobum ; lobis rotundatis. Tubus gracilis, arcuatus. Stamina quinque. Filamenta brevissima ex summitate tubi, non exserta. Stylus unus. Stigmata duo. Germina quatuor, supera. Semina totidem nuda. Flores solitarii, axillares. Etymolog. ab ἔχιον Echium, χεῖλος Labrum. Echium labiatum.

ECHIOCHILON FRUTICOSUM. Tab. 47.

ECHIOCHILON caule fruticoso ; ramis hirsutis ; foliis subulatis , asperis ; floribus solitariis , axillaribus, sessilibus.

FRUTEX 3 decimetr. , erectus. Rami graciles , teretes , alterni , sub angulum acutum prodeuntes , inæquales , sæpe tortuosi , pilis brevibus , adpressis , candicantibus obtecti. Folia alterna, perennantia , sparsa , lineari-subulata, hispida, rigidula , 8—11 centimetr. longa ; inferiora reflexa ; superiora cauli adpressa. Flores axillares , solitarii , sessiles. Calyx quadripartitus. Laciniæ subulatæ , subæquales , hirsutæ. Corollà cœrulea , parva , tubulosa , bilabiata. Tubus filiformis , subarcuatus, villosus , calyce longior. Faux flava. Labium superius longius , bilobum ; inferius subtrilobum ; lobis omnibus rotundatis. Stamina 5 fauce corollæ inclusa. Filamenta brevissima e tubi summitate. Antheræ parvæ , acutæ , versatiles , biloculares , hinc longitudinaliter dehiscentes. Stylus 1 gracilis. Stigma bilobum. Germina 4 , supera , minuta. Semina totidem glabra, exigua, tuberculosa , nuda in fundo calycis. Hyeme floret.

HABITAT prope Kerwan in regno Tunetano. ♄

CYCLAMEN.

CALYX persistens , quinquefidus. Corollæ tubus globosus, brevis ; limbo quinquepartito ; laciniis lanceolatis , retroflexis. Capsula supera , mollis , subrotunda , unilocularis , quinquevalvis , polysperma.

CYCLAMEN EUROPÆUM.

CYCLAMEN corolla retroflexa. *Lin. Spec.* 207. — *Jacq. Austr. 5. t.* 401. — *Bergeret. Phyt. p.* 231. *Ic.* — *Bulliard. Herb. t.* 6.

Cyclamen corolla retroflexa ; foliis cordatis , suborbiculatis , dentatis. *Lamarck. Illustr. n.* 1958. *t.* 100.

Cyclamen orbiculato folio inferne purpurascente. *C. B. Pin.* 308. — *T. Inst.* 154. *t.* 68. — *Moris. s.* 13. *t.* 7. *f.* 1 , 7 , 17. *etc.*

Cyclaminus. *Trag.* 906. *Ic.* — *Fusch. Hist.* 451. *Ic.* — *Camer. Epit.* 357. *Ic.* — *Matth. Com.* 444. *Ic.*

Cyclamen vernum. *Lob. Ic.* 6o5.
Cyclamen Umbilicus terræ. *Tabern. Ic.* ⁊53.
Cyclamen orbicularis. *Dod. Pempt.* 33⁊. *Ic.*
Cyclamen romanum. *H. Eyst. Autumn.* 3. *p.* 3. *f.* 1.
Cyclaminus folio rotundiore vulgatior. *J. B. Hist.* 3. *p.* 55ı. *Ic.* 553 *et* 554.
Cyclamen vulgare. *H. Eyst. Autumn.* 3. *p.* 4. *f.* 3. Cum varietatibus.
Artanica Cyclamen. *Blakw. t.* 14⁊.
Cyclamen flore cernuo; segmentis sursum reflexis. *Hall. Hist. n.* 635.

FOLIA cordata, denticulata aut integra, superne plerumque variegata, subtus violacea, crassa, rigidula, longe petiolata. Scapus gracilis, ante florescentiam spiraliter convolutus, uniflorus. Flos nutans. Corolla alba aut violacea. Tubus subrotundus. Antheræ acutæ, approximatæ. Radix tuberosa, maxima, solida, irregularis, nunc depressa, nunc subrotunda. Plurimas varietates culturâ hortulani obtinuerunt. Hyeme floret.

HABITAT Algeriâ. ♃

ANAGALLIS.

CALYX persistens, quinquepartitus. Corolla rotata, quinquefida. Capsula supera, unilocularis, circumscissa, polysperma. Semina affixa receptaculo centrali, libero, fungoso, alveolato.

ANAGALLIS ARVENSIS.

ANAGALLIS foliis indivisis; caule procumbente. *Lin. Spec.* 2ı1. — *Œd. Dan. t.* 88. —*Bergeret. Phyt.* 1. *p.* ı15. *Ic.*—*Curtis. Lond. Ic.*—*Gœrtner.* 1. *p.* 23o. *t.* 5o. *f.* 6.
Anagallis phœniceo flore. *C. B. Pin.* 252. — *T. Inst.* 142. — *Schaw. Specim. n.* 34.
Anagallis. *Trag.* 388. *Ic.*—*Brunsf.* 1. *p.* 238. *Ic.*—*Blakw. t.* 43. *et t.* 242.
Anagallis mas et fœmina. *Fusch. Hist.* 18 *et* ı9. — *Camer. Epit.* 394. *Ic.* — *Matth. Com.* 464. *Ic.* — *Lob. Ic.* 465. —*Dod. Pempt.* 32. *Ic.*—*J. B. Hist.* 3. *p.* 369. *Ic.* — *Ger. Hist.* 61⁊. *Ic.*
Anagallis phœnicea et cœrulea. *Tabern. Ic.* ⁊16.
Anagallis purpurascente flore. *Clus. Hist.* 2. *p.* 183. *Ic.*

Anagallis caule procumbente ; foliis ovato-lanceolatis ; calycis segmentis lanceolatis. *Hall. Hist. n.* 625 *et* 626.

CAULES ex communi cæspite plures , prostrati aut procumbentes , tetragoni , subcompressi , 1 — 2 centimetr. Folia opposita , sessilia , glabra , subcarnosa , ovata , integerrima , sæpe punctis·fuscis conspersa. Pedunculi filiformes , solitarii , axillares. Corolla rubra aut cœrulea , crenulata. Capsulæ nutantes , læves , rotundæ. Semina punctato-scabra. A. cœrulea certissime varietas A. rubræ. Sæpe corollam partim cœruleam , partim rubram observavi.

HABITAT in arvis Algeriæ. ⊙

ANAGALLIS MONELLI.

ANAGALLIS foliis indivisis; caule erecto. *Lin. Spec.* 211.
Anagallis cœrulea , foliis binis ternisve ex adverso nascentibus. *C. B. Pin.* 252. — *T. Inst.* 142. — *Schaw. Specim. n.* 32.
Anagallis foliis lineari-lanceolatis , basi angustioribus ; caule erecto. *Lamarck. Illustr. n.* 1986.
Anagallis tenuifolia. *Ger. Hist.* 618. *Ic.*
Anagallis lusitanica flore cœruleo. *Dodart. Icones.*
Anagallis tenuifolia Monelli. *Moris. s.* 5. *t.* 26. *f.* 3.

FOLIA lanceolata , sæpe terna. Corolla cœrulea , rarius rosea.

HABITAT inter segetes Algeriæ. ⊙

ANDROSACE.

INVOLUCRUM universale polyphyllum. Flores umbellati. Calyx persistens , quinquefidus. Corolla infundibuliformis ; limbo quinquefido ; lobis obtusis. Stamina intra tubum. Capsula supera, unilocularis , quinquevalvis , polysperma.

ANDROSACE MAXIMA.

ANDROSACE perianthiis fructuum maximis. *Lin. Spec.* 203. — *Jacq. Austr.* 4. *t.* 331.

1

Androsace vulgaris latifolia annua. *T. Inst.* 123.

Alsine affinis Androsace dicta major. *C. B. Pin.* 251.

Androsaces altera. *Camer. Epit.* 639. *Ic.* — *Clus. Hist.* 2. *p.* 134. *Ic.* — *J. B. Hist.* 3. *p.* 368. — *Moris. s.* 5. *t.* 25. *f.* 1.

Androsace annua spuria. *Ger. Hist.* 531. *Ic.*

Androsace stipulis quinis, amplissimis. *Hall. Hist. n.* 624.

Androsace foliis ovatis, dentatis; involucri foliis latissimis; corollis calyce minoribus. *Lamarck. Illustr. n.* 1943. *t.* 98. *f.* 1.

FOLIA radicalia, elliptica aut lato-lanceolata, dentata, in orbem jacentia, 13 — 27 millimetr. longa, 9—12 lata, nunc acuta, nunc obtusiuscula. Scapus teres, gracilis, pubescens, 1 — 2 decimetr., aphyllus, umbellifer. Involucrum maximum, penta aut hexaphyllum; foliis ovatis, dentatis, patentibus, coriaceis. Calyx quinquepartitus. Laciniæ magnæ, ovatæ, patentes, denticulatæ. Corolla alba, parva. Limbus quinquefidus, patens; laciniis obtusis, integerrimis. Tubus inferne ampliatus. Stamina basi corollæ inserta. Stylus brevissimus. Stigma capitatum. Semina trigona, receptaculo alveolato adhærentia.

HABITAT in arvis. ☉

PRIMULA.

CALYX tubulosus, persistens, quinquedentatus. Corolla tubulosa; limbo patente, quinquefido. Stamina intra tubum. Capsula supera, calyce tecta, unilocularis, apice decemvalvis, polysperma.

PRIMULA OFFICINALIS.

PRIMULA foliis dentatis, rugosis. *Lin. Spec.* 204. — *Œd. Dan. t.* 433. — *Bergeret. Phyt.* 1. *p.* 61. *Ic.*—*Bulliard. Herb. t.* 171. — *Gærtner.* 1. *p.* 233. *t.* 50. *f.* 10. — *Curtis. Lond. Ic.* — *Lamarck. Illustr. n.* 1928. *t.* 98. *f.* 2.

Primula veris odorata, flore luteo simplici. *J. B. Hist.* 3. *p.* 495. — *T. Inst.* 124.

Herba paralysis. *Brunsf.* 1. *p.* 96. *Ic.*

Primula veris flavo flore elatior. *Clus. Hist.* 301. *Ic.*

Verbascum pratense odoratum. *C. B. Pin.* 241.

Verbascum odoratum. *Fusch. Hist.* 850. *Ic.* .

Primula pratensis. *Lob. Ic.* 567.

Primula veris. *Camer. Epit.* 883. *Ic.* — *Ger. Hist.* 780. *Ic.* — *H. Eyst. Hyem. p.* 4. *f.* 5.

Primula sylvestris 3. *Tabern. Ic.* 320. — *Renealm. Specim.* 114. *Ic.* — *Gesner. Ic. æn.* 64.

La Primevère. *Regnault. Bot. Ic.*

FOLIA ovato-oblonga, obtusa, rugosa, subtus nervosa et pubescentia, crenato-dentata, in petiolum decurrentia; juniora margine revoluta. Petioli carinati. Scapus simplex, pubescens, teres, non striatus, foliis longior. Flores umbellati, terminales, pedicellati, nutantes. Involucrum polyphyllum; foliolis subulatis, pedicello brevioribus. Calyx pallescens, tubulosus, subinflatus, pentagonus, quinquefidus; angulis acutis. Laciniæ ovatæ, erectæ. Corolla infundibuliformis. Tubus longitudine calycis, a parte media ad apicem paululum ampliatus. Limbus luteus, quinquefidus; laciniis obcordatis, emarginatis, basi maculâ aurantiâ insignitis. Faux pervia. Stamina medio tubo inserta. Antheræ sessiles, oblongæ. Stylus filiformis, longitudine tubi. Stigma capitatum. Germen rotundum. Capsula glabra, ovatooblonga, apice decemvalvis. Semina numerosa, subrotunda, fusca, rugosa. Receptaculum centrale, liberum, globosum, scrobiculatum, subpedicellatum.

HABITAT Algeriâ. ♃

PLUMBAGO.

CALYX persistens, tubulosus, quinquedentatus. Corolla infundibuliformis. Tubus calyce longior. Limbus quinquefidus. Stylus unus. Stigmata quinque. Semen unum, superum, arillatum, calyce tectum.

PLUMBAGO EUROPÆA.

PLUMBAGO foliis amplexicaulibus, lanceolatis, scabris. *Lin. Spec.* 215. — *Lamarck. Illustr. n.* 2141. *t.* 105.

Plumbago quorumdam. *T. Inst.* 141. — *Clus. Hist.* 2. *p.* 124. *Ic.* — *Tabern. Ic.* 858. — *Schaw. Specim. n.* 486.

Lepidium Dentellaria dictum. *C. B. Pin.* 97.
Tripolium Dioscoridis. *Col. Ecphr.* 1. *p.* 161. *Ic.*
Dentaria vel Dentillaria Rondeletii. *Lob. Adv.* 136. *Ic.*
Plumbago Plinii. *Moris. s.* 15. *t.* 1.
La Dentelaire. *Regnault. Bot. Ic.*

CAULIS erectus, glaber, angulosus, 6—10 decimetr., ramosus; ramis paniculatis. Folia alterna, lanceolata, glabra, plumbea, margine denticulata, et integerrima, caulem amplectentia, basi biappendiculata, 2 — 5 centimetr. longa, 11—22 millimetr. lata; caulina inferiora obtusa; ramea superiora acuta. Flores aggregati, terminales. Calyx oblongus, teres, quinquepartitus. Laciniæ lineares, approximatæ, pilis brevibus, apice glandulosis, gemino ordine dispositis exasperatæ. Corolla cœruleo-violacea, pentapetala; unguibus linearibus, margine in tubum conniventibus, calyce duplo longioribus; limbo obovato, integerrimo. Stamina 5, unguibus breviora. Filamenta capillaria. Antheræ parvæ, erectæ, oblongæ. Stylus 1, inferne pubescens. Sigmata 5, villoso-glandulosa. Germen superum, ovatum. Floret Autumno.

Ex foliis cum sale et oleo contritis unguentum pro scabie. et herpetibus sanandis parant Arabes.

HABITAT in agro Tunetano. ♃

CONVOLVULUS.

CALYX persistens, quinquefidus. Corolla campanulata, quinqueplicata. Stylus unus. Stigmata duo. Capsula supera, multilocularis, polysperma.

CONVOLVULUS ARVENSIS.

CONVOLVULUS foliis sagittatis, utrinque acutis; pedunculis unifloris. *Lin. Spec.* 218.—*Œd. Dan. t.* 459.—*Bulliard. Herb. t.* 269.—*Curtis. Lond. Ic.*
Convolvulus minor arvensis, flore roseo. *C. B. Pin.* 294. — *T. Inst.* 83.
Volubilis minor. *Trag.* 806.
Convolvulus minor. *Clus. Hist.* 2. *p.* 50. *Ic.*
Helxine Cissampelos. *Camer. Epit.* 753. *Ic.*—*Fusch. Hist.* 258. *Ic.*

Smilax lævis minor. *Dod. Pempt.* 393. *Ic.* — *Ger. Hist.* 861. *Ic.*

Volubilis arvensis flore roseo. *Tabern. Ic.* 877.

Convolvulus minor purpureus. *Lob. Obs.* 340. *Ic.* — *Adv.* 272. — *Ic.* 619.

Helxine Cissampelos multis sive Convolvulus minor. *J.B.Hist.* 2. *p.*157. *Ic.*

Convolvulus vulgaris minor arvensis. *Moris. s.* 1. *t.* 3. *f.* 9.

Convolvulus foliis sagittatis, latescentibus; petiolis unifloris; stipulis remotis, subulatis. *Hall. Hist. n.* 664.

FOLIA hastata, glabra, petiolata, dente setaceo terminata. Caulis gracilis, volubilis. Pedunculi axillares, solitarii, uni ad triflori. Bracteæ duæ, subulatæ, a calyce remotæ. Filamenta staminum basi barbata. Variat foliis cordatis, sagittatis, angustissimis; flore albo; pedunculis uni aut trifloris.

HABITAT in sepibus prope La Calle. ♃

CONVOLVULUS ALTHÆOIDES.

CONVOLVULUS foliis cordatis, palmatis, sericeis; lobis repandis; pedunculis subbifloris. *Lin. Spec.* 222.

Convolvulus peregrinus pulcher, folio Betonicæ. *J. B. Hist.* 2. *p.* 159. *Ic.* — *T. Inst.* 85.

Convolvulus argenteus Altheæ folio. *C. B. Pin.* 295. — *Moris. s.* 1. *t.* 3. *f.* 10.

Convolvulus Altheæ folio. *Clus. Hist.* 2. *p.* 49. *Ic.* — *Schaw. Specim. n.* 165.

Scammonium minus. *Tabern. Ic.* 879.

Convolvulus peregrinus. *Lob. Ic.* 623.

Convolvulus Betonicæ Altheæque foliis repens argenteus, flore purpureo. *Barrel. t.* 312.

CAULIS hirsutus, volubilis. Folia cinerea, villosa, petiolata; petiolo foliis breviore; inferiora cordata, inæqualiter dentata; media incisa aut inciso-lobata; superiora palmato-pinnatifida; laciniis inæqualibus, incisis, acutis. Pedunculi axillares, hirsuti, folio longiores, uni aut biflori. Stipulæ duæ, lineari-subulatæ, ad ortum singuli pedicelli. Calycis laciniæ ovato-oblongæ, concavæ, obtusæ, villosæ, margine membranaceæ. Corolla amœne rosea, magnitudine C. sepium Lin.

HABITAT in sepibus Algeriæ. ♃

CONVOLVULUS SICULUS.

CONVOLVULUS foliis cordato-ovatis ; pedunculis unifloris ; bracteis lanceolatis ; flore sessili. *Lin. Spec.* 223.

Convolvulus siculus minor , flore parvo auriculato. *Boc. Sic. t.* 48. — *T. Inst.* 83.

Convolvulus siculus , flore cœruleo minimo. *Dodart. Icones.*

CAULES fere filiformes , volubiles , 3—6 decimetr. , hirsuti pilis brevibus. Folia cordata , acuta , breviter petiolata , integerrima. Pedunculi solitarii, axillares , filiformes , uniflori , folio breviores. Bracteæ binæ ad basim calycis , lanceolato-subulatæ , patentes. Corolla parva , cœrulea aut alba.

HABITAT Algeriâ in arenis. ☉

CONVOLVULUS LINEATUS.

CONVOLVULUS foliis lanceolatis , sericeis , lineatis , petiolatis ; pedunculis bifloris ; calycibus sericeis, subfoliaceis. *Lin. Spec.* 224.

Convolvulus minor argenteus repens , acaulis ferme. *T. Inst.* 84.

Convolvulus serpens maritimus spicæfolius. *Triumf. Obs.* 91. *Ic.* — *Lobel. Ic.* 622. Absque nomine.

Convolvulus marinus repens , angusto et oblongo folio , flore purpureo. *Barrel. t.* 1132.

CAULES procumbentes nec scandentes , villosi , flexuosi , 5—16 centimetr. Folia lanceolata, incana , sericea villis adpressis , alia obtusa , alia acuta , 9—11 millimetr. lata , 5—8 centimetr. longa. Flores solitarii axillares. Pedunculi breves. Calyx laxus , sericeus ; laciniis duabus minoribus. Corolla pallide rosea , crenulata , magnitudine C. arvensis Lin.

HABITAT ad maris littora in arenis. ♃

CONVOLVULUS CANTABRICA.

CONVOLVULUS foliis linearibus , acutis ; caule ramoso , subdichotomo ; calycibus pilosis. *Lin. Spec.* 225. — *Jacq. Austr.* 3. *t.* 296.

Convolvulus Linariæ folio humilior. *T. Inst.* 84.

Cantabrica quorumdam. *Clus. Hist.* 2. *p.* 49. *Ic.*
Convolvulus minimus spicæfolius etc. *Lob. Ic.* 622.

CAULES ramosi, procumbentes, villosi. Folia villosa, integerrima, lanceolata, 5—9 millimetr. lata, 5—8 centimetr. longa, in petiolum brevem decurrentia ; superiora linearia aut lineari-lanceolata. Pedunculi axillares, folio duplo triplove longiores, solitarii, subtriflori, villosi. Flores terminales, aggregati. Bracteæ binæ, lineares, acutæ, e basi pedicellorum. Calycis laciniæ subulatæ, villosissimæ. Corolla' rosea, magnitudine C. arvensis Lin., externe villosa.

HABITAT in collibus aridis. ♃

CONVOLVULUS SUFFRUTICOSUS. Tab. 48.

CONVOLVULUS caule erecto, villoso ; foliis angusto-lanceolatis ; pedunculis unifloris, folio longioribus.

CAULES plures suffruticosi ex eodem cæspite, graciles, sæpe basi decumbentes, 3 decimetr., villosi ; villis albis, patentibus, longis, mollibus. Folia angusto-lanceolata, integerrima, hirsuta, acuta, 4—7 millimetr. lata, 2—3 centimetr. longa. Pedunculi solitarii, axillares, filiformes, villosi, folio duplo triplove longiores, uniflori. Bracteæ duæ, subulatæ, a calyce distinctæ. Calyx hirsutus. Laciniæ ovato-oblongæ, acutæ, membranaceæ. Corolla pallide rosea aut alba. Differt a C. Cantabrica Lin. caule suffruticoso ; pedunculis unifloris ; corollâ duplo triplove majore ; villis patulis nec adpressis.

HABITAT in Atlante prope Tlemsen. ♄

CONVOLVULUS TRICOLOR.

CONVOLVULUS foliis lanceolato-ovatis, glabris ; caule declinato ; floribus solitariis. *Lin. Spec.* 225. — *Curtis. Magazin. t.* 27.
Convolvulus lusitanicus, flore cyaneo. *T. Inst.* 83.
Convolvulus peregrinus cœruleus, folio oblongo. *C. B. Pin.* 295. — *J. B. Hist.* 2. *p.* 166.
Convolvulus longifolius azureus, niveo umbilico, erectus. *Boc. Mus. t.* 63. *et t.* 105. — *Barrel. t.* 321 *et* 322.
Convolvulus peregrinus cœruleus, folio oblongo. *Moris. s.* 1. *t.* 4. *f.* 4.

CAULIS nunc erectus , nunc basi decumbens , plerumque simplex , 3—6 decimetr. Folia spathulata , obtusa, petiolata, integerrima , subvillosa , in petiolum decurrentia ; superiora sessilia. Flores solitarii, axillares. Pedunculi uniflori, 2—5 centimetr. Calycis laciniæ ovatæ , villosæ. Corolla patens, margine azurea, mediâ parte alba, fundo lutea. Germen villosum. Variat flore albo.

HABITAT in arvis cultis. ⊙

CONVOLVULUS EVOLVULOIDES. Tab. 49.

CONVOLVULUS caule non scandente , prostrato; foliis spathulatis , villosis obtusis, integerrimis ; floribus sessilibus.

RADIX tenuis , longa, ramosa ; ramis filiformibus. Caules plures ex eodem cæspite, teretes , villosi, simplices , prostrati aut procumbentes. Folia alterna, sparsa, spathulata aut spathulato - lanceolata , obtusa , villosa , integerrima, 9 millimetr. lata , 11 — 22 longa , inferne angustata; inferiora minora. Flores solitarii, axillares , sessiles , ex summitate caulis. Calyx quinquepartitus. Laciniæ ovato-oblongæ , acutæ , inæquales , erectæ, adpressæ. Corolla cœrulea , tubulosa , parva ; limbo quinquefido ; laciniis ovoideis , parvulis , acutis , extus villosis. Stamina 5. Filamenta filiformia, superne attenuata. Antheræ oblongæ , erectæ. Stylus persistens , filiformis. Stigmata 2, acuta. Capsula sphærica , villosa, membranacea, unilocularis, polysperma. Semina fusca , angulosa.

HABITAT in regno Tunetano prope Sbibam.

CONVOLVULUS SOLDANELLA.

CONVOLVULUS foliis reniformibus; pedunculis unifloris. *Lin. Spec.* 226.
Convolvulus marinus nostras rotundifolius. *Moris. s.* 1. *t.* 3. *f.* 2. — *T. Inst. 83.*—*Schaw. Specim. n.* 169.
Soldanella maritima minor. *C. B. Pin.* 295.
Brassica marina. *Matth. Com.* 368. *Ic.* — *Camer. Epit.* 253. *Ic.*
Soldanella. *Dod. Pempt.* 395. *Ic.* — *Tabern. Ic.* 877. — *Ger. Hist.* 838. *Ic.*
Soldanella sive Brassica marina. *Lob. Ic.* 603.
Brassica marina sive Soldanella. *J. B. Hist.* 2. *p.* 166. *Ic.*
Convolvulus maritimus rotundifolius. *Zanich. Ist. t.* 6.
La Soldanelle. *Regnault. Bot. Ic.*

A. Soldanella marina longo et sinuoso folio. *Barrel. t. 856.*
Convolvulus major italicus, sinuato vel potius auriculato folio. *Moris.*
s. 1. *t.* 7.

CAULES prostrati, 8—27 centimetr., glabri. Folia glaberrima, carnosa, reniformi-orbiculata, sæpe angulosa. Pedunculi axillares, longi, filiformes, uniflori. Calycis laciniæ ovatæ, latæ. Bracteæ duæ majores. Corolla magnitudine C. sepium Lin., rosea aut alba. Stigmata incrassata. Varietas A differt foliis sinuato-laciniatis.

HABITAT in arenis ad maris littora. ♃

IPOMŒA.

CALYX quinquepartitus. Corolla infundibuliformis aut campanulata, quinqueplicata. Stylus unus. Stigma unicum, capitatum. Capsula supera, multilocularis, polysperma.

IPOMŒA SAGITTATA.

IPOMŒA caule volubili; foliis glaberrimis; inferioribus cordatis; superioribus sagittatis.
IPOMŒA foliis sagittatis; pedunculis unifloris. *Poiret. Itin.* 2. *p.* 122. *Ic.*—
Lamarck. Illustr. n. 2132. *t.* 104. *f.* 1. — *Cavanil. Ic. n.* 116. *t.* 107.

PLANTA glaberrima. Caulis volubilis, 3—4 metr. Folia petiolata, integerrima; inferiora cordata; superiora sagittata, acuta; angulis postice elongatis, nunc obtusis, nunc acutis. Pedunculi solitarii, axillares, uni aut biflori, 3—7 centimetr. Calyx persistens. Laciniæ ellipticæ, coriaceæ, obtusæ; exterioribus duobus minoribus. Corolla magnitudine C. sepium Lin., amœne rosea, campanulata. Stamina 5. Filamenta basi villosa. Stylus filiformis. Stigma capitatum. Capsula rotunda, quinquevalvis, polysperma. Semina fusca, angulosa, tomentosa. Planta pulcherrima, Autumno et primo Vere florens.

HABITAT ad lacuum ripas prope La Calle. ♃

1 23

CAMPANULA.

CALYX persistens, superus, quinquepartitus. Corolla campanulata, quinquefida, summo calyci inserta, marcescens. Staminum filamenta basi dilatata. Stylus unus. Stigmata tria aut quinque. Capsula tri aut quinquelocularis, poris totidem latere dehiscens, polysperma.

CAMPANULA RAPUNCULUS.

CAMPANULA foliis undulatis; radicalibus lanceolato-ovalibus; panicula coarctata. *Lin. Spec.* 232. — *Gærtner.* 1. *p.* 154. *t.* 31. *f.* 1.

Campanula radice esculenta. *T. Inst.* 111. — *Schaw. Specim. n.* 108.

Rapunculus esculentus. *C. B. Pin.* 92. — *Moris. s.* 5. *t.* 2. *f.* 13. *mala.*

Rapunculum vulgare. *Trag.* 725. *Ic.*

Rapunculum sylvestre. *Fusch. Hist.* 214. *Ic.*

Rapunculus. *Camer. Epit.* 221. *Ic.* — *Matth. Com.* 347. *Ic.* — *Dod. Pempt.* 165. *Ic.*

Rapuntium parvum. *Lob. Ic.* 328. — *Ger. Hist.* 453. *Ic.*

Rapunculus vulgaris campanulatus. *J. B. Hist.* 2. *p.* 795. *Ic.*

Campanula foliis ellipticis, serratis, subhirsutis; caule aspero; floribus paniculatis. *Hall. Hist. n.* 699.

RADIX fusiformis, alba. Caulis erectus, 3—6 decimetr., sulcatus, superne ramosus; ramis erectis, strictis. Folia hirsuta, undulata, dentata; inferiora petiolata, ovato-oblonga; superiora lanceolata, sessilia, acuta. Panicula elongata, coarctata. Flores pedicellati. Calyx pentagonus. Laciniæ laxæ, subulatæ, angustissimæ, germine triplo longiores. Corolla semiquinquefida, cœrulea aut alba. Capsula trigona, obverse pyramidato-ovata, trilocularis, poris tribus latere dehiscens. Semina plurima, parva, elliptica, compressa, glaberrima, nitida, pallide ferruginea. GÆRTNER.

HABITAT Algeriâ. ♂

CAMPANULA ALATA. Tab. 5o.

CAMPANULA caule simplici; foliis lato-lanceolatis, glabris, decurrentibus; floribus sessilibus; terminalibus.

CAULIS erectus , simplex , 10—16 decimetr. , angulosus ; angulis obtusis. Folia glabra , rugosa , dentata ; inferiora 4 — 8 centimetr. lata , 16—27 longa ; caulina sessilia , decurrentia , lanceolata , serrata. Flores in summitate caulis sessiles , racemoso capitati, conferti ; inferioribus plerumque distinctis. Calyx quinquepartitus , persistens. Laciniæ linearilanceolatæ, acutæ, subciliatæ. Corolla cœrulea , magnitudine fere C. pyramidalis Lin. , semiquinquefida ; laciniis ovatis , obtusis. Filamenta basi dilatata. Antheræ flavescentes. Stylus 1. Stigmata 3 , crassiuscula. Capsula trilocularis , poris tribus basi dehiscens. Semina parva , numerosa. Floret primo Vere.

HABITAT in Atlante prope Maiane.

CAMPANULA DICHOTOMA.

CAMPANULA capsulis quinquelocularibus , obtectis ; caule dichotomo ; floribus cernuis. *Lin. Spec.* 237.
Campanula hirsuta Ocymi folio caulem ambiente , flore pendulo. *T. Inst.* 112. — *Boc. Sic. t.* 45. *bona.*—*Moris. s.* 5. *t.* 3. *f.* 26.—*Schaw. Specim. n.* 105.

CAULES erecti, pilosi, striati , superne dichotomi , 16—32 centimetr. Rami patentes , hispidi. Folia , sessilia , hirsuta , denticulata , 9—18 millimetr. lata , 1—2 centimetr. longa ; inferiora obovata , obtusa ; superiora ovata , acuta , quandoque lanceolata. Flores nutantes , ex bifurcatione ramorum , solitarii , axillares et terminales , singuli pedicellati. Pedicelli filiformes , hirsuti , inæquales. Calyx persistens , hispidus. Laciniæ sagittatæ , acutæ. Corolla cœrulea , cylindrica , campanulata, calyce duplo fere longior. Limbus quinquefidus ; laciniis ovatis , obtusis. Capsulam maturam non vidi.

HABITAT in Atlante. ☉

CAMPANULA SPECULUM.

CAMPANULA caule ramosissimo , diffuso ; foliis oblongis , subcrenatis ; calycibus solitariis, corolla longioribus ; capsulis prismaticis. *Lin. Spec.* 238. — *Curtis. Magazin. t.* 102.

Campanula arvensis erecta. *T. Inst.* 112. — *Dodart. Icones.* — *Moris. s.* 5. *t.* 2. *f.* 21.

Onobrychis arvensis vel Campanula arvensis erecta. *C. B. Pin.* 215.

Pentagonion. *Tabern. Ic.* 316.

Campanula caule procumbente ; fructibus prismaticis ; floribus rotatis , longissime petiolatis, solitariis. *Hall. Hist. n.* 703.

CALYX prismaticus triangularis , elongatus. Corolla subrotata. Capsula poris tribus infra apicem dehiscens.

HABITAT in agris cultis Algeriæ. ☉

CAMPANULA HYBRIDA.

CAMPANULA caule basi subramoso , stricto ; foliis oblongis , crenatis ; calycibus aggregatis, corolla longioribus ; capsulis prismaticis. *Lin.Spec.*239.

Campanula arvensis procumbens. *T. Inst.* 112.

Campanula arvensis minima. *Dod. Pempt.* 168. — *Moris. s.* 5. *t.* 2. *f.* 22.

Speculum Veneris minus. *Ger. Hist.* 439. *Ic.*

Onobrychis altera Belgarum. *Lob. Ic.* 418.

Avicularia Sylvii quibusdam. *J. B. Hist.* 2. *p.* 800. *Ic.*

Campanula caule erecto ; fructibus prismaticis ; floribus rotatis , sessilibus , congestis. *Hall. Hist. n.* 704.

HABITAT in arvis. ☉

CAMPANULA PERFOLIATA.

CAMPANULA caule simplici ; foliis cordatis , dentatis , amplexicaulibus ; floribus sessilibus , aggregatis. *Lin. Spec.* 239.

Campanula pentagonia perfoliata. *Moris. s.* 5. *t.* 2. *f.* 23. — *T. Inst.* 112.

Rapunculum minimum rotundifolium verticillatum , flore purpureo. *Barrel. t.* 1133.

HABITAT in arvis. ☉

CAMPANULA VELUTINA. Tab. 51.

CAMPANULA caule basi decumbente ; foliis obovatis , incanis , mollissimis ; floribus paniculatis ; laciniis calycinis sagittatis.

CAULES plures ex cæspite communi·, graciles, villosissimi, basi procumbentes, 16—32 centimetr., superne ramosi, quandoque simplices. Folia mollissima, incana, villosa; villis brevissimis, numerosissimis; radicalia in orbem jacentia, subspathulata, in petiolum decurrentia, lævissime denticulata; dentibus remotis; caulina obovata, 10—13 millimetr. longa, 6—8 lata; inferiora et media petiolata; petiolo brevissimo; superiora sessilia, sæpe ovato-oblonga, integerrima. Pedunculi foliosi, paniculati. Calyx pubescens, cinereo-candicans; laciniis sagittatis, acutis. Corolla campanulata, pallide cœrulea, calyce duplo longior. Limbus quinquefidus; laciniis obtusis. Filamenta basi dilatata. Stylus 1. Stigmata 5, crassiuscula. Capsulam non vidi.

HABITAT in fissuris rupium Atlantis prope Tlemsen. ♃

CAMPANULA ERINUS.

CAMPANULA caule dichotomo; foliis sessilibus, utrinque dentatis; floralibus oppositis. *Lin. Spec.* 240.
Campanula minor annua, foliis incisis. *T. Inst.* 112.
Rapunculus minor foliis incisis. *C. B. Pin.* 92. — *Moris. s.* 5. *t.* 3. *f.* 25.
Erinus. *Col. Phytob.* 2. *p.* 31. *Ic.*
Alsine oblongo folio serrato, flore cœruleo. *J. B. Hist.* 3. *p.* 367. *Ic.* et Erinos Columnæ. *Hist.* 2. *p.* 799. *Ic.*

CAULIS ramosus, villosus, 16—28 centimetr. Rami dichotomi, filiformes, sub angulum acutum prodeuntes. Folia parva, villosa, sessilia; inferiora spathulata; superiora ovata, profunde dentata; dentibus remotis. Flores laxe racemosi, pedicellati, in ramulorum bifurcatione solitarii. Calyx persistens, hirsutus. Laciniæ lanceolatæ, patentes. Corolla minuta, calyce vix longior, quinquefida; laciniis ovatis, obtusis. Stylus triangularis. Sigmata 3. Capsula parva, turbinata, trilocularis.

HABITAT inter segetes. ☉

·ROELLA

CALYX persistens, superus, quinquefidus. Corolla summo calyci inserta. Stigmata duo. Capsula bilocularis, infera, polysperma.

ROELLA CILIATA.

ROELLA foliis ciliatis, mucrone erecto. *Lin. Spec.* 241. — *Hort. Clif. t. 35.*
— *Lamarck. Illustr. n.* 2576. *t.* 123. *f.* 1. — *Gærtner.* 1. *p.* 154. *t.* 31. *f. 3.*
Campanula africana frutescens aculeosa, flore violaceo. *Commel. Hort.*
2. *p.* 77. *t.* 39. — *Pluk. t.* 252. *f.* 4.
Campanula africana, humilis, pilosa; flore exalbido, languide purpureo.
Seba. Thes. 25. *t.* 16. *f. 5.*

TRACHELIUM.

CALYX minimus, persistens, superus quinquedentatus. Corolla
infundibuliformis. Tubus filiformis. Limbus quinquefidus. Stamina
intra tubum. Stylus unus. Stigmata tria. Capsula infera, triloculais, polysperma.

TRACHELIUM CŒRULEUM.

TRACHELIUM ramosum, erectum; foliis ovatis, serratis, planis. *Lin. Suppl.*
143. — *Gærtner.* 1. *p.* 155. *t.* 31. *f.* 4. — *Lamarck. Illustr. n.* 2599. *t.* 126.
Trachelium azureum umbelliferum. *T. Inst.* 130. *t.* 50. — *Schaw. Specim.*
n. 593.
Cervicaria valerianoides cœrulea. *C. B. Pin.* 95.
Rapunculus valerianoides cœruleus. *Moris. s.* 5. *t.* 5. *f.* 52.
Trachelium valerianoides umbelliferum. *Dodart. Icones.*

CAULIS teres, 3—6 decimetr., glaber, superne ramosus; ramis patentibus. Folia alterna, ovata, petiolata, glabra, acuta, inæqualiter serrata.
Flores numerosissimi, corymbosi; corymbo regulari, convexo. Corolla
cœrulea, rarius alba, infundibuliformis; tubo filiformi, 10—13 millimetr.
longo. Limbus quinquefidus; laciniis parvis, concavis, ellipticis. Filamenta
capillaria, basi corollæ inserta. Stylus exsertus. Stigmata 3, minima.
Germen obtuse trigonum, glabrum. Capsula parva, subrotunda, polysperma, poris tribus basi dehiscens. Semina minima, elliptica, glabra,
compressa, nitida.

HABITAT in fissuris rupium Atlantis. ♂

SAMOLUS.

CALYX persistens, quinquefidus, germini adnatus. Corolla tubulosa, quinquefida, cum denticulis quinque interjectis. Stylus unus. Stigma simplex. Capsula calyci accreta, unilocularis, apice quinquevalvis, polysperma.

SAMOLUS VALERANDI.

SAMOLUS *Lin. Spec.* 243. — *Œd. Dan. t.* 198. — *Bergeret. Phyt.* 1. *p.* 39. *Ic.'*— *Curtis. Lond. Ic.* — *Hall. Hist. n.* 707. — *Gærtner.* 1. *p.* 146. *t.* 30. *f.* 1.
Samolus Valerandi. *J. B. Hist.* 3. *p.* 791. *Ic.* — *T. Inst.* 143. *t.* 60. — *Schaw. Specim. n.* 523.
Anagallis aquatica, folio rotundo non crenato. *C. B. Pin.* 252.
Anagallis aquatica tertia. *Lob. Ic.* 467. — *Ger. Hist.* 620. *Ic.*
Alsine aquatica perennis, foliis Beccabungæ. *Moris. s.* 3. *t.* 24. *f.* 28.

FOLIA poris numerosis conspersa. Corolla alba, parva. Stamina basi inserta. Capsula subrotunda. Semina minima, angulosa, punctata.

HABITAT ad rivulorum ripas Algeriæ. ♃

LONICERA.

CALYX minimus, persistens, quinquedentatus. Corolla regularis, quinquefida. Bacca infera. Folia opposita. Caulis frutescens.

LONICERA CAPRIFOLIUM.

LONICERA floribus verticillatis, terminalibus, sessilibus; foliis summis connato-perfoliatis. *Lin. Spec.* 246. — *Jacq. Austr.* 4. *t.* 357. — *Lamarck. Illustr. t.* 150. *f.* 1.
Periclymenum perfoliatum. *C. B. Pin.* 302. — *J. B. Hist.* 2. *p.* 104. *Ic.* — *Tabern. Ic.* 898. — *H. Eyst. Vern.* 9. *p.* 4. *f.* 2.

Caprifolium italicum. *T. Inst.* 608. *t.* 378. — *Dod. Pempt.* 411. *Ic.*

Periclymenum perfoliatum calidarum regionum. *Lob. Ic.* 632.—*Ger. Hist.* 891. *Ic.*

Periclymenum *Matth. Com.* 691. *Ic.*—*Camer. Epit.* 713. *Ic.*

Periclymenum italicum. *Rivin.* 1. *t.* 123.

HABITAT in Atlante. ♄

LONICERA BIFLORA. Tab. 52.

LONICERA caule volubili; foliis cordatis, petiolatis; pedunculis axillaribus, bifloris, petiolo longioribus.

CAULIS teres, fruticosus, volubilis, junior pubescens. Folia opposita, cordata, breviter petiolata, integerrima, pubescentia, 3—4 centimetr. lata, 5 longa. Pedunculi axillares, solitarii, filiformes, petiolo longiores, biflori. Bracteæ binæ, lineares, ad basim florum. Calyx superus, quinque-dentatus. Corolla irregularis, tubulosa. Germina 2, distincta. Fructum maturum non vidi.

HABITAT in monte Trara. ♄

MIRABILIS.

INVOLUCRUM proprium quinquefidum. Calyx rotundus, persistens, integerrimus. Corolla infundibuliformis, summo calyci inserta. Stamina quinque. Filamenta basi squamosa, receptaculo insidentia, nec corollæ nec calyci adhærentia. Stylus unus. Stigma capitatum. Germen superum. Semen unum, globosum, calyce tectum.

N. BOERHAAVIA valde affinis Mirabili; differt involucri proprii defectu; calyce obversc pyramidato; staminum numero pauciori; corollâ campanulato-patente. In utraque stamina sub pistillo inserta. Vera corolla adest in Boerhaavia et Mirabili, cito enim marcescit et cadit, calyce persistente et crescente. Germen inferum Cl. Linnæus et alii autores in Boerhaavia dixerunt, sed perperam.

MIRABILIS JALAPA.

MIRABILIS floribus congestis , terminalibus , erectis. *Lin. Spec.* 252. —
Lamarck. Illustr. n. 2136. *t.* 105.
Jalapa flore purpureo. *T. Inst.* 129. *t.* 50.
Solanum mexicanum flore magno. *C. B. Pin.* 168.
Viola peruviana. *Tabern. Ic.* 315.
Admirabilis peruviana rubro flore. *Clus. Hist.* 2. *p.* 89. *Ic.* — *Ger. Hist.*
343. *Ic.*
Jasminum mexicanum , sive Flos mexicanus. *J. B. Hist.* 2. *p.* 804. *Ic.*
Jasminum indicum flore rubro et variegato. *H. Eyst. Autumn.* 2. *p.* 3. *f.* 1.
Mirabilis. *Rumph. Amb.* 5. *p.* 253. *t.* 89.
La Belle de nuit. *Regnault. Bot. Ic.*

COLITUR in hortis. ☉

CORIS.

CALYX persistens , quinquedentatus , barbatus. Corolla irregularis , quinquefida ; laciniis bifidis. Capsula supera , quinquevalvis , polysperma.

CORIS MONSPELIENSIS.

CORIS. *Lin. Spec.* 252. — *Lamarck. Illustr. n.* 1996. *t.* 102.
Coris cœrulea maritima. *C. B. Pin.* 280. — *T. Inst.* 652. *t.* 423. — *Schaw.*
Specim. n. 171.
Coris quorumdam. *Clus. Hist.* 2. *p.* 174. *Ic.*
Symphytum petræum. *Camer. Epit.* 699. *Ic.*
Coris Monspeliaca. *Tabern. Ic.* 840. — *Lob. Ic.* 402. — *Moris. s.* 11. *t.* 5.
f. ultima.
Coris monspessulana cœrulea et purpurea. *J. B. Hist.* 3. *p.* 434. *Ic.* —
Ger. Hist. 544. *Ic.*

CAULES plures ex communi radice , basi sæpe procumbentes , teretes, ramosi, 16—20 centimetr. Folia sparsa , numerosa , linearia , den-

ticulata ; dentibus sæpe in setam rigidulam abeuntibus. Florés dense racemosi , terminales , subpedicellati. Racemus teres , 2—5 centimetr. Calyx
persistens , oblongus , striatus , oblique truncatus , maturo semine basi
gibbus , quinquedentatus ; dentibus ovatis , puncto rubello distinctis.
Barbulæ rigidæ, inæquales , ex laciniarum basi prodeuntes. Corolla tubulosa, irregularis , quinquefida ; laciniis bifidis , roseis ; superioribus paulo
longioribus. Stamina brevissima ex apice tubi. Stylus brevis. Stigma orbiculatum. Capsula pyriformis, quinquevalvis , calyce tecta , polysperma.
Semina parva , fusca, subrotunda , angulosa.

HABITAT in collibus incultis. ☉

VERBASCUM.

CALYX persistens , quinquepartitus. Corolla rotata , quinquepartita ; laciniis rotundatis ; duabus superioribus minoribus. Antheræ uniloculares , apice transversim dehiscentes. Capsula supera,
bilocularis , bivalvis , polysperma.

Nª In Verbasco Myconi Lin. antheræ biloculares longitudinaliter dehis-
cunt. An ejusdem generis ?

VERBASCUM CORDATUM.

VERBASCUM foliis tomentosis ; radicalibus cordatis , petiolatis , crenulatis ,
obtusis ; caulinis amplexicaulibus, integerrimis.

FOLIA crassa, tomentosa, incana ; inferiora cordata, crenulata, petiolata ; caulina semiamplexicaulia , acuta, integerrima. Caulis simplex , vel
parum ramosus , 5—9 decimetr. , tomentosus, erectus , crassitie digiti.
Florem nec fructum vidi.

HABITAT in Atlante prope Tlemsen.

VERBASCUM SINUATUM.

VERBASCUM foliis radicalibus pinnatifido-repandis, tomentosis ; caulinis
amplexicaulibus , nudiusculis ; rameis primis oppositis. *Lin. Spec.* 254.
Exclus. Syn. T. Cor. et Itin. quæ ad speciem distinctam pertinent.

Verbascum nigrum folio Papaveris corniculati. *C. B. Pin.* 240. — *T. Inst.*
147. — *Moris s.* 5. *t.* 9. *f.* 6.
Verbascum aliud. *Camer. Epit.* 882. *Ic.* — *Matth. Com.* 801. *Ic.*
Verbascum intubaceum. *Tabern. Ic.* 565.
Verbascum laciniatum Matthioli. *Dalech. Hist.* 1302. *Ic.*
Verbascum crispum et sinuatum. *J. B. Hist.* 3. *App.* 872. *Ic.*

FOLIA tomentosa ; radicalia elongata , undulata , sinuato - repanda ,
5—10 centimetr. lata , 3 — 6 decimetr. longa ; caulina sessilia , subde-
currentia. Caulis 6—13 decimetr. , erectus, tomentosus. Rami numerosi,
graciles , virgati , erecti , tomentosi. Flores sessiles , glomerati , interrupte
spicati. Corolla parva , lutea. Bracteæ cordatæ , acuminatæ , refractæ.

HABITAT in arvis. ♃

DATURA.

CALYX tubulosus , quinquedentatus ; maturus supra basim
circulariter discedens ; parte inferiore superstite et crescente. Corolla tubulosa. Limbus campanulatus , quinquangularis. Capsula
supera , quadrilocularis , polysperma. Semina reniformia.

DATURA STRA·MONIUM.

DATURA pericarpiis spinosis , erectis , ovatis ; foliis ovatis, glabris. *Lin.*
Spec. 255. — *Œd. Dan. t.* 436. — *Bulliard. Herb. t.* 13. — *Gœrtner.* 2.
p. 243. *t.* 132. *f.* 4. — *Lamarck. Illustr. n.* 2289. *t.* 113.
Stramonium fructu spinoso oblongo , flore albo. *T. Inst.* 119. *t.* 43. *et*
44. — *Blakw. t.* 313.
Solanum fœtidum , pomo spinoso oblongo , flore albo. *C. B. Pin.* 168.
Solanum maniacum. *Col. Phytob.* 47. *Ic.*
Datura Turcarum. *H. Eyst. Autumn.* 2. *p.* 12. *f.* 1.
Tatula. *Camer. Epit.* 176. *Ic.*
Datura. *Clus. Exot.* 289. *Ic.*
Stramonium spinosum. *Ger. Hist.* 348. *Ic.*
Stramonium foliis angulosis ; fructu erecto , muricato ; calyce pentagono.
Hall. Hist. n. 586.
La Stramoine. *Regnault. Bot. Ic.*

CAULES glabri , teretes , erecti , 6 decimetr. , ramosi ; ramis patentibus,
dichotomis. Folia glabra , ovata, sinuato-angulosa ; angulis acutis , inæqualibus ; lobo baseos altero in petiolum longius producto. Calyx tubulosus, pentagonus ; angulis acutis. Corolla alba , calyce duplo longior.
Capsula erecta , ovata, quadrisulcata , obtuse tetragona , spinis validis
undique echinata , inferne quadri , superne bilocularis.

HABITAT Algeriâ. ☉

HYOSCYAMUS.

CALYX persistens , campanulatus , quinquedentatus. Corolla tubulosa ; limbo subirregulari , quinquefido. Laciniæ duæ inferiores
remotiores. Capsula supera , operculata , bilocularis , polysperma.

HYOSCYAMUS NIGER.

HYOSCYAMUS foliis amplexicaulibus , sinuatis ; floribus sessilibus. *Lin. Spec.*
    257. — *Bulliard. Herb. t.* 93. — *Hall. Hist. n.* 580.—*Storck. Hyosc. t.* 1.
Hyoscyamus vulgaris vel niger. *C. B. Pin.* 169. — *T. Inst.* 118. — *Moris.*
    s. 5. t. 11. *f.* 1.
Hyoscyamus. *Brunsf.* 1. *p.* 224. *Ic.* — *Camer. Epit.* 807. *Ic.* — *Trag.* 133.
    Ic. — *Rivin.* 1. *t.* 102. — *Lob. Ic.* 268.
Hyoscyamus niger vulgaris. *Clus. Hist.* 2. *p.* 83. *Ic.* — *Dod. Pempt.* 450.
    Ic. — *Zanich. Ist. t.* 255. — *Ger. Hist.* 353. *Ic.*
Hyoscyamus vulgaris. *J. B. Hist.* 3. *p.* 627. *Ic.*—*H. Eyst. Æst.* 8. *p.* 8. *f.* 1.
Hyoscyamus flavus. *Fusch. Hist.* 833. *Ic.*
La Jusquiame. *Regnault. Bot. Ic.*

COROLLÆ tubus fusco-violaceus ; limbo venis atro-violaceis reticulato.
Capsulæ secundæ. Odor gravis.

HABITAT in arvis Algeriæ. ♂

HYOSCYAMUS ALBUS.

HYOSCYAMUS foliis petiolatis , sinuatis , obtusis ; floribus subsessilibus.
    Lin. Spec. 257. — *Bulliard. Herb. t.* 99.

Hyoscyamus albus major vel tertius Dioscoridis. *C. B. Pin.* 169. — *T. Inst.* 118.

Hyoscyamus albus vulgaris. *Clus. Hist.* 2. *p.* 84. *Ic.* — *Schaw. Specim. n.* 338.

Hyoscyamus albus. *Dod. Pempt.* 451. *Ic.* — *Lob. Ic.* 269. — *Matth. Com.* 750. *Ic.* — *Camer. Epit.* 808. *Ic.* — *J. B. Hist.* 3. *p.* 627. *Ic.* — *Ger. Hist.* 353. *Ic.* — *H. Eyst. Æst.* 8. *p.* 8. *f.* 2.

Hyoscyamus candidus. *Trag.* 134. *Ic.*

Hyoscyamus major albo similis, umbilico floris virenti. *Mill. Dict. t.* 149.

CAULIS villosus, ramosus, 3 decimetr. Folia cordata, obtusa, villosa, sinuato-dentata; dentibus obtusis. Flores subsessiles, solitarii. Calyx cyathiformis, villosus, decemstriatus. Corollæ tubus nigro-violaceus; limbo albo nec venoso.

HABITAT in Barbaria. ⊙

HYOSCYAMUS AUREUS.

HYOSCYAMUS foliis petiolatis, eroso-dentatis, acutis; floribus pedunculatis; fructibus pendulis. *Lin. Spec.* 257. — *Bulliard. Herb. t.* 20.

Hyoscyamus creticus luteus major. *C. B. Pin.* 169. — *Prodr.* 92. *Ic.* — *T. Inst.* 118.

Hyoscyamus albus creticus. *Clus. Hist.* 2. *p.* 84. — *Ger. Hist.* 354.

Hyoscyamus creticus luteus minor. *J. B. Hist.* 3. *p.* 628. *Ic.*

HABITAT in agro Tunetano. ♃

NICOTIANA.

CALYX tubulosus, quinquefidus. Corolla tubulosa, quinqueplicata. Stigma capitatum. Capsula supera, bilocularis, bivalvis, polysperma.

NICOTIANA TABACUM.

NICOTIANA foliis lanceolato-ovatis, sessilibus, decurrentibus; floribus acutis. *Lin. Spec.* 258. — *Bulliard. Herb. t.* 285. — *Gærtner.* 1. *p.* 264. *t.* 55. *f.* 11. — *Lamarck. Illustr. n.* 2280. *t.* 113.

Nicotiana major latifolia. *C. B. Pin.* 169. — *T. Inst.* 117.—*Matth. Com.*
751. *Ic.*—*Tabern. Ic.* 577.—*Moris. s.* 5. *t.* 11. *f.* 1.
Hyoscyamus peruvianus. *Camer. Epit.* 810. *Ic.* — *Dod. Pempt.* 452. *Ic.*—
Ger. Hist. 357. *Ic.*
Tabacum latifolium. *H. Eyst. Autumn.* 2. *p.* 9. *f.* 1.
Herba sancta , sive Tabacum. *Lob. Obs.* 316.
Pontiana. *Gesn. Schmid.* 9. *t.* 4. *n.* 57.
Nicotiana major sive Tabacum majus. *J. B. Hist.* 3. *p.* 629. *Ic.*
Petum Tabacum. *Blakw. t.* 146.
Le Tabac. *Regnault. Bot. Ic.*

PLANTA tota pubescens lanugine brevissimâ. Caulis teres, 1—2 metr.,
erectus. Folia sæpe 3 decimetr. aut etiam longiora , ovata seu ovato-
oblonga, integerrima, semiamplexicaulia ; superiora nonnumquam lanceolata. Flores paniculati , terminales. Calyx persistens, viscidus , quinquefidus ; laciniis ovatis , erectis. Corolla infundibuliformis ; tubo superne
ampliato. Limbus patens , roseus , quinquangularis ; angulis acutis. Filamenta basi villosa , tubum adæquantia. Stylus longitudine staminum.
Stigma capitatum, crassum , virescens, sulco transversali exaratum. Capsula
ovata , extus longitudinaliter quadrisulca , bilocularis. Dissepimentum
valvulis parallelum suturis adhærens , utrinque instructum receptaculo
fungoso , capsulam implente , foveolis excavato , tecto seminibus numerosissimis , parvis , subrotundis , fuscis , rugosis.

COLITUR in Barbaria sed rarius quam N. rustica. ☉

NICOTIANA RUSTICA.

NICOTIANA foliis ovatis, petiolatis , integerrimis ; floribus obtusis. *Lin.*
Spec. 258. — *Bergeret. Phyt.* 2. *p.* 57.—*Bulliard. Herb. t.* 289.
Nicotiana minor. *C. B. Pin.* 170.—*T. Inst.* 117.—*H. Eyst. Autumn.* 2. *p.* 10. *f.* 3.
Hyoscyamus luteus. *Dod. Pempt.* 450. *Ic.* — *Gesn. Schmid.* 7. *t.* 16. *n.* 56.
Dubius Hyoscyamus luteolus solanifolius. *Lob. Ic.* 269.
Hyoscyamus tertius. *Matth. Com.* 750. — *Camer. Epit.* 809. *Ic.*
Priapeia , quibusdam Nicotiana minor. *J. B. Hist.* 3. *p.* 630. *Ic.*
L'Herbe a la reine, *Regnault. Bot. Ic.*

PLANTA villosa , glutinosa. , 6—14 decimetr. Folia petiolata, cordato-
ovata , integerrima , obtusa. Flores paniculati. Corolla e viridi flavescens.

Tubus inflatus, villosus, infra limbum horizontaliter patentem, orbiculatum strangulatus. Staminum filamenta basi villosa. Calycis laciniæ ovatæ. Capsula rotunda. Dissepimentum ut in præcedente.

COLITUR in Barbaria solo pingui et humido. Seritur ineunte Vere. ⊙

ATROPA.

CALYX quinquefidus, persistens. Corolla campanulata, quinquefida. Bacca supera, polysperma.

ATROPA MANDRAGORA.

ATROPA acaulis; scapis unifloris. *Lin. Spec.* 259. — *Miller. Dict. t.* 173.
— *Bulliard. Herb. t.* 146.
Mandragora fructu rotundo. *C. B. Pin.* 169. — *T. Inst.* 76. *t.* 12.
Mandragora. *Trag.* 890. *Ic.* — *Camer. Epit.* 818 *et* 819. *Ic.* — *Matth. Com.*
759. *Ic.* — *Fusch. Hist.* 530. *Ic.* — *Blakw. t.* 364. — *Dodart. Icones.* —
Hall. Hist. n. 578.
Mandragoras. *Dod. Pempt.* 457. *Ic.* — *Lob. Ic.* 267. — *J. B. Hist.* 3. *p.* 617.
Ic. — *Ger. Hist.* 352. *Ic.*
Mandragora fœmina flore cœruleo. *Barrel. t.* 29. — *H. Eyst. Vern.* 9. *p.* 1. *f.* 1.
La Mandragore. *Regnault. Bot. Ic.*

FOLIA ovata, rugosa, jacentia, 13—22 centimetr. lata, 2—3 decimetr. longa. Caulis nullus. Pedunculi filiformes, uniflori. Calyx ciliatus. Corolla cœrulea aut violacea; laciniis acutis, trinerviis. Filamenta basi villosa. Tota planta Musci odorem spirat. Floret Hyeme.

HABITAT in arvis. ♃

ATROPA FRUTESCENS.

ATROPA caule fruticoso; pedunculis confertis; foliis cordato - ovatis, obtusis. *Lin. Spec.* 260. — *Lamarck. Illustr. n.* 2305. *t.* 114. *f.* 2.
Belladona frutescens rotundifolia hispanica. *T. Inst.* 77.
Solanum frutex rotundifolium hispanicum. *Barrel. T.* 1173.
Alkekengi frutescens foliis rotundis sibi invicem incumbentibus, etc.
Schaw. Specim. n. 19.

Physalis suberosa; caule fruticoso , decumbente; cortice suberoso ; foliis orbiculatis , nitidis , integerrimis. *Cavanil. Ic. n.* 111. *t.* 102.

FRUTEX 10—13 decimetr. , erectus , ramosus , glaber. Cortex in ramis vetustioribus fungosus et fissus. Folia alterna, cordata, petiolata, lævia, integerrima , subciliata. Flores axillares , solitarii, nutantes, pedicellati ; pedicellis brevibus , filiformibus. Calyx quinquefidus ; laciniis acutis. Corolla pallide flava, campanulata, semiquinquefida. Laciniæ angustæ, acutæ, reflexæ, extus pubescentes. Filamenta brevissima. Antheræ approximatæ. Calyx Physalidum more crescit absolutâ florescentiâ. Bacca sphærica , subpentasperma.

HABITAT in collibus circa Mascar. ♄

PHYSALIS.

CALYX persistens , inflatus , quinquefidus. Corolla rotato-campanulata. Bacca supera , rotunda , polysperma.

PHYSALIS SOMNIFERA.

PHYSALIS caule fruticoso ; ramis rectis ; floribus confertis. *Lin. Spec.* 261.
    Gærtner. 2. *p.* 239. — *Cavanil. Ic. n.* 113. *t.* 103.
Alkekengi fructu parvo verticillato. *T. Inst.* 151. — *Schaw. Specim. n.* 18.
Solanum somniferum verticillatum. *C. B. Pin.* 166.
Solanum somniferum. *Camer. Epit.* 815. *Ic.* — *Matth. Com.* 755. *Ic.* — *Clus.*
    Hist. 2. *p.* 85. *Ic.* — *Dod. Pempt.* 455. *Ic.* — *Lob. Ic.* 263. — *Ger. Hist:* 339.
Solanum vesicarium coralloïdes. *Barrel. t.* 149.

FRUTEX 10—16 decimetr. Rami flexuosi , villosi ; villis brevibus , densissimis. Folia ovato-oblonga , petiolata , pubescentia , integerrima; inferiora obtusa; superiora acuta. Flores parvi , glomerati , axillares , subsessiles. Calyx pubescens , pentagonus , maturo fructu ovato-pyramidatus , quinquedentatus ; dentibus acutis. Corolla pallide flava , villosa, calyce duplo longior. Tubus brevissimus. Laciniæ acutæ , patentes. Bacca rotunda, coccinea , pisi magnitudine. Semina subcompressa.

HABITAT in arvis incultis. ♄

SOLANUM.

CALYX persistens , quinquefidus. Corolla patens, quinquefida aut quinquepartita. Antheræ approximatæ , apice poro gemino dehiscentes. Bacca supera polysperma,

SOLANUM DULCAMARA.

SOLANUM caule inermi, frutescente , flexuoso ; foliis superioribus hastatis ; racemis cymosis. *Lin. Spec.* 264. — *Œd. Dan. t.* 607. — *Curtis. Lond. Ic.* — *Bulliard. Herb. t.* 23. — *Bergeret. Phyt.* 1. *p.* 113. *Ic.*

Solanum scandens seu Dulcamara. *C. B. Pin.* 167. — *T. Inst.* 149. — *Duham. Arb.* 2. *t.* 72.

Dulcis amara flore cœruleo et albo. *H. Eyst. Æst.* 2. *p.* 16. *f.* 2 *et* 3.

Dulcis amara. *Trag.* 816. *Ic.* — *Blakw. t.* 34.

Vitis sylvestris. *Camer. Epit.* 986. *Ic.* — *Matth. Com.* 881. *Ic.*

Dulcamara. *Dod. Pempt.* 402. *Ic.*

Amara dulcis Circæa. *Lob. Ic.* 266. — *Tabern. Ic.* 893. — *Ger. Hist.* 350. *Ic.*

Glycypicros sive Dulcamara. *J. B. Hist.* 2. *p.* 109. *Ic.*

Solanum caule flexuoso, frutescente ; foliis supremis tripartitis et cordato-lanceolatis. *Hall. Hist. n.* 575.

La Morelle grimpante. *Regnault. Bot. Ic.*

CAULES suffruticosi , scandentes , angulosi. Folia ovata , .cordata et hastata , 2 — 3 centimetr. lata, 4 — 5 longa , petiolata. Foliola sæpe duo distincta ad basim majoris. Flores cymosi. Pedunculus communis brevis. Calyx quinquedentatus; dentibus ovatis, adpressis. Corolla patens, violacea ; laciniis basi intus biglandulosis. Baccæ ovatæ , propendentes ; maturæ rubræ , nitidæ. Semina reniformia , aļba.

HABITAT Algeriâ. ♄

SOLANUM TUBEROSUM.

SOLANUM caule inermi, herbaceo ; foliis pinnatis , integerrimis ; pedunculis subdivisis. *Lin. Spec.* 265. — *Bergeret. Phyt.* 1. *p.* 231. *Ic.*

Solanum tuberosum esculentum. *C. B. Pin.* 167. — *Prodr.* 89: *Ic.* — *Moris. s.* 13. *t.* 1. *f.* 19. — *T. Inst.* 149. — *Matth. Com.* 758. *Ic.* — *Blakw. t.* 523 *et* 587.

Papas peruanorum. *H. Eyst. Autumn.* 3. *p.* 1. *f.* 1.
Batata virginiana. *Ger. Hist.* 927. *Ic.*
Papas americanum. *J. B. Hist.* 3. *p.* 621. *Ic.*
La Pomme de terre. *Regnault. Bot. Ic.*

COLITUR Algeriâ. ♃

SOLANUM LYCOPERSICUM.

Solanum caule inermi, herbaceo; foliis pinnatis, incisis; racemis simplicibus. *Lin. Spec.* 265. —*Lamarck. Illustr. n.* 2330. *t.* 115. *f.* 2.
Lycopersicon Galeni. *T. Inst.* 150. *t.* 63.
Solanum pomiferum fructu rotundo striato molli. *C. B. Pin.* 167.—*Matth. Com.* 761. *Ic.*
Poma amoris. *Camer. Epit.* 821. *Ic.* — *Lob. Ic.* 270. — *Moris. s.* 13. *t.* 1. *f.* 7. — *Ger. Hist.* 346. *Ic.*
Aurea Mala. *Dod. Pempt.* 458. *Ic.*
Pomum amoris fructu rubro. *H. Eyst. Autumn.* 1. *p.* 2. *f.* 1.
Mala aurea odore fœtido, quibusdam Lycopersicon. *J. B. Hist.* 3. *p.* 620. *Ic.*
Pomum amoris. *Rumph. Amb.* 5. *p.* 416. *t.* 154. *f.* 1.—*Blakw. t.* 133.
La Pomme d'amour. *Regnault. Bot. Ic.*

CAULES villosi, 6—10 decimetr., ramosi, asperi, nodosi, erecti, quandoque basi decumbentes. Folia magna, pinnata aut bipinnata; foliolis petiolatis, inæqualiter inciso-dentatis, rugosis, nervosis; minoribus interjectis. Flores pauci, cymosi. Calyx villosus, quinquepartitus; laciniis angustis, acutis. Corolla flava, quinquepartita; lobis acutis. Staminum filamenta brevissima. Antheræ acutæ, longitudinaliter dehiscentes, apice appendiculatæ. Bacca magna, subrotunda, profunde sulcata; matura nitida, ruberrima, multilocularis; loculis inæqualibus. Semina reniformia. Fructus edulis.

COLITUR in hortis. ☉

SOLANUM NIGRUM.

SOLANUM caule inermi, herbaceo; foliis ovatis, dentato-angulatis; umbellis nutantibus. *Lin. Spec.* 266.—*Œd. Dan. t.* 460.—*Bulliard. Herb. t.* 67. — *Bergeret. Phyt.* 1. *p.* 111. *Ic.* — *Curtis. Lond. Ic.*—*Hall. Hist. n.* 576. — *Gærtner.* 2. *p.* 239. *t.* 131. *f.* 4.
Solanum officinarum acinis nigricantibus. *C. B. Pin.* 166. — *T. Inst.* 148.

Solanum hortense. *Fusch. Hist.* 686. *Ic.* — *Trag.* 3o1. *Ic.* —*Camer. Epit.*
812. *Ic.* — *Matth. Com.* 754. *Ic.* — *Dod. Pempt.* 454. *Ic.*—*Lob. Ic.* 262.
— *Blakw. t.* 107. — *Ger. Hist.* 339.
Solanum sativum. *Tabern. Ic.* 577.
Solanum hortense sive vulgare acinis nigris. *J. B. Hist. 3. p.* 6o8. *Ic.*
Solanum vulgare sive officinarum. *Moris. s.* 13. *t.* 1. *f.* 1.
Solanum vulgare officinarum. *Dodart. Icones.*
La Morelle à fruit noir. *Regnault. Bot. Ic.*

CAULIS ramosus, 3—6 decimetr., angulosus; angulis denticulatis, sca-
briusculis. Folia ovata, dentato-angulata aut integra. Flores cymosi, pauci,
nutantes. Pedunculus communis brevis. Corolla alba; laciniis ovato-lanceolatis. Baccæ nigræ, rotundæ, nitidæ. Semina parva, reniformia, convexa. Variat baccis luteis; foliis pubescentibus.

HABITAT in arvis. ☉

SOLANUM MELONGENA.

Solanum caule inermi, herbaceo; foliis ovatis, tomentosis, integris cau-
libus aculeatis; fructu pendulo. *Lin. Spec.* 266.
Melongena fructu oblongo violaceo. *T. Inst.* 151. *t.* 65.
Solanum pomiferum fructu oblongo. *C. B. Pin.* 167.
Mala insana. *Trag.* 894. *Ic.* — *Fusch. Hist.* 533. *Ic.* — *Dod. Pempt.* 458.
Ic. — *Ger. Hist.* 345. *Ic.*
Melongena. *Matth. Com.* 760. *Ic.* — *Camer. Epit.* 820. *Ic.*
Melongena Aristolochiæ foliis, fructu longo violaceo. *Schaw. Specim.*
n. 410.
L'Aubergine. *Regnault. Bot. Ic.*

COLITUR in hortis. ☉

CAPSICUM.

CALYX quinquefidus. Corolla patens, campanulata, quinquefida. Antheræ longitudinaliter dehiscentes. Bacca exsucca, polysperma, supera.

CAPSICUM ANNUUM.

CAPSICUM caule herbaceo ; pedunculis solitariis. *Lin. Spec.* 270.
Capsicum siliquis longis propendentibus. *T. Inst.* 152.
Piper americanum vulgatius. *Clus. Cur. Post.* 103. *Ic.*
Piper indicum vulgatissimum. *C. B. Pin.* 102.
Siliquastrum. *Trag.* 928. *Ic. — Tabern. Ic.* 859.
Capsicum Actuarii , sive caninum Zingiber , etc. *Lob. Ic.* 316.
Piper indicum. *Camer. Epit.* 347. *Ic. — Matth. Com.* 434. *Ic. — H. Eyst.*
    Autumn. 1. *p.* 6 *et* 7. *f.* 1.
Le Poivre d'Inde. *Regnault. Bot. Ic.*

FRUCTUS elongatus, conoideus, propendens ; maturus ruber.

COLITUR in hortis. ☉

CAPSICUM GROSSUM.

CAPSICUM caule suffrutescente ; fructibus incrassatis ,·variis. *Lin. Syst.*
    veget. 226.
Capsicum fructu longo , ventre tumido per summum tetragono. *T. Inst.*
    152.

FRUCTUS oblongus , obtusus , irregularis et quasi truncatus.

COLITUR in hortis. ♄

LYCIUM.

CALYX quinquedentatus. Corolla infundibuliformis , quinquefida. Filamenta basi barbata. Stylus unus. Stigma simplex. Bacca
supera, polysperma.

LYCIUM EUROPÆUM.

LYCIUM spinosum ; foliis obliquis ; ramis flexuosis , teretibus. *Lin.*
    Mant. 47.
Jasminoides aculeatum , Salicis folio , flore parvo ex albo purpurascente
    Mich. Gen. 224. *t.* 105. *f.* 1. — *Schaw. Specim. n.* 348.

Rhamnus primus. *Dod. Pempt.* 754. *Ic.* — *Clus. Hist.* 109. *Ic.*
Rhamnus spinis oblongis , flore candicante. *C. B. Pin.* 477.
Rhamnus cortice albo monspeliensis. *J. B. Hist.* 1. *p.* 31. *Ic.*

FRUTEX 13—20 decimetr. , erectus. Rami juniores reclinati , albi , spinosi. Spinæ validæ , horizontales. Folia lanceolata , 4—5 millimetr. lata , 9—16 longa , glauca , carnosa , integerrima , obtusa. Corolla alba aut pallide cœrulea.

HABITAT in arenis ad maris littora. ♄

R H A M N U S.

CALYX quadrifidus. Corolla quadri aut quinquepetala , calyci inserta. Stamina totidem , petalis opposita. Germen superum. Bacca mono aut polysperma.

RHAMNUS OLEOIDES.

RHAMNUS spinis terminalibus ; foliis oblongis , integerrimis. *Lin. Spec.* 279.
Rhamnus hispanicus Oleæ folio. *T. Inst.* 593.

A. Rhamnus hispanicus Buxi folio minor. *T. Inst.* 593. — *Schaw. Specim. n.* 507. — *T. Herb.*
Lycium quorumdam. *Clus. Hist.* 111.
Lycium hispanicum folio Buxi. *C. B. Pin.* 478. — *T. Herb.*
Lycium quorumdam folio Myrti tarentinæ. *J. B. Hist.* ·1. *p.* 61.

B. Lycium hispanicum folio oblongo. *C. B. Pin.* 478. — *Lob. Ic.* 2. *p.* 129.

FRUTEX 6—10 decimetr. , erectus , ramosus ; ramis spinescentibus. Folia rigidula , perennantia , lanceolata aut ovata , obtusa , lævia , petiolata , subtus pallidiora et venoso-reticulata , apice sæpe mucronata ; mucrone brevissimo , 7 — 9 millimetr. lata , 13 — 27 longa , integerrima. Flores axillares , singuli pedicellati ; pedicellis folio brevioribus. Bacca exsucca ,

utrinque sulco exarata, subbiloba, bivalvis, bilocularis; loculis monospermis. Semen oblongum, convexum, subtriquetrum. Varietas A differt
foliis minoribus, ovatis aut ovato-oblongis. In varietate B folia lineari-
lanceolata.

HABITAT in Atlante. ♄

RHAMNUS LYCIOIDES.

RHAMNUS spinis terminalibus; foliis linearibus *Lin. Spec.* 279. — *Cavanil.*
  Ic. n. 200. *t.* 182.
Rhamnus tertius, flore herbaceo, baccis nigris. *C. B. Pin.* 477.—*T. Inst.*593.
Rhamnus tertius forte niger Theophrasti. *Clus. Hist.* 110. *Ic.*
Rhamnus tertius. *Dod. Pempt.* 755. *Ic.*—*J. B. Hist.* 1. *p.* 35.*Ic.* — *Tabern.*
  Ic. 1081.
Rhamnus primæ speciei tertius. *Lob. Ic.* 2. *p.* 129. — *Ger. Hist.* 1334. *Ic.*

HABITAT in Atlante. ♄

RHAMNUS AMYDALINUS.

RHAMNUS spinescens; foliis rigidis, perennantibus, lanceolatis, obtusis
  integerrimis, utrinque lævibus.
Rhamnus creticus Amygdali folio minori. *T. Cor.* 4. — *T. et Vail. Herb.*

FRUTEX ramosissimus, spinescens; cortice fusco. Folia perennantia,
lanceolata, obtusa, integerrima, rigida, utrinque lævia, breviter petiolata, superne sensim latiora, 2—6 millimetr. lata, 11—16 longa. Flores
axillares, pedicellati. Affinis R. oleoides Lin.; differt foliis subtus non reticulatis. Fructum non vidi. An varietas?

HABITAT in fissuris rupium Atlantis. ♄

RHAMNUS ALATERNUS.

RHAMNUS floribus dioicis; stigmate triplici; foliis serratis. *Lin. Spec.* 281.
Alaternus 1. *Clus. Hist.* 50. *Ic.*—*T. Inst.* 595.—*Lob. Ic.* 2. *p.* 134.—*Tabern.*
  Ic. 1042.
Phylica elatior. *C. B. Pin.* 476. — *Schaw. Specim. n.* 16.
Spina Bourgi Monspeliensium. *J. B. Hist.* 1. *p.* 542. *Ic.*

FOLIA alterna, lucida, perennantia, ovata, ovato-lanceolata aut lanceolata, sæpe basi glandulosa, serrata; serraturis remotis. Flores parvi, numerosi, axillares, racemosi; racemis brevibus, obtusis. Bractea minima e basi singuli pedicelli. Flores dioici aut monoici. MASC. Calyx quinquefidus; laciniis ovatis, patentibus, sæpe deflexis, flavis aut subfuscis. Stamina 5, laciniis calycinis alterna, erecta. Corolla nulla. FŒM. Calyx id. Rudimenta 5 staminum. Stylus tripartitus. Bacca parva, rotunda, primum rubra, matura nigricans, subtrisperma. Semina hinc convexa, inde angulosa. Floret primo Vere.

HABITAT in Atlante. ♄

PALIURUS.

CALYX quinquefidus. Corolla pentapetala. Stamina quinque. Styli tres. Drupa supera, depressa, exsucca, trilocularis marginata.

PALIURUS ACULEATUS.

RHAMNUS Paliurus; aculeis geminatis; inferiore reflexo; floribus trigynis. *Lin. Spec.* 281.—*Pallas. Ros.* 2. *t.* 64. — *Gærtner.* 1. *p.* 203. *t.* 43. *f.* 5. — *Lamarck. Illustr. t.* 210.

Paliurus. *Dod. Pempt.* 756. *Ic.* — *Lob. Ic.* 2. *p.* 179. — *T. Inst.* 616. *t.* 387. — *Ger. Hist.* 1336. *Ic.* — *H. Eyst. Autumn.* 3. *p.* 9. *f.* 1.

Rhamnus folio subrotundo, fructu compresso. *C. B. Pin.* 477.

Rhamnus tertius. *Camer. Epit.* 80. *Ic.*—*Matth. Com.* 144. *Ic.*

Rhamnus sive Paliurus folio jujubino. *J. B. Hist.* 1. *p.* 35. *Ic.*

FRUTEX 16 — 23 decimetr., ramosissimus. Rami tortuosi, reclinati. Aculei gemini, axillares; altero breviore, recurvo. Folia cordato-ovata, trinervia, serrata, glabra. Flores lutei, numerosi, aggregati, axillares. Pedicelli breves, filiformes. Petala saccata, minuta, deflexo-patentia. Stamina petalis inclusa. Drupa exsucca, margine membranaceo, lato, undulato, horizontali, persistente coronata, trilocularis; loculis monospermis. Semen subovatum compressum.

HABITAT in Atlante et in collibus incultis. ♄

ZIZIPHUS.

CALYX quinquepartitus. Corolla pentapetala. Styli duo. Drupa supera, nucleo fœta biloculari.

ZIZIPHUS LOTUS.

ZIZIPHUS aculeis geminis ; altero recurvo ; foliis ovatis , crenatis ; drupa rotunda. *Desf. Acad.* 1788. *p.* 443. *t.* 21. — *Lamarck. Illustr. t.* 185. *f.* 2.
Ziziphus sylvestris. *Schaw. Specim. n.* 632. *non vero C. Bauhini et Tournefortii.*

FRUTEX 13—22 decimetr. , ramosissimus ; ramis reclinatis , flexuosis. Aculei gemelli ; altero recto ; altero breviore , incurvo. Folia parva, alterna , ovata , obtusa, crenata, trinervia, glabra, rigidula, 7—9 millimetr. lata, 9 — 13 longa. Petiolus brevissimus. Flores solitarii aut glomerati axillares , singuli pedicellati ; pedicello brevi. Calyx quinquepartitus. Laciniæ parvæ , ovatæ , patentes , petalis alternæ. Corolla pentapetala. Petala minuta, semiinfundibuliformia. Stamina 5 , petalis opposita. Styli 2 , breves, approximati. Drupa sphærica , magnitudine prunellæ sylvestris ; nucleo parvo , osseo , rotundo , biloculari fœta, primum viridis , matura croceo colore tincta. Frequens ad ripas Syrtæ minoris , prope Cafsam , Tozzer, Kerwan, et aliis locis. Floret primoVere , fructus perficit Autumno. Suavis, innocuus. Est Lotos vera Lotophagorum. Conf. Act. Acad. Scient. Paris. 1788.

ZIZIPHUS SATIVA.

RHAMNUS Ziziphus ; aculeis geminatis , rectis ; floribus digynis ; foliis ovato-oblongis , glabris. *Lin. Spec.* 282. — *Gærtner.* 1. *p.* 202. *t.* 43. *f.* 4. — *Lamarck. Illustr. t.* 185. *f.* 1.
Ziziphus. *Dod. Pempt.* 807.—*T. Inst.* 627. *t.* 403.—*Schaw. Specim. n.* 631.
Jujubæ majores oblongæ. *C. B. Pin.* 446.
Jujubæ. *Trag.* 1023. — *Tabern. Ic.* 1032.
Zizipha. *Camer. Epit.* 167. *Ic.* — *Matth. Com.* 219. *Ic.*—*J. B. Hist.* 1. *p.* 40. *Ic.*
Jujubæ Arabum. *Lob. Ic.* 2. *p.* 178.

ARBOR 5—6 metr. , ramosa. Aculei gemini ; altero recto ; altero breviore incurvo. Folia glabra , lucida, ovato-oblonga , serrata, trinervia. Petiolus brevissimus. Flores luteo-pallescentes , axillares, solitarii et aggregati , singuli pedicellati ; pedicellis brevibus. Petala laciniis calycinis alterna , parva , saccata. Drupa olivæformis, glabra ; matura crocea ; nucleo oblongo , biloculari.

COLITUR in hortis. ♄

ZIZIPHUS SPINA CHRISTI.

ZIZIPHUS caule arboreo ; aculeis geminis ; altero recurvo ; foliis ovatis, crenulatis, glabris ; fructibus oblongis , pedicellatis.
Rhamnus aculeis geminatis , rectis ; foliis ovatis. *Lin. Spec.* 282.
Œnoplia seu Napeca Bellonii forte. *Clus. Hist.* 27. *Ic.*
Nabca Paliurus Athenæi credita. *Alpin. Ægypt.* 2. *p.* 10. *Ic.*
Œnoplia spinosa *C. B. Pin.* 477.
Ziziphus minor alexandrina latifolia. *Lippi. Mss. — Vail. Herb.*

A. Ziziphus latifolia memphitica gigas, majori fructu formâ cerasi purpurascente. *Lippi. Mss. — Vail. Herb.*

ARBOR 8 — 10 metr. , erecta. Folia perennantia , alterna , glabra , ovata , obtusa , margine crenulato-dentata , breviter petiolata , trinervia, 2 — 3 centimetr. lata, 3 — 4 longa ; juniora subtus pubescentia. Aculei gemini, breves ; altero recto , altero recurvo. Drupa oblonga , magnitudine Pruni sylvestris Lin. , breviter pedicellata, nucleo fœta subrotundo. Fructus edulis, gratus.

HABITAT in sylvis Dactyliferarum prope Tozzer. ♄

HEDERA.

CALYX quinquedentatus ; dentibus deciduis. Corolla pentapetala. Stamina quinque , petalis alterna. Bacca supera , pentasperma , basi calycis persistente coronata.

1   26

HEDERA HELIX.

HEDERA foliis ovatis lobatisque. *Lin. Spec.* 292. — *Curtis. Lond. Ic.* — *Bulliard. Herb. t.* 133. — *Hall. Hist. n.* 164. — *Gærtner.* 1. *p.* 130. *t.* 26. *f.* 9. — *Lamarck. Illustr. n.* 2819. *t.* 145.

Hedera arborea. *C. B. Pin.* 305. — *T. Inst.* 613. *t.* 384.

Hedera. *Brunsf.* 2. *p.* 6. *et* 7. *Ic.* — *Trag.* 801. *Ic.* — *Fusch. Hist.* 422. *Ic.* —*Dod. Pempt.* 413. *Ic.* — *Camer. Epit.* 399. *Ic.*—*Matth. Com.* 466. *Ic.*— *Blakw. t.* 188.

Hedera corymbosa communis. *Lob. Ic.* 614. — *Ger. Hist.* 857. *Ic.*

Le Lierre. *Regnault. Bot. Ic.*

VARIETAS insignis , distincta ab Europæa foliis constanter duplo majoribus ; umbellis florum terminalibus , paniculatis. Fructum non vidi. Arbores scandit.

HABITAT Algeriâ. ♄

VITIS.

CALYX minimus. Corolla pentapetala ; petalis approximatis , basi transversim secedentibus. Stamina quinque , petalis opposita. Stylus nullus. Stigma unicum. Bacca supera bilocularis, polysperma. Cirrhi foliis oppositi.

VITIS VINIFERA.

VITIS foliis lobatis , sinuatis , nudis. *Lin. Spec.* 293.

Vitis vinifera. *C. B. Pin.* 299. — *Matth. Com.* 902. *Ic.* — *Fusch. Hist.* 84. *Ic.*

La Vigne. *Regnault. Bot. Ic.*

A. Vitis apiana. *T. Inst.* 613.

B. Vitis pergulana , acinis prunorum magnitudine et forma. *T. Inst.* 613.

COLITUR ubique. ♄

ACHYRANTHES.

CALYX persistens, quinquepartitus. Corolla nulla. Capsula supera, non dehiscens, monosperma.

ACHYRANTHES ARGENTEA.

ACHYRANTHES caule herbaceo ; foliis ovatis, acutis, pubescentibus, subtus argenteis ; calycibus glabris. *Lamarck. Dict.* 1. *p.* 545.
Amaranthus spicatus siculus perennis. *Boc. Sic.* 17. *t.* 9.—*Pluk. t.* 260. *f.* 2.

CAULES herbacei, erecti, tetragoni, striati, pubescentes. Rami oppositi, patentes. Folia opposita, ovata, acuta, petiolata, integerrima, subtus argentea, transversim nervosa; nervis in pagina inferiore prominulis. Flores spicati, terminales. Calyces maturo fructu deflexi, cauli adpressi.

HABITAT Algeriâ. ☉

GYMNOCARPOS.

CALYX persistens, coloratus, mucronatus, quinquepartitus. Corolla nulla. Staminum filamenta decem, alterna quinque sterilia. Stylus unicus. Stigma simplex. Germen superum. Pericarpium membranaceum, monospermum.

GYMNOCARPOS DECANDRUM.

GYMNOCARPOS. *Forsk. Arab.* 65. *t.* 10.
Trianthema fruticosa ; filamentis alternis antheriferis. *Vahl. Symb.* 32.

FRUTEX 2—3 decimetr., erectus, nodosus, ramosus; ramis diffusis. Cortex in ramis vetustioribus cinereo-candicans. Folia ad nodos opposita, carnosa, teretiuscula, subulata, glabra, mucronata, 9 millimetr. longa. Fasciculi foliorum axillares. Stipula intermedia, parva, ovata, acuta, membranacea. Flores aggregati, tres ad quinque in ramulorum summitate sessiles ; bracteolis interjectis. Calyx parvus, violaceo - purpurascens,

4 millimetr. longus, quinquepartitus. Laciniæ lineares, margine membranaceæ, apice tomentosæ, mucronatæ. Corolla nulla. Stamina 10, calyce paulo breviora; alterna 5 sterilia; 5 opposita fertilia. Antheræ parvæ, luteæ, versatiles. Stylus 1, tenuis. Stigma simplex, acutum. Germen superum. Pericarpium membranaceum, monospermum. Floret Hyeme.

HABITAT in deserto prope Cafsam. ⊙

ILLECEBRUM.

CALYX quinquepartitus, persistens. Corolla nulla. Stylus unus. Capsula supera, quinquevalvis, monosperma, calyce tecta.

ILLECEBRUM ECHINATUM.

ILLECEBRUM glabrum; foliis oblongis; floribus glomeratis, axillaribus, sessilibus; laciniis calycinis setaceis.
Paronychia lusitanica Polygoni folio, capitulis echinatis. *T. Inst.* 508.
Polygonum capitulis inter genicula echinatis. *Boc. Sic.* 40. *t.* 20. *f. 3.* — *Moris. s. 5. t. 29. f. 5.* Syn. Boc. ad I. Cymosum inconsulte retulit Linnæus, speciem omnino distinctam.
Illecebrum floribus axillaribus lateralibusque conglomeratis; caulibus procumbentibus. *Gerard. Gallop.* 337.
Illecebrum caulibus ramosissimis, prostratis; capitulis axillaribus, sessilibus, echinatis. *Poiret. Itin.* 2. *p.* 128.

PLANTA glabra. Caulis erectus, ramosus, nodosus, 10—15 centimetr. Folia opposita, elliptica, integerrima, 3—4 millimetr. lata, 8—10 longa. Stipulæ parvæ, membranaceæ. Flores glomerati, axillares, sessiles. Calyx persistens, quinquepartitus; laciniis superne setaceis, rigidulis.

HABITAT prope La Calle. ⊙

ILLECEBRUM PARONYCHIA.

ILLECEBRUM floribus bracteis nitidis obvallatis; caulibus procumbentibus. *Lin. Spec.* 299.

Paronychia hispanica. *T. Inst.* 5o7. — *Clus. Hist.* 2. *p.* 182. *Ic.* — *Lob. Ic.*
420. — *J. B. Hist.* 3. *p.* 374. *Ic.*

CAULES filiformes, ramosi, prostrati, nodosi. Folia glabra, opposita,
elliptica, subacuta, 2 millimetr. lata, 4 — 7 longa. Stipulæ ovoideæ,
membranaceæ, albæ, nitidæ, ex singulo nodo. Flores aggregati, sessiles
vel pedicellati, axillares, bracteis argenteis, folio longioribus obvallati.

HABITAT Algeriâ in collibus aridis. ♃

ILLECEBRUM CAPITATUM.

ILLECEBRUM floribus bracteis nitidis occultantibus capitula terminalia;
   caulibus erectis; foliis ciliatis. *Lin. Spec.* 299.
Paronychia narbonensis erecta. *T. Inst.* 5o8. — *Schaw. Specim. n.* 463.
Polygonum montanum niveum minimum. *Lob. Ic.* 420.

CAULES erecti, quandoque procumbentes, 5—11 centimetr. Folia opposita, ciliata, 2 millimetr. lata, 4 longa, acuta. Stipulæ argenteæ, setiformes. Flores capitati, terminales, bracteis ovatis, argenteis obvallati.

HABITAT in arenis. ♃

THESIUM.

CALYX persistens, quinquefidus. Stamina laciniis calycinis opposita. Germen superum. Capsula monosperma, non dehiscens,
calyce tecta.

THESIUM LINOPHYLLUM.

THESIUM panicula foliata; foliis lineari-lanceolatis. *Lin. Spec.* 3o1.
Alchimilla Linariæ folio, calyce florum albo. *T. Inst.* 5o9. — *Schaw. Specim.
   n.* 13.
Linaria montana, flosculis albicantibus. *C. B. Pin.* 213.
Anonimos Lini folio. *Clus. Hist.* 324. *Ic.*
Linaria adulterina. *Tabern. Ic.* 826.

Linariæ similis. *J. B. Hist. 3. p.* 461. *Ic.*

Sesamoides procumbens nostras Linariæ foliis, floribus albicantibus. *Moris. s.* 15. *t.* 1. *f.* 3.

Thesium caule erecto, paniculato; foliis lanceolatis. *Hall. Hist. n.* 1573.

HABITAT Algeriâ. ♃

THESIUM ALPINUM.

THESIUM racemo foliato; foliis linearibus. *Lin. Spec.* 301. — *Jacq. Austr.* 5. *t.* 416. — *Gærtner.* 2. *p.* 40. *t.* 86. *f.* 6.

Alchimilla Linariæ folio, floribus et vasculis in foliorum alis. *Schaw. Specim. n.* 14.

Thesium floribus subsessilibus; pedunculis foliosis; foliis linearibus. *Gerard. Gallop.* 442. *t.* 17. *f.* 1.

Thesium caule diffuso; floribus alaribus; foliis linearibus. *Hall. Hist. n.* 1574.

HABITAT in Atlante prope Mascar. ♃

VINCA.

CALYX quinquepartitus. Corolla hypocrateriformis; limbo quinquefido; laciniis obliquis. Stamina ex apice tubi. Filamenta brevissima, squamiformia. Stylus filiformis. Stigma planum, orbiculatum. Glandulæ duæ ad basim germinis. Capsulæ binæ, elongatæ, superæ, hinc longitudinaliter dehiscentes, polyspermæ. Semina pappo destituta.

VINCA MAJOR.

VINCA caulibus erectis; foliis ovatis; floribus pedunculatis, *Lin. Spec.* 304. — *Curtis. Lond. Ic.*

Pervinca vulgaris latifolia, flore cœruleo. *T. Inst.* 119. *t.* 45. — *Garid. Aix. t.* 81.

Clematis daphnoides major. *C. B. Pin.* 3o2. — *Dod. Pempt.* 4o6. *Ic.* —
J. B. Hist. 2. *p.* 132. *Ic.* — *Moris. s.* 15. *t.* 2. *f.* 1.
Clematis seu Pervinca major. *Lob. Ic.* 636.
Clematis daphnoidis latifolia. *Clus. Hist.* 121. *Ic.* — *Ger. Hist.* 894. *Ic.*
Pervinca caulibus erectis ; foliis ovato-lanceolatis , ciliatis ; petiolis unifloris.
    Hall. Hist. n. 573.
La grande Pervenche. *Regnault. Bot. Ic.*

CAULES 3—6 decimetr. , teretes ; juniores erecti, deinde reclinati aut prostrati. Folia opposita , cordata , margine lævissime serrato-glandulosa. Petioli breves. Flores solitarii , axillares. Pedicellus filiformis , 2—3 centimetr. Calycis laciniæ subulatæ , tubum corollæ adæquantes. Corolla hy-
pocrateriformis.Tubus quinquesulcatus, inferne angustatus, intus villosus;
fauce pentagonâ. Limbus quinquepartitus. Laciniæ apice latiores , obliquæ.
Stamina intra tubum. Filamenta geniculata , brevia. Squamulæ 5, arcuatæ ,
obtusæ , conniventes, ex apice singuli filamenti. Antheræ pubescentes, biloculares , intus longitudinaliter dehiscentes. Pollen granulosum, congestum ,
ovoideum. Stylus filiformis. Stigma latum , planum , orbiculare , sulco
circulari exaratum , pappo plumoso , pentagono , centrali , stipitato
auctum. Capsulæ 2 , longæ , acutæ , longitudinaliter hinc dehiscentes. Semina plana , nuda , receptaculo longitudinali affixa.

HABITAT Algeriâ. ♃

VINCA ROSEA.

VINCA caule suffrutescente , erecto ; floribus geminis , sessilibus ; foliis
    oblongis , petiolatis , basi bidentatis. *Lin. Spec.* 3o5. — *Gærtner.* 2.
    p. 172. *t.* 117. *f.* 5.
Vinca foliis oblongo-ovatis, integerrimis ; tubo floris longissimo ; caule
    ramoso , fruticoso , *Mill. Dict. t.* 186.

CAULIS suffruticosus , erectus , 3 decimetr. , ramosus. Folia opposita ,
ovata, basi bidentata. Flores gemelli , axillares. Calycis laciniæ subulatæ ,
patentes. Corolla rosea aut alba. Tubus gracilis , infra limbum pentagonus. Faux ciliata.

COLITUR in hortis. ♄

NERIUM.

CALYX quinquefidus. Corolla infundibuliformis , quinquefida ; laciniis obliquis. Faux coronata coronâ lacerâ. Antheræ hastatæ , filis in fasciculum collectis terminatæ. Capsulæ binæ superæ approximatæ ; hinc longitudinaliter dehiscentes. Semina papposa

NERIUM OLEANDER.

NERIUM foliis lineari-lanceolatis , ternis. *Lin. Spec.* 3o5. — *Miller. Illustr. Ic.* — *Lamarck. Illustr. t.* 174.
Nerion floribus rubescentibus. *C. B. Pin.* 464. — *T. Inst.* 6o5. *t.* 374. — *Schaw. Specim. n.* 420.
Nerion. *Trag.* 918. *Ic.* — *Fusch. Hist.* 541.
Nerium sive Rhododendron. *Matth. Com.* 775. *Ic.* — *Camer. Epit.* 843. *Ic.* — *H. Eyst. Frut. Æst.* 1. *p.* 5. *f.* 1.
Oleander Laurus rosea. *Lob. Ic.* 364.
Nerium sive Oleander. *Ger. Hist.* 14o6. *Ic.*
Tsjovanna-Areli. *Rheed. Malab.* 9. *t.* 1.
Le Laurier rose. *Regnault. Bot. Ic.*

CAULIS 3—6 metr., ramosus , erectus. Folia ternata , rigida , lanceolata , integerrima , perennantia. Petiolus brevissimus. Flores numerosi, corymbosi. Calyx quinquepartitus ; laciniis acutis , tubo corollæ brevioribus. Corolla rosea ; fauce intus cinctâ coronâ quinquepartitâ ; laciniis dentatis. Filamenta brevissima , arcuata. Antheræ hastatæ , villosæ, approximatæ , fasciculo filorum longo , contorto auctæ. Capsulæ 2 , elongatæ, obtusæ. Arbor pulcherrima. Crescit ubique ad ripas fluviorum , et æstate , dum agri solis æstuantis ardore exsiccantur et comburuntur , læte floret vividisque coloribus fluminum gyros et ambitus pingit. Arabes ex ejus carbone pulverem pyrium conficiunt.

HABITAT in Atlante et in arvis. ♄

DIGYNIA.

PERGULARIA.

CALYX quinquefidus. Corolla hypocrateriformis ; limbo quin-
quefido ; lobis obtusis. Squamulæ quinque , mucronatæ, sagittatæ.
Antheræ stigmate immersæ. Capsulæ duæ , folliculosæ, superæ.
Semina pappo coronata. CARACT. EX LINNÆO.

PERGULARIA TOMENTOSA.

PERGULARIA foliis cordatis , tomentosis. *Lin. Mant. 53. Exclus. Syn.*
Burmanni. — Vahl. Symb. 1. *p.* 23.

CAULIS suffruticosus, ramosus, volubilis, 6—9 decimetr. Rami juniores
pubescentes. Folia opposita , breviter petiolata , pubescentia , cinerea ,
cordata , quandoque reniformia. Capsulæ 2 , folliculosæ , inflatæ , ovatæ ,
acutæ , muricatæ , magnitudine capsularum Asclepiadis fruticosæ Lin.;
alterâ sæpe arbortivâ. Semina plana , numerosa. Pappus niveus. Corollam
non vidi.

HABITAT in collibus aridis prope Kerwan. ♄

PERIPLOCA.

CALYX quinquedentatus. Corolla patens , quinquepartita. Filamenta quinque, laciniis alterna. Capsulæ binæ, superæ, hinc longitudinaliter dehiscentes. Semina papposa , receptaculo longitudinali
affixa.

PERIPLOCA ANGUSTIFOLIA.

PERIPLOCA fruticosa ; foliis perennantibus , glabris , lanceolatis , integerrimis ; folliculis acutis , horizontalibus.

1

Periploca fruticosa ; foliis aveniis, glabris , angusto-lanceolatis, perennantibus; folliculis horizontalibus, basi oppositis. *Billard. Dec.* 2. *p.* 13. *t.* 7.

FRUTEX 1—2 metr. , erectus, ramosus, volubilis. Folia opposita, perennantia , lanceolata, aut spathulato-lanceolata, glabra, avenia, integerrima , acuminata, breviter petiolata , 2—3 centimetr. longa , 4—9 millimetr. lata. Pedunculi axillares. Flores corymbosi. Calyx parvus, quinquepartitus ; laciniis ovatis ,obtusis. Corolla magnitudine P. græcæ Lin. , rotata, quinquepartita; laciniis ellipticis , emarginatis , intus purpureis , maculâ albâ parte mediâ pictis, extus et margine flavescentibus. Squamulæ 5 , parvæ, purpureæ, laciniis oppositæ. Filamenta totidem, incurva, concolora, ex sinubus corollæ prodeuntia. Capsulæ binæ , læves, elongatæ , acutæ, basi oppositæ , horizontales , hinc longitudinaliter dehiscentes. Semina numerosa , oblonga, compressa, imbricata , pappo setoso , niveo coronata, receptaculo longitudinali , striato hinc et inde imposita.

HABITAT in Atlante. ♄

ASCLEPIAS.

CALYX quinquedentatus. Corolla quinquepartita. Nectaria quinque interiora , nunc solida , nunc excavata. Squamulæ totidem , triangulares , intus biloculares , conniventes ; margine membranaceo, erecto ; admotæ stigmati carnoso, crasso, truncato, centrali, intus cavo , extus longitudinaliter quinquesulcato ; sulcis interstitio squamularum correspondentibus. Stamina quinque. Antheræ corneæ , exiguæ, extus longitudinaliter fissæ, rimâ angustissimâ, singulæ intra singulam squamulam foveolâ insertæ supra stigmatis fissuras. Ex utroque antheræ latere nascitur filamentum gracile, pendulum, contortum, corneum, elasticum, compressum, inferne latius; singulum in proximo vicinioris squamulæ loculo hinc et inde immersum. Germina duo , supera , stigmate inclusa. Capsulæ totidem , uniloculares , hinc longitudinaliter dehiscentes ; alterâ sæpe abortivâ. Semina plana, papposa, imbricata, receptaculo centrali, compresso , longitudinaliter sulcato imposita.

Nª. CORPUSCULUM fuscum, corneum Antheram dixi ex eo quod inferne fissum, humore madidum, et insertum intra squamas supra fissuras stigmatis quæ summitati germinum correspondent. Ubinam anthera si non hæc?

Diversæ Asclepiadum species muscas capiunt pedes aut tubam in fissuram antheræ immitentes, non vi constringente sed ipsâ conformatione organi.

ASCLEPIAS VINCETOXICUM.

ASCLEPIAS foliis ovatis, basi barbatis; caule erecto; umbellis proliferis. *Lin. Spec.* 314. — *Blakw. t.* 96. — *Bulliard. Herb. t.* 51.

Asclepias albo flore. *C. B. Pin.* 303. — *T. Inst.* 94. — *Ger. Hist.* 898.

Hirundinaria. *Brunsf.* 2. *p.* 39. *Ic.*

Vincetoxicum. *Matth. Com.* 592. *Ic.* — *Dod. Pempt.* 407. *Ic.* — *Camer. Epit.* 559. *Ic.*

Asclepias. *Fusch. Hist.* 129. *Ic.*

Asclepias sive Vincetoxicum. *Lob. Ic.* 630.

Asclepias sive Vincetoxicum multis, floribus albicantibus. *J. B. Hist.* 2. *p.* 138. *Ic.*

Asclepias ex alis racemosa; caulibus simplicibus, erectis; foliis ovato-lanceolatis. *Hall. Hist. n.* 571.

Le Dompte-venin. *Regnault. Bot. Ic.*

HABITAT in Atlante prope Bougie. ♃

ASCLEPIAS FRUTICOSA.

ASCLEPIAS foliis revolutis, lanceolatis; caule fruticoso. *Lin. Spec.* 315.

Apocinum erectum africanum, villoso fructu, Salicis folio lato glabro. *Herm. Parad.* 23. *t.* 11. — *T. Inst.* 92. — *Miller. Dict. t.* 45.

Apocinum erectum elatius, Salicis angusto folio, immaculatis flosculis in umbellam, folliculis pilosis. *Pluk. t.* 138. *f.* 2.

CAULIS erectus, teres, virgatus, ramosus, suffruticosus, 13—18 decimetr. Folia opposita et alterna, glabra, lanceolata, subtus pallida; petiolo brevissimo. Flores umbellati, nutantes. Calyx quinquedentatus. Corolla alba. Nectaria compressa, urceolata, marginata, absque appendice interiori. Capsulæ inflatæ, muricatæ, acutæ.

HABITAT in regno Tunetano. ♄

CYNANCHUM.

DIFFERT ab Asclepiade appendicibus quinque interioribus petaloideis, formâ variis.

CYNANCHUM ACUTUM.

CYNANCHUM caule volubili, herbaceo; foliis cordato-oblongis, glabris.
  Lin. Spec. 310.
Periploca monspeliaca, foliis acutioribus. *T. Inst.* 93.
Scammoniæ monspeliacæ affinis, foliis acutioribus. *C. B. Pin.* 294.
Apocinum tertium. *Clus. Hist.* 125. *Ic.*
Periploca prior. *Dod. Pempt.* 408. *Ic.*
Scammonii monspeliaci varietas. *Lob. Ic.* 621.

CAULIS volubilis, teres, gracilis. Folia cordato-oblonga, acuta, glabra,
glauca, integerrima, opposita, petiolata. Flores umbellati, albi, pauci.
Pedunculus communis petiolo brevior.

HABITAT in arenis ad maris littora. ♃

CYNANCHUM EXCELSUM.

CYNANCHUM caule volubili; foliis glabris, cordato-lanceolatis; capsulis
  longis, angustis, acutis.

CAULIS volubilis, gracilis, ramosus, glaber, 4—6 metr. Folia fere C.
acuti Lin. glauca, cordato-lanceolata, acuta, opposita, petiolata, 5—8
decimetr. longa, 2 lata, integerrima. Folliculi angusti, acutissimi, 2 decimetr. longi. Semina pappo candido coronata. Florem non vidi.

HABITAT in Palmetis prope Tozzer. ♃

STAPELIA.

CALYX quinquefidus. Corolla rotata, quinquepartita. Nectarium
duplici stellulâ tegente genitalia. CARACT. EX LINNÆO.

STAPELIA HIRSUTA.

STAPELIA denticulis ramorum erectis. *Lin. Spec.* 316. — *Jacq. Misc. t. 3.* — *Lamarck. Illustr. t.* 178. *f.* 2.

Asclepias africana aizoides , flore pulchre fimbriato. *Com. Rar.* 19. *t.* 19. — *Bradl. Succ. 3. p. 5. t. 23.* — *Roes. Insect. Musc. t.* 9.

HABITAT in regno Tunetano prope Kerwan. ♃

HERNIARIA.

CALYX persistens , quinquepartitus. Corolla nulla. Stamina quinque. Filamenta totidem sterilia interjecta. Styli duo. Capsula supera , monosperma , non dehiscens , calyce tecta.

HERNIARIA HIRSUTA.

HERNIARIA hirsuta. *J. B. Hist. 3. p.* 379. *Ic.* — *T. Inst.* 507. — *Lin. Spec.* 317. — *Zanich. Ist. t.* 254.

Polygonum minus sive Millegrana major hirsuta. *C. B. Pin.* 382.

Herniaria hirsuta ; glomerulis paucifloris. *Hall. Hist. n.* 1553.

CAULES prostrati , filiformes , nodosi , ramosi ; ramis numerosis , supra terram expansis. Folia parva , ovata , seu ovato-oblonga , obtusa , villosa , cinerea. Flores numerosi , minimi , sessiles , axillares , glomerati. Calyx quinquepartitus , persistens ; laciniis ovatis , concavis. Corolla nulla. Styli 2. Capsula membranacea , monosperma. Semen 1 , minimum , lenticulare. An varietas H. glabræ Lin. ?

HABITAT Algeriâ. ♃

HERNIARIA FRUTICOSA.

HERNIARIA caulibus fruticosis ; floribus quadrifidis. *Lin. Spec.* 317.

Herniaria fruticosa viticulis lignosis. *C. B. Pin.* 282. — *T. Inst.* 507. — *Schaw. Specim. n.* 324.

Polygonum Herniariæ foliis et facie, perampla radice. *J. B. Hist. 3. p.* 378. — *Lob. Ic.* 2. *p.* 85.

CAULES fruticulosi prostrati, ramosissimi; ramis villosis, filiformibus. Folia parva, villosa, elliptica, conferta. Flores numerosi, sessiles, glomerati, axillares. Calyx quadripartitus; laciniis apice villosis. Stamina 4, fertilia.

HABITAT in arenis prope Mascar. ♄

HERNIARIA ERECTA.

ILLECEBRUM suffruticosum; floribus lateralibus, solitariis; caulibus suffruticosis. *Lin. Spec.* 298.
Paronychia hispanica fruticosa Myrti folio. *T. Inst.* 5o8.
Herniaria polygonoides; caule suffruticoso; foliis ovato-acutis, apice setosis, glaberrimis. *Cavanil. Ic. n.* 143. *t.* 131.

FRUTEX 16—27 centimetr*.*, erectus, ramosus; ramis filiformibus, pubescentibus. Folia parva, elliptica, acuminata, integerrima, perennantia brevissime petiolata. Flores minuti; axillares aggregati; solitarii ex ramorum bifurcatione. Calyx quinquepartitus. Laciniæ concavæ, obtusæ. Corolla nulla. Stamina 10, quinque sterilia alterna.

HABITAT in collibus incultis prope Mascar. ♄

CHENOPODIUM.

CALYX persistens, quinquepartitus; laciniis concavis, ovoideis. Corolla nulla. Stigmata duo. Germen superum. Semen unum, læve, lenticulare, calyce tectum.

CHENOPODIUM MURALE.

CHENOPODIUM foliis ovatis, nitidis, dentatis, acutis; racemis ramosis, nudis. *Lin. Spec.* 318. — *Bergeret. Phyt.* 1. *p.* 137. *Ic.*
Chenopodium Pes anserinus 1. *Tabern. Ic.* 427.—*T. Inst.* 5o6.
Atriplex sylvestris latifolia sive Pes anserinus. *Ger. Hist.* 328. *Ic.*
Atriplex sylvestris 3. *Matth. Com.* 362. *Ic.*

HABITAT in hortis Algeriæ. ☉

CHENOPODIUM BOTRYS.

CHENOPODIUM foliis oblongis, sinuatis ; racemis nudis, multifidis. *Lin. Spec.* 320.

Chenopodium ambrosioides, folio sinuato. *T. Inst.* 506.

Botrys ambrosioides vulgaris. *C. B. Pin.* 138.

Botrys. *Trag.* 887. *Ic.*—*Dod. Pempt.* 34. *Ic.*—*Fusch. Hist.* 179. *Ic.*—*Matth. Com.* 620. *Ic.* — *Camer. Epit.* 598. *Ic.* — *Dodart. Icones.*

Chenopodium foliis oblongis, semipinnatis, viscidis, rotunde dentatis. *Hall. Hist. n.* 1585.

HABITAT in arenis. ⊙

CHENOPODIUM VULVARIA.

CHENOPODIUM foliis integerrimis, rhombeo-ovatis ; floribus conglomeratis, axillaribus. *Lin. Spec.* 621. — *Bulliard. Herb. t.* 323.

Chenopodium olidum. *Curtis. Lond. Ic.*

Chenopodium fœtidum. *T. Inst.* 506.

Atriplex fœtida. *C. B. Pin.* 119. —*J. B. Hist.* 2. *p.* 974. *Ic.*—*Moris. s.* 5. *t.* 31. *f.* 6.

Vulvaria. *Tabern. Ic.* 425. —*Blakw. t.* 100.

Garosmus. *Dod. Pempt.* 616. *Ic.*

Atriplex olida. *Lob. Ic.* 255. — *Ger. Hist.* 327. *Ic.*

Chenopodium caule diffuso ; foliis obtuse-lanceolatis. *Hall. Hist. n.* 1577.

L'Arroche fétide. *Regnault. Bot. Ic.*

CAULES prostrati aut procumbentes. Folia parva, ovato-triangularia, integerrima, punctis lucidis plurimis conspersa. Flores glomerati, terminales. Odor fœtidissimus.

HABITAT Algeriâ. ⊙

BETA.

CALYX persistens, quinquepartitus ; laciniis carinatis. Corolla nulla. Stylus trifidus. Capsula unilocularis, supera, calyce tecta. Semen unum, reniforme.

BETA VULGARIS.

BETA caule erecto. *Lin. Spec.* 322.—*Gærtner.* 1. *p.* 36o. *t.* 75. *f.* 5.
A. Beta rubra vulgaris. *C. B. Pin.* 118. — *T. Inst.* 5o2.
Beta rubra. *Dod. Pempt.* 62o. *Ic.*

COLITUR in hortis. ♂

BETA MARITIMA.

BETA caulibus decumbentibus. *Lin. Spec.* 322.
Beta sylvestris maritima. *C. B. Pin.* 118.—*T. Inst.* 5o2.

HABITAT ad maris littora. ♂

SALSOLA.

CALYX persistens , quinquepartitus. Corolla nulla. Styli duo
aut tres. Capsula supera. Semen unicum , cochleatum.

SALSOLA KALI.

SALSOLA herbacea, decumbens ; foliis subulatis , spinosis ; calycibus mar-
ginatis, axillaribus. *Lin. Spec.* 322.— *Œd. Dan. t.* 818. — *Gærtner.* 1.
p. 359. *t.* 75. *f.* 4.
Kali spinosum foliis crassioribus et brevioribus. *T. Inst.* 247. — *Schaw.*
Specim. n. 353.
Tragum. *Camer. Epit.* 779. *Ic.* — *Matth. Com.* 731. *Ic.*
Kali spinoso affinis. *C. B. Pin.* 289. — *Moris. s.* 5. *t.* 33. *f.* 11.

CAULES ramosi , asperi , procumbentes , striati ; ramis patentibus , divaricatis. Folia carnosa , subulata , subtus convexa , basi dilatata et canaliculata ; aculeo terminali. Flores sessiles , solitarii , axillares ; bracteis
ternis , apice aculeatis.

HABITAT ad maris littora. ☉

SALSOLA SODA.

SALSOLA herbacea patula ; foliis inermibus. *Lin. Spec.* 323. —*Jacq. Hort.*
t. 68.

Kali majus cochleato semine. *C. B. Pin.* 289. — *T. Inst.* 247. — *Moris.*
s. 5. *t.* 33. *f.* 1.
Soda Kali magnum Sedi medii folio , semine cochleato. *Lob. Ic.* 394. —
Adv. 169. *Ic.*
Cali vulgare. *J. B. Hist.* 3. *p.* 702.

CAULES procumbentes aut ʾerecti , 3 decimetr. , ramosi ; ramis patentibus.
Folia carnosa , subulata , longa , horizontalia , glabra , mutica , subteretia ,
basi dilatata , striis duabus , longitudinalibus , oppositis superne et subtus
exarata. Flores axillares , sessiles , solitarii , bini aut terni.

HABITAT ad maris littora. ☉

SALSOLA TRAGUS.

SALSOLA herbacea , erecta ; foliis subulatis , spinosis , lævibus ; calycibus
ovatis. *Lin. Spec.* 322.
Kali spinosum foliis longioribus et angustioribus. *T. Inst.* 247.
Tragon Matthioli. *Lob. Ic.* 797.

HABITAT ad maris littora. ☉

SALSOLA FRUTICOSA.

SALSOLA erecta , fruticosa ; foliis filiformibus , obtusiusculis. *Lin. Spec.* 324.
Anthyllis chamæpithyides frutescens. *C. B. Pin.* 282.
Kali species vermicularis marina arborescens. *J. B. Hist.* 3. *p.* 704. *Ic.*
Sedum minus arborescens. *Munt. t.* 130.

FRUTEX 6—9 decimetr. , erectus. Rami numerosi , approximati. Folia
subteretia , carnosa , glauca , superne planiuscula , obtusa. Flores axillares ,
sessiles , solitarii , bini aut terni.

HABITAT ad maris littora. ♄

SALSOLA MURICATA.

SALSOLA fruticosa , patula ; ramulis hirsutis ; calycibus spinosis. *Lin. Mant.*
54. *et* 512.
Kali ægyptium incanum et villosum , calyce stellato et aculeato. *Lippi.*
Mss.—Herb. Vail.

1   28

CAULIS suffruticosus , 6 — 9 decimetr. , pubescens , a basi ad apicem floriferus, ramosus. Rami graciles, paniculati. Folia alterna, linearia, villosa, mutica. Flores parvi , solitarii , bini aut terni, axillares, sessiles. Calyx tomentosus , quinquepartitus, maturo fructu in stellulam expansus, quinquearistatus ; aristis rigidis, patentibus , apice sæpe uncinatis. Semen exiguum, cochleatum , calyce tectum.

HABITAT in deserto prope Cafsam. ♄

SALSOLA CAMPHOROSMOIDES.

KALI orientale fruticosum spinosum ,.Camphoratæ foliis. *T. Cor.* 18. — *T. Herb.*

CAULES fruticosi, glabri, erecti, ramosissimi ; ramis paniculatis, spinosis ; spinis aciformibus. Cortex in junioribus albus , in vetustioribus fuscus. Folia glabra, alterna , filiformia , cum fasciculis axillaribus. Flores perfectos non vidi.

HABITAT in arvis incultis prope Tlemsen. ♄

SALSOLA BREVIFOLIA.

SALSOLA fruticosa, ramosissima ; foliis ovatis , confertis, brevissimis , pubescentibus.
Kali siculum lignosum , floribus membranaceis. *Boc. Sic.* 59 — *Vail. Herb.*
An Kali vermiculatum incanum fruticans. *Barrel. t.* 205 ?

FRUTEX 6—9 decimetr. Ramuli numerosi, pubescentes. Folia alterna, villosa, brevia, obtusa ; ramea confertissima , magnitudine et formâ Sedi acris Lin. Flores axillares, sessiles, solitarii , numerosi. Calyx persistens , maturo fructu membranaceus.

HABITAT in arenis prope Cafsam. ♄

SALSOLA MOLLIS.

SALSOLA fruticosa; ramis patentibus; foliis teretibus, carnosis, glaucis , obtusis.

FRUTEX 3 — 6 decimetr. , erectus , ramosissimus ; ramis patulis., Folia teretia , obtusa , glauca , carnosa , mollissima , glabra , succosa, Sedi albi foliis simillima , at paululum breviora et tenuiora , 9 millimetr. longa.

HABITAT in arenis prope Cafsam. ♄

SALSOLA OPPOSITIFOLIA.

SALSOLA fruticosa ; foliis subulatis , inermibus , oppositis.
Kali siculum lignosum , floribus membranaceis. *Boc. Sic.* 5g. *t. 3i.* —
   T. Inst. 247.
Kali minus tenuifolium fruticosum siculum. *Barrel. t.* 79.
Kali floridum semine cochleato et floribus membranaceis. *Moris. s. 5. t. 33.*
   f. 2.
Kali membranaceum foliis angustis conjugatis. *Schaw. Specim. n.* 354.
Salsola fruticosa. *Cavanil. Ic. n.* 312. *t.* 285.

FRUTEX 12—18 decimetr. , ramosissimus ; ramis oppositis , erectis , nodosis , glabris. Folia opposita , subulata , glabra , carnosa , mutica , superne depressa , 13—22 millimetr. longa. Flores axillares , solitarii , bini aut terni , sessiles. Bracteæ 3, subulatæ , parvæ ; inferiore majore. Calyx parvus , persistens , quinquepartitus ; laciniis ellipticis , obtusis , erectis , persistentibus. Membranæ totidem , roseæ , latæ , flabelliformes, apice rotundatæ , inæquales, in campanam patulam conniventes, infra apicem singulæ laciniæ maturescente fructu emergentes. Corolla nulla. Stamina 5 exserta. Antheræ tetragonæ , luteæ. Styli 2. Stigmata totidem , acuta. Semen cochleatum , membranulâ lævi obtectum. Floret ineunte Hyeme. Species pulcherrima et a congeneribus omnino distincta.

HABITAT in agro Tunetano. ♄

CRESSA.

CALYX quinquepartitus. Corolla hypocrateriformis. Filamenta staminum tubo insidentia. Capsula supera , basi dehiscens , bivalvis , monosperma.

CRESSA CRETICA.

CRESSA. *Lin. Spec.* 325. — *Lamarck Illustr. t.* 183.
Quamoclit minima humifusa palustris , Herniariæ folio. *T. Cor.* 4.
Anthyllis. *Alpin. Exot.* 156. *Ic.*
Lysimachiæ spicatæ purpureæ affinis Thymifolia , flosculis in cacumine plurimis quasi in nodis junctis. *Pluk. t.* 43. *f.* 6.

PLANTA cinerei coloris , tota pubescens. Caules erecti , ramosissimi, 1—2 decimetr. Folia numerosa , alterna, parva , sessilia ; caulina ovata , acuta ; ramea lanceolata. Flores parvi , capitati, in summitate ramorum. Bracteæ duæ ad basim calycis. Calyx persistens , quinquepartitus ; laciniis ellipticis , sibi invicem incumbentibus. Corolla tubulosa, quinquefida , calycem vix superans. Capsula ovata, lævis , calyce longior , apice villosa . monosperma. Semen fuscum , ovoideum , subangulosum.

HABITAT ad maris littora prope Tunetum.

ULMUS.

CALYX quinquefidus. Corolla nulla. Stamina quinque ad septem. Capsula supera , monosperma , margine membranaceo cincta.

ULMUS CAMPESTRIS.

ULMUS foliis duplicato-serratis , basi inæqualibus. *Lin. Spec.* 325.—*Œd. Dan. t.* 632.
Ulmus campestris et Theophrasti. *C. B. Pin.* 426. — *T. Inst.* 601. *t.* 371.
Ulmus. *Camer. Epit.* 70. *Ic.* — *Matth. Com.* 135. *Ic.* — *Dod. Pempt.* 837. *Ic.*—*Lob. Ic.* 2. *p.* 189.—*Tabern. Ic.* 979.—*Evelin.* 1. *p.* 114. *Ed.* 2ᵃ—*Park. Theat.* 1404. *Ic.* — *Ger. Hist.* 2480. *Ic.*—*J. B. Hist.* 1. *p.* 139. *Ic.*
Ulmus foliis scabris , ovato-lanceolatis ; dentibus serratis. *Hall. Hist.* n. 1586.

HABITAT Algeriâ. ♄

VELEZIA.

CALYX persistens , gracilis , quinquedentatus. Corolla penta-petala. Capsula supera , unilocularis , apice quadrivalvis, polysperma. Semina receptaculo centrali, filiformi , libero affixa.

VELEZIA RIGIDA.

VELEZIA. *Lin. Syst. veget.* 266. — *Gærtner.* 2. *p.* 226. *t.* 129. *f.* 12.— *Lamarck. Illustr. t.* 186.
Lychnis corniculata minor sive angustifolia. *Barrel. t.* 1018.—*Boc. Mus.* 50. *t.* 43.
Knavel majus foliis caryophylleis. *Buxb. Cent.* 2. *p.* 41. *t.* 47.
Lychnis minima rigida Cherleri. *J. B. Hist.* 3. *p.* 352. *Ic.*
Paronychia orientalis humifusa, Serpilli folio. *T. Cor.* 38.

CAULIS erectus , nodosus , teres , pubescens, 11 — 26 centimetr. Rami graciles , sæpe divaricati. Folia opposita , subulata , striata , pubescentia , basi vaginantia. Flores axillares , solitarii , rarius bini aut terni , juxta caulis et ramorum longitudinem , breviter pedicellati Calyx gracilis , pubescens , teres , tubulosus , persistens , lævissime striatus, 16—22 millimetr. longus, quinquedentatus ; dentibus setiformibus , erectis. Corolla parva , calyce. paulo longior , pentapetala; unguibus filiformibus , longitudine calycis. Limbus roseus. Stamina 5—6. Filamenta capillaria. Styli 2. Capsula tenuis , cylindrica , calyce tecta. Semina fusca, oblonga.

HABITAT in arvis prope Mascar. ☉

GENTIANA.

CALYX quinquepartitus. Corolla quinquefida , rarius quadrifida. Stamina quatuor aut quinque. Stigmata duo. Capsula supera , bilocularis , bivalvis ; valvis intus margine reflexis , polysperma.

GENTIANA MARITIMA.

GENTIANA corollis quinquefidis, infundibuliformibus; stylis geminis; caule dichotomo, paucifloro. *Lin. Mant. 55.—Cavanil. Ic. n. 323. t. 296. f. 1.*

Centaurium luteum minus angustifolium non perfoliatum. *Barrel. t. 467:— Boc. Mus. t. 76.*

PLANTA filiformis; 7—13 centimetr. Corolla lutea.

HABITAT Algeriâ ad maris littora. ☉

GENTIANA CENTAURIUM.

GENTIANA corollis quinquefidis, infundibuliformibus; caule dichotomo. *Lin. Spec. 332. — Œd. Dan. t. 617. — Bergeret. Phyt. 1. p. 37. Ic. — Bulliard. Herb. t. 253.*

Centaurium minus. *C. B. Pin. 278.— Camer. Epit. 426. Ic. — Fusch. Hist. 387. Ic.—Renealm. Spec. t. 76. — Trag. 140. Ic.—Matth. Com. 488. Ic. —Dod. Pempt. 336. Ic.—Lob. Obs. 218. Ic. — Ic. 401.—Blakw. t. 452. —T. Inst. 122. — Schaw. Specim. n. 128. — J. B. Hist. 3. p. 353. Ic.— Ger. Hist. 547. Ic.*

Gentiana caule dichotomo; floribus infundibuliformibus, striatis, quinquefidis. *Hall. Hist. n. 648.*

La petite Centauree. *Regnault. Bot. Ic.*

CAULIS erectus, ramosus, dichotomus, 1—3 decimetr., tetragonus; angulis per paria approximatis. Folia opposita, glabra, sessilia; inferiora elliptica; obtusa; superiora lanceolata. Flores corymbosi. Calycis laciniæ angustæ, acutæ. Corolla infundibuliformis, rosea, rarius alba. Antheræ contortæ.

HABITAT prope Mascar. ☉

GENTIANA SPICATA.

GENTIANA corollis quinquefidis, infundibuliformibus; floribus alternis, sessilibus. *Lin. Spec. 333.*

Centaurium minus spicatum. *C. B. Pin. 278.—Prodr. 130. Ic.—T. Inst. 123. —Matth. Com. 488. Ic.*

Centaurium minus flore spicato. *Dodart. Icones.*

FACIES G. Centaurii Lin. Caulis erectus, 3 decimetr., glaber, tetragonus. Rami graciles, virgati, numerosi. Folia opposita, glabra, lanceolata, integerrima, caulem amplectentia, tri ad quinquenervia. Flores sessiles, solitarii, laxe spicati, ramis adpressi. Bracteæ subulatæ. Calyx oblongus, quinquepartitus; laciniis angustis, acutis. Corolla rosea, quinquepartita. Laciniæ angustæ, acutæ. Tubus longitudine calycis. Stamina 5; antheris contortis. Stylus brevis, filiformis. Stigmata 2. Capsula elongata, bivalvis, polysperma.

HABITAT Algeriâ. ⊙

ERYNGIUM.

FLORES capitati. Involucrum persistens, polyphyllum. Calyx proprius pentaphyllus, superus. Corolla pentapetala. Semina duo, nuda, infera, hinc conniventia, bipartibilia.

ERYNGIUM PUSILLUM.

ERYNGIUM foliis radicalibus oblongis, incisis; caule dicho sessilibus. *Lin. Spec.* 337.

Eryngium planum minus. *C. B. Pin.* 386. — *T. Inst.* 327
   t. 36. *f.* 11. — *Schaw. Specim. n.* 225.

Eryngium pusillum planum Moutoni. *Clus. Hist.* 2. *p.* 158
   2. *p.* 22. — *Ger. Hist.* 1165. *Ic.*

CAULIS 1—2 decimetr., glaber, striatus, plerumque dichotomus. Folia lanceolata, 5—13 centimetr. longa, 9 — 14 millimetr. lata, glabra, margine denticulato-spinosa, quandoque crenata et inermia; inferiora longe petiolata, obtusa; caulina pauca, consimilia. Flores umbellati, approximati. Capitula rotunda; centralia sessilia aut subsessilia. Involucellum penta aut hexaphyllum; foliolis rigidis, lineari-lanceolatis, acutis, dentato-spinosis. Paleæ receptaculi floribus quadruplo quintuplove longiores, lineari-subulatæ, rigidæ, simplices, apice spinosæ.

HABITAT in pratis humidis Algeriæ. ♃

ERYNGIUM MARITIMUM.

ERYNGIUM foliis radicalibus subrotundis , plicatis , spinosis ; capitulis pedunculatis. *Lin. Spec.* 337. — *Œd. Dan. t.* 875.

Eryngium maritimum. *C. B. Pin.* 386. — *Moris. s.* 7. *t.* 36. *f.* 6. — *T.
Inst.* 326. — *Blakw. t.* 297.

Eryngium marinum. *Clus. Hist.* 2. *p.* 159. *Ic.* — *Dod. Pempt.* 730. *Ic.* —
Matth. Com. 505. *Ic.* — *Lob. Ic.* 2. *p.* 21. — *Camer. Epit.* 448. *Ic.* —
J. B. Hist. 3. *p.* 86. *Ic.* — *Donati. Tratt.* 41. *Ic.* — *Ger. Hist.* 1162.
Ic. — *H. Eyst. Æst.* 11. *p.* 9. *f.* 1. ·

CAULES albi, ramosi , teretes , procumbentes. Folia glauca , undulata ,
lobata , margine dentato-spinosa , venis albidis picta ; inferiora sæpe orbiculata, petiolata, petiolis semicylindricis ; superiora sessilia , flabelliformia.
Involucrum universale triphyllum; partiale pentaphyllum, floribus longius ;
foliis cuneiformibus, dentato-spinosis. Capitula florum primum rotunda ,
deinde ovata. Paleæ receptaculi tricuspidatæ.

HABITAT ad maris littora. ♃

ERYNGIUM TRICUSPIDATUM.

ERYNGIUM foliis radicalibus cordatis ; caulinis palmatis ; auriculis retroflexis ; paleis tricuspidatis. *Lin. Spec.* 337.

Eryngium capitulis Psyllii. *Boc. Sic.* 88. *t.* 47. — *Moris. s.* 7. *t.* 36. *f.* 1.2.

CAULIS simplex , erectus , albus , 3—6 decimetr. Folia inferiora longe
petiolata ; petiolis basi vaginantibus. Folium cordato-orbiculatum , sæpe
sublobatum , glabrum , venoso-reticulatum , inæqualiter dentatum ; dentibus apice spinosis. Folia superiora amplexicaulia , palmato-multipartita ;
laciniis rigidis , angusto-lanceolatis , acutis , nervosis , inæqualiter dentatis ;
dentibus spinosis. Flores umbellati. Pedunculi inæquales , striati , sæpe decompositi. Capitula florum rotunda , parva. Involucellum hexa ad octophyllum ; foliolis angusto-lanceolatis , rigidis , dentatis , spinosis , acutis ,
2 — 5 centimetr. longis ; margine cartilagineo. Paleæ tricuspidatæ, spinosæ , floribus longiores. Floret primo Vere et Æstate.

HABITAT in sepibus prope Mascar et Tlemsen ♃

ERYNGIUM ILICIFOLIUM. Tab. 53.

ERYNGIUM caule dichotomo; foliis obovatis, dentato-spinosis, margine cartilagineis; involucris foliaceis; paleis tricuspidatis.

RADIX simplex, gracilis, tortuosa. Caulis 5 — 11 centimetr., albus, striatus, dichotomus. Folia glauca, obovata, dentato-spinosa., 13—22 millimetr. lata, 18—34 longa; limbo cartilagineo; inferiora petiolata; petiolis basi vaginantibus. Capitula florum ovata; primordialia sessilia in bifurcatione ramorum. Involucrum universale subpentaphyllum; foliolis dentatis, basi angustatis, margine cartilagineis, spinosis; dente terminali longiore. Paleæ receptaculi flore paulo longiores, apice tricuspidatæ.

HABITAT in arvis prope Mascar. ♃

ERYNGIUM TRIQUETRUM. Tab. 54.

ERYNGIUM foliis radicalibus trilobis; floribus corymbosis; involucellis tri aut tetraphyllis, subulato-canaliculatis; pedicellis triquetris.
Eryngium batrachioides capitulo tricuspidato siculum. *Boc. Vail. Herb.*

RADIX fusiformis, crassitie minimi digiti. Folia radicalia petiolata, glabra, plerumque triloba; lobis superne latioribus, dentato-spinosis, sæpe apice incisis; caulina digitato-palmata. Laciniæ angustæ, rigidæ, acutæ, dentatæ; dentibus paucis, inæqualibus, aculeo terminatis. Caulis teres, glaber, striatus, erectus, crassitie pennæ anserinæ, 3—4 decimetr. Rami numerosi, divaricati, striati, laxe corymbosi. Capitula florum numerosa, parva. Pedicelli triquetri, striati, superne sensim incrassati. Involucellum tri aut tetraphyllum; foliis subulato-canaliculatis, rigidis, patentibus, integerrimis, rarius dentatis, 13 — 25 millimetr. longis, apice spinosis. Calyx quinquedentatus; dentibus subulatis, erectis. Petala 5, inflexa, acuminata. Stamina totidem; filamentis capillaribus, exsertis. Antheræ oblongæ, versatiles, biloculares. Styli 2, capillares, longitudine staminum. Semina 2, semicylindrica, striata. Paleæ receptaculi parvæ, subulatæ, simplices, apice spinosæ, floribus vix longiores. Caules, rami, flores colore intense amethystino spectabiles.

HABITAT in arvis. ♃

1 29

ERYNGIUM PLANUM.

ERYNGIUM foliis radicalibus ovalibus , planis , crenatis ; capitulis peduncu-
latis. *Lin. Spec.* 336. — *Jacq. Austr.* 4. *t.* 391.
Eryngium latifolium planum. *C. B. Pin.* 386. — *T. Inst.* 327.
Eryngium pannonicum latifolium. *Clus. Hist.* 2. *p.* 158. *Ic.*
Eryngium planum. *Matth. Com.* 5o5. *Ic.* — *H. Eyst. Æst.* 11. *p.* 10. *f.* 1.
Eryngium spurium primum. *Dod. Pempt.* 732. *Ic.* — *Ger. Hist.* 1164. *Ic.*
Eryngium cœruleum primum. *Tabern. Ic.* 692.
Eryngium planum latifolium , capitulo rotundo parvo. *J. B. Hist.* 3.
p. 88. *Ic.*

FOLIA radicalia cordata , seu cordato - elliptica , plana , obtusa , cre-°
nata , nervosa , longe petiolata ; petiolis canaliculatis ; caulina superiora
sessilia , caulem amplectentia , palmata ; lobis inæqualiter serratis , quandoque incisis , margine spinosis. Caulis 6—13 decimetr. , firmus , erectus ,
profunde striatus. Umbella e radiis tribus ad quinque ; centrali breviore ,
simplici ; lateralibus plerumque trichotomis. Involucella hexa aut octo-
phylla ; foliis angusto - lanceolatis , margine spinosis , capitulo florum
ovato longioribus. Receptaculum conicum. Paleæ simplices et tricuspidatæ.
Pars superior caulis , pedunculi , involucra , flores colorem amethystinum
induunt.

HABITAT in arvis. ♃

ERYNGIUM DICHOTOMUM. Tab. 55.

ERYNGIUM foliis radicalibus cordato-oblongis , crenatis ; umbellis dichotomis ; capitulo florum rotundo , involucellis breviore ; paleis tricuspidatis.
Eryngium planum medium , foliis oblongis. *Schaw. Specim. n.* 227.

FOLIA radicalia .cordato-oblonga , obtusa , crenata , petiolata , 5 centimetr. longa , 15—22 millimetr. lata ; caulina sessilia , multipartita , rigida ;
laciniis lanceolatis , dentatis , spinosis. Caulis erectus , albus , glaber ,
striatus , sæpe tortuosus , 2—3 decimetr. et ultra. Umbella dichotoma ;
pedunculo centrali breviore. Involucellum penta aut hexaphyllum , rigidum ; foliolis lineari - subulatis , basi et apice spinosis , capitulo florum

parvo , rotundo duplo triplove longioribus. Calyx superus , pentaphyllus; foliolis ovatis , mucronatis ; mucrone spinoso , setiformi. Paleæ subulatæ , simplices , bi aut tricuspides , curvæ , rigidæ , flore longiores. Affine E. plano Lin., sed omni parte minus. Caules longe tenuiores, albi. Capitula florum rotunda , parva. Paleæ receptaculi tricuspidatæ.

HABITAT in collibus incultis circa Mascar. ♃

ERYNGIUM TEŅUE.

ERYNGIUM foliis spinosis ; radicalibus inæqualiter dentatis ; caulinis digitatis ; foliolis angusto-lanceolatis ; involucellis subulatis, serrato-spinosis , capitulo longioribus; paleis tricuspidatis.
Eryngium montanum pumilum. *C. B. Pin.* 386.— *T. Inst.* 327.— *Schaw. Specim. n.* 225.
Eryngium pumilum hispanicum. *Clus. Hist.* 2. *p.* 159. *Ic.* — *Tabern. Ic.* 694. — *Dod. Pempt.* 732. *Ic.* — *J. B. Hist:* 3. *p.* 87. *Ic.* — *Ger. Hist.* 1164. *Ic.*

CAULIS gracilis, erectus, 2—3 decimetr. Folia spinosa ; radicalia parva, oblonga , in orbem jacentia, inæqualiter dentata ; caulina sessilia , digitata , serrata. Foliola inferiorum angusto-lanceolata ; superiorum lineari-subulata. Flores pedunculati. Pedunculi tenues , sæpe decompositi , inæquales. Involucellum octo ad decaphyllum ; foliolis subulatis , serratis, spinosis , capitulo longioribus. Capitulum subrotundum, parvum , echinatum. Paleæ receptaculi floribus longiores , apice tricuspidatæ.

HABITAT in collibus incultis. ☉

HYDROCOTYLE.

UMBELLA simplex. Involucrum subtetraphyllum. Semina semi-orbiculata , compressa , infera.

HYDROCOTYLE VULGARIS.

HYDROCOTYLE foliis peltatis ; umbellis quinquefloris. *Lin. Spec.* 338. — *Œd. Dan. t.* 90. — *Lamarck. Illustr. t.* 188. *f.* 1.
Hydrocotyle vulgaris. *T. Inst.* 328. — *Lindern. Hort.* 266. *t.* 12.

Ranunculus aquaticus Cotyledonis folio. *C. B. Pin.* 180.

Cotyledon aquatica. *J. B. Hist. 3. p.* 781.

Aquatica Cotyledon acris Septentrionalium. *Lob. Ic.* 387.

Cotyledon palustris. *Dod. Pempt.* 133. *Ic. — Ger. Hist.* 529. *Ic.*

Hydrocotyle foliis rotundis, emarginatis; petiolis centralibus; umbellis fastigiatis. *Hall. Hist. n.* 812.

FOLIA longe petiolata, orbiculata, peltata, medio umbilicata, crenata. Petiolus teres, fere filiformis. Caules repentes, graciles. Flores pedicellati, glomerato-capitati. Umbella parva, simplex. Petala 5 ovata minuta, acuta, integra. Semina brevia, complanata, longitudinaliter bipartibilia.

HABITAT prope La Calle ad lacuum ripas. ♃

BUPLEVRUM.

INVOLUCRUM universale polyphyllum; partiale subpentaphyllum. Petala involuta, flavescentia. Semina oblonga, hinc convexa, striata. Folia simplicia, integerrima.

BUPLEVRUM ROTUNDIFOLIUM.

BUPLEVRUM involucris universalibus nullis; foliis perfoliatis. *Lin. Spec.* 340. — *Gærtner.* 1. *p.* 97. *t.* 22. *f.* 7. — *Lamarck. Illustr. t.* 189. *f.* 1.

Buplevrum perfoliatum rotundifolium annuum. *T. Inst.* 310. *t.* 463. — *Schaw. Specim. n.* 89.

Perfoliata vulgatissima sive arvensis. *C. B. Pin.* 277. — *Moris. s.* 9. *t.* 12. *f.* 1.

Perfoliata. *Camer. Epit.* 888. *Ic. — Trag.* 482. *Ic. — Fusch. Hist.* 632. *Ic.* — *Matth. Com.* 805. *Ic. — Moris. Umb. t.* 8. — *Rivin.* 3. *t.* 46. — *Tabern. Ic.* 759. — *Blakw. t.* 95. — *Dod. Pempt.* 104. *Ic. — Ger. Hist.* 536. *Ic.—H. Eyst. Æst.* 4. *p.* 3. *f.* 3.

Perfoliatum vulgatius. *Lob. Ic.* 396.

Perfoliata simpliciter dicta annua vulgaris. *J. B. Hist. 3. p.* 198. *Ic.*

La Perce-feuille. *Regnault. Bot. Ic.*

A. Buplevrum perfoliatum, longifolium annuum. *T. Inst.* 3io.
Perfoliata minor, ramis inflexis. *C. B. Pin.* 277. — *Prodr.* 13o.
Perfoliata annua longioribus foliis. *J. B. Hist.* 3. *p.* 198. *Ic.*
Buplevrum caule brachiato; ramosissimo; foliis ovato-lanceolatis, amplexi-
caulibus. *Hall. Hist. n.* 767.

PLANTA glabra. Caulis lævis, ramosus, erectus, 3—6 decimetr. Folia
integerrima, nervosa, fere orbiculata, perfoliata, mucronata. Involucrum
universale nullum; partiale quinquepartitum; laciniis ovatis, coloratis,
mucronatis, umbellulâ longioribus. Umbella tri aut quadriradiata. Varietas
A. distinguitur foliis ovato-oblongis.

HABITAT Algeriâ inter segetes. ☉

BUPLEVRUM ODONTITES.

BUPLEVRUM umbellis lateralibus oppositifoliis, subsessilibus; radiis inæ-
qualibus; involucellis pentaphyllis, lanceolato l022 linearibus, coloratis,
umbellâ longioribus. *Jacq. Hort. t.* 91. — *Gærtner.* 1. *p.* 98.
Buplevrum involucellis pentaphyllis, acutis; universali triphyllo; flosculo
centrali altiore; ramis dĭvaricatis. *Lin. Spec.* 342.
Buplevrum annuum minimum angustifolium. *T. Inst.* 3io.
Perfoliata minor angustifolia, Buplevri folio. *C. B. Pin.* 277.
Perfoliatum angustifolium montanum. *Col. Ecphr.* 1. *p.* 84. *t.* 247.
Auriculæ Leporis affinis Odontites lutea Valerandi et Dalechampii. *J. B.
Hist.* 3. *p.* 201. *Ic.*
Buplevrum caule brachiato; involucris utrisque pentaphyllis, aristatis,
petiolos excedentibus. *Hall. Hist. n.* 772.

CAULIS teres, dichotomus, lævissime striatus, erectus, 13—22 centimetr., quandoque 3 decimetr. Folia graminea, nervosa, glabra; inferiora
angusto-lanceolata; superiora lineari-subulata. Umbellæ aliæ subsessiles
aut pedŭnculatæ, foliis oppositæ; aliæ terminales. Involucrum universale,
tri aut pentaphyllum; foliolis angusto-lanceolatis, acutis, nervosis. Involucella minora, conformia, venoso-reticulata, flavescentia, umbellulâ sæpe
duplo triplove longiora. Umbella universalis parva, irregularis. Umbellulæ
nonnullæ sessiles; aliæ inæqualiter pedunculatæ. Flores parvi, lutei, sessiles
et pedicellati; pedicellis inæqualibus. Semina semiteretia, striata, lævia.

HABITAT inter segetes. ☉

BUPLEVRUM SEMICOMPOSITUM.

BUPLEVRUM foliis lanceolatis, mucronatis; inferioribus obtusis; involucris
subulatis; partiali floribus longiore; umbellæ radiis inæqualibus; semine
aspeto.

Buplevrum umbellis compositis simulque simplicibus. *Lin. Spec.* 342.

Buplevrum caule herbaceo; foliis lanceolatis; umbellis axillaribus termi-
nalibusque; seminibus scabris. *Gouan. Illustr.* 9. *t.* 7. *f.* 1.

PLANTA glauca, erecta. Caules graciles, glabri, angulosi, 2 decimetr.,
ramosissimi; ramulis filiformibus. Folia rigidula; caulina inferiora et media
spathulato-lanceolata, in petiolum longum decurrentia, obtusa cum acumine;
ramea lineari-subulata. Pedunculi angulosi, tenues. Umbellæ parvæ. Radii
quatuor ad sex, breves, filiformes, inæquales; umbellulis centralibus subsessilibus. Involucrum universale pentaphyllum; foliolis subulatis; partiale
consimile, umbellulâ longius. Flores minuti, pallide lutei; pedicellis inæqualibus. Semina parva, brevia, ovoidea, rugosa. Varietatem foliis caulinis
inferioribus lanceolatis, acutis distinctam possideo.

HABITAT in arvis Algeriæ. ☉

BUPLEVRUM PROCUMBENS. Tab. 56.

BUPLEVRUM caule procumbente; foliis lineari-subulatis; ramulis paniculatis; involucellis, subovatis, acutis, brevissimis; semine rugoso.

RADIX longissima, tenuis, alba, ramosa, tortuosa, perennis. Caules procumbentes aut prostrati, plures ex eodem cæspite, sæpe 3 decimetr. et ultra.
Rami filiformes, numerosi, paniculati, floriferi. Folia rigidula, nervosa;
inferiora angusto-lanceolata; superiora subulata, brevissima, semi-am-
plexicaulia, Pedunculi capillares. Umbella universalis parva. Radii duo
ad quinque tenuissimi, inæquales, angulosi. Umbellulæ distinctæ. Involucrum universale tri ad pentaphyllum, brevissimum, acutum;
partiale pentaphyllum, umbellulâ brevius; foliolis ovatis, acutis. Petala
minima, involuta, alba. Stamina 5. Styli 2, brevissimi. Semina brevia,
ovoidea, parva, fusca, exasperata. Affine B. tenuissimo Lin. differt
radice perenni; caule procumbente; involucellis minimis, ovatis nec
subulatis, umbellulâ brevioribus.

HABITAT prope Tunetum. ♃

BUPLEVRUM RIGIDUM.

BUPLEVRUM caule dichotomo ; involucris minimis , acutis. *Lin. Spec.* 342.
Buplevrum folio rigido. *C. B. Pin.* 278. — *T. Inst.* 309.
Buplevrum alterum latifolium. *Dod. Pempt.* 633. *Ic.* — *Lob. Ic.* 456.
Buplevrum perenne , folio rigido latiore. *Moris. s.* 9. *t.* 12. *f.* 2.

FOLIA radicalia obovata aut lanceolata , nunc obtusa , nunc acuta , erecta , coriacea , rigida, nervosa nervis prominulis , sæpe contorta et undulata, longe petiolata , in petiolum decurrentia ; caulina angusto-lanceolata; superiora subulata. Caulis lævis , ramosus , erectus , 6—9 decimetr. Pedunculi filiformes , laxe paniculati. Umbella e radijs duobus ad quatuor. Involucrum universale parvum , subulatum, di ad tetraphyllum; partiale quinquepartitum , minimum. Flores exigui , lutei. Folia radicalia mire ludunt pro natali solo.

HABITAT in collibus incultis. ♃

BUPLEVRUM FRUTICESCENS.

BUPLEVRUM frutescens; foliis striatis , lineari-subulatis , rigidis; inflorescentia ramosa ; involucris subpentaphyllis ; involucello umbellula breviore.
Buplevrum frutescens; foliis linearibus; involucro universali partialibusque. *Lin. Spec.* 344. — *Cavanil. Ic. n.* 115. *t.* 106. *bona.*
Buplevrum caule fruticoso ; foliis linearibus ; involucro duplici , pentaphyllo. *Loefl. Hisp.* 188.
Buplevrum hispanicum arborescens , gramineo folio. *T. Inst.* 310.
Buplevrum fruticans angustifolium hispanicum. *Barrel. t.* 1255.

FRUTEX 3—9 decimetr., erectus, ramosus. Rami floriferi graciles , striati, ramosi. Folia lineari-lanceolata, longitudinaliter utrinque nervosa, rigidula, perennantia, semiamplexicaulia, 2 millimetr. lata, 2—8 centimetr. longa, acutissima, glabra, integerrima, in ramis vetustis conferta, in junioribus remota. Pedunculi tenues. Umbellæ radii quatuor ad octo, filiformes, inæquales. Involucrum parvum , tri ad pentaphyllum, adpressum; foliis parvis , acutis ; partiale consimile , pentaphyllum , umbellulâ brevius. Umbellulæ distinctæ. Petala involuta , pallide lutea. Semina semiteretia , striata. Speci-

mina in herbario Vaillantii servata et in Hispania olim collecta, foliis brevioribus, magis confertis; ramis floriferis longe minus elongatis distinguntur,
sed nullam aliunde differentiam specificam obtulerunt.

HABITAT in collibus incultis prope Tlemsen. ♄

BUPLEVRUM SPINOSUM.

BUPLEVRUM frutescens; ramis paniculæ sessilibus, nudis, spinescentibus;
foliis linearibus. *Lin. Suppl.* 178.
Buplevrum hispanicum fruticosum aculeatum, gramineo folio. *T. Inst.* 310.
Buplevrum caule fruticoso; ramis senilibus spiniformibus, divaricatis;
involucris universalibus partialibusque. *Gouan. Illustr.* 8. *t.* 2. *f.* 3.

FRUTEX ramosissimus, 13—27 centimetr., rigidus; cortice rugoso. Rami
superiores tortuosi, striati, intertexti, divaricati, rigidi, apice spinosi,
floriferi, flavescentes. Folia lineari-lanceolata, rigida, perennantia, conferta in summitate ramorum vetustiorum. Umbellæ parvæ, terminales,
plerumque triradiatæ; radiis brevibus, patentibus. Involucra minima.
Petala flava. Semina oblonga, semiteretia, glabra, profunde sulcata.

HABITAT in collibus arenosis et incultis. ♄

BUPLEVRUM FRUTICOSUM.

BIPLEVRUM frutescens; foliis obovatis, integerrimis. *Lin. Spec.* 343.
Buplevrum arborescens Salicis folio. *T. Inst.* 310. — *Schaw. Specim. n.* 90.
— *Miller. Dict. t.* 74.
Seseli æthiopicum Salicis folio. *C. B. Pin.* 161.
Seseli æthiopicum frutex. *Dod. Pempt.* 312. *Ic.* — *Lob. Ic.* 634. — *Moris.*
s. 9. *t.* 6. *f.* 1.—*Matth. Com.* 551. *Ic.*— *Camer. Epit.* 512. *Ic.* — *Tabern.*
Ic. 105. — *Ger. Hist.* 1421. *Ic.*
Seseli æthiopicum fruticosum, folio Periclymeni. *J. B. Hist.* 3. *p.* 197. *Ic.*

FRUTEX 1—2 metr., ramosus, glaber, lævis. Folia sparsa, perennantia,
lanceolata, obtusa, mucronata, superne lævia, nitida, subtus venoso-reticulata, 9—13 millimetr. lata, 8—11 centimetr. longa. Involucrum reflexum;
foliolis inæqualibus, ovatis aut ellipticis. Partiale consimile. Umbella regularis, convexa. Petala flava, convoluta. Semina semiteretia, lævia, striata.

HABITAT in Atlante et in collibus aridis. ♄

BUPLEVRUM GIBRALTARICUM.

BUPLEVRUM fruticosum ; foliis rigidis, lanceolatis, obliquis, erectis, mucronatis ; involucris reflexis.

Buplevrum frutescens ; foliis longis, acutis, aristatis ; involucris et involucellis reflexis. *Lamarck. Dict.* 1. *p.* 520.

Buplevrum coriaceum, frutescens ; foliis lanceolatis, coriaceis, obliquis ; inflorescentia ramosa. *Lherit. Stirp.* 139. *t.* 67.

FRUTEX 10—13 decimetr., parum ramosus ; ramis teretibus. Folia 18—22 millimetr. lata, 10—13 centimetr. longa, lanceolata perennantia, utrinque attenuata, glauca, coriacea, obliqua, mucronata, integerrima, margine cultrata, uninervia, sparsa, conferta ; in ramis floriferis remota. Umbellæ pedunculatæ ; inferiores minores. Involucrum penta aut hexaphyllum, deflexum ; foliolis ovato-oblongis, mucronatis ; partiale minus, pentaphyllum, ovatum. Umbella convexa, uniformis, 5—8 centimetr. lata. Corollæ luteæ. Styli brevissimi. Semina oblonga, hinc teretia, sulcata. Affine B. fruticoso Lin., differt foliis utrinque glaucis, obliquis, nec superne lævissimis, nec inferne reticulatis ; ramo florifero ramoso.

HABITAT in Capite Bon dicto apud Tunetanos. ♄

BUPLEVRUM PLANTAGINEUM. Tab. 57.

BUPLEVRUM fruticosum ; foliis perennantibus, lanceolatis, nervosis, mucronatis ; ramis floriferis ramosis, striatis ; involucris subulatis, adpressis.

FRUTEX 13—16 decimetr., ramosus. Folia perennantia, coriacea, lanceolata, nervosa, integerrima, mucronata, 13—22 millimetr. lata, 10—13 centimetr. longa, utrinque attenuata, in vetustis ramis confertissima ; petiolo lato, brevi, caulem amplectente. Rami floriferi longi, striati, glauci, erecti, ramosi ; ramulis strictis. Umbellæ convexæ, 5—8 centimetr. latæ ; umbellulis distinctis. Radii quatuor ad decem, tenues, angulosi, inæquales. Involucrum universale penta ad heptaphyllum ; foliolis subulatis, adpressis ; partiale consimile, minus, floribus bre-

1

vius. Flores minuti. Petala 5, pallide lutea, convoluta. Stamina 5, minima. Styli 2, breves. Semina semiteretia, striata, glabra. Floret Æstate. Species a B. fruticoso et B. Gibraltarico omnino distincta.

HABITAT in Atlante prope Bougie. ♄

ECHINOPHORA.

INVOLUCRA polyphylla. Flores centrales abortivi. Semen unum, inferum; altero evanido.

ECHINOPHORA SPINOSA.

ECHINOPHORA foliis subulato-spinosis, integerrimis. *Lin. Spec.* 344. — *Lamarck. Illustr. t.* 190. *f.* 1.—*Cavanil. Ic. n.* 139. *t.* 127.
Echinophora maritima spinosa. *T. Inst.* 656. *t.* 423.
Crithmum maritimum spinosum. *C. B. Pin.* 288.—*Magn. Bot.* 80.—*Moris. s.* 9. *t.* 1. *f.* 1.
Crithmum secundum. *Matth. Com.* 381. *Ic.* — *Camer. Epit.* 273. *Ic.*
Crithmum spinosum. *Dod. Pempt.* 705. *Ic.* — *Tabern. Ic.* 101. — *Ger. Hist.* 533. *Ic.*
Pastinaca marina. *Lob. Ic.* 710. — *Donati. Tratt.* 69. *Ic.*—*J. B. Hist.* 3. *p.* 196. *Ic.*
Pastinaca marina, seu Crithmum spinosum. *Rai. Hist.* 469.
Echinophora maritima. *Zanich. Ist. t.* 15.

CAULIS erectus, pedalis, tortuosus, firmus, crassus, pubescens, striatus, ramosus, rarius simplex; ramis divaricatis. Folia pinnata aut bipinnata, basi vaginantia, patentia. Petiolus teres, striatus. Foliola, rigida, lineari-subulata, mucronata, subtus convexa, superne planiuscula. Umbella plana; umbellulis distinctis. Involucrum hexa ad decaphyllum; foliolis simplicibus, quandoque pinnatifidis, mucronatis, rigidis. Involucellum penta ad heptaphyllum, mucronatum, inæquale. Petala alba, inæqualia, emarginata. Floret Æstate.

HABITAT ad maris littora. ♃

TORDYLIUM.

INVOLUCRA polyphylla. Semina plana , orbiculata , infera , margine incrassato coronata.

TORDYLIUM HUMILE. Tab. 58.

TORDYLIUM foliis inferioribus pinnatis; foliolis lobatis, incisis; caule inferne piloso; involucris minimis, setaceis; seminibus margine crenatis.

CAULES ex eodem cæspite plures , erecti , striati , 16—22 centimetr. , inferne pilosi. Folia inferiora pinnata ; pinnulis subsessilibus , ovato-rotundatis , inæqualiter inciso-lobatis , obtusis ; ramea pauca, multipartita ; foliolis lineari - subulatis. Pedunculi glabri , sulcati. Involucra et involucella minima ; foliolis subulato-setaceis. Umbella universalis plana, e radiis quinque ad novem. Petala 5 , inæqualia , candida , in ambitu majora , bifida. Flores centrales abortivi. Semina 2 , magna , plana , orbiculata , bipartibilia; margine cartilagineo , incrassato , crenato ; superficie rugosâ.

HABITAT inter segetes prope Hamamelif , apud Tunetanos. ☉

CAUCALIS.

PETALA inæqualia. Flores centrales abortivi Semina duo, infera, oblonga , hinc convexa , muricata. Involucrum nullum aut polyphyllum.

CAUCALIS DAUCOIDES.

CAUCALIS umbellis trifidis , aphyllis ; umbellulis trispermis , triphyllis. *Lin. Syst. veget.* 276. *non vero Lin. Spec.*—*Jacq. Austr.* 2. *t.* 157. — *Leers. Herb.* 71.

Caucalis involucro universali nullo ; umbella trifida ; involucellis triphyllis. *Gerard. Gallop.* 236.

Caucalis leptophylla ; foliis tripinnatis , tenuissimis ; umbellis subtrifidis , aphyllis ; umbellulis triphyllis. *Lamarck. Dict.* 1. *p.* 657.

An Caucalis Dauci sylvestris folio, echinato magno fructu ? *Magn. Bot.* 292. — *T. Inst.* 323.

Echinophora tertia leptophyllon purpurea. *Col. Ecphr.* 1. *p.* 96. *t.* 97.— *Moris. s.* 9. *t.* 14. *f.* 6.

Echinophora. *Rivin.* 3. *t.* 24.

Caucalis fóliis triplicato-pinnatis ; involucris ligulatis ; universali unifolio. *Hall. Hist. n.* 739.

RADIX tenuis , alba, fusiformis. Caulis erectus, striatus , 1—3 decimetr. , pilis raris conspersus, quandoque glaber. Folia tri aut quadrifariam decomposita ; pinnulis extremis angustis , uniformibus , sæpe dentatis aut incisis ; inferiora petiolata ; petiolo canaliculato ; superiora sessilia aut subsessilia, basi vaginantia, caulem amplectentia ; costis omnibus dorso spinosis. Pedunculi firmi , striati , foliis oppositi. Involucrum universale nullum , rarius mono aut diphyllum ; partiale plerumque triphyllum ; foliolis lineari-subulatis , persistentibus. Umbella e radiis tribus aut quatuor , striatis patentibus. Flores in singula umbellula masculi abortivi , hermaphroditi fertiles. Calyx proprius persistens , pentaphyllus. Petala obcordata, carnea aut alba ; in hermaphroditis majora , inæqualia. Semina magna , semiteretia , sulcata , aculeis rigidis , uncinatis echinata.

HABITAT in agris cultis. ☉

CAUCALIS MAURITANICA.

CAUCALIS involucro universali monophyllo ; partialibus triphyllis. *Lin. Spec.* 347.

Caucalis mauritanica vulgari similis, semine majore. *Walth. Hort.* 127.

HABITAT in Barbaria.

CAUCALIS NODOSA.

TORDYLIUM nodosum ; umbellis simplicibus, sessilibus ; seminibus exterioribus hispidis. *Lin. Spec.* 346.—*Jacq. Austr. App. t.* 24.

Daucus annuus ad nodos floridus. *T. Inst.* 308.

Caucalis nodosa, echinato semine. *C. B. Pin.* 153.—*Prodr.* 80.—*Matth. Com.* 404. *Ic.*—*Moris. s.* 9. *t.* 14. *f.* 10. —*J. B. Hist.* 3. *p.* 83. *Ic.* — *Ger. Hist.* 1022. *Ic.*

Caucalis ad alas florens. *Rivin.* 3. *t.* 36.

CAULES graciles, procumbentes aut prostrati, ramosi, asperi. Folia villosa bi aut trifariam pinnatifida; laciniis angustis, confertis, linearibus, acutis. Flores aggregati, axillares. Umbella simplex, parva; pedunculo brevissimo. Semina minuta; radii echinata, majora; disci brevissime muricata.

HABITAT Algeriâ ad limites agrorum. ☉

CAUCALIS PLATICARPOS.

CAUCALIS umbellis trifidis; umbellulis trispermis; involucris triphyllis.
　　Lin. Spec. 347. — Jacq. Hort. 3. p. 9. t. 10.
Caucalis umbellis trifidis, involucris et involucellis triphyllis; umbellulis
　　dispermis. Lamarck. Dict. 1. p. 657.
Caucalis Monspeliaca, echinato magno fructu. C. B. Pin. 153. — T. Inst.
　　323. — Moris. s. 9. t. 14. f. 2.
Echinophora altera asperior platicarpos. Col. Ecphr. 1. t. 94.
Caucalis involucri foliolis multifidis; umbella conferta; petalis exterioribus
　　majoribus, longitudine involucri. Gerard. Gallop. 238.
Echinophora semine magno. Rivin. 3. t. 25.

CAULIS 2—3 decimetr., striato-angulosus, glaber aut vix hirsutus. Folia multifariam decomposita, pilis raris conspersa. Pinnulæ incisæ; laciniis acutis. Petiolus canaliculatus. Vagina brevis. Pedunculi longi firmi, angulosi, glabri. Involucrum universale tri ad pentaphyllum; foliolis concavis, acutis, inæqualibus, integerrimis, umbellâ brevioribus; partiale consimile. Umbella e radiis duobus aut tribus, crassis, brevissimis, confertis. Petala subæqualia; in floribus masculis sterilibus minora; in hermaphroditis fertilibus obcordata et inæqualia. Semina ovata, magna, subcompressa, aculeis rigidis, inæqualibus, uncinatis echinata.

HABITAT in arvis. ☉

CAUCALIS LATIFOLIA.

CAUCALIS umbella universali trifida; partialibus pentaspermis; foliis pinnatis, serratis. Lin. Syst. veget. 276. — Jacq. Hort. 2. t. 128.
Tordylium latifolium. Lin. Mant. 350.

Caucalis arvensis echinata latifolia. *C. B. Pin.* 152.—*T. Inst.*323.—*Moris.s.*9.
t. 14.—*Schaw. Specim. n.* 120. — *Garid. Aix.* 90. *t.* 22. *Flores male expressi.*
Echinophora tertia major platiphyllos. *Col. Ecphr.* 1. *t.* 97.
Lapula canaria latifolia, sive Caucalis. *J. B. Hist.* 3. *p.* 80. *Ic.*
Caucalis foliis asperis pinnatis ; pinnis serratis ; involucris ovato-lanceo-
latis. *Hall. Hist. n. 338.*

CAULIS erectus, 6 decimetr. , striatus, ramosus , asper , tuberculoso-
muricatus. Folia pinnata ; foliolis lanceolatis , asperis , remotis , serratis ,
in petiolum decurrentibus. Pedunculi longi , striati , erecti , muricati ,
aphylli, foliis oppositi. Umbella e radiis tribus ad quinque, scabris. Umbellulæ remotæ. Involucrum universale tri ad pentaphyllum ; foliolis subulatis,
margine membranaceis ; partiale minus, consimile. Flores centrales abortivi.
Petala rubra. Semina magna, semiovata , acuta , profunde sulcata , setis
densis , rigidis , apice sæpe violaceis echinata.

HABITAT inter segetes prope Tlemsen. ☉

CAUCALIS MARITIMA.

CAUCALIS involucro universali diphyllo ; partialibus pentaphyllis. *Gerard.*
Gallop. 237. *t.* 10.
Daucus maritimus. *Lin. Spec.* 349. *quoad Synon. C. B. et J. B.*
Caucalis pumila maritima. *C. B. Pin.* 153. — *T. Inst.* 328.—*Moris. s.* 9.
t. 14. *f.* 7. — *Schaw. Specim. n.* 124
Lapula canaria sive Caucalis maritima. *J. B. Hist.* 3. *p.* 81. *Ic.*
Caucalis pumila. *Clus. Cur. Post.* 71.
Caucalis maritima caule prostrato, pubescente ; foliis tripinnatis , villosis ;
aculeis fructuum compressis , luteis. *Cavanil. Ic. n.* 110. *t.* 101.

RADICES ramosæ, longæ, fibrosæ. Caules villosi , 10—16 centimetr. ,
nodosi, striati, decumbentes , ramosi ; ramis patentibus. Folia petiolata ,
villosa, cinerea, bipinnata; foliolis exiguis , brevibus , linearibus , obtusiusculis , inæqualibus. Pedunculi aphylli , folio longiores , villosi , striati.
Umbella e radiis duobus aut tribus. Involucrum universale di aut triphyllum : foliis lineari-subulatis , patentibus , apice sæpe multifidis ; partiale
subpentaphyllum. Petala rosea , bifida. Semina magna, semiteretia , villosa
et echinata aculeis rigidis , uncinatis , inæqualibus.

HABITAT ad maris littora in arenis. ☉

CAUCALIS HUMILIS.

CAUCALIS caule retrorsum hispido ; umbella biradiata ; involucro nullo ; involucellis subpentaphyllis; seminibus elongatis ; pilis confertis, peltato-uncinatis.

Caucalis involucro universali nullo ; umbella bifida ; involucellis penta-phyllis. *Gerard. Gallop.* 236. *Exclus. Syn. J. B.*

Caucalis humilis. *Jacq. Hort.* 2. *t.* 195.

Caucalis parviflora ; involucro universali nullo ; umbellis parvis, bifidis et trifidis ; fructibus teretibus, undique hispidis. *Lamarck. Dict.* 1. *p.* 656.

AN Caucalis leptophylla ? Lin. Mant. 351. Descriptio convenit. Sed excludenda sunt Rivin. et J. B. synon. quæ ad species non solum inter se, sed etiam a nostra distinctas pertinent. Mira aliunde synonymorum confusio pro C. leptophyllâ in Syst. Veget. p. 296. C. procumbens Rivin. , C. humilis Jacq. et Moris. s. 9. t. 14. f. 7 quæ pro eadem planta affe-runtur, toto cœlo discrepant. Nostra certe C. humilis Jacq.

CAULIS 16—22 centimetr., dichotomus, scaber, hirsutus pilis brevibus, adpressis, retroversis. Rami divaricati, striati. Folia hirsuta pilis brevibus adpressis, tripinnata; foliolis inæqualibus, angustissimis. Involucrum uni-versale nullum, raro monophyllum, partiale heptaphyllum, subulatum. Umbellæ foliis oppositæ, pedunculatæ, biradiatæ. Petala minima, alba aut pallide rosea. Semen tenue, elongatum, teres, setis confertis, numerosis, rigidulis, subplumosis, apice peltato-uncinatis, echinatum.

HABITAT inter segetes. ⊙

CAUCALIS ANTHRISCUS.

TORDYLIUM Anthriscus ; umbellis confertis ; foliolis ovato - lanceolatis, pinnatifidis. *Lin. Spec.* 346. — *Jacq. Austr.* 3. *t.* 261. — *Œd. Dan. t.* 919.

Daucus annuus minor, floribus rubentibus. *T. Inst.* 308.

Caucalis semine aspero, floribus rubentibus. *C. B. Pin.* 153. — *Prodr.* 80. *Ic.*

Caucalis arvensis echinata, parvo flore et fructu. *Moris. s.* 9. *t.* 14. *f.* 8.

Anthriscus quorumdam semine aspero hispido. *J. B. Hist.* 3. *p.* 83. *Ic.*

Caucalis. *Rivin.* 3. *t.* 32.

Caucalis foliis duplicato-pinnatis, nervo multoties latioribus. *Hall. Hist. n.* 741.

HABITAT Algeriâ. ♂

DAUCUS.

INVOLUCRA pinnatifida. Umbella densa ; matura concava. Semina bina, infera, villosa aut muricata.

DAUCUS CAROTA.

DAUCUS seminibus hispidis ; petiolis subtus nervosis. *Lin. Spec.* 348. — *Œd. Dan. t.* 723.

Daucus sativus radice lutea. *T. Inst.* 307.

Pastinaca sylvestris. *Camer. Epit.* 508. *et* 509. *Ic.* — *Matth. Com.* 548 *et* 549. *Ic.* — *Ger. Hist.* 1028. *Ic.*

Pastinaca sativa Dioscoridis, Daucus Theophrasti. *Lob. Ic.* 723.

Daucus. *Pauli. Dan. t.* 219. — *Blakw. t.* 546. — *Fusch. Hist.* 684. *Ic.*

Pastinaca tenuifolia sativa, radice lutea vel alba. *C. B. Pin.* 151. — *Moris. s.* 9. *t.* 13. *f.* 1. — *Umb.* 3. *t.* 2. — *Dod. Pempt.* 678. *Ic.*

Staphylinus sativus. *Rivin.* 3. *t.* 29.

Pastinaca sativa, sive Carota lutea. *J. B. Hist.* 3. *p.* 64. *Ic.*

Daucus involucris cavis; communibus pinnatis; peculiaribus lineari-lanceolatis. *Hall. Hist. n.* 746.

HABITAT Algeriâ. ♂

DAUCUS GRANDIFLORUS. Tab. 59.

DAUCUS caule piloso ; foliis decompositis ; foliolis linearibus ; umbellis lateralibus, folio brevioribus; corolla radiante ; aculeis seminum peltato-stellatis.

HABITUS Caucalidis grandifloræ Lin. Radix fusiformis. Caulis 3—6 decimetr., striatus, ramosus, scaber, hispidus pilis longis, albidis. Folia tri seu quadrifariam pinnata ; foliolis numerosis, angustis, confertis, linearibus, acutis, subhirsutis aut glabris. Petioli basi vaginantes. Umbellæ 10—14 centimetr., planæ; umbellulis distinctis; inferiores sessiles ; superiores pedunculatæ. Pedunculus folio oppositus, brevior. Involucrum universale pinnatum; laciniis longis, angustis, subulatis, remotis; partiale minus, consimile, umbellulâ longius, subdimidiatum. Radii umbellæ centrales, brevissimi. Petala candida; in ambitu maxima, inæqualia; cen tralia parva, subæqualia. Stamina 5. Filamenta capillaria. Antheræ albæ, subrotundæ. Styli 2, filiformes, breves. Semina teretia, aculeis rigidis apice peltatis, stellatis, numerosis echinata. Primo Vere floret.

HABITAT Algeriâ inter segetes. ☉

DAUCUS PARVIFLORUS. Tab. 60.

DAUCUS foliis multifariam pinnatis; pinnulis inferiorum ovato-oblongis, incisis; superiorum linearibus, acutis; caule scabro; umbellulis distinctis; petalis minutissimis, flavescentibus.

FACIES D. Carotæ Lin. Caulis erectus, tuberculosus, scaber, striatus, ramosus, 6—9 decimetr. Folia glabra; inferiora bipinnata; foliolis ovato-oblongis, inæqualiter incisis aut pinnatifidis; caulina superiora profundius et tenuius divisa; laciniis linearibus, acutis. Pedunculi longi, striati, tuberculosi, sæpe superne pilosi. Umbella plana, magna; umbellulis distinctis. Radii filiformes; centrales brevissimi. Involucrum universale pinnatifidum; foliolis remotis, subulatis; partiale simplex, subulatum. Petala 5, minima, subæqualia, pallide flava. Stamina 5. Filamenta capillaria. Styli 2, brevissimi. Semina parva, teretia, echinata pilis brevibus, apice peltatis. Affinis D. Carotæ Lin., differt umbellulis distinctis; petalis, minimis, flavescentibus. Æstate floret.

HABITAT ad maris littora prope Arzeau.

DAUCUS MAXIMUS.

DAUCUS caule scabro; foliis bi aut tripinnatis; inferiorum foliolis ovatis, inæqualiter incisis; laciniis obtusis, mucronatis; superiorum linearibus, acutis; corollis radiantibus; flosculo centrali carnoso.
Daucus hispanicus, umbella maxima. *T. Inst.* 308.—*Schaw. Specim. n.* 197.
An Daucus mauritanicus? *Lin. Spec.* 348.

CAULIS 6—13 decimetr., erectus, firmus, scaber; junior pilosus; in adulta ætate sæpe calvus, striatus, ramosus. Folia magna, nunc hirsuta, nunc glabra; inferiora bi aut trifariam pinnata; foliolis ovatis, inæqualiter incisis, laciniis obtusis, mucronatis; superiora bipinnata aut pinnata;

foliolis distinctis, linearibus, acutis, inæqualibus. Petioli pilosi, basi vaginantes. Pedunculi longi, aphylli, asperi, hispidi. Umbella 8—15 centimetr. lata, plana, densa, uniformis. Involucrum magnum, pinnatifidum; foliolis remotis, angusto-linearibus, acutissimis, mucronatis. Involucellum consimile, umbellâ longius. Radii numerosissimi; centrales brevissimi. Petala alba; in ambitu majora, bifida. Flores in disco abortivi, carnosi, violacei. Semina echinata. Affinis D. Carotæ Lin. sed omni parte major, differt foliolis inferioribus ovatis, obtusis, latioribus; petalis radiantibus, majoribus. Floret primo Vere.

HABITAT Algeriâ ad limites agrorum. ♂

DAUCUS AUREUS. Tab. 61.

DAUCUS caule dichotomo, piloso, scabro; corollis radiantibus, flavis; aculeis rigidis, apice peltato-uncinatis.

CAULIS erectus, dichotomus, pilosus, scaber, striatus, 3—6 decimetr. Folia multifariam pinnata; foliolis numerosis, confertis, inæqualibus, angustis, acutis, glabris. Petiolus hirsutus, basi vaginans. Umbellæ laterales, longe pedunculatæ. Pedunculi aphylli, simplices, folio oppositi. Umbella plana, 8—11 centimetr. lata; umbellulis confertis. Involucrum universale longitudine fere umbellæ, pinnatifidum; pinnulis subulatofiliformibus. Involucellum minus, consimile. Petala flava; in ambitu majora, inæqualia. Semina semi-cylindrica, aculeis validis, flavescentibus, longis, numerosissimis, apice peltato-uncinatis echinata.

HABITAT inter segetes circa Mascar. ☉

DAUCUS CRINITUS. Tab. 62.

DAUCUS foliolis verticillatis, multifariam pinnatifidis, rigidulis, acutis; involucris apice multipartitis; semine crinito.
Caucalis lusitanica Mei folio. *T. Inst. 323.*
Œnanthe altera minor africana. *Park. Theat. 1333. — Vail. Herb.*

CAULIS asper, erectus, simplex aut parce ramosus, læviter striatus, 6—10 decimetr. Folia remota, 11—22 centimetr. longa; foliolis glabris, rigidulis, multifariam pinnatifidis et quasi verticillatis. Laciniæ subulatofiliformes, numerosæ, breves, inæquales, acutæ, divaricatæ, rigidulæ.

Pedunculi nudi, læves, simplices, sæpe 3 decimetr. Involucrum octo ad dodecaphyllum. Folia linearia, apice multifida; laciniis acutis, inæqualibus. Involucellum polyphyllum, simplex aut partitum. Umbella magnitudine D. Carotæ Lin. densa, plana. Umbellulæ confertæ. Flores centrales plurimi abortivi. Petala candida, subæqualia. Filamenta staminum capillaria. Antheræ parvæ, albæ, dydymæ, subrotundæ. Styli 2, divergentes. Umbella fructu maturescente excavata ut in congeneribus. Semina semiteretia, setis plurimis, longis, mollibus, violaceis aut albis undique echinata. Flores contriti odorem spirant aromaticum. Floret primo Vere.

HABITAT in Atlante et in collibus incultis prope Mascar et Tlemsen.

DAUCUS HISPIDUS. Tab. 63.

DAUCUS caule hispido; pilis inferioribus retroversis; foliis subbipinnatis; foliolis ovatis, inciso-lobatis, villosis; aculeis seminum peltato-stellatis.

CAULIS erectus, firmus, striatus, ramosus, 3—6 decimetr., hispidus; pilis numerosis, candidis; inferioribus retroversis. Folia inferiora bi aut trifariam pinnata; superiora simpliciter pinnata. Foliola ovata, obtusa, villosa, inæqualiter inciso-lobata; laciniis obtusis. Petioli hispidi, vaginantes. Umbellæ pedunculatæ, densissimæ, 5—8 centimetr. latæ, uniformes, subconvexæ. Radii numerosi; centrales brevissimi. Involucrum villosum, pinnatifidum; laciniis linearibus, inæqualibus, acutis, mucronatis; partiale simplex aut apice dentatum. Petala minuta, subæqualia, pallide flava. Styli 2, brevissimi, erecti. Semina parva, semiteretia, echinata aculeis apice peltato-stellatis. Affinis D. maritimo Lin.

HABITAT in fissuris rupium ad maris littora.

DAUCUS MURICATUS.

DAUCUS seminibus aculeatis. *Lin. Spec.* 349.
Artedia muricata. *Lin. Hort. Clif.* 89.
Caucalis major daucoides tingitana. *Moris. s.* 9. *t.* 14. *f.* 4. — *Umb.* 65.
Caucalis daucoides. *Herm. Parad.* 111. *Ic. Pinnulæ angustiores.*
Echinophora tingitana. *Rivin.* 3. *t.* 27.

FOLIA fere Cari Carvi Lin., bi aut trifariam decomposita; laciniis inæqualibus, acutis, nunc glabris, nunc pilis raris conspersis. Caulis 3 — 6 decimetr. , erectus , striatus , pilosus, asper. Pedunculi foliis oppositi ; inferiores breviores. Involucrum pinnatifidum ; foliolis distantibus , angustis , acutis. Involucella pinnatifida aut integra. Corollæ albæ, ante florescentiam purpurascentes. Umbella octo ad decemradiata ; radiis interioribus brevissimis. Flores plurimi abortivi. Semina Caucalidis , crassa , oblonga , sulcata ; aculeis validis , acutis , basi latis , paleaceis , compressis , apice peltato-uncinatis echinata.

HABITAT in arvis. ♃

DAUCUS GLABERRIMUS. Tab. 64.

DAUCUS glaber ; foliis pinnatis ; foliolis ovatis , incisis ; terminali trilobo ; laciniis obtusis ; umbellulis distinctis ; seminibus muricatis.

CAULIS erectus , gracilis , glaber , flexuosus, nodosus, lævissime striatus, ramosus, 3—6 decimetr. Folia glaberrima , pinnata ; foliolis parvis , ovatis, incisis ; laciniis obtusis , inæqualibus. Pedunculi longi , fere filiformes , nudi , læviter striati , foliis oppositi. Umbella parva ; umbellulis distinctis. Radii inæquales ; centrales brevissimi . Involucrum universale pinnatifidum ; laciniis subulatis ; partiale plerumque simplex ; foliolis setiformibus. Petala alba , exigua. Semina parva, semiteretia, aculeis brevibus muricata.

HABITAT prope Tozzer in sylvis Palmarum.

DAUCUS SETIFOLIUS. Tab. 65.

DAUCUS caule lævi ; foliolis setaceis , pubescentibus ; seminibus semicylindricis ; angulis ciliato-echinatis.

RADIX fusiformis , crassitie digiti. Caulis 6—10 decimetr. , erectus , ramosus , lævis , striatus. Folia inferiora 16—32 centimetr. longa, multifariam pinnata ; foliolis subverticillatis , angustissimis , pubescentibus. Petiolus tenuis , basi vaginans. Folia caulina distantia , minora. Umbellæ terminales , pedunculatæ , 2—5 centimetr. latæ, convexæ. Involucrum universale polyphyllum ; foliolis apice multifidis ; partiale simplex vel partitum. Flores centrales abortivi. Petala alba , subæqualia. Staminum filamenta capillaria. Antheræ candidæ, parvæ. Styli 2 , horizontales, setacei. Semina crassiuscula, semicylindrica, pubescentia, cinerea ; angulis ciliato-echinatis.

HABITAT prope Mascar in collibus incultis. ♃

AMMI.

INVOLUCRUM pinnatifidum. Semina duo, infera, lævia.

AMMI VISNAGA.

DAUCUS seminibus nudis. *Lin. Spec.* 348. — *Jacq. Hort.* 3. *t.* 26.

Fœniculum annuum, umbella contracta oblonga. *T. Inst.* 311.

Gingidium umbella oblonga. *C. B. Pin.* 151.

Gingidium alterum. *Dod. Pempt.* 702. *Ic.*

Seseli. *Trag.* 877. *Ic.*

Visnaga. *Matth.* 401. *Ic.* — *Camer. Epit.* 303. *Ic.* — *J. B. Hist.* 3. *p.* 31. *Ic.*
— *Lob. Ic.* 726. — *Rivin.* 3. *t.* 84.

Gingidium. *Tabern. Ic.* 95.

CAULIS erectus, ramosus, glaber, striatus, firmus, 6—10 decimetr. Folia glabra, multifariam pinnata; foliolis numerosissimis, fere filiformibus, acutis. Umbella magna, densa; umbellulis confertis; centralibus compactis. Involucrum pinnatifidum. Laciniæ subulatæ, capillares. Involucella sæpe simplicia. Radii numerosissimi, læves; centrales brevissimi aut nulli. Petala minuta, candida. Semina parva, oblonga, lævia, angulosa. Planta sicca odorem aromaticum Anisi affinem spirat.

HABITAT in agris cultis. ☉

AMMI MAJUS.

AMMI foliis inferioribus pinnatis, lanceolatis, serratis; superioribus multifidis, linearibus. *Lin. Spec.* 349.

Ammi majus. *C. B. Pin.* 159. — *T. Inst.* 304. — *Schaw. Specim. n.* 30. —
Mill. Dict. 17. *t.* 25.

Ammi. *Fusch. Hist.* 67. *Ic.* — *Trag.* 874. *Ic.* — *Blakw. t.* 447.

Ammi vulgare. *Dod. Pempt.* 301. *Ic.* — *Lob. Ic.* 721. — *Ger. Hist.* 1036. *Ic.*

Ammioselinum. *Tabern. Ic.* 92.

Ammi vulgare majus latioribus foliis, semine minus odorato. *J. B. Hist.*
3. *p.* 27. *Ic.*

Ammi annuum latiore folio. *Moris. s.* 9. *t.* 8. *f.* 4.

Daucus apulus. *Rivin.* 3. *t.* 41.

A. Ammi majus foliis plurimum incisis et nonnihil crispis. *C. B. Pin.* 159. — *T. Inst.* 305.

Ammi majus exoticum, foliis per ambitum eleganter incisis. *Pluk. t.*11.*f.*1. *mala.* — *Vail. Herb.*

CAULIS glaber, lævis, erectus, striatus, 3—6 decimetr., ramosus; ramis erectis. Folia glabra; inferiora bipinnata; foliolis lanceolatis, acute serratis; superiora sæpe multifida; foliolis inæqualibus, linearibùs aut lineari-lanceolatis, acutis, nunc serratis, nunc integris. Pedunculi aphylli, foliis oppositi. Umbella 5—8 centimetr. lata, læviter convexa. Umbellulæ distinctæ. Radii filiformes. Involucrum universale magnum, pinnatifidum; foliolis filiformi-subulatis, remotis; partiale simplex aut rarius divisum. Petala alba, subæqualia. Semina parva, oblonga, glabra, striata. Varietas A distinguitur foliis omnibus tenuissime divisis et sæpe nonnihil crispis. Floret primo Vere.

HABITAT inter segetes. ⊙

CONIUM.

INVOLUCRA polyphylla. Semina ovata aut globosa, sulcata; costis tuberculosis vel muricatis.

CONIUM DICHOTOMUM. Tab. 66.

CONIUM caule sulcato, dichotomo; seminibus oblongis, compressis, sulcatis, tuberculosis.
Tordylium lusitanicum Cicutæ folio, semine striato. *T. Inst.* 320.
Gingidium seu Visnagra pumila montana lusitanica. *Grisley.*

CAULIS glaber, erectus, 3—6 decimetr., dichotomus; ramis divaricatis. Folia glabra, bi aut tripinnata; foliolis parvis, brevibus, acutis, angustis, inæqualibus. Petioli basi vaginantes. Umbellæ terminales, et in bifurcatione ramorum sessiles aut breviter pedunculatæ. Umbella universalis e radiis tribus ad quinque, angulosis. Umbellulæ distinctæ. Involucrum tri ad pentaphyllum, quandoque nullum; foliolis brevibus, subulatis, inæqualibus; partiale minus, consimile. Semina 2, ovato-oblonga, compressa, profunde sulcata, glabra, 4 millimetr. longa, 2 lata ; angulis hinc et inde tuberculosis. Corollam non vidi.

Habitat inter segetes prope Mascar. ☉

CONIUM MACULATUM.

Conium seminibus striatis. *Lin. Spec.* 349. — *Jacq. Austr.* 2. *t.* 156. — *Bulliard. Herb. t.* 53. — *Curtis. Lond. Ic.*

Cicuta major. *C. B. Pin.* 160. — *T. Inst.* 306. — *Schaw. Specim. n.* 150.

Cicuta. *Clus. Hist.* 2. *p.* 200. *Ic.* — *Fusch. Hist.* 406. *Ic.* — *Camer. Epit.* 839. *Ic.* — *Matth. Com.* 772. *Ic.* — *Dod. Pempt.* 461. *Ic.* — *Lob. Ic.* 732. — *Ger. Hist.* 1061. *Ic.* — *Rivin.* 3. *t.* 75. — *Hall. Hist. n.* 766. — *Blakw. t.* 451. — *Storck. Cicut. Ic. bona.*

Caules 10—16 decimetr., læves, ramosi, fistulosi, vix striati, maculis atro-purpureis conspersi. Folia inferiora maxima, obscure viridantia, multifariam pinnata ; pinnulis acutis, inciso-pinnatifidis, in setulam albam abeuntibus ; extimis confluentibus. Petioli teretes, maculati, fistulosi. Umbellæ subconvexæ. Petala alba, obcordata; inæqualia. Semina parva, obtusa, hemisphærica, trisulca ; angulis tuberculosis. Tota planta contrita odorem gravissimum et soporiferum spirat.

Habitat in hortis Algeriæ. ♂

ATHAMANTA.

Involucra polyphylla. Umbella convexa, uniformis. Semina oblonga, striata, hinc convexa, pubescentia.

N^a. Ad genera altera repellendæ sunt species quæ seminibus glabris donantur.

ATHAMANTA SICULA.

Athamanta foliis inferioribus nitidis ; umbellis primordialibus subsessilibus ; seminibus pilosis. *Lin. Spec.* 352.

Chærophyllum siculum, Sophiæ folio, semine villoso. *T. Inst.* 314. — *Zan. Hist.* 70. *t.* 48.

PLANTA cinereo-pubescens. Caulis erectus, ramosus, læviter striatus, 6—10 decimetr. Folia magna, tri aut quadrifariam decomposita; foliolis parvis, numerosis, confertis, nunc acutis, nunc obtusiusculis, Sisymbrii Sophiæ Lin. nonnihil similibus. Petioli basi vaginantes, margine membranacei.Umbellæ numerosæ, in corymbum fastigiatum, irregularem dispositæ; primordiales brevius pedunculatæ aut sessiles. Umbella universalis densa, convexa, regularis, 5—8 centimetr. lata. Radii nnmerosi, pubescentes, tenues. Involucrum polyphyllum; foliis angustis, acutis; partiale minus, consimile. Petala candida, subæqualia. Semina semiteretia, striata, brevissime pubescentia, cinerea.

HABITAT in fissuris rupium Atlantis. ♃

CRITHMUM.

INVOLUCRA polyphylla. Semina duo, ovato-cylindrica, infera, striata; angulis obtusis.

CRITHMUM MARITIMUM.

CRITHMUM foliis lanceolatis, carnosis. *Lin. Spec.* 354.—*Jacq. Hort. t.*187.
— *Lamarck. Illustr. t.* 197.
Crithmum sive Fœniculum marinum minus. *C. B. Pin.* 288. — *T. Inst.* 317.
t. 169. —*Moris. s.* 9., *t.* 7. *f.* 1.
Crithmum 1. *Camer. Epit.* 272. *Ic.* — *Matth. Com.* 381. *Ic.*
Crithmum marinum. *Dod. Pempt.* 705. *Ic.* — *Ger. Hist.* 533. *Ic.*
Fœniculum marinum. *Lob. Ic.* 392.
Crithmum multis, sive Fœniculum marinum. *J. B. Hist.* 3. *p.* 194. *Ic.*

PLANTA glaberrima. Folia inferiora triternata; superiora simpliciter pinnata aut ternata. Foliola linearia, carnosa, mollia, integerrima, rarius divisa, utrinque angustiora. Petiolus teres, superne sulco angusto, longitudinali exaratus, lævissime striatus, basi vaginans. Caulis lævis, simplex, 3 decimetr. Umbella 5—8 centimetr. lata, plana. Radii inæquales; centrales brevissimi. Involucrum penta aut octophyllum; foliolis lanceolatis. Involucella brevia. Semina glabra, convexa, ovato-oblonga, obtuse striata.

HABITAT in rupibus ad maris littora. ♃

CACHRYS.

INVOLUCRA polyphylla. Semina duo, magna, fungosa, hinc convexa, infera.

CACHRYS TOMENTOSA.

CACHRYS foliis lobatis, villosis, dentatis ; semine tereti, tomentoso.

Myrrhis annua lusitanica, semine villoso, Pastinacæ sativæ folio. *T. Inst.* 315. — *Schaw. Specim. n.* 417.

Panax siculum semine hirsutò. *Boc. Sic. t.* 1.

Cachrys sicula , semine fungoso striato lanuginoso exterius candido , foliis Pastinacæ latifoliæ. *Moris. s.* 9. *t.* 1. *f.* 4.

FOLIA fere Heraclei Sphondilii Lin. , cinerea, subtus pubescentia ; radicalia maxima, bipinnata ; pinnis inæqualiter lobatis ; lobis obtusis, margine dentato-crenatis. Caulis 8—16 decimetr. , firmus , lævis , ramosus, erectus , læviter striatus , crassitie digiti aut pollicis. Folia remota, pinnatifido-lobata. Petioli lati , vaginantes , saccati. Umbella primordialis maxima , convexa , lateralibus brevior ; diametro 2—3 decimetr. Involucrum polyphyllum , deflexum ; foliolis angusto-lanceolatis , apice sæpe lobatis aut dentatis. Involucellum polyphyllum ; foliolis linearibus , acutis. Petala 5 , alba , obovata , subæqualia. Stamina 5, concolora, corollâ longiora. Styli 2, erecti, persistentes. Semina candida , semiteretia , striata , villoso-tomentosa ; villis brevibus. Planta pulcherrima , et omnino a congeneribus distincta. Floret primo Vère.

HABITAT Algeriâ. ♃

CACHRYS SICULA.

CACHRYS foliis multifariam pinnatis ; foliolis subulatis, rigidis, divaricatis ; seminibus sulcatis., ovatis , echinatis.

Cachrys foliis bipinnatis ; foliolis linearibus , acutis ; seminibus sulcatis, hispidis. *Lin. Spec.* 355.

Cachrys semine fungoso sulcato aspero minore, foliis Peucedani. *Moris. s.* 9. *t.* 1. *f.* 3. — *Umb. t.* 3. *f.* 2. — *T. Inst.* 325.

Hippomarathrum siculum. *Boc. Sic.* 37. *t.* 18.

1

FOLIA inferiora magna , multifariam pinnata ; foliolis glaucis , rigidis , subulatis , divaricatis; lanugine brevissimâ pubescentibus. Petiolus teres , striatus , basi vaginans. Caulis 3—6 decimetr. , crassus , firmus , striatus , erectus , asper. Umbellæ uniformes , convexæ. Radii angulosi , inæquales. Involucrum polyphyllum , reflexum ; foliolis lineari-subulatis , sæpe pinnatifidis ; partiale minus , consimile. Flores plurimi abortivi. Petala pallide flava. Semina 2 , maxima , ovata , fungosa, sulcata , muricata.

HABITAT in campis arenosis prope Mascar.

CACHRYS PEUCEDANOIDES.

CACHRYS foliis filiformibus, lævibus ; involucris pinnatifidis; semine lævi , non sulcato , semitereti.
Cachrys semine lævi fungoso , foliis ferulaceis. *Moris. Umb.* 62. *t. 3. f.* 1.
— *T. Inst.* 325.

CAULIS 3—6 decimetr., erectus, crassus , firmus , lævis , striatus. Folia multifariam pinnata , læte viridantia nec glauca ut in præcedenti. Petiolus teres , superne canaliculatus , striatus. Pinnulæ numerosæ , distinctæ , filiformes , acutæ , rigidulæ, subpubescentes, 27—33 millmetr. longæ. Umbella magna, convexa. Involucrum pinnatifidum. Involucellum simplex. Petala flava. Semina magna, lævia nec sulcata, glabra, fungosa, semi-teretia.

HABITAT in arvis Algeriæ. ♃

FERULA.

INVOLUCRA polyphylla. Umbella hemisphærica. Petala flava involuta. Semina duo, infera, compressa, glabra, lævia aut sulcata.

FERULA TINGITANA.

FERULA foliis laciniatis ; lacinulis tridentatis , inæqualibus , nitidis. *Lin. Spec.* 355.
Ferula lucida·hispanica. *T. Inst.* 321.
Ferula tingitana lucida , foliis Laserpitii. *Moris. s.* 9. *t.* 15. *fig. ultima.*
Ferula tingitana lucida. *Herm. Parad.* 165. *Ic.*
Ferula tingitana. *Rivin.* 3. *t.* 10

FOLIA magna , multifariam decomposita. Foliola fere Laserpitii gallici Lin. , lucida, multipartita; lobis inæqualiter incisis , sæpe apice tridentatis , rigidulis. Vaginæ petiolorum maximæ. Semina glabra, plana, elliptica , 12—16 millimetr. longa, 7—9 lata , sulcis tribus parallelis , parte mediâ , longitudinaliter exarata.

HABITAT in arvis. ♂

FERULA FERULAGO.

FERULA foliis pinnatifidis; pinnis linearibus, planis , trifidis. *Lin. Spec.* 356.
Ferula galbanifera. *Lob. Ic.* 779. — *T. Inst.* 321. — *Schaw. Specim. n.* 237.
Ferulago. *Dod. Pempt.* 321. *Ic.* — *Ger. Hist.* 1056. *Ic.*
Ferula latiore folio. *Moris. s.* 9. *t.* 15. *f.* 1.
Ferula. *Rivin.* 3. *t.* 9.
An Ferula tingitana ? *Scop. Insub.* 3. *p.* 18. *t.* 9.

CAULIS 16—26 decimetr. , teres, lævis , glaber, medullâ farctus, crassitie digiti , quandoque brachii. Folia maxima , plura ex eodem cæspite , glaberrima, multifariam decomposita; foliolis plerumque ternis; linearibus, apice attenuatis , subtus glaucis , superne lævissimis , nitidis. Petioli basi vaginantes; vaginâ maximâ, concavâ. Umbellæ numerosæ, pedunculatæ , hemisphæricæ , laxe paniculatæ. Petala lutea , involuta. Semina plana , elliptica, lævia, glaberrima. Caules exsiccati et accensi lente uruntur et in usu sunt apud Arabes ad ignem servandum.

HABITAT in arvis. ♃

FERULA COMMUNIS.

FERULA foliolis linearibus, longissimis, simplicibus. *Lin. Spec.* 355.
Ferula fœmina Plinii. *C. B. Pin.* 148. — *T. Inst.* 321.
Ferula. *Dod. Pempt.* 321. *Ic.* — *Lob. Ic.* 778. — *Camer. Epit.* 549. *Ic.* —
    Matth. Com. 578. *Ic.* — *Ger. Hist.* 1056. *Ic.*
Ferula tenuiore folio. *Moris. s.* 9. *t.* 15. *f.* 3.

DISTINGUITUR foliolis tenuioribus et longioribus.

HABITAT in arvis. ♃

FERULA SULCATA. Tab. 67.

FERULA foliolis linearibus ; umbella primordiali sessili , lateralibus breviore ; seminibus longe ellipticis , profunde sulcatis.

FOLIA radicalia magna , glaberrima , plura ex communi cæspite , multifariam decomposita ; foliolis numerosissimis , linearibus , vix 1 millimetr.
latis , acuminatis ; acumine brevissimo. Petioli sulcati , basi vaginantes.
Caulis firmus , erectus , ramosus , sulcatus , glaber , lævis , crassitie digiti ,
6—10 decimetr. Umbella primordialis magna , convexa , regularis , sessilis ;
lateralibus minoribus , pedunculatis , altioribus. Involucrum e foliis 8—12 ,
linearibus , reflexis , inæqualibus ; partiale minus consimile. Petala 5 , lutea ,
convoluta. Styli 2 , filiformes. Germen inferum , ovatum. Semina 2 , glabra ,
plana , elliptica , 6 — 9 millimetr. lata , 12—16 longa , profunde trisulca.
Floret primo Vere. Distincta a F. nodiflora Lin. cui affinis.

HABITAT Algeriâ in collibus incultis. ♃

LASERPITIUM.

INVOLUCRA polyphylla Semina duo, sulcata, semi teretia, infera ;
angulis alatis.

LASERPITIUM THAPSIOIDES. Tab. 68.

LASERPITIUM glabrum ; foliis multifariam decompositis ; foliolis rigidulis ,
nitidis , subulatis ; corollis luteis.

PLANTA glabra. Caulis 5 — 9 decimetr. , erectus , lævissime striatus ,
firmus , crassitie minimi digiti. Folia tri quadri aut quinquefariam decomposita ; foliolis numerosis, nitidis, parvis , confertis , divaricatis , subulatis ,
inæqualibus , rigidulis , uno versu dispositis , vix semimillimetr. latis. Petiolus teres , basi vaginans. Umbellæ solitariæ , binæ aut ternæ , subrotundæ. Involucrum universale penta aut hexaphyllum , deflexum ; foliolis
inæqualibus, lineari-lanceolatis , canaliculatis. Involucella minora , consimilia. Umbellulæ distinctæ, subrotundæ. Radii centrales longiores. Petala 5 ,
æqualia , lutea , oblonga , utrinque attenuata , inflexa. Stamina totidem

alterna concolora. Styli 2 , brevissimi , absolutâ florescentiâ longiores ,
apice crassiusculi. Flores plurimi abortivi. Calyx proprius superus , parvus,
quinquedentatus. Semina crassa, semicylindrica ; costis alatis.

HABITAT in Atlante. ♃

LASERPITIUM MEOIDES. Tab. 69.

LASERPITIUM caule glabro ; petiolis hispidis ; foliis multifariam decompositis ; foliolis numerosissimis , confertis , aciformibus ; umbellis lateralibus primordiali longioribus.
Peucedanum Siciliæ , foliis hirsutis , floribus luteis. *J. B. Hist. 3. p. 37.* —
Vail. Herb.

FOLIA maxima denso cæspite crescunt , multifariam decomposita ; foliolis
numerosissimis , confertis , aciformibus , divaricatis , petiolum undique
obtegentibus. Petiolus hispidus , inferne canaliculatus , basi vaginans.
Caulis erectus , simplex , glaber , lævis , crassitie digiti , 6—10 decimetr. ,
inferne foliosus, ex summitate umbellas plures emittens. Vagina concava ,
elongata , membranacea , basim singuli pedunculi involvens. Umbella convexa, densa , regularis , 8—13 centimetr. lata ; primordiali lateralibus breviore ; radiis subæqualibus. Involucrum polyphyllum , deflexum ; foliolis
linearibus , acutis, concavis. Involucellum minus , consimile. Petala lutea ,
inflexa. Germen glabrum. Semina immatura observavi. Floret Æstate.

HABITAT in monte Lazar Algeriæ. ♃

LASERPITIUM DAUCOIDES. Tab. 70.

LASERPITIUM foliis imis bipinnatis ; caulinis pinnatis ; foliolis linearibus ;
umbella fructificante urceolata ; alis seminum denticulatis.

PLANTA glaberrima. Folia inferiora bipinnata ; foliolis linearibus ;
caulina pinna a , parva , remota , subsessilia , basi vaginantia. Pinnulæ
lineari-lanceolatæ. Vaginæ breves , adpressæ. Caulis erectus , gracilis ,
striatus , 6—10 decimetr. , ramosus ; ramis erectis. Pedunculi nudi , fere
filiformes , lævitei striati , longi , aphylli Involucrum universale penta aut
hexaphyllum ; foliolis lineari-subulatis , inæqualibus , adpressis; partiale
minus, consimile. Umbella plana , 2—3 centimetr.; umbellulis distinctis ;
fructifera excavata ut in Dauco. Pedunculi inæquales ; centrales brevissimi

aut nulli. Petala 5 , alba, subæqualia. Stamina totidem ; filamentis capillaribus. Antheræ subrotundæ, didymæ. Styli 2, tenuissimi , maturo fructu
deflexi. Semen parvum , semicylindricum , striatum ; angulis membranulâ brevi , denticulatâ auctis. Species intermedia inter Daucum et Laserpitium.

HABITAT in arenis ad maris littora prope Bone. ♃ ˙

LASERPITIUM PEUCEDANOIDES. Tab. 71.

LASERPITIUM glabrum ; caule subdichotomo ; foliis inferioribus longe
petiolatis ; foliolis angusto-linearibus ; umbellulis distinctis.

PLANTA glaberrima. Caulis erectus , læviter striatus , plerumque di
chotomus, 3 decimetr. Folia radicalia et caulina inferiora longe petiolata,
multifariam decomposita ; foliolis angusto-linearibus , nunc obtusiusculis ,
nunc acutis ; superiora pinnata ; foliolis longioribus. Pedunculi foliis oppositi. Umbella plana , 5—8 centimetr. lata ; umbellulis distinctis. Radii inæquales. Involucrum universale hexa ad octophyllum ; foliolis inæqualibus ,
lineari-subulatis ; partiale minus consimile. Petala alba, subæqualia. Semina 2,
semicylindrica , striata. Anguli alati ; alis brevibus. Floret primo Vere.

HABITAT in arvis prope Sbibam.

LASERPITIUM GUMMIFERUM. Tab. 72.

LASERPITIUM glabrum ; foliis planis ; foliolis angustis , acutis , rigidulis ;
umbellulis hemisphæricis , distinctis ; corollis candidis.
Thapsia Apii folio lusitanica fœtidissima, flore albo. *T. Inst.* 322.

CAULIS erectus , 6—10 decimetr. , teres , lævis , vix ramosus , crassitie
pennæ anserinæ , quandoque minimi digiti. Folia inferiora 3 — 6 decimetr. longa , 16 — 22 centimetr. lata , plana , glaberrima , multifariam
decomposita ; foliolis extremis parvis , acutis , planis , patentibus , rigidulis. Petiolus teres , læviter striatus , basi vaginans. Folia caulina pauca.
Vagina membranacea , concava , lanceolata ad basim singuli pedunculi.
Umbellæ pedunculatæ , hemisphæricæ , regulares , terminales , 8—13 centimetr. latæ ; lateralibus minoribus. Umbellulæ subrotundæ , distinctæ. Involucrum universale hexa ad decaphyllum ; foliolis inæqualibus , lanceolato-
linearibus, canaliculatis ; partiale minus consimile. Petala 5, alba , subæqualia,

emarginata , parte mediâ plicata. Stamina 5 , petalis longiora. Antheræ didymæ , sæpe purpurascentes. Styli 2 , erecti , filiformes. Germen glabrum, striatum. Semina 2 , semicylindrica, sulcata. Floret Æstate in collibus aridis et incultis. Rami succum glutinosum et graveolentem fundunt.

HABITAT circa Algeriam et Arzeau. ♃

S I U M.

INVOLUCRA polyphylla. Semina duo , infera, semiovata, glabra, striata.

SIUM FALCARIA.

SIUM foliis linearibus, decurrentibus , connatis. *Lin. Spec.* 362. — *Jacq. Austr.* 3. *t.* 257. — *Gærtner.* 1. *p.* 104. *t.* 23. *f.* 4.
Ammi perenne. *T. Inst.* 305. — *Schaw. Specim. n.* 31.
Eryngium arvense , foliis serræ similibus. *C. B. Pin.* 386.
Crithmum 4. *Camer. Epit.* 275. *Ic.* — *Matth. Com.* 382. *Ic.* — *J. B. Hist.* 3. *p.* 195. *Ic.*
Crithmum chrysanthemum. *Tabern. Ic.* 101.
Ammi quorumdam. *Dalech. Hist.* 696. *Ic.* — *Moris. Umb. t.* 7.
Ammi perenne repens , foliis longioribus angustioribus serratis. *Moris. s.* 9. *t.* 8. *f.* 1.
Falcaria. *Rivin.* 3. *t.* 48.
Sium foliis firmis , pinnatis ; nervo folioso , latescente. *Hall. Hist. n.* 782.

PLANTA glauca, glaberrima. Caulis erectus, 3—6 decimetr., quandoque altior, ramosus ; ramis patentibus , dichotomis , lævissimis. Folia pinnatifida ; foliolis rigidis, lanceolatis, acute serratis , in petiolum decurrentibus ; terminalibus ternis. Umbellæ numerosæ , planiusculæ, ante florescentiam nutantes , 7—9 centimetr. latæ. Umbellulæ distinctæ. Involucrum polyphyllum ; foliolis setiformibus , inæqualibus, acuminatis ; partiale minus , consimile. Radii filiformes. Petala alba , parva , obcordata , subæqualia. Stamina concolora. Styli 2 , persistentes , deflexi. Semina oblonga , glabra , striata, utrinque depressa, calyce persistente coronata.

HABITAT in arvis. ♃

SIUM SICULUM.

SIUM foliis radicalibus ternatis; caulinis bipinnatis. *Lin. Spec. 362. — Jacq. Hort. 2. t. 133.*

Myrrhis foliis Pastinacæ læte virentibus. *T. Cor. 22. — Zan. Hist. 171. t. 128.*

PLANTA glaberrima. Caulis erectus, 3 decimetr., basi ramosus, læviter striatus. Folia inferiora bipinnata; foliolis ovatis, sæpe antice excisis, inæqualiter dentatis, obtusis, rarius acutis; superiora pinnata; pinnulis lanceolatis, inæqualiter serratis. Petioli basi vaginantes, canaliculati; vaginâ margine membranaceâ. Pedunculi longi, superne aphylli. Umbella plana, 11—13 centimetr. lata; umbellulis distinctis. Radii inæquales. Involucrum polyphyllum; foliolis lineari-filiformibus, acutis; partiale consimile. Petala lutea. Stamina 5. Antheræ didymæ, luteæ. Styli 2, breves. Semen elongatum, glabrum, striatum, semicylindricum.

HABITAT in collibus Algeriæ. ♃

BUBON.

INVOLUCRA polyphylla. Semina duo, infera, ovata, villosa.

BUBON MACEDONICUM.

BUBON foliis rhombeo-ovatis, crenatis; umbellis numerosissimis. *Lin. Spec. 364. — Lamarck. Illustr. 194.*

Apium macedonicum. *C. B. Pin. 154. — T. Inst. 305.*

Petroselinum macedonicum. *Camer. Epit. 529. Ic. — Matth. Com. 563. Ic. — Lob. Ic. 708. — Dod. Pempt. 697. Ic. — Blakw. t. 382. — Park. Theat. 924. Ic. — Dalech. Hist. 703. Ic. — Ger. Hist. 1016. Ic.*

Apium Petroselinum macedonicum multis. *J. B. Hist. 3. p. 102. Ic.*

Daucus macedonicus. *Rivin. 3. t. 42.*

Le Persil de Macédoine. *Regnault. Bot. Ic.*

HABITAT in Atlante. ♃

BUBON TORTUOSUM. Tab. 73.

BUBON caule fruticoso, nodoso ; ramis tortuosis , divaricatis ; involucro minimo ; seminibus globosis , striatis , hirsutis.

CAULIS suffruticosus , glaucus , læviter striatus , glaber , nodosus , ramosus , aphyllus. Rami divaricati, rigidi, tortuosi, intertexti, membranulâ minimâ , scariosâ basi stipati. Umbellæ parvæ, planæ , 2—3 centimetr. latæ. Radii 4—8 , filiformes , inæquales. Involucrum universale et partiale parvum , deciduum. Umbellulæ appròximatæ. Corolla alba , pentapetala. Stamina 5. Filamenta capillaria. Antheræ didymæ , subrotundæ. Styli 2, persistentes, reflexo - patentes. Semina 2 , brevia , parva, semiovata , obtusa , sulcata, hirsuta villis brevibus. Tota planta odorem aromaticum spirat. Denso cæspite crescit. Floret Autumno.

HABITAT prope Kerwan in regno Tunetano. ♄

ŒNANTHE.

INVOLUCRA polyphylla. Semina duo , infera, semicylindrica , striata, dense congesta, calyce proprio quinquedentato coronata. Styli persistentes.

Nª. INVOLUCRUM universale nullum in Œ. fistulosa Lin.

ŒNANTHE GLOBULOSA.

ŒNANTHE fructibus globosis.· *Lin. Spec.* 365.
Œnanthe lusitanica, semine crassiore globoso. *T. Inst.* 313.
Œnanthe foliis bipinnatis ; fructibus globosis. *Gouan. Illustr.* 18. *t.* 9.

CAULIS 3 decimetr. aut altior, ramosus, superne angulosus, firmus. Folia radicalia pinnata ; foliolis tribus ad quinque , lanceolatis aut cuneiformibus, glabris, integris, bifidis vel trifidis ; caulina inferiora bipinnata ; pinnulis lanceolatis, acuminatis , integris bi aut trifidis ; superiora pinnata ; pinnulis linearibus , integerrimis , longioribus , utrinque attenuatis. Pedunculi foliis oppositi. Umbella e radiis tribus ad quatuor, firmis, subæqualibus, striatis.·Involucrum universale nullum, rarius mono

I

aut diphyllum. Semina crassa, ovata, in capitulum subrotundum aggregata, vix striata, sæpe purpurascentia, superne distincta. Styli 2, erecti, persistentes. Floret primo Vere.

HABITAT in regno Tunetano ad radices montis Zowan. ♃

CORIANDRUM.

INVOLUCRUM universale nullum ; partiale polyphyllum. Flores minuti in disco, majores in radio. Petala quinque, bipartita. Semina duo, lævia, infera, hemisphærica, calyce proprio, quinquedentato coronata.

CORIANDRUM SATIVUM.

CORIANDRUM fructibus globosis. *Lin. Spec.* 367. —*Hall. Hist. n.* 764.
Coriandrum majus. *C. B. Pin.* 158. —*T. Inst.* 316. —*Moris. s.* 9. *t.* 11. *f.* 1.
— *Rivin.* 3. *t.* 71. — *Fusch. Hist.* 345. *Ic.* — *Lob. Ic.* 705. — *Dod. Pempt.*
302. *Ic.* — *Trag.* 115. *Ic.* — *Park. Theat.* 735. *Ic.* — *Tabern. Ic.* 70. —
Camer. Epit. 523. *Ic.* — *Matth. Com.* 559. *Ic.* —*Dalech. Hist.* 735. *Ic.*
— *Ger. Hist.* 1012. *Ic.* —*J. B. Hist.* 3. *p.* 89. *Ic.* —*Blakw. t.* 176. —
Dodart. Icones.

FOLIA inferiora pinnata ; foliolis subtrilobis, inæqualiter incisis ; caulina superiora linearia. Involucrum universale nullum ; partiale dimidiatum.

HABITAT inter segetes. ☉

SCANDIX.

INVOLUCRUM universale nullum; partiale polyphyllum. Petala quinque. Semina duo, elongata, acuminata, lævia aut villosa, infera.

SCANDIX PECTEN.

SCANDIX seminibus lævibus ; rostro longissimo. *Lin. Spec.* 368. — *Œd.*
Dan. t. 844. — *Curtis. Lond. Ic.* —*Jacq. Austr.* 3. *t.* 263.

Scandix semine rostrato vulgaris. *C. B. Pin.* 152. — *T. Inst.* 326. *t.* 173:
Pecten Veneris. *Matth. Com.* 403. *Ic.* — *Camer. Epit.* 304. *Ic.* — *Dod. Pempt.*
  701. *Ic.* — *Lob. Ic.* 726. — *Dalech. Hist.* 713. *Ic.* — *Ger. Hist.* 1040. *Ic.* 1.
  — *J. B. Hist.* 3. *p.* 71. *Ic. mala.*
Scandix herba Scanaria. *Tabern. Ic.* 96.
Scandix vulgaris sive Pecten veneris. *Park. Theat.* 916. *Ic.*
Scandix. *Rivin.* 3. *t.* 38.
Myrrhis seminis cornu longissimo. *Hall. Hist. n.* 754.

HABITAT inter segetes. ☉

SCANDIX AUSTRALIS.

SCANDIX seminibus subulatis, hispidis ; floribus radiatis ; caulibus lævibus.
  Lin. Spec. 369.
Scandix cretica minor. *C. B. Pin.* 152. — *T. Inst.* 326.
Scandix semine rostrato italica. *C. B. Prodr.* 78. *Ic.*
Anisomarathrum. *Col. Ecphr.* 90. *Ic.*
Scandix italica. *Matth. Com.* 403. *Ic.*
Pecten veneris tenuissime dissectis foliis, sive Anthriscus Casabonæ. *J. B.*
  Hist. 3. *p.* 73.
Scandix minor. *Ger. Hist.* 1040. *Ic.*

CAULIS erectus, inferne ramosus , 2—3 decimetr., villosus ; villis albis ,
patentibus. Folia multifariam decomposita ; foliolis capillaceis. Petiolus
hirsutus. Pedunculi longi, aphylli, foliis oppositi. Umbella uni ad triradiata.
Involucella polyphylla ; foliolis lineari-subulatis. Semina in acumen longum,
subulatum , asperum abeuntia.

HABITAT inter segetes. ☉

SCANDIX CEREFOLIUM.

SCANDIX seminibus nitidis , ovato-subulatis ; umbellis sessilibus , lateralibus. *Lin. Spec.* 368. — *Jacq. Austr.* 4. *t.* 390.
Chærophyllum sativum. *C. B. Pin.* 152. — *T. Inst.* 314. — *Moris. s.* 9.
  t. 11. *f.* 1. — *Rivin.* 3. *t.* 43.
Gingidium. *Fusch. Hist.* 216. *Ic.*
Cerefolium. *Matth. Com.* 402. *Ic.* — *Camer. Epit.* 302. *Ic.* — *Tabern. Ic.*
  93. — *Dalech. Hist.* 711. *Ic.* — *Park. Theat.* 915. *Ic.* — *Ger. Hist.* 1038. *Ic.*

Chærefolium. *Trag.* 471. *Ic.* —*Dod. Pempt.* 700. *Ic.* —*J. B. Hist.* 3. p. 75. —*Blakw. t.* 236.
Chærophyllum. *Pauli. Dan. t.* 199.
Chærophyllum foliis glabris, triplicato pinnatis ; lobulis obtusis. *Hall. Hist. n.* 747.
Le Cerfeuil. *Regnault. Bot. Ic.*

FOLIA glabra, trifariam decomposita; foliolis obtusis. Caulis 3—6 decimetr. , ad exortum ramorum villosus. Umbellæ e ramorum nodis sessiles ; terminales longe pedunculatæ. Semen tenue , elongatum , læve, nitidum. Styli erecti.

HABITAT in hortis. ⊙

SCANDIX GLABERRIMA. Tab. 74.

SCANDIX foliis radicalibus bi aut triternatis ; foliolis ovatis obtusis ; caulinis lanceolatis ; involucris subnullis ; seminibus lævibus , acutis.

FOLIA radicalia et caulina inferiora longe petiolata , bi aut triternata ; foliolis ovatis, incisis, lobatis et inæqualiter dentatis ; dentibus obtusis ; caulina media et superiora pinnata; pinnulis lanceolatis. Caulis erectus , ramosus , glaber , 3—6 decimetr. , lævissime striatus. Umbellæ foliis oppositæ, pedunculatæ, læviter convexæ, uniformes, 5—8 centimetr. latæ; umbellulis distinctis; radiis filiformibus. Involucrum universale et partiale nullum , vel mono aut diphyllum ; foliolis angustis. Flores centrales plurimi, abortivi. Petala alba. Styli erecti. Semina glabra, tenuia, elongata , acuta.

HABITAT prope Tlemsen in Atlante.

SESELI.

INVOLUCRUM universale subnullum ; partiale polyphyllum. Semina duo, infera, hinc convexa, striata. Folia tenuissima.

SESELI VERTICILLATUM.

SESELI foliolis filiformibus ; radicalibus , subverticillatis , brevioribus ; umbellulis distinctis ; radiis centralibus brevissimis.

Fœniculum lusitanicum mininum acre. *T. Inst.* 312. — *Schaw. Specim.*
n. 232. *Ic.*
Ammi. *Dalech. Hist.* 695. *Ic. bona.*
An Seseli ammoides ? *Lin. Spec.* 373.

PLANTA glabra. Folia decomposita, filiformia, mucronata mucrone
albo, minimo; radicalia et caulina inferiora numerosa, brevia, conferta,
subverticillata; caulina media et superiora longiora, distincta; divaricata.
Petioli breves, basi vaginantes, adpressi, margine membranacei. Caulis
3—4 decimetr., erectus, gracilis, glaber, lævissime striatus, ramosus.
Rami tenues, patuli. Umbellæ 2—3 centimetr. latæ, foliis oppositæ, pedunculatæ; pedunculis filiformibus. Radii tenuissimi, inæquales; centrales brevissimi aut nulli. Umbellulæ distinctæ; pedicellis inæqualibus.
Involucrum universale nullum. Involucella penta ad heptaphylla; foliolis
setiformibus, acutissimis. Petala 5, parva, alba, obcordata. Stamina totidem. Filamenta tenuissima. Styli 2, setiformes. Flores plurimi abortivi.
Semen parvum, semicylindricum, breve, glabrum, læviter striatum,
obtusum. Species diversa a Seseli ammoide Jacq. Hort. 1. t. 52. Eadem
certe ac Tournefortii ut patet exemplariis in ejus herbario et Vaillantii
servatis. Eadem etiam ac Schaw cujus synon. ad Sium Ammi perperam
retulit Cl. Linnæus. Floret Æstate.

HABITAT in arvis Algeriæ prope Belide. ☉

THAPSIA.

INVOLUCRA nulla. Petala flava. Semina duo, semicylindrica
striata, infera, margine utrinque bialata.

THAPSIA POLYGAMA. Tab. 75.

THAPSIA foliis decompositis; foliolis acutis; involucro apice pinnatifido;
floribus centralibus evanidis.

FOLIA bi aut trifariam decomposita; laciniis extimis parvis, acutis,
inæqualibus; plurimis apice tridentatis, aliis simplicibus. Caulis erectus

3—6 decimetr. , læviter striatus , parce ramosus , glaber. Umbellæ 5 centimetr. latæ, planæ , pedunculatæ. Umbellulæ distinctæ. Radii inæquales. Involucrum universale penta aut heptaphyllum ; foliolis linearibus, apice pinnatifidis, sæpe trifurcatis , rarius simplicibus ; partiale, simplex, tenue. Corolla pallide flava. Flores polygami ; centrales masculi, abortivi, minores, brevius pedicellati ; hermaphroditi fertiles in radio. Stamina 5. Filamenta capillaria. Antheræ didymæ , subrotundæ. Styli 2 , divergentes. Semina semicylindrica.

HABITAT prope Bone ad maris littora.

THAPSIA GARGANICA.

THAPSIA foliis pinnatis ; foliolis pinnatifidis ; laciniis lanceolatis. *Lin. Mant.* 57.

Thapsia sive Turbith garganicum, semine latissimo. *J. B. Hist.* 3. *p.* 5o. *Ic.* — *T. Inst.* 322. — *Schaw. Specim. n.* 576.

Thapsia Thalictri folio. *Magn. Monsp.* 286. *Ic.*

Thapsia Libanotidis folio glutinosa glabra. *Pluk. t.* 67. *f.* 3. *mala.*

Thapsia foliis tripinnatis ; foliolis alternis, lineari-lanceolatis, integerrimis , trifidisve , decurrentibus. *Gouan. Illustr.* 18. *t.* 10.

FOLIA nitida , glabra ; primordialia longe petiolata , ovata aut ovato-lanceolata , integerrima , quibus succedunt alia, nunc ternata , nunc quinata aut septena , demum tri aut quadrifariam decomposita ; foliolis angusto-lanceolatis aut linearibus, acutis, glaberrimis, superne lucidis, subtus pallidioribus , in petiolum decurrentibus. Petioli teretes , basi vaginantes. Vagina magna. Caulis 6—12 centimetr. , crassus glaber , erectus, læviter striatus. Umbella 13 — 26 centimetr., hemisphærica ; umbellulis distinctis , rotundis. Vaginæ concavæ , aphyllæ ad basim pedunculorum. Involucrum nullum. Petala pallide lutea. Semen elongatum , semicylindricum , dorso striatum, margine utrinque alâ membranaceâ, flavescente coronatum. Radix contrita tumoribus resolvendis idonea.

HABITAT in arvis. ♃

THAPSIA VILLOSA.

THAPSIA foliis dentatis, villosis , basi coadunatis. *Lin. Spec.* 375.

Thapsia latifolia villosa. *C. B. Pin.* 148.—*T. Inst.* 322.—*Moris. s.* 9. *t.* 18. *f.* 3.

Thapsia. *Clus. Hist.* 2. *p.* 192. *Ic.* — *Ger. Hist.* 1030. *Ic.*

Peloponense Seseli majus. *Lob. Ic.* 736.

Thapsia Carotæ folio. *Park. Theat.* 878. *Ic.*

Thapsia quorumdam hirsuta et aspera, Cicutæ folio , flore luteo , semine lato., aliis Seseli peloponesiacum. *J. B. Hist. 3. p.* 185. *Ic.*

FOLIA magna , villosa , multifariam decomposita ; foliolis rugosis , inæqualibus , linearibus aut lineari-lanceolatis, subtus pallidioribus, margine reflexis. Petioli teretes , basi vaginantes. Caulis cylindricus , glaber , lævis , crassitie digiti, 6—10 decimetr., pulvere glauco conspersus. Vaginæ magnæ, concavæ , integræ ad ortum pedunculorum. Umbellæ magnæ , regulares , globosæ ; umbellulis distinctis, rotundis. Petala flava. Semina semicylindrica , sulcata , magna , utrinque margine alata , calyce persistente coronata. Varietatem semine duplo minore distinctam observavi.

HABITAT in arvis incultis et in collibus Algeriæ. ♃

PASTINACA.

INVOLUCRA subnulla. Petala flava, involuta. Semina duo , plana , lævia , elliptica , infera.

PASTINACA SATIVA.

PASTINACA foliis simpliciter pinnatis. *Lin. Spec.* 376.

Pastinaca sativa latifolia. *C. B. Pin.* 155. — *T. Inst.* 319. — *Ger. Hist.* 1025. *Ic.*

Pastinaca domestica. *Matth. Com.* 548. *Ic.* — *Camer. Epit.* 507. *Ic.* — *Fusch. Hist.* 753. *Ic.*

Elaphoboscum sativum. *Tabern. Ic.* 76.

Pastinaca sativa latifolia germanica , luteo flore. *J. B. Hist. 3. p.* 150. *Ic.*

Pastinaca. *Rivin.* 3.·*t* 6.

COLITUR in hortis. ☉

SMYRNIUM.

INVOLUCRA nulla. Semina brevia, hinc convexa, infera; angulis tribus elevatis.

SMYRNIUM OLUSASTRUM.

SMYRNIUM foliis caulinis ternatis , petiolatis , serratis. *Lin. Spec.* 376. —
Lamarck. Illustr. t. 204.

Smyrnium. *Matth. Com.* 566. *Ic.* — *T. Inst.* 316. — *Rivin.* 3. *t.* 69. — *Camer.*
Epit. 530. *Ic.* — *Blakw. t.* 408.

Hipposelinum. *Dod. Pempt.* 698. *Ic.* — *Ger. Hist.* 1019. *Ic.* — *Lob. Ic.* 708.
— *Park. Theat.* 930. *Ic.*

Petroselinum alexandrinum. *Trag.* 436. *Ic.*

Hipposelinum Theophrasti, vel Smyrnium Dioscoridis. *C. B. Pin.* 154.

Macerone quibusdam Smyrnium , semine magno nigro. *J. B. Hist.* 3.
p. 126. *Ic.*

Le Maceron. *Regnault. Bot. Ic.*

FOLIA caulina ternata ; foliolis ovatis , lucidis , dentatis , quandoque
lobatis. Petiolus basi vaginans. Radii umbellæ breves. Petala alba. Semina
crassa brevia ; angulis tribus dorsalibus elevatis.

HABITAT in arvis Algeriæ. ☉

ANETHUM.

INVOLUCRA nulla. Petala flava, involuta. Semina duo, oblonga,
infera. Folia filiformia.

ANETHUM FŒNICULUM.

ANETHUM fructibus ovatis. *Lin. Spec.* 377. — *Miller. Illustr. Ic.*

Fœniculum dulce, majore et albo semine. *J. B. Hist.* 3. *p.* 4. *Ic.* — *T.*
Inst. 311.

Fœniculum dulce. *C. B. Pin.* 147.

Fœniculum. *Camer. Epit.* 534. *Ic.* — *Matth. Com.* 568. *Ic.* — *Blakw. t.* 288.

Fœniculum sive Marathrum vulgatius dulce. *Lob. Ic.* 775.

Fœniculum majus. *Rivin.* 3. *t.* 62.

Le Fenouil commun. *Regnault. Bot. Ic.*

HABITAT in arvis. ♃

PIMPINELLA.

INVOLUCRA nulla. Semina glabra, hinc convexa, striata, infera.

PIMPINELLA LUTEA. Tab. 76.

PIMPINELLA foliis pinnatis, pubescentibus; foliolis cordatis, dentatis, antice excisis; pedunculis filiformibus, paniculatis.
Tragoselinum africanum altissimum. *T. Inst.* 3og.
Pimpinella saxifraga maxima africana. *Magn. Bot. App.*

FOLIA fere P. magnæ Lin.; radicalia pubescentia, petiolata, pinnata. Foliola cordata, sæpe antice excisa, inæqualiter dentata; dentibus obtusis. Foliolum terminale plerumque trilobum. Caulis 10—16 decimetr., glaber, lævis, inferne foliosus, superne aphyllus et ramosus; ramis dichotomis; ramulis filiformibus, paniculatis. Vaginæ canaliculatæ, integræ, membranaceæ, deciduæ. Pedunculi nutantes. Umbellæ parvæ. Radii tres ad quinque, capillares. Involucra nulla. Petala lutea, minima. Stamina 5, concolora. Styli 2, setiformes. Semina glaberrima, parva, semiovata, vix striata. Flores centrales abortivi. Floret Æstate. Odorem aromaticum spirat.

HABITAT in Atlante. ♃

APIUM.

INVOLUCRA tri aut tetraphylla. Semina oblonga, convexa, hinc striata.

APIUM PETROSELINUM.

APIUM foliis caulinis linearibus; involucellis minutis. *Lin. Spec.* 379.
Apium hortense, Petroselinum vulgo. *C. B. Pin.* 153. — *T. Inst.* 3o5.
Apium hortense. *Dod. Pempt.* 694. *Ic.* — *Lob. Ic.* 7o6. — *Matth. Com.* 562.
    Ic. — *Camer. Epit.* 526. *Ic.*—*Dalech. Hist.* 7oo. *Ic.*—*Ger. Hist.* 1013. *Ic.*
Petroselinum. *Trag.* 460. *Ic.* — *Pauli. Dan. t.* 317. — *Park. Theat.* 923.
    Ic. — *Brunsf.* 3. *p.* 121. *Ic.*

1   34

Apium Selinum sativum domesticum. *Tabern. Ic.* 89.
Apium hortense multis quod vulgo Petroselinum. *J. B. Hist. 3. p.* 97. *Ic.*
Le Persil des Jardins. *Regnault. Bot. Ic.*

FOLIA radicalia petiolata, pinnata ; foliolis ovatis, inæqualiter incisis et dentatis ; dentibus apice albidis; superiora linearia. Caulis erectus, striatus, teres. Umbellæ sæpe nutantes. Involucrum mono aut polyphyllum ; partiale polyphyllum ; foliolis subulatis. Umbella plana. Petala pallide lutea.

COLITUR in hortis. ♂

APIUM GRAVEOLENS.

APIUM foliolis caulinis cuneiformibus ; umbellis sessilibus. *Lin. Spec.* 379.
— *Œd. Dan. t.* 790.
Apium palustre et Apium officinarum. *C. B. Pin.* 154. — *T. Inst.* 3o5.
Vulgare Apium. *Trag.* 464. *Ic.*
Apium. *Fusch. Hist.* 744. *Ic.* — *Blakw. t.* 443. — *Rivin. 3. t.* 87. — *Brunsf. 3. p.* 107. *Ic.*
Eleoselinum. *Dod. Pempt.* 695. *Ic.*
Apium palustre. *Camer. Epit.* 527. *Ic.*
Apium foliis pinnatis ; pinnis trilobatis. *Hall. Hist. n.* 784.

CAULES sulcati. Folia superiora ternata ; foliolis flabelliformibus , incisis. Umbella centralis sessilis. Involucrum laciniatum ; partiale subnullum.

COLITUR in hortis. ♂

T R I G Y N I A.

R H U S.

CALYX quinquepartitus. Corolla pentapetala. Germen superum. Bacca mono aut trisperma.

R H U S　C O R I A R I A.

RHUS foliis pinnatis , obtusiusculis , serratis , ovalibus , subtus villosis. *Lin. Spec.* 379.

Rhus folio Ulmi. *C. B. Pin.* 414. — *T. Inst.* 611. — *Duham. Arbr.* 218.
t. 52—*Schaw. Specim. n.* 509.

Rhus Obsoniorum et Coriariorum. *Lob. Ic.* 2. *p.* 98.—*Clus. Hist.* 17. *Ic.*

Rhus. *Matth. Com.* 186. *Ic.*—*Camer. Epit.* 121. *Ic.*—*Park. Theat.* 1450.
Ic. — *Blakw. t.* 486.

Coriaria. *Dod. Pempt.* 779. *Ic.*—*Ger. Hist.* 1474. *Ic.*

Rhus sive Sumach. *J. B. Hist.* 1. *p.* 555. *Ic.*

Le Sumac. *Regnault. Bot. Ic.*

HABITAT Algeriâ. ♄

RHUS PENTAPHYLLUM. Tab. 77.

RHUS spinosum; foliis digitatis; foliolis lineari-lanceolatis, superne latioribus, obtusis, apice dentatis integrisve.

Rhamnus siculus pentaphyllos. *Boc. Sic.* 43. *t.* 21.—*Schaw. Specim. n.* 508.
Certe ex Herb. Bocconi.

Rhamnus pentaphyllus; spinis lateralibus; foliis solitariis quinatisque.
Jacq. Obs. 2. *p.* 17. — *Lin. Syst. veget.* 233.

ARBOR 4—7 metr., ramosissima, spinosa; spinis validis, floriferis.
Cortex griseus. Folia alterna, perennantia, glabra; juniora subvillosa,
digitata; foliolis tribus ad quinque, obtusis, 2—5 millimetr. latis, 11—16
longis, superne latioribus, obtusis, integris aut apice inæqualiter dentatis.
Petiolus alatus, longitudine fere foliorum. Flores dioici. MASC. Calyx
quinquepartitus; laciniis ovoideis. Corolla pentapetala; petalis patentibus, ovatis, pallide flavis. Stamina 5. FŒM. Calyx et corolla ut in masculo. Styli 3, parvi. Stigmata totidem. Bacca subrotunda, tuberculis tribus
apice notata, matura rubra, monosperma, nucleo fœta osseo, compresso.
Facies Mespili Oxyacanthæ Lin. Fructus subacidus, edulis nec injucundus.
Cortex colore rubro tingit et ad perficienda coria idoneus.

HABITAT prope Arzeau in collibus incultis. ♄

VIBURNUM.

CALYX quinquedentatus. Corolla patens, quinquepartita. Stamina
laciniis alterna. Stylus nullus. Stigmata tria, obsoleta. Bacca infera,
monosperma.

I   * 34

VIBURNUM TINUS.

VIBURNUM foliis integerrimis , ovatis ; ramificationibus venarum subtus villoso-glandulosis. *Lin. Spec.* 383. — *Bergeret. Phyt.* 1. *p.* 87. *Ic.* — *Curtis. Magasin. t.* 38.

Tinus. *T. Inst.* 607. *t.* 377.—*Dod. Pempt.* 850. *Ic.*—*Duham. Arbr.* 337. *Ic.*—*Schaw. Specim. n.* 588.—*Clus. Hist.* 49. *Ic.*

Tinus lusitanica. *Lob. Ic.* 2. *p.* 142.—*Tabern. Ic.* 954.

Laurus -Tinus lusitanica. *Ger. Hist.* 1409. *Ic.*

Laurus-Tinus alter. *Park. Theat.* 206. *Ic.*

Laurus sylvestris , foliis venosis. *C. B. Pin.* 461.

Tinus alter et sylvestris. *J. B. Hist.* 1. *p.* 428 *et* 429. *Ic.*

FRUTEX 2—3 metr. Rami verrucosi ; juniores tetragoni. Folia opposita, ovata , breviter petiolata , rigida , lucida , perennantia ; juniora hirsuta villis brevibus , ferrugineis. Flores cymosi , conferti , bracteolati. Corollæ albæ. Stamina libera , corollam adæquantia. Stylus nullus. Stigma obsoletum , obtusum , subtrilobum. Baccæ maturæ cœruleæ , monospermæ.

HABITAT Algeriâ et in Atlante. ♄

SAMBUCUS.

CALYX quinquedentatus. Corolla rotata , quinquepartita. Bacca infera , tri aut tetrasperma.

SAMBUCUS NIGRA.

SAMBUCUS cymis quinquepartitis ; caule arboreo. *Lin. Spec.* 385.—*Œd. Dan. t.* 545.

Sambucus fructu in umbella nigro. *C. B. Pin.* 456.—*T. Inst.* 606. *t.* 376. —*Duham. Arbr.* 2. *p.* 253. *t.* 65.

Sambucus. *Camer. Epit.* 975. *Ic.*—*Matth. Com.* 873. *Ic.*—*Trag.* 997. *Ic.* — *Fuchs. Hist.* 64 *Ic.* — *Dod. Pempt.* 845. *Ic.*—*Tabern. Ic.* 1028. — *Lob. Ic.* 2. *p.* 161 — *Ger. Hist.* 1422. *Ic.*—*Pauli. Dan. t.* 129.—*Park. Theat.* 208. *Ic.*—*J. B. Hist.* 1. *p.* 544. *Ic.* — *Blakw. t.* 151.

Sambucus arborea ; floribus umbellatis. *Hall. Hist. n.* 670.

Le Sureau. *Regnault. Bot. Ic.*

HABITAT Algeriâ. ♄

TAMARIX.

CALYX quinquepartitus. Corolla pentapetala. Capsula supera, trivalvis, unilocularis. Semina papposa.

TAMARIX GALLICA.

TAMARIX floribus pentandris. *Lin. Spec..*386.
Tamariscus narbonensis. *Lob. Ic.* 2. *p.* 218. — *T. Inst.* 661. — *Mill. Dict.*
262. *f.* 1.
Tamarix altera folio tenuiore seu gallica. *C. B. Pin.* 485.
Tamariscus. *Blakw. t.* 331.

ARBOR 5 — 7 metr. , ramosissima. Rami juniores filiformes, densi, paniculati. Folia glauca, aciformia, minima, imbricata. Flores albi, parvi, spicati ; spicis paniculatis. Pedunculi filiformes. Calyx minimus, pentaphyllus. Corolla exigua, pentapetala. Stamina 5. Stigmata 3. Arbor elegantissima ripas fluviorum obumbrans.

HABITAT Algeriâ. ♄

TAMARIX AFRICANA.

TAMARIX foliis imbricatis, minimis ; floribus pentandris ; spica tereti, densissima ; pedunculis squamosis ; stylo trifido.

AFFINIS T. gallico Lin. , differt cortice ramorum fusco ; foliis arctius imbricatis ; spica crassiori ; floribus duplo aut quadruplo majoribus.

HABITAT Algeriâ ad maris littora. ♄

TELEPHIUM.

CALYX persistens, quinquepartitus. Corolla pentapetala. Capsula supera, triangularis, unilocularis, trivalvis, polysperma. Receptaculum liberum.

TELEPHIUM IMPERATI.

TELEPHIUM foliis alternis. *Lin. Spec.* 388. — *Hall. Hist. n.* 841. — *Lamarck.*
    Illustr. t. 213.
Telephium Dioscoridis. *Imperati.* 665. — *T. Inst.* 248. *t.* 128.
Telephium repens, folio non deciduo. *C. B. Pin.* 287.
Telephium legitimum Imperati. *Clus. Hist.* 2. *p.* 67. *Ic.* — *Ger. Hist.* 520. *Ic.*

CAULES prostrati, tenues, glabri, teretes, vix ramosi, sæpe 3 decimetr.
Folia glauca, glabra, elliptica, integerrima, basi angustiora, 7—8 millimetr. lata, 10 — 13 longa. Flores densi, corymbosi, terminales. Calyx
persistens ; laciniis carinatis, margine membranaceis. Petala 5, alba,
longitudine calycis. Filamenta staminum compressa. Styli 3, basi conniventes. Capsula triquetra, trivalvis, unilocularis, polysperma. Semina
parva, reniformia, receptaculo centrali, libero affixa.

HABITAT ad maris littora. ♃

TELEPHIUM OPPOSITIFOLIUM.

TELEPHIUM foliis oppositis. *Lin. Spec.* 388.
Telephium Myosotidis foliis amplioribus conjugatis. *Schaw. Specim. n.* 572.

HABITAT in Barbariâ.

CORRIGIOLA.

CALYX quinquepartitus, persistens. Corolla pentapetala.
Semen unum, superum, calyce tectum.

CORRIGIOLA LITTORALIS.

CORRIGIOLA. *Lin. Spec.* 388. — *Œd. Dan. t.* 334. — *Hall. Hist. n.* 842. —
    Lamarck. Illustr. t. 213.
Polygonum littoreum minus, flosculis spadiceo-albicantibus. *C.B. Pin.* 281.
    — *Prodr.* 131.
Polygoni vel Linifolia per terram sparsa, flore Scorpioides. *J. B. Hist.*
    3. *p.* 379. *Ic.*

Polygonum polyspermum littoreum minus, flosculis ex spadiceo-albicantibus. *Moris. s. 5. pars ult. t. 29. f. 1.*

Polygonifolia vulgaris. *Vail. Bot.* 162. — *Dill. Giss.* 95. *t. 3.*—*Ephem. Nat.
Cur. App. t. 9 f. 20.*

Alsine palustris minor folio oblongo repens, floribus parvis racemi modo
junctis albis rosaceis. *Lindern. Alsat.* 115. *t. 2. c.*

CAULES filiformes, ramosi, prostrati, 11—16 centimetr., quandoque
longiores. Folia alterna, glauca, integerrima, parva, fere linearia. Flores
minimi, capitati. Calycis laciniæ margine membranaceæ. Petala alba, laciniis calycinis alterna. Antheræ fuscæ. Styli brevissimi. Semen subtrigonum.

HABITAT Algeriâ in arenis. ☉

ALSINE.

CALYX quinquepartitus. Corolla pentapetala. Capsula supera,
unilocularis, trivalvis, polysperma. Receptaculum centrale liberum.

ALSINE MEDIA.

ALSINE petalis bipartitis; foliis ovato-cordatis. *Lin. Spec.* 389. — *Œd. Dan.
t.* 525. — *Curtis. Lond. Ic.* — *Lamarck. Illustr. t.* 214.

Alsine media. *C. B. Pin.* 250. — *T. Inst.* 242. — *Moris. s. 5. t. 23. f. 4.*

Morsus Gallinæ. *Trag.* 385. *Ic.*

Alsine major. *Fusch. Hist.* 21. *Ic.*

Alsine minor recentiorum. *Lob. Ic.* 460.—*Dod. Pempt.* 29. *Ic.* —*Ger. Hist.*
611. *Ic.* — *Park. Theat.* 760. *Ic.*

Alsine. *Pauli. Dan. t.* 17.—*Tabern. Ic.* 706. *et* A. media 707. *Flores minores.*
— *Blakw. t.* 164.

Alsine vulgaris sive. Morsus Gallinæ. *J. B. Hist. 3. p. 363. Ic.*

Alsine foliis petiolatis, ovato-lanceolatis; petalis bipartitis. *Hall. Hist. n.* 880.

La Morgeline. *Regnault. Bot. Ic.*

CAULIS alterne a nodo uno ad alterum unifariam villosus. Numerus
Staminum varians.

HABITAT in hortis Algeriæ. ☉

TETRAGYNIA.

PARNASSIA.

CALYX persistens, quinquepartitus. Corolla pentapetala. Nectaria quinque, cordata, squamata, concava, filis tredecim gradatim altioribus instructa, quibus singulis globus insidet. Stylus nùllus. Stigmata quatuor. Capsula supera, quadrivalvis, unilocularis, polysperma.

PARNASSIA PALUSTRIS.

PARNASSIA. *Lin. Spec.* 391. — *Œd. Dan. t.* 584. — *Miller. Illustr. Ic.* — *Hall. Hist. n.* 832.—*Lamarck. Illustr. t.* 216.

Parnassia palustris et vulgaris. *T. Inst.* 246. *t.* 127.—*Zanich. Ist. t.* 51.

Gramen Parnassi, albo simplici flore. *C. B. Pin.* 309. — *Ger. Hist.* 840. *Ic.* — *Park. Theat.* 429. *Ic.* .

Gramen parnassium. *Dod. Pempt.* 564. *Ic.*— *Lob. Obs.* 330. *Ic.* — *Ic.* 603. —*Gesner. Ic. Lign. t.* 17. *f.* 145. — *Edit. Schmied. p.* 9. *t.* 4. *n.* 11.

Gramen hederaceum. *Tabern. Ic.* 214.

Gramen Parnassi Dodonæo, quibusdam Hepaticus flos. *J. B. Hist.* 3. *p.* 537. *Ic. mala.*

Pyrola palustris nostras, etc. *Moris. s.* 12. *t.* 10. *f.* 3.

STAMINA irritabilia sponte pistillò accedunt, et recedunt emisso pulvere.

HABITAT in paludibus prope La Calle. ♃

PENTAGYNIA.

STATICE.

CALYX tubulosus, monophyllus, persistens, margine membranaceus. Petala quinque, unguiculata. Stamina basi unguium inserta. Styli filiformes. Capsula membranacea, monosperma.

STATICE PSEUDO-ARMERIA.

STATICE foliis lato-lanceolatis , margine cartilagineis ; scapo simplici ; floribus capitatis.

Statice Pseudo-Armeria. *Lin. Syst. veget.* 3oo.

Statice Armeria major ; scapo simplici , capitato ; foliis longe lanceolatis. *Jacq. Hort. t.* 42.

Statice lusitanica Scorzoneræ folio. *T. Inst.* 341.

FOLIA lato-lanceolata, quandoque elliptica , glabra , integerrima, nervosa , plerumque mucronata , 15—32 millimetr. lata , 1o—13 centimetr. longa, petiolata; petiolo canaliculato, basi vaginante. Scapus teres , striatus, erectus , 3—6 decimetr. Vagina reflexa , membranacea, inferne dentata , scapum superne involvens. Flores capitati. Bracteæ scariosæ , oblongæ , obtusæ. Calyx membranaceus , infundibuliformis. Petala rosea, obtusa.

HABITAT prope La Calle in arenis. ♃

STATICE LIMONIUM.

STATICE scapo paniculato , tereti; foliis lævibus. *Lin. Spec.* 3.94. — *Œd. Dan. t.* 315.

Limonium maritimum majus. *C. B. Pin.* 192.—*T. Inst.* 341.—*Moris. s.* 15. *t.* 1. *f.* 1. — *Zanich. Ist. t.* 31.

Limonium. *Matth. Com.* 696. *Ic.* — *Camer. Epit.* 721. *Ic.* — *Lob. Ic.* 295. —*Tabern. Ic.* 43o.— *Ger. Hist.* 411. *Ic.*—*Blakw. t.* 481.

Valerianæ rubræ similis pro Limonio missa. *Dod. Pempt.* 351. *Ic.*

Limonium majus vulgare. *Park. Theat.* 1234. *Ic.*

Limonium majus multis , aliis Behen rubrum. *J. B. Hist.* 3. *App.* 876. *Ic.*

FOLIA ovato-oblonga , glauca, rigida , lævia , integerrima, obtusa, apice mucronata. Panicula magna, laxa. Rami dichotomi.

HABITAT ad maris littora. ♃

STATICE CORDATA.

STATICE scapo paniculato ; foliis spathulatis , retusis. *Lin. Spec.* 394.

Limonium maritimum minus , foliis cordatis. *C. B. Pin.* 192.—*Prodr.* 99. —*J. B. Hist.* 3. *App. p.* 877.

I   35

Limonium minimum cordatum, folio retuso. *Barrel. t.* 805.

A. Limonium folio cordato siculum. *Boc. Sic.* 64. *t.* 34.

FOLIA cuneiformia, apice emarginata, quandoque integerrima, rigida, in petiolum decurrentia. Scapus ramosus, paniculatus. Folia magnitudine varia pro natali solo.

HABITAT ad maris littora. ♃

STATICE ECHIOIDES.

STATICE foliis radicalibus obovatis; scapo paniculato ; floribus remotiusculis, sessilibus, subarcuatis.

Statice scapo paniculato, tereti; foliis tuberculatis. *Lin. Spec.* 394.

Statice scapo paniculato ; tereti; foliis calycibusque tuberculato-leprosis. *Gouan. Illustr.* 22. *t.* 2. *f.* 4.

Limonium minus annuum bullatis foliis, vel Echioides. *Magn. Bot.* 157. *Ic.*

FOLIA radicalia jacentia, in rosulam expansa, obovata, tuberculosa, quandoque spathulata, 9 — 11 millimetr. lata, 13 — 22 longa, integerrima; petiolo latiusculo. Scapus gracilis, 3 decimetr., erectus, superne ramosus. Rami filiformes, paniculati Flores distincti, solitarii, sessiles, patentes, laxe racemosi. Calyx tenuis, subarcuatus, bracteâ elongatâ, acutâ, tuberculosâ involutus. Petala angustissima, calyce vix longiora.

HABITAT prope Mascar in fissuris rupium. ☉

STATICE GLOBULARIÆFOLIA.

STATICE foliis acuminatis, horizontalibus ; panicula laxa ; racemis terminalibus, secundis.

Limonium medium, Globulariæ folio majus. *Barrel. t.* 793 *et* 794.

Statice ramosissima. *Poiret. Itin.* 2. *p.* 142.

FOLIA radicalia spathulata aut spathulato - lanceolata, integerrima, utrinque attenuata, in petiolum decurrentia, 11 — 22 millimetr. lata, 2—5 centimetr. longa. Scapus erectus, 3—9 decimetr., ramosus ; ramis patentibus. Squamula parva, ovata, acuta, adpressa, ad basim ramorum.

Flores racemosi, secundi, e ramulorum apicibus. Limbus calycis et petalorum albus. Folia ludunt; spathulata, ovata et lanceolata observavi.

HABITAT ad fontes calidissimos Hammam Mischroutin dictos, prope Bone.

STATICE SPATHULATA.

STATICE foliis radicalibus spathulatis, obtusis, glaucis, integerrimis, longe petiolatis; scapo tereti; ramis paniculatis; floribus racemosis, secundis.

FOLIA radicalia, glauca, canescentia, spathulata, obtusa, rigida, integerrima, erecta, in petiolum longum decurrentia, 8—11 centimetr. longa, 6—9 millimetr. lata. Scapus erectus, teres, firmus, superne ramosus; ramis paniculatis. Flores racemosi, secundi, ex apice ramorum.

HABITAT in rupibus prope La Calle. ♃

STATICE MUCRONATA.

STATICE caule crispo; foliis ellipticis, integris; spicis secundis. *Lin. Suppl.* 187. — *L'herit. Stirp.* 25. *t.* 13. *descriptio optima.*
Limonium africanum elegantissimum, foliis Pyrolæ. *Bross. Cat.* 45.—*Icones posthum.*
Limonium africanum elatius et humile. *Park. Theat.* 1235. *Ic.*
Limonium peregrinum, caule appendicibus crispis adaucto.*Pluk.Almag.* 221.

HABITAT in regno Marocano. ♃

STATICE MINUTA.

STATICE caule suffruticoso, folioso; foliis confertis, cuneatis, glabris, muticis; scapis paucifloris. *Lin. Mant.* 59.
Limonium maritimum minimum. *C. B. Pin.* 192. — *Prodr.* 99. — *T. Inst.* 342.—*Boc. Sic.* 26. *t.* 13. *f.* 3.—*Schaw. Specim. n.* 368.
Limonium fruticosum minimum glabrum. *Pluk. t.* 200. *f.* 5.

CAULES fruticulosi, in cæspitem densum congesti. Folia minima, obcordata, conferta, glauca, rigida, perennantia. Scapus fere filiformis, erectus, 2—10 centimetr., ramosus. Flores paniculati. Panicula laxa, parva.

HABITAT in rupibus ad maris littora. ♃

STATICE FERULACEA.

STATICE caule fruticoso , ramoso ; ramulis imbricatis ; paleis apice pilo terminatis. *Lin. Spec.* 396.

Limonium hispanicum multifido folio. *T. Inst.* 342.—*Pluk. t.* 28. *f.* 3 *et* 4. *mala.*

Limonium ferulaceo folio. *Moris. s.* 15. *t.* 1. *f.* 23.

CAULIS erectus , ramosissimus. Rami graciles   patentes , paniculati , ramosi, fasciculati. Pedunculi imbricati squamulis minimis , apice setulâ auctis. Flores glomerati, ascendentes , secundi, parvi , lutei.

HABITAT prope Bone ad maris littora.

STATICE SINUATA.

STATICE caule herbaceo ; foliis radicalibus alternatim pinnato - sinuatis ; caulinïs ternis , triquetris, subulatis , decurrentibus. *Lin. Spec.* 396. — *Curtis. Magazin. t.* 71.

Limonium peregrinum , foliis Asplenii. *C. B. Pin.* 192. — *T. Inst.* 342. — *Schaw. Specim. n.* 365. — *Martyn. Cent. t.* 48.

Limonii species. *Rauwolf. Itin.* 313. *t.* 314.

Limonium Rauwolfii. *Clus. Cur. post.* 63. *Ic.* — *Park. Theat.* 1235. *Ic.* — *H. Eyst. Æst.* 7. *p.* 8. *f.* 1.

Elegans genus Limonii. *Dalech. App.* 35. *Ic.*

Limonium folio sinuato. *Ger. Hist.* 412. *Ic.*

Limonium quibusdam rarum. *J. B. Hist.* 3. *App.* 877. *Ic.*

Limonium syriacum , Asplenii folio. *Dodart. Icones.*

Limonium inciso folio , Buglossi flore. *Barrel. t.* 1124.

FOLIA radicalia jacentia aut decumbentia, 16—22 centimetr. longa, 13—27 millimetr. lata , hirsuta , in petiolum decurrentia , a basi ad apicem sensim latiora , obtusa , lyrato-sinuata ; lobis obtusis , sæpe retroversis ; caulina terna , angusto - lanceolata. Caulis erectus , dichotomus , 3 decimetr. et ultra , alatus ; alis foliaceis , quaternis aut quinis , rigidulis , subhirsutis , quandoque subdentatis. Flores glomerati, corymbosi , terminales , sessiles, bracteis membranaceis , concavis , apice mucronatis obvallati. Calix infundibuliformis; limbo cœruleo , denticulato , ampliato , corollam mentiente. Petala 5, pallide flava, calyce breviora ; limbo oblongo , obtuso.

HABITAT ad maris littora in arenis. ♂

STATICE MONOPETALA.

STATICE caule fruticoso , folioso ; floribus solitariis , foliis lanceolatis vaginantibus. *Lin. Spec.* 396.

Limonium foliis Halimi. *T. Inst.* 342. — *Schaw. Specim. n.* 367.

Limonium lignosum. *Boc. Sic.* 33. *t.* 17.

Limonium frutescens , Portulacæ marinæ folio. *Dodart. Icones.*

FRUTEX 6—10 decimetr. Folia alterna, glauca, lanceolata, rigida, aspera, contorta , perennantia , 4 — 9 millimetr. lata, 5 — 8 centimetr. longa. Petioli vaginantes. Flores axillares, solitarii. Corolla monopetala , quinquefida. Tubus vaginâ oblique truncatâ inclusus. Rami sæpe gallas ferunt.

HABITAT in arenis humidis et salsis prope Kerwan. ♄

L I N U M.

CALYX persistens , quinquepartitus. Corolla pentapetala. Capsula sphærica , quinque aut decemvalvis , decemlocularis , polysperma. Semina plana , lævia.

LINUM USITATISSIMUM.

LINUM calycibus capsulisque mucronatis ; petalis crenatis ; foliis lanceolatis , alternis ; caule subsolitario. *Lin. Spec.* 397. — *Hall. Hist. n.* 836.

Linum sativum. *C. B. Pin.* 214. — *T. Inst.* 339.

Linum. *Matth. Com.* 333. *Ic.* — *Camer. Epit.* 200. *Ic.* — *Fusch. Hist.* 471. *Ic.* — *Trag.* 353. *Ic.* — *Dod. Pempt.* 333. *Ic.* — *Pauli. Dan. t.* 78. — *Ger. Hist.* 556. *Ic.* — *J. B. Hist.* 3. *p.* 450. *Ic.* — *Blakw. t.* 160. — *Moris. s.* 5. *t.* 26. *f.* 1.

Linum sativum vulgare cœruleum. *Lob. Ic.* 412.

Le Lin. *Regnault. Bot. Ic.*

COLITUR Algeriâ. ☉

LINUM GRANDIFLORUM. Tab. 78.

LINUM caule basi ramoso ; foliis angusto-lanceolatis ; floribus laxe paniculatis ; capsulis decemvalvibus , mucronatis.

CAULES ex communi cæspite plures , teretes , graciles, erecti aut basi decumbentes , 2—3 decimetr. , superne ramosi. Folia glabra, sparsa ; inferiora linearia ; superiora majora, angusto - lanceolata, 13—18 millimetr. longa , 2—4 lata , margine aspera. Flores laxe paniculati. Pedunculi filiformes , folio opposito longiores , uniflori. Calyx persistens , profunde quinquepartitus. Laciniæ ovato-oblongæ, concavæ , acutæ. Petala maxima, rosea, duplo fere majora quam in L. usitatissimo Lin. Capsula magna , rotunda , apice mucronata, decemvalvis. Species pulcherrima.

HABITAT in arvis argillosis prope Mascar.

LINUM STRICTUM.

LINUM calycibus subulatis ; foliis lanceolatis , strictis , mucronatis ; margine scabris. *Lin. Spec.* 400.

Linum foliis asperis umbellatum luteum. *Magn. Bot.* 164. — *T. Inst.* 340. — *Schaw. Specim. n.* 379.

Lithospermum Linariæ folio monspeliacum. *C. B. Pin.* 259.

Passerina Linariæ folio. *Lob. Ic.* 411.

Passerina Lobelii. *J. B. Hist.* 3. *p.* 455. *Ic.*

Linum sessiliflorum ; calycibus peracutis , subglomeratis , sessilibus ; foliis lanceolatis , mucronatis ; margine scabro. *Lamarck. Dict.* 3. *p.* 523.

CAULIS erectus , 10—22 centimetr. , nunc simplex , nunc infernc, nunc superne ramosus ; ramis dichotomis. Folia sparsa, sessilia, adpressa, scabra, lineari-lanceolata , acuta ; inferiora minora. Flores sessiles , axillares , solitarii , conferti, corymbosi. Calycis laciniæ lineari-subulatæ , rigidæ, erectæ, capsulâ duplo longiores. Corolla lutea , parva , calyce longior. Capsula rotunda , mucronata. Flores capitato-corymbosi. Capsulæ in racemos dispositæ.

HABITAT in collibus incultis. ⊙

LINUM DECUMBENS. Tab. 79.

LINUM caule ascendente, filiformi ; foliis sparsis , erectis , subulatis, lævibus, mucronatis ; floribus pedicellatis ; laciniis calycis ovatis, acutis.

Linum sylvestre angustifolium , floribus dilute purpurascentibus vel carneis. *C. B. Pin.* 214. — *T. Inst.* 340.

CAULES ex communi cæspite plures, filiformes, basi decumbentes aut prostrati, 16—32 centimetr. longi, simplices. Folia numerosa, erecta, sparsa, subulata, rigidula, a basi ad caulis apicem sensim crescentia, mucronata; mucrone brevissimo. Calycis laciniæ ovatæ, acutæ. Corolla rosea, calyce duplo longior. Capsula rotunda, mucronata, calyce tecta. Affine L. tenuifolio Lin., differt foliis mollioribus; panicula minori; calycum foliis majoribus, minus acutis; corollâ roseâ, duplo aut triplo minore. Floret primo Vere.

HABITAT in arvis prope Sbibam in regno Tunetano. ☉

LINUM NARBONENSE.

LINUM calycibus acuminatis; foliis lanceolatis, sparsis, strictis, scabris, acuminatis; caule tereti, basi ramoso. *Lin. Spec.* 398.
Linum sylvestre cœruleum, folio acuto. *C. B. Prodr.* 107. — *T. Inst.* 340.
Linum sylvestre angustifolium, cœruleo amplo flore. *Magn. Bot.* 161.

CAULIS 2 — 3 decimetr. Folia sparsa, glabra, angusto-lanceolata, erecta, integra, a basi ad summitatem caulis sensim crescentia, retrorsum subaspera. Rami foliosi, corymbosi. Flores singuli pedicellati; pedicellis folio oppositis, erectis. Calyx persistens, quinquepartitus; laciniis ovatis, mucronatis. Corolla cœrulea. Capsula subrotunda, lævissime mucronata, decemvalvis, magnitudine L. usitatissimi Lin.

HABITAT Algeriâ. ☉

LINUM CORYMBIFERUM. Tab. 80.

LINUM foliis lanceolatis, confertis, erectis, trinerviis, retrorsum asperis; ramis corymbosis, filiformibus; calycibus subulato-mucronatis.

CAULIS 6—10 decimetr., erectus, superne ramosissimus; ramis dichotomis, corymbosis; ramulis filiformibus. Folia lanceolata, sparsa, numerosa, conferta, sessilia, erecta, trinervia, 13—35 millimetr. longa, acuminata, retrorsum aspera; ramea sæpe dentata. Flores singuli breviter pedicellati; pedicellis capillaribus. Calyx quinquepartitus; laciniis subulato-mucronatis. Corolla lutea, pentapetala, magnitudine L.

usitatissimi Lin. Stamina corolla duplo breviora. Styli 5, capillares. Stigmata totidem, capitata. Capsula parva, rotunda, mucronata, calyce brevior.

HABITAT in Atlante prope Maiane.

LINUM TENUE. Tab. 81.

LINUM foliis linearibus, acutis; ramis laxe paniculatis, filiformibus; floribus pedicellatis; calyce mucronato; corollis calyce quadruplo longioribus.

CAULES 3—6 decimetr., graciles, læves, superne ramosi. Rami filiformes, laxe paniculati. Folia alterna, linearia, acuta, 2 millimetr. lata, 10 — 15 longa, margine scabriuscula. Flores laxi, breviter pedicellati; pedicellis capillaribus, unifloris. Calyx parvus, quinquepartitus; laciniis acutissimis, mucronatis. Corolla lutea, magnitudine L. usitatissimi Lin. Capsula parva, rotunda, brevissime mucronata, calyce dimidio brevior. Differt a L. maritimo Lin. caule et ramis tenuioribus; calyce mucronato; foliis angustioribus; capsulâ calyce breviore: a L. gallico Lin. corollis quadruplo majoribus.

HABITAT in collibus incultis Algeriæ. ☉

LINUM MARITIMUM.

LINUM calycibus ovatis, acutis, muticis; foliis lanceolatis; inferioribus oppositis. *Lin. Spec.* 400. — *Jacq. Hort. t.* 154.
Linum maritimum luteum. *C. B. Pin.* 214. — *T. Inst.* 340. — *Schaw. Specim. n.* 380.
Linum sylvestre. *Dod. Pempt.* 534. *Ic.* — *Matth. Com.* 334. *Ic.* — *Camer. Epit.* 201. *Ic.*
Linum marinum luteum narbonense. *Lob. Ic.* 412.
Linum luteum narbonense. *J. B. Hist.* 3. *p.* 454. *Ic.*

PLANTA glaberrima. Caules teretes, læves, superne ramosi, 6—10 decimetr. Folia mollia, integerrima, subtus trinervia; inferiora opposita, elliptica; media et superiora alterna, lanceolata. Rami laxe paniculati. Flores pedicellati; pedicellis brevibus, foliolo acuto oppositis. Calyx persistens, quinquepartitus. Laciniæ ovatæ, acutæ. Corolla lutea, magnitudine L. usitatissimi Lin. Capsula parva, rotunda, calyce paulo brevior, brevissime mucronata. Semina fusca, læviter arcuata, hinc convexa et crassiora.

HABITAT ad maris littora. ♃

CLASSIS VI.

HEXANDRIA.

MONOGYNIA.

LEUCOIUM.

Cᴀʟʏx spatha membranacea. Corolla campanulata, sexpartita; laciniis apice incrassatis. Stylus clavatus. Capsula infera, trilocularis, trivalvis, polysperma.

LEUCOIUM AUTUMNALE.

Lᴇᴜᴄᴏɪᴜᴍ spatha multiflora; stylo filiformi. *Lin. Spec.* 414.
Narcisso-Leucoium autumnale, capillaceo folio. *T. Inst.* 387.
Leucoium bulbosum autumnale tenuifolium. *Clus. Hist.* 170. *Ic.* —*J. B. Hist.* 2. *p.* 593. *Ic.*
Leuconarcissolirion minimum autumnale. *Lob. Ic.* 124.
Trichophyllon. *Renealm. Spec.* 100. *Ic. bona.*
Leucoium bulbosum autumnale. *C. B. Pin.* 56. —*Dalech. Hist.* 1527. *Ic.* — *Dod. Pempt.* 230. *Ic.* —*Ger. Hist.* 148. *Ic.*—*H. Eyst. Autumn.* 3. *p.* 6. *f.* 1.

Bᴜʟʙᴜs ovoideus. Tunicæ exteriores scariosæ. Folia erecta, glabra, teretia, subulato filiformia, absoluto flore emergentia. Scapus filiformis, sæpe duplex aut triplex ex eodem cæspite, erectus, simplex, 16 — 22 centimetr., basi vaginis membranaceis involutus, apice biflorus, rarius uniflorus. Spatha mono aut diphylla, angusta, acuta, membranacea, carinata. Flores nutantes, pedicellati ; pedicellis inæqualibus. Corolla alba, parva, campanulata, sexpartita ; laciniis ellipticis, obtusis, sub-æqualibus, nec apice incrassatis ut in congeneribus. Stamina 6. Filamenta brevissima. Antheræ erectæ, approximatæ, corollâ breviores. Stylus tenuis. Stigma simplex. Germen inferum, subrotundum. Capsula subtriquetra, truncata, trilocularis, trivalvis, polysperma. Floret Autumno et Hyeme.

HABITAT in arvis Algeriæ. ♃

NARCISSUS.

CALYX spatha membranacea. Corolla tubulosa ; limbo duplici; exteriore patente, sexpartito ; interiore campanulato aut rotato. Stamina intra tubum. Capsula infera, trilocularis, trivalvis, polysperma.

NARCISSUS TAZETTA.

NARCISSUS spatha multiflora; nectario campanulato, truncato, breviore petalis ; foliis planis. *Lin. Spec.* 416.

Narcissus luteus polyanthemos lusitanicus. *C. B. Pin.* 5o. — *T. Inst.* 354.

A. Narcissus medio luteus, copioso flore, odore gravi. *C. B. Pin.* 5o.— *T. Inst.* 354.

Narcissus medio luteus, Donas Narbonensium. *Lob. Ic.* 114.

Narcissus medio luteus polyanthos. *Ger. Hist.* 124. — *Tabern. Ic.* 6o6.

Narcissus medio luteus alter. *Dod. Pempt.* 224. *Ic.*

Narcissus multos ferens flores, medio luteus, narbonensis. *J. B. Hist.* 2. *p.* 6o3. *Ic.*

B. Narcissus latifolius simplici flore prorsus albo 1 et 2. *Clus. Hist.* 155. *Ic.*

FOLIA plana, 7—9 millimétr. lata, obtusiuscula, glaberrima, integer-rima, lævissime striata. Scapus 3 decimetr., foliis paulo longior. Spatha membranacea, ovato-lanceolata, multiflora. Pedunculi inæquales. Corolla lutea. Limbus sexpartitus ; laciniis ovatis, sæpe acuminatis. Corona concolor, campanulata, nunc integerrima, nunc tenuissime crenulata, laciniis triplo brevior. Floret Hyeme.

HABITAT in pascuis humidis Algeriæ. ♃

NARCISSUS SEROTINUS. Tab. 82.

NARCISSUS spatha uniflora; nectario brevissimo, sexpartito. *Lin. Spec.* 417.

Narcissus albus autumnalis minimus. *C. B. Pin.* 51. — *T. Inst.* 355.

Narcissus serotinus sive autumnalis minimus. *Clus. Hist.* 162. *Ic.* — *Ger. Hist.* 131. *Ic.* — *Tabern. Ic.* 611.

Narcissus autumnalis parvus. *Lob. Ic.* 122. — *Dod. Pempt.* 228. *Ic.*

Narcissus quartus sive autumnalis. *J. B. Hist.* 2. *p.* 663. *Ic.*

Icones autorum variorum ex Clusio repetitæ plantam juniorem repræsentant.

BULBUS ovoideus, tunicatus. Folia plana, 2 millimetr. lata, 16—27. centimetr. longa, glabra, basi vaginis membranaceis involuta. Scapus tenuis, foliis paulo longior, uni aut multiflorus. Spatha membranacea, monophylla, concava, elongata. Pedicelli florum inæquales. Calyx nullus. Corolla tubulosa, alba; limbo sexpartito; laciniis lineari-lanceolatis, acutis. Corona brevissima. Bulbus junior florem unicum profert, laciniis ellipticis distinctum. Varietas præcedentis. Scapus bi tri aut multiflorus pro ætate aut natali solo.

HABITAT in arvis Algeriæ. ♃

PANCRATIUM.

CALYX spatha multiflora. Corolla tubulosa; limbo duplici; exteriore sexpartito; interiore breviore, filamentis staminum adhærente. Stamina extra tubum. Capsula infera, trilocularis, trivalvis, polysperma.

PANCRATIUM MARITIMUM.

PANCRATIUM foliis glaucis, lato-linearibus, obtusis; corollæ laciniis lanceolatis, acutis; staminibus nectario duodecimfido longioribus.

Narcissus maritimus. *C. B. Pin.* 54. — *T. Inst.* 357.

Hemerocallis valentina. *Clus. Hist.* 167. *Ic.*

Lilium marinum album. *Tabern. Ic.* 613.

Pancratium etc. *Lob. Ic.* 153. — *Ger. Hist.* 173. *Ic.*

Narcissus marinus. *Dod. Pempt.* 229. *Ic.*

Pancratium maritimum. *Cavanil. Ic.* 41. *t. 56. Exclus. Milleri Syn. Descriptio optima.*

HABITAT in arenis ad maris littora. ♃

BULBOCODIUM.

CALYX nullus. Corolla profunde sexpartita ; unguibus longissimis, angustis, apice staminiferis. Stylus trifidus. Capsula supera, trilocularis, trivalvis, polysperma.

BULBOCODIUM VERNUM.

BULBOCODIUM foliis lanceolatis. *Lin. Spec.* 422. — *Retz. Fàsc.* 2. *p.* 17. *t.* 1. *bona.* — *Villars. Delph.* 2. *p.* 245. *t.* 2. — *Lamarck. Illustr. t.* 230.
Colchicum vernum hispanicum. *C. B. Pin.* 69. — *T. Inst.* 350.

PLANTA acaulis, 5—10 centimetr. Bulbus ovatus, solidus, tunicis siccis, fuscis involutus, hinc sulco basim tubi corollæ includente exaratus. Folia tria aut quatuor, lanceolata, 4—7 millimetr. lata. Corolla rosea aut violacea, profunde sexpartita; laciniis apice lanceolatis, inferne unguiculatis; unguibus angustis, linearibus, longissimis, in tubum conniventibus, basi coalitis. Stamina 6. Filamenta brevia, subulata, unguium summitati inserta. Antheræ lineares, incumbentes. Stylus filiformis, trifidus. Germen obtuse trigonum, superum. Capsula acuminata, triangularis, trilocularis, trivalvis, polysperma. Hyeme floret.

HABITAT Algeriâ. ♃

APHYLLANTHES.

CALYX persistens, glumaceus, imbricatus. Corolla sexpartita; limbo patente. Stamina sex. Stylus unus. Stigmata tria. Capsula supera, trilocularis, trivalvis, polysperma.

APHYLLANTHES MONSPELIENSIS.

APHYLLANTHES. *Lin. Spec.* 422. — *Lamarck. Illustr. t.* 252.
Aphyllanthes Monspeliensium. *Lob. Adv.* 190. *Ic.* — *T. Inst.* 657. *t.* 430.
— *J. B. Hist.* 3. *p.* 335. *Ic.*
Caryophyllus cœruleus Monspeliensium. *C. B. Pin.* 209. — *Tabern. Ic.* 284.
— *Moris. s.* 5. *t.* 25. *f.* 12.

HABITAT in collibus arenosis. ♃

ALLIUM.

FLORES capitati aut umbellati, spathacei. Corolla sexpartita.
Capsula supera, trilocularis, trivalvis, polysperma.

∗ *Folia plana.*

ALLIUM PORRUM.

ALLIUM caule planifolio, umbellifero ; staminibus tricuspidatis ; radice
tunicata. *Lin. Spec.* 423.
Porrum commune capitatum. *C. B. Pin.* 72. — *T. Inst.* 382.
Porrum commune. *Matth. Com.* 417. *Ic.* — *Camer. Epit.* 321. *Ic.* — *Lob.*
Ic. 154. — *J. B. Hist.* 2. *p.* 551. *Ic.* — *Tabern. Ic.* 484. — *Ger. Hist.* 174.
Ic. — *Blakw. t.* 421.
Allium staminibus alterne trifidis ; foliis gramineis ; floribus sphærice con-
gestis ; radice tunicata, cauli circumnata. *Hall. All. n.* 7.
Allium radice ambeunte tunicata ; foliis gramineis ; spica sphærica ; stami-
nibus alterne trifidis. *Hall. Hist. n.* 1217.
Le Poireau. *Regnault. Bot. Ic.*

BULBUS tunicatus. Caulis 10—14 decimetr., teres, basi foliosus. Folia
carinata, 2 centimetr. lata, acuta, basi vaginantia. Spatha longissime
mucronata. Flores in capitulum rotundum congesti, numerosissimi.
Corollæ purpureæ. Staminum filamenta alterne trifida cum appendicibus
duobus lateralibus, filamentosis, contortis, corollâ longioribus.

COLITUR in hortis. ☉

ALLIUM SUBHIRSUTUM.

ALLIUM caule planifolio, umbellifero ; foliis inferioribus hirsutis ; staminibus subulatis. *Lin. Spec.* 424.

Allium angustifolium umbellatum, flore albo. *T. Inst.* 385.—*Schaw. Specim. n.* 20.

Moly angustifolium umbellatum. *C. B. Pin.* 75.

Moly. *Camer. Epit.* 498. *Ic.* —*Matth. Com.* 544. *Ic.*

Moly Dioscoridis. *Clus. Hist.* 192. *Ic.*—*Lob. Ic.* 160. —*Ger. Hist.* 183. *Ic.* —*Dodart. Icones.* —*J. B. Hist.* 2. *p.* 568. *Ic.*

Moly angustifolium. *Dod. Pempt.* 685. *Ic.*

Allium foliis radicalibus subhirsutis, caulinis glabris ; floribus umbellatis. *Hall. All. n.* 18.

SCAPUS erectus, teres, 2—4 decimetr. Folia basi canaliculata, ciliata, 6—12 millimetr. lata, 2—3 decimetr. longa. Spatha brevis, acuta, membranacea. Flores candidi, umbellati, non bulbiferi. Corollarum laciniæ ellipticæ, distinctæ, patentes ; tribus alternis minoribus. Filamenta staminum inferne latiora, compressa, alba, corollâ paulo breviora. Antheræ luteæ. Stylus acutus. Capsula subrotunda. Floret primo Vere.

HABITAT in arvis Algeriæ. ♃

ALLIUM MONSPESSULANUM.

ALLIUM scapo tereti, solido ; umbella fastigiata ; petalis linearibus ; foliis lanceolatis ; staminibus subulatis. *Gouan. Illustr.* 24. *t.* 16.

Moly latifolium. *H. Eyst. Æst.* 4. *p.* 11. *f.* 2.

FOLIA radicalia, canaliculata, procumbentia, glabra, subglauca, 3—6 decimetr. longa, 2—5 centimetr. lata. Scapus farctus, solidus, teres, lævis, longitudine foliorum, erectus, pennâ anserinâ vix crassior. Spatha brevis, obtusa, bivalvis. Flores umbellati, numerosi, non bulbiferi. Umbella densa, læviter convexa, regularis, 6—8 centimetr. lata. Petala distincta, linearia, patentia. Staminum filamenta simplicia. Germen subrotundum. Capsula matura fusca, hexagona ; angulis obtusis. Stylus primum staminibus brevior, deinde longior. Floret primo Vere.

HABITAT inter segetes. ♃

ALLIUM SATIVUM.

ALLIUM caule planifolio, bulbifero; bulbo composito; staminibus tricuspidatis. *Lin. Spec.* 425.

ALLIUM sativum. *C. B. Pin.* 73. — *T. Inst.* 383. — *Moris. s.* 4. *t.* 15. *f.* 9.

Allium domesticum. *Matth. Com.* 422. *Ic.*

Allium. *Camer. Epit.* 328. *Ic.* — *Dod. Pempt.* 682. *Ic.* — *Lob. Ic.* 158. — *Pauli. Dan. t.* 160. — *Ger. Hist.* 178. *Ic.*

Allium vulgare et sativum. *J. B. Hist.* 2. *p.* 554. *Ic.*

Allium staminibus alterne trifidis; foliis gramineis; capite bulbifero; radicibus in unum bulbum congruentibus. *Hall. All. n.* 1.

RADIX bulbifera. Bulbi oblongi, acuti, hinc convexi, glomerati, membranis pellucidis involuti. Caulis *3—6* decimetr. Folia integra, canaliculata. Flores umbellati, bulbiferi. Filamenta alterne dilatata, tricuspidata.

COLITUR in hortis. ♃

ALLIUM ROSEUM.

ALLIUM caule planifolio, umbellifero; pedicellis brevibus; petalis ovalibus; staminibus brevissimis; foliis linearibus. *Lin. Spec.* 432.

Allium sylvestre sive Moly minus, roseo amplo flore. *Magn. Bot.* 11. *t.* 10. — *Rudb. Elys.* 2. *p.* 166. *f.* 17. — *T. Inst.* 385.

BULBI subrotundi, aggregati. Tunicæ exteriores porosæ. Scapus *3—6* decimetr. Folia glabra, plana, *2—4* millimetr. lata, acuta, basim scapi involventia et eodem breviora. Spatha brevis, membranacea, multifida; laciniis acuminatis. Flores umbellati, rosei, non bulbiferi. Corollarum laciniæ ellipticæ, magnæ, obtusæ. Stamina corollâ duplo breviora, simplicia, basi latiora.

HABITAT in arvis Algeriæ. ♃

ALLIUM TRIQUETRUM.

ALLIUM scapo nudo; foliis triquetris; staminibus simplicibus. *Lin. Spec.* 431. — *Gouan. Illustr.* 24.

Allium caule triangulo. *T. Inst.* 385.

Moly parvum, caule triangulo. *C. B. Pin.* 75.

Allium pratense, folio gramineo, flore prorsus albo. *Rudb. Elys.* 2. *p.* 159. *f.* 16.

RADIX bulbosa. Bulbi tunicis albis involuti. Folia carinata, plana, basi triquetra, glabra, 7—11 millimetr. lata; nonnullis sæpe scapo longioribus. Scapus 3—6 decimetr., nudus, triangularis; angulis acutis. Spatha diphylla, membranacea, concava, ovata, acuta, decidua. Flores umbellati, non bulbiferi. Pedunculi inæquales, superne crassiores. Corolla alba, campanulata. Laciniæ ellipticæ, obtusæ, quandoque acutiusculæ, 9 — 11 millimetr. longæ, 2—4 latæ, lineolâ viridi bipartitæ. Staminum filamenta simplicia, corollâ duplo breviora. Antheræ flavæ. Stylus longitudine staminum. Stigmata 3, minima. Capsula subrotunda. Floret primo Vere.

HABITAT ad limites agrorum Algeriæ. ♃

ALLIUM MULTIFLORUM.

ALLIUM foliis carinatis; caule superne nudo; capite rotundo, non bulbifero; staminibus tricuspidatis.

BULBUS ovatus, tunicis albis, membranaceis obductus. Caulis inferne foliosus, 3—6 decimetr., erectus, læviter striatus. Folia carinata, acuta, glabra, caule breviora, 4—9 millimetr. lata. Flores numerosissimi, in capitulum rotundum, non bulbiferum, 3—8 centimetr. latum conferti. Spatha bivalvis, bicornis, basi concava, decidua. Pedicelli filiformes. Corolla A. sphærocephali Lin., violacea; laciniis acutis. Filamenta staminum alterne dilatata et tricuspidata; cuspidibus lateralibus filamentosis, corollâ longioribus. Differt ab A. sphærocephalo Lin. foliis carinatis.

HABITAT Algeriâ. ♃

ALLIUM CHAMÆ-MOLY.

ALLIUM scapo nudo, subnullo; capsulis cernuis; foliis planis, ciliatis. *Lin. Spec.* 433. — *Cavanil. Ic. n.* 228. *t.* 207. *f.* 1.

Allium humilius, folio gramineo. *T. Inst.* 385.

Moly humile, folio gramineo. *C. B. Pin.* 75. — *Rudb. Elys.* 2. *p.* 166. *f.* 5. — *Moris. s.* 4. *t.* 16. *f.* 6.

Chamæ-Moly an Moly Dioscoridis. *Col. Ecphr.* 1. *p.* 326. *Ic.*

BULBUS ovatus , tunicatus. Folia plana , lanceolata , villosa , acuta , 2—4 millimetr. lata , 5—8 centimetr. longa , procumbentia aut jacentia , vaginâ membranaceâ inferne involuta. Scapus tenuis , terrâ immersus , 2—5 centimetr. Flores umbellati. Spatha brevis , membranacea. Corolla alba , sexpartita ; laciniis lanceolatis , acutis. Stamina corollâ breviora. Filamenta tenuia. Capsula rotunda. Pedunculi reflexi. Hyeme floret.

HABITAT in agro Tunetano. ♃

* * *Folia teretia aut semiteretia.*

ALLIUM ODORATISSIMUM. Tab. 83.

ALLIUM bulbo tunicato , poroso; foliis lineari-subulatis , crassiusculis ; spatha brevi , subquadrifida ; floribus umbellatis , non bulbiferis.

BULBUS ovatus. Tunicæ exteriores siccæ , membranaceæ , multifidæ , poris innumeris pertusæ. Scapus glaber , nudus , 3—4 decimetr. longus. Folia subcarnosa , glabra , angusta , lineari - subulata , scapo breviora. Spatha membranacea, brevis, discedens in lacinias tres quatuor aut quinque , ovatas, acutas, flore breviores. Flores umbellati , albi. Corollarum laciniæ ellipticæ , obtusæ. Stamina dimidio breviora. Odor florum suavissimus. Floret Hyeme.

HABITAT in arenis deserti prope Cafsam et Tozzer. ♃

ALLIUM PANICULATUM.

ALLIUM caule subteretifolio , umbellifero ; pedunculis capillaribus , effusis ; staminibus simplicibus ; spatha longissima. *Lin. Spec.* 428.
Allium umbella non bulbifera , suave purpurea ; vagina bicorni ; foliis teretibus. *Hall. All. n.* 25. *t.* 2.

CAULIS 3 decimetr. Folia juncea , hinc compressa , inde convexa , striata. Vagina bivalvis , bicornis , longa , lineari-subulata , basi striata. Flores paniculato-corymbosi , umbelliferi, violacei ; centralibus erectis ; lateralibus pendulis. Filamenta basi latiora , longitudine corollæ aut vix longiora. Varietas videtur A. pallentis Lin. , differt colore violaceo.

HABITAT Algeriâ. ♃

I

ALLIUM PALLENS.

ALLIUM caule subteretifolio , umbellifero ; floribus pendulis , truncatis ; staminibus simplicibus, corollam æquantibus. *Lin. Spec.* 427. — *Gouan. Illustr.* 24.

Allium montanum bicorne , flore pallido odoro. *C. B. Pin.* 75. — *T. Inst.* 384.

Allium montanum 4 species. *Clus. Hist.* 194. *Ic.* — *Ger. Hist.* 188. *Ic.*

Gethioides sylvestre. *Col. Ecphr.* 2. *p.* 7. *Ic.*

Allium flore luteo sive pallido. *J. B. Hist.* 2. *p.* 561. *Ic.*

Allium foliis teretibus ; vagina bicorni ; umbella lutea, pendula. *Hall. All. n.* 24.

FOLIA striata, semicylindrica. Flores non bulbiferi , pallidi et vix rosei , penduli ; pedicellis .inæqualibus. Petala obtusa. Filamenta staminum simplicia , basi latiora. Spatha bicornis , longa , lineari-subulata , basi latior , vaginans , striata.

HABITAT in montibus Algeriæ. ♃

ALLIUM PARVIFLORUM.

ALLIUM caule inferne folioso ; foliis semiteretibus, subulatis ; spatha bicorni ; capite rotundo , non bulbifero ; filamentis simplicibus.

Allium caule subteretifolio·, umbellifero ; umbella globosa ; staminibus simplicibus, corolla longioribus ; spatha subulata. *Lin. Spec.* 427.

BULBUS ovatus, vaginis albis involutus. Caulis tenuis, erectus , 3—6 decimetr. , inferne foliosus. Folia subulata, 2 millimetr. lata, semiteretia, caule breviora , glabra. Spatha bicornis , bivalvis , apice subulata , basi latior , striata. Flores parvi , cinerei , nitidi , in capitulum rotundum , densum , non bulbiferum aggregati. Corollæ laciniæ ellipticæ , subulatæ , 4 millimetr. longæ , 2 latæ , lineolâ dorsali virescente bipartitæ. Stamina longitudine corollæ. Filamenta simplicia , basi latiora. Facies A. sphærocephali Lin. , differt colore florum griseo , nitido ; filamentis staminum simplicibus. Descriptio A. parviflori Lin. plantæ nostræ convenit.

HABITAT in montibus prope Mascar. ♃

ALLIUM SPHÆROCEPHALUM.

ALLIUM caule teretifolio , umbellifero ; foliis semiteretibus ; staminibus tricuspidatis , corolla longioribus. *Lin. Spec.* 426.

Allium montanum capite rotundo. *T. Inst.* 384. — *Rudb. Elys.* 1. *p.* 157. *f.* 7. — *Moris. s.* 4. *t.* 14. *f.* 4.

Allium seu Moly montanum 5. *Clus. Hist.* 195. *Ic.*

Allium sphærocephalum purpureum sylvestre. *J. B. Hist.* 2. *p.* 562. *Ic. mala.*

CAULIS teres , farctus , 3—6 decimetr. , inferne foliosus. Folia fistulosa , subulata , superne læviter compressa , subtus teretia. Spatha brevis. Flores parvi, violacei , numerosissimi, in capitulum rotundum, densum, non bulbiferum , sæpe 3 centimetr. congesti. Filamenta alterne latiora , tricuspidata.

HABITAT Algeriâ. ♃

ALLIUM CEPA.

ALLIUM scapo nudo , inferne ventricoso , longiore foliis teretibus. *Lin. Spec.* 431.

Cepa scapo ventricoso , foliis longiore ; radice depressa. *Lin. Hort. Cliff.* 136.

Cepa vulgaris. *C. B. Pin.* 71. —*T. Inst.* 382.

Cepa. *Trag.* 73. *Ic.* — *Fusch. Hist.* 430. *Ic.* — *Lob. Ic.* 150. —*Tabern. Ic.* 483. — *Ger. Hist.* 169. *Ic.* — *Camer. Epit.* 324. *Ic.*—*Matth. Com.* 419.

Cæpe sive Cepa rubra et alba rotunda ac longa. *J. B. Hist.* 2. *p.* 547. *Ic.*

Cepa rotunda. *Dod. Pempt.* 687. *Ic.*

Allium staminibus alterne trifidis ; caule ad terram ventricoso.*Hall.All.n.*12.

L Oignon. *Regnault. Bot. Ic.*

BULBUS maximus , tunicatus , depressus. Scapus erectus , fistulosus , 6—10 decimetr. , inferne inflatus. Folia cylindrica , fistulosa , subacuta , scapo breviora. Flores albi , clausi , in capitulum rotundum dense congesti. Spatha brevis , membranacea. Stamina corollâ longiora. Filamenta alterne tricuspidata. Variat tunicis albis et rubris ; bulbis oblongis ; scapo inferne non inflato.

COLITUR in hortis. ♃

LILIUM.

Corolla campanulata, sexpartita; laciniis sæpe reflexis, sulco longitudinali exaratis. Stigmata tria. Capsula supera, triangularis, trilocularis, trivalvis, polysperma. Valvulæ pilo cancellato connexæ. Linnæus.

LILIUM CANDIDUM.

Lilium corollis campanulatis, intus glabris. *Lin. Spec.* 433. — *Hall. Hist. n.* 1231. — *Lamarck. Illustr. t.* 246. *f.* 1.

Lilium album vulgare. *J. B. Hist.* 2. *p.* 685. *Ic.* — *T. Inst.* 369. *t.* 195 *et* 196. — *Vallet. Hort. Par. t.* 20.

Lilium album flore erecto et vulgare. *C. B. Pin.* 76. — *Moris. s.* 4. *t.* 21. *f.* 13. — *Blakw. t.* 11. — *Dodart. Icones.*

Lilium. *Matth. Com.* 600. *Ic.* — *Camer. Epit.* 570. *Ic.* — *Fusch. Hist.* 364. *Ic.*

Lilium candidum. *Dod. Pempt.* 197. *Ic.* — *Lob. Ic.* 163. — *H. Eyst. Vern.* 5. *p.* 9. *f.* 1.

Lilium album. *Trag.* 793. *Ic.* — *Tabern. Ic.* 638. — *Dalech. Hist.* 1492. *Ic.* — *Pauli. Dan. t.* 271. — *Ger. Hist.* 190. *Ic.*

Lilium flore albo. *Swert. t.* 45.

Le Lis. *Regnault. Bot. Ic.*

Bulbus ovatus, imbricatus squamis apice flavescentibus. Caulis simplex, teres, erectus, 8—10 centimetr. Folia numerosa, sparsa, glabra, lanceolata, integerrima, contorta, sessilia. Corollæ magnæ, albæ, læves, nitidæ, subcarnosæ, campanulatæ, nutantes, paniculatæ, terminales. Antheræ luteæ, magnæ, elongatæ.

Colitur in hortis. ♃

FRITILLARIA.

Corolla campanulata, sexpartita; laciniis omnibus aut tribus foveolâ nectariferâ basi excavatis. Capsula supera, trilocularis, trivalvis, polysperma.

FRITILLARIA MELEAGRIS.

FRITILLARIA caule subunifloro; foliis omnibus alternis. *Lin. Spec.* 436.
— *Jacq. Austr. App. t.* 32. — *Curtis. Lond. Ic.* — *Œd. Dan. t.* 972.
— *Lamarck. Illustr. t.* 245. *f.* 1.
Fritillaria præcox purpurea variegata. *C. B. Pin.* 64. — *T. Inst.* 377. *t.* 201.
— *Moris. s.* 4. *t.* 18. *f.* 1. — *Schaw. Specim. n.* 246. — *H. Eyst. Vern.* 3.
p. 7. *f.* 1.
Meleagris. *Dod. Pempt.* 233. *Ic.* — *Renealm. Spec.* 146. *Ic.* — *Pauli. Dan.*
t. 84. — *Dalech. Hist.* 1530. *Ic.*
Fritillaria. *Clus. Hist.* 152. *Ic.* — *Ger. Hist.* 149. *Ic.*
Fritillaria vulgaris purpureo colore. *Swert. t.* 7. — *Park. Par.* 40. *t.* 41.
Meleagris sive Fritillaria saturatior et dilutior. *J. B. Hist.* 2. *p.* 681. *Ic.*
Fritillaria caule paucifloro; foliis caulinis gramineis, alternis. *Hall. Hist.*
n. 1235.

CAULIS simplex, tenuis, erectus, 3 decimetr. Folia lanceolata, integerrima. Flores solitarii, rarius bini aut terni, terminales, nutantes. Corolla
campanulata, magna, maculis purpureis et albis, irregularibus variegata.
Laciniæ tres exteriores extus basi gibbæ, intus cavæ. Stylus apice trifidus.
Capsula oblonga, obtuse trigona. Flos colore variat, nunc pallidior,
nunc maculis rubris, aut flavis conspersus.

HABITAT in Atlante. ♃

TULIPA.

COROLLA campanulata, sexpartita. Stylus nullus. Stigmata tria.
Capsula supera, trilocularis, trivalvis, polysperma.

TULIPA GESNERIANA.

TULIPA flore erecto; foliis ovato-lanceolatis. *Lin. Spec.* 438.
Tulipa præcox purpurea et rubra. *C. B. Pin.* 57. — *T. Inst.* 373. — *Clus.*
Hist. 139. *Ic.* — *J. B. Hist.* 2. *p.* 667. *Ic.* — *Moris. s.* 4. *t.* 17. *f.* 1. —
H. Eyst. Vern. 4. *p.* 1. *et sequentes.*

COLITUR in hortis. ♃

TULIPA SYLVESTRIS.

TULIPA flore subnutante; foliis lanceolatis. *Lin. Spec.* 438. — *Œd. Dan. t.* 375. — *Hall. Hist. n.* 1236.

Tulipa minor lutea gallica. *C. B. Pin.* 63. — *T. Inst.* 376. — *Moris. s.* 4. *t.* 17. *f.* 9.

A. Tulipa minor lutea narbonensis. *J. B. Hist.* 2. *p.* 677. *Ic.*

Tulipa narbonensis. *Clus. Hist.* 151. *Ic.* — *Dod. Pempt.* 232. *Ic.*

Narbonensis Lilionarcissus luteus, etc. *Lob. Ic.* 124.

Tulipa minor Dodonæi. *Dalech. Hist.* 1529. *Ic.*

Tulipa bononiensis. *Ger. Hist.* 138. *Ic.*

Satyrion sive Tulipa pumilio. *Park. Theat.* 1342. *Ic.*

FOLIA lanceolata. Corolla intus flava; laciniis acutis; tribus exterioribus extus virescentibus, dimidio angustioribus. Filamenta staminum basi barbata. Radix vomitum movet. HALLER. Varietas A duplo triplove minor. Flores odoratissimi.

HABITAT in Atlante prope Mascar. ♄

ORNITHOGALUM.

COROLLA patens, sexpartita. Filamenta compressa; tribus alternis latioribus. Capsula supera, subtrigona, trilocularis, trivalvis, polysperma.

ORNITHOGALUM FIBROSUM. Tab. 84.

ORNITHOGALUM radicibus fibrosis, intertextis; foliis subquinis, radicalibus, subulatis, canaliculatis; scapo unifloro, brevissimo.

FACIES O. lutei Lin. Radices numerosissimæ, tenues, fibrosæ, tortuosæ, intertextæ, bulbum parvulum obtegentes. Folia quatuor aut quinque, radicalia, subulata, glabra, canaliculata, inæqualia, 10—16 centimetr. longa. Scapus brevis, 2—5 centimetr. longus, uniflorus. Corolla O. lutei Lin. intus flava, extus virescens; laciniis linearibus, acutis. Stamina corollâ dimidio breviora. Capsulam non vidi. Hyeme floret.

HABITAT in arenis prope Kerwan. ♃

ORNITHOGALUM PYRENAICUM.

ORNITHOGALUM racemo longissimo ; filamentis lanceolatis ; pedunculis floriferis patentibus , æqualibus ; fructiferis scapo approximatis. *Lin. Spec.* 440.—*Jacq. Austr.* 2. *t.* 103. — *Gouan. Illustr.* 26.

Ornithogalum angustifolium majus , floribus ex albo virescentibus. *C. B. Pin.* 70. — *T. Inst.* 379. — *Moris. s.* 4. *t.* 13. *f.* 5.

Ornithogalum majus. *Clus. Hist.* 187. *Ic.*

Hyacintho-Asphodelus , forte Galeni Asphodelus hyacinthinus et Asphodelus fœmina Dodonæi. *Lob. Ic.* 93.

Asphodelus bulbosus Galeni. *Dod. Pempt.* 209. *Ic.* —*J. B. Hist.* 2. *p.* 627. *Ic.* — *Ger. Hist.* 97. *Ic.*

Strachioides. *Renealm. Spec.* 90. *Ic.*

Phalangium longissime spicatum ; filamentis latis , lanceolatis. *Hall. Hist. n.* 1210.

BULBUS tunicatus. Folia quinque ad octo, mollia, angusta , glabra, canaliculata, procumbentia , cito arescentia. Scapus erectus, lævis, 6—10 decimetr. Flores numerosi , in racemum longum dispositi, axi ante anthesim adpressi, deinde patentes. Bracteæ subulatæ , pedicellis breviores. Corolla sexpartita ; laciniis ellipticis ; exterioribus luteo-virescentibus ; margine pallescente. Stamina flava , corollâ breviora. Filamenta compressa , alterne latiora. Capsula oblonga , obtuse trigona , axi admota.

HABITAT in agro Tunetano inter segetes. ♃

ORNITHOGALUM SESSILIFLORUM.

ORNITHOGALUM foliis canaliculatis , acutis ; floribus laxe spicatis , subsessilibus ; bracteis subulatis , florem æquantibus.

BULBUS ovatus , solidus , tunicatus. Folia glabra , canaliculata , 7—11 millimetr. lata , 2—3 decimetr. longa. Scapus erectus, 3 — 6 decimetr. Flores parvi , sessiles aut brevissime pedicellati , laxe spicati , erecti. Bracteæ subulatæ, membranaceæ, concavæ, longitudine florum. Corollarum laciniæ ellipticæ , obtusæ, margine albæ , dorso ferrugineæ. Filamenta staminum alternatim dilatata. Stylus unus. Stigma simplex. Floret primo Vere et Æstate.

HABITAT in Atlante prope Tlemsen. ♃

ORNITHOGALUM ARABICUM.

ORNITHOGALUM floribus corymbosis ; pedunculis scapo humilioribus ;
filamentis subemarginatis. *Lin. Spec.* 441.

Ornithogalum umbellatum maximum. *C. B. Pin.* 69. — *T. Inst.* 378. —
Schaw. Specim. n. 448.

Ornithogalum arabicum. *Clus. Hist.* 186. *Ic.* — *H. Eyst. Vern.* 5. *p.* 12. *f.* 1.

Ornithogalum majus. *Dod. Pempt.* 221. *Ic.* — *Ger. Hist.* 167. *Ic.*

Lilium alexandrinum Neotericorum. *Lob. Ic.* 149.

Melanophale. *Renealm. Spec.* 89. *t.* 90.

Lilium alexandrinum, sive Ornithogalum majus syriacum. *J. B. Hist.* 2.
p. 629. *Ic.*.

BULBUS tunicatus, albus. Folia fere Hyacinthi orientalis Lin., 16—22
centimetr. longa, 6—14 millimetr. lata, glabra. Scapus 3 decimetr., quandoque altior, lævis. Flores numerosi, corymbosi, singuli pedicellati ;
pedicellis 2—5 centimetr. longis. Bracteæ concavæ, lanceolatæ, acutæ,
membranaceæ, longitudine pedicellorum. Corolla magna, campanulata,
sexpartita ; laciniis ellipticis, concavis, obtusis. Filamenta staminum alba,
compressa, alterne latiora, corollâ duplo breviora. Capsula oblonga,
obtusa, triangularis, trivalvis. Semina nigra, angulosa. Species pulcherrima. Floret primo Vere.

HABITAT in agris cultis Algeriæ. ♃

ORNITHOGALUM UMBELLATUM.

ORNITHOGALUM floribus corymbosis ; pedunculis. scapo altioribus ; filamentis basi dilatatis. *Lin. Syst. veget.* 328. — *Jacq. Austr.* 4. *t.* 343.

Ornithogalum umbellatum medium angustifolium. *C. B. Pin.* 70. — *Schaw.
Specim.* 449.

Bulbus leucanthemus minor, etc. *Dod. Pempt.* 221. *Ic.*

Ornithogalon. *Lob. Ic.* 148. — *Ger. Hist.* 165. *Ic.*

Ornithogalum Dodonæi, seu Bulbus leucanthemus. *Dalech. Hist.* 1582. *Ic.*

Eliocarmos. *Renealm. Spec.* 87. *Ic.*

Ornithogalum vulgare et verius majus et minus. *J. B. Hist.* 2. *p.* 630. *Ic.*
— *Swert. t.* 57. *f.* 4.

Ornithogalum stipulis maximis ; petiolis lateralibus longissimis. *Hall. Hist.
n.* 1215.

BULBUS ovatus , solidus , basi sobolescens. Folia angusta , inde canaliculata , hinc convexa, striata ; nervo longitudinali albo. Scapus 16—22
centimetr. Flores corymbosi , pedicellati ; pedicellis inferioribus longioribus. Bracteæ totidem , magnæ , concavæ , lanceolato - subulatæ.
Corollarum laciniæ oblongæ , acutæ , intus lacteæ, extus parte mediâ virescentes. Filamenta alba, compressa, acuminata, alterne latiora. Stylus 1.
Stigmata 3. Capsula hexagona.

HABITAT in arvis Algeriæ. ♃

SCILLA.

COROLLA patens , sexpartita , Filamenta compressa , æqualiter
basi dilatata. Capsula supera, trilocularis, trivalvis, polysperma.

SCILLA MARITIMA.

SCILLA nudiflora ; bracteis refractis. *Lin. Spec.* 442.
Ornithogalum maritimum seu Scilla radice rubra. *T. Inst.* 381.
Scilla vulgaris radice rubra. *C. B. Pin.* 73.
Scilla rufa magna vulgaris. *J. B. Hist.* 2. *p.* 615. *Ic.*
Pancratium. *Clus. Hist.* 171. *Ic.* — *Dod. Pempt.* 691. *Ic.*—*Tabern. Ic.* 630.
   — *Ger. Hist.* 172. *Ic.*
Scilla major radice rubra. *Matth. Com.* 454. *Ic.*
Scilla rubentibus radicis tunicis. *Lob. Ic.* 152.
Scilla. *Fusch. Hist.* 782. *Ic.* — *Dalech. Hist.* 1576. *Ic.*
Scilla officinalis. *Blakw. t.* 591.
La Squille. *Regnault. Bot. Ic.*

A. Ornithogalum maritimum seu Scilla radice alba. *T. Inst.* 381.
Scilla radice alba. *C. B. Pin.* 73. — *H. Eyst. Vern.* 2. *p.* 3. *f.* 1.
Scillæ magnæ albæ. *J. B. Hist.* 2. *p.* 618.
Scilla hispanica. *Clus. Hist.* 151. *Ic.* — *Dod. Pempt.* 690. *Ic.* — *Ger. Hist.*
   171. *Ic.* — *Lob. Ic.* 151. — *Dalech. Hist.* 1576 *et* 1577. *Ic.* — *Matth.*
   Com. 453. *Ic.*

BULBUS ovatus , tunicatus, crassitie fere capitis humani. Folia magna ,,
ovato-oblonga, obtusa, integerrima, 8—11 centimetr. lata , 3—6 decimetr,

longa. Scapus teres, crassitie minimi digiti, erectus, 10 — 13 decimetr. Racemus florum densus , longitudine fere scapi. Flores singuli pedicellati ; pedicellis filiformibus , floribus duplo triplove longioribus. Bracteæ membranaceæ , subulatæ , erectæ. Corolla pallida, patens ; laciniis ellipticis. Stamina corollam adæquantia. Capsula triangularis. In Barbaria frequens. Floret Autumno. Folia profert Hyeme. Bulbus urinas potenter movet. Contritus et mixtus cum carne aut pane mures cito enecat.

HABITAT in arvis. ♃

SCILLA PERUVIANA.

SCILLA corymbo conferto, conico. *Lin. Spec.* 442.

Ornithogalum cœruleum lusitanicum latifolium. *T. Inst.* 381. — *Schaw. Specim. n.* 447.

Hyacinthus indicus bulbosus stellatus. *C. B. Pin.* 47.

Hyacinthus stellatus peruvianus. *Clus. Hist.* 173 *et* 182. *Ic.*

Hyacinthus stellatus peruvianus multiflorus , flore cœruleo. *Moris. s.* 4. *t.* 12. *f.* 19.

Hyacinthus peruvianus. *J. B. Hist.* 2. *p.* 585. *Ic.* — *Ger. Hist.* 109. *Ic.*

BULBUS ovatus, magnus, solidus, tunicatus. Folia jacentia aut decumbentia , in orbem expansa , margine ciliata , læviter undulata, 11 — 15 millimetr. lata, 11—27 centimetr. longa, basi canaliculata. Scapus foliis brevior. Flores cœrulei aut violacei , numerosissimi , conferti , corymbosi; corymbo maximo , convexo. Bracteæ membranaceæ , longæ , lanceolatæ , acutæ. Corollarum laciniæ ellipticæ, subacutæ , patentes , horizontales. Stamina concolora , corollâ breviora. Floret Hyeme. In hortis flores sæpe pallidi aut albi.

HABITAT in arvis. ♃

SCILLA LINGULATA. Tab. 85. F. 1.

SCILLA foliis lanceolatis , planis ; racemo florum denso , conico; bracteis subulatis, pedicellos æquantibus.

Scilla lingulata. *Poiret. Itin.* 2. *p.* 151.

BULBUS ovatus, tunicatus, solidus. Folia radicalia, quinque ad septem , glabra, lanceolata, acuta, plana, integerrima, 5—7 millimetr. lata , 5—8 centimetr. longa, vaginâ membranaceâ basi involuta. Scapus tenuis, erectus, 8—16 centimetr. Racemus florum densus, brevis, ovatus. Flores pedicellati; pedicellis filiformibus, florem æquantibus. Bracteæ subulatæ, membranaceæ, pedicello vix longiores. Corolla cœrulea, magnitudine S. italicæ Lin., sexpartita; laciniis ellipticis, obtusis. Filamenta inferne latiora. Germen subrotundum. Floret Hyeme.

HABITAT in arvis. ♃

SCILLA VILLOSA. Tab. 85. F. 2.

SCILLA foliis lanceolatis, planis, villosis; floribus corymbosis.

BULBUS ovatus, solidus, tunicatus. Folia lanceolata, villosa, integerrima, plana, in orbem jacentia, 4—9 millimetr. lata, 8—13 centimetr. longa, inæqualia, obtusa aut acuta. Scapus erectus, 5—10 centimetr. Flores corymbosi. Pedicelli filiformes; exteriores 18—27 millimetr. longi. Bracteæ lanceolatæ, acutæ, concavæ, membranaceæ, pedicellis nunc breviores, nunc longiores. Corolla cœrulea, magnitudine S. amœnæ Lin., sexpartita; laciniis ellipticis, obtusiusculis. Stamina 6, corollâ breviora. Filamenta complanata, inferne latiora. Stylus 1. Stigma 1. Germen subrotundum. Capsulam non vidi. Floret Hyeme.

HABITAT in arenis prope Kerwan. ♃

SCILLA OBTUSIFOLIA. Tab. 86.

SCILLA scapo laterali; foliis linguiformibus, undulatis; floribus racemosis, ebracteatis.
Scilla obtusifolia. *Poiret. Itin.* 2. *p.* 149.

BULBUS ovatus, solidus. Folia radicalia, glabra, linguiformia, undulata, integerrima, obtusa, quandoque mucronata, 12—27 millimetr. lata, 8—13 centimetr. longa. Scapi sæpe duo, laterales, graciles, teretes, simplices, erecti, 3—6 decimetr. Flores S. autumnalis Lin., purpurei, pedicellati; pedicellis filiformibus, flore triplo longioribus. Racemus 5—11 centimetr. Bracteæ nullæ. Corolla violacea, sexpartita; laciniis ellipticis. Stamina 6, longitudine corollæ. Stylus 1. Stigma 1. Capsula parva, brevis, obtuse trigona, trilocularis, trivalvis. Semina oblonga, nigra.

HABITAT prope La Calle. ♃

SCILLA PARVIFLORA. Tab. 87.

SCILLA foliis lineari-lanceolatis, acutis, glabris, scapo brevioribus; floribus racemosis, confertis; bracteis brevissimis.

Scilla numidica; foliis linearibus, planis; floribus racemosis; pedunculis flore longioribus. *Poiret. Itin.* 2. *p.* 150.

BULBUS ovatus, solidus. Tunicæ exteriores fuscæ, membranaceæ. Folia radicalia, quatuor ad sex, inæqualia, glabra, integerrima, lanceolata, crassiuscula, lævissime striata, acuta, 5—13 millimetr. lata, 11—16 centimetr. longa. Scapus tenuis, erectus, foliis sæpe duplo longior, simplicissimus. Flores S. autumnalis Lin., racemosi, conferti, pedicellati; pedicello flore duplo triplove longiore, filiformi, horizontali. Racemus primum conicus, deinde cylindraceus. Corolla violacea, sexpartita; laciniis ellipticis, obtusis. Stamina 6, longitudine corollæ; filamentis inferne latioribus. Antheræ cœrulescentes. Stylus 1, acutus. Stigma simplex. Bracteæ minimæ, deciduæ. Capsulam non vidi. Hyeme floret.

HABITAT in arvis Algeriæ. ♃

SCILLA UNDULATA. Tab. 88.

SCILLA foliis lanceolatis, undulatis; floribus laxe racemosis; bracteis brevissimis.

BULBUS ovatus, compactus, tunicatus; tunicis exterioribus membranaceis, secedentibus. Folia in orbem expansa, lanceolata, undulata, glabra, 11—13 millimetr. lata, 8—13 centimetr. longa. Scapus gracilis, simplex, erectus, 3—6 decimetr. Flores purpurei, laxe racemosi, pedicellati; pedicellis filiformibus. Bracteæ subulatæ, minimæ. Corolla campanulata, patens, pallide rosea, sexpartita; laciniis linearibus, obtusiusculis, parte mediâ intensius coloratis. Stamina 6, corollâ paulo breviora. Filamenta tenuia, æqualia. Antheræ luteæ. Stylus longitudine staminum. Stigma simplex. Capsula obtusa, triangularis, trivalvis, trilocularis, polysperma, scapo adpressa. Semina nigra, angulosa. Folia absolutâ florescentiâ prodeunt. Floret Autumno et ineunte Hyeme. Frequentissima circa Tunetum, Constantine, Algeriam, et aliis locis.

HABITAT in collibus incultis. ♃

SCILLA AUTUMNALIS.

SCILLA foliis filiformibus , linearibus ; floribus corymbosis ; pedunculis nudis , ascendentibus, longitudine floris. *Lin. Spec.* 443. — *Curtis. Lond. Ic.* — *Cavanil. Ic. n.* 300. *t.* 274. *f.* 2.

Ornithogalum autumnale minus , flore dilute purpureo. *T. Inst.* 381.

Hyacinthus stellaris autumnalis minor. *C. B. Pin.* 47.

Hyacinthus autumnalis minor. *Clus. Hist.* 185. *Ic.* — *Lob. Ic.* 102. — *Dod. Pempt.* 219. *Ic.*—*Dalech. Hist.* 1513. *Ic.*—*Ger. Hist.* 110. *Ic.*—*J.B. Hist.* 2. *p.* 574. *Ic.*—*Moris. s.* 4. *t.* 12. *f.* 18. — *H. Eyst. Autumn.* 3. *p.* 5. *f.* 2.

HABITAT Algeriâ. ♃

SCILLA ANTHERICOIDES.

SCILLA racemo longo ; bracteis subulatis ; pedicellis corolla brevioribus.

Scilla anthericoides. *Poiret. Itin.* 2. *p.* 150.

BULBUS ovatus , tunicatus , solidus. Scapus 6—10 decimetr. Flores laxe racemosi, pedicellati ; pedicellis filiformibus , corollâ paulo brevioribus. Bracteæ angustæ , subulatæ, pedicellos adæquantes, aut breviores. Corolla magnitudine fere Ornithogali pyrenaici Lin. Laciniæ ellipticæ , obtusæ, pallide luteæ. Floret Autumno et Hyeme.

HABITAT prope La Calle. ♃

ASPHODELUS.

COROLLA sexpartita ; laciniis ellipticis. Staminum filamenta basi unguiculata , conniventia , germen obtegentia. Capsula supera , rotunda , trilocularis , trivalvis , polysperma. Semina angulosa.

ASPHODELUS LUTEUS.

ASPHODELUS caule folioso ; foliis triquetris, striatis. *Lin. Spec.* 443.—*Jacq. Hort. t.* 77.

Asphodelus caule simplici , folioso ; foliis trigonis. *Lin. Hort. Cliff.* 127.

Asphodelus luteus flore et radice. *C. B. Pin.* 28. — *Theat.* 55o. *Ic.* — *T.*
Inst. 343. *t.* 178. *f. B.* — *Moris. s.* 4. *t.* 1. *f.* 6.
Asphodelus fœmina. *Camer. Epit.* 372. *Ic.* — *Matth. Com.* 451. *Ic.*
Asphodelus luteus. *J. B. Hist.* 2. *p.* 632. *Ic.*
Asphodelus verus luteus. *Blakw. t.* 233.
Asphodelus caule folioso; foliis angulatis, striatis; stipulis maximis. *Hall.*
Hist. n. 1206.

CAULIS 6—10 decimetr., simplex, erectus, crassitie digiti. Folia sparsa,
numerosissima, triquetra, subulata, striata, basi dilatata, utrinque membranacea, cauli adpressa. Flores longe racemosi, tres ad quinque ex eodem
pedunculo. Corolla lutea, sexpartita; laciniis ellipticis, obtusis; tribus
superioribus erectis; tribus inferioribus deflexis, distinctis. Stamina 6.
Filamenta sursum arcuata; tria inferiora longiora. Stylus arcuatus. Stigmata 3, obtusa. Capsula rotunda. Semina nigra, triquetra.

HABITAT in monte Zowan prope Tunetum. ♃

ASPHODELUS ACAULIS. Tab. 89.

ASPHODELUS caule nullo; foliis subulato-triquetris; pedicellis fructiferis
reflexis.

RADICES longæ, fusiformes, crassitie minimi digiti. Caulis nullus. Folia
numerosa, cæspitosa, glabra, subulato-triquetra, lævissime striata, 8—11
centimetr. longa, quandoque 3 decimetralia, basi dilatata et utrinque
membranacea. Flores centrales conferti, pedicellati. . Bracteæ membranaceæ, albæ, lanceolatæ, acutæ. Corolla pallide rosea, magnitudine A.
lutei Lin., sexpartita; laciniis ellipticis, obtusis, lineolâ mediâ intensius
coloratâ longitudinaliter bipartitis. Stamina 6, tria breviora. Filamenta
basi unguiculata, conniventia, germen obtegentia. Stylus staminibus
longior, filiformis. Stigmata 3, obtusa. Capsula subrotunda; pedicello ad
terram arcuato.

HABITAT in montibus Sbibæ. ♃

ASPHODELUS RAMOSUS.

ASPHODELUS caule nudo; foliis ensiformibus, carinatis, lævibus. *Lin. Spec.*
444. — *Murray. Com. Gott.* 7. *p.* 37. *t.* 7.

Asphodelus caule nudo ; foliis laxis. *Lin. Hort. Cliff.* 127.

Asphodelus albus ramosus mas. *C. B. Pin.* 28. — *Theat.* 539. *Ic.* — *T. Inst.* 343. *t.* 178. *f. A.*

Asphodelus 1. *Clus. Hist.* 196. *Ic.* — *Debry. Flor. t.* 22.

Asphodelus ramosus. *Lob. Ic.* 2. *p.* 260. — *Ger. Hist.* 93. *Ic.*

Asphodelus major flore albo ramosus. *J. B. Hist.* 2. *p.* 625. — *Moris. s.* 4. *t.* 1. *f.* 1. *mala.*

Asphodelus major albus ramosus. *Park. Theat.* 1218. *Ic.*

A. Asphodelus albus non ramosus. *C. B. Pin.* 28. — *T. Inst.* 343.

Asphodelus 11. *Clus. Hist.* 197. *Ic.*

RADICES numerosæ , tuberosæ. Scapus teres , lævis, crassitie digiti, superne ramosus , 6—10 decimetr. Folia radicalia, numerosa, cæspitosa , decumbentia , glauca, canaliculata , a basi ad apicem sensim decrescentia , acuta, 13—22 millimetr. lata, 3—6 decimetr. longa. Flores solitarii, pedicellati , in racemos longos, laxos dispositi. Bracteæ albæ, lanceolatæ, acutæ. Corolla alba , patens , regularis. Stigma simplex. Capsula rotunda. Semina triquetra. Planta nociva. Segetes obruit et suffocat. Pecora intactam relinquunt.

HABITAT in arvis cultis et incultis. ♃

ASPHODELUS FISTULOSUS.

ASPHODELUS caule nudo ; foliis strictis, subulatis, striatis, subfistulosis. *Lin. Spec.* 444. — *Cavanil. Ic. n.* 221. *t.* 202.

Asphodelus foliis fistulosis. *C. B. Pin.* 29. — *Theat.* 548. — *T. Inst.* 344. *Moris. s.* 4. *t.* 1. *f.* 5.

Asphodelus minor. *Clus. Hist.* 197. *Ic.* — *Dalech. Hist.* 1589. *Ic.*

Phalangium Cretæ. *Lob. Ic.* 48. — *Ger. Hist.* 48. *Ic.*

Asphodelus minor folio fistuloso. *J. B. Hist.* 2. *p.* 631. *Ic.*

RADIX fibrosa. Folia numerosa, subulata, fistulosa, striata, inde plana, hinc convexa, 3—6 decimetr. longa. Scapus ramosus, 3—6 decimetr. Flores laxe racemosi. Corolla alba aut pallide rosea, parva. Laciniæ ellipticæ, lineâ mediâ longitudinali rufescente. Filamenta staminum alba, clavata. Stylus 1. Stigmata 3. Capsula rotunda, duplo triplove minor quam in A. ramoso Lin. Semina triquetra, fusca.

HABITAT in arvis. ♃

ANTHERICUM.

CALYX nullus. Corolla sexpartita ; laciniis ellipticis. Staminum filamenta cylindrica, filiformia. Capsula supera, oblonga, triangularis, trivalvis, trilocularis, polysperma.

ANTHERICUM LILIAGO.

ANTHERICUM foliis planis ; scapo simplicissimo ; corollis planis ; pistillo declinato. *Lin. Spec.* 445. — *Jacq. Hort. t.* 83. — *Œd. Dan. t.* 616.

Phalangium parvo flore non ramosum. *C. B. Pin.* 29. — *Theat.* 555. *Ic.* — *T. Inst.* 368. — *Moris. s.* 4. *t.* 1. *f.* 10. — *Schaw. Specim. n.* 472.

Phalangium non ramosum. *Dod. Pempt.* 106. *Ic.* — *Lob. Ic.* 48. — *Ger. Hist.* 48. *Ic.* — *Park. Theat.* 419. *Ic.*

Phalangium pulchrius parvo flore non ramosum. *J. B. Hist.* 2. *p.* 635. *Ic.*

Phalangium radicibus teretibus ; foliis radicalibus carinatis, ensiformibus; petiolis unifloris. *Hall. Hist. n.* 1207.

FOLIA numerosa, cæspitosa, canaliculata, 4 millimetr. lata, 3—6 decimetr. longa. Scapus simplex, erectus, 3 decimetr. Flores laxe racemosi, pedicellati. Bracteæ albæ, lanceolatæ, acutæ. Corolla alba, patens. Filamenta filiformia. Stylus declinatus, arcuatus, staminibus longior. Stigma simplex. Capsula oblonga, obtuse trigona.

HABITAT in arvis incultis Algeriæ. ♃

ANTHERICUM BICOLOR. Tab. 90.

ANTHERICUM foliis planis ; caule ramoso ; floribus laxe paniculatis ; filamentis pubescentibus, apice appendiculatis.

RADICES longæ, fusiformes ; plures ex communi cæspite, crassitie pennam anserinam adæquantes. Folia radicalia numerosa, glabra, plana, basi canaliculata, 4—8 millimetr. lata, 3—4 decimetr. longa ; caulina pauca, simillima. Caulis erectus, sæpe decumbens, superne ramosus. Flores laxe paniculati, pedicellati ; pedicellis inæqualibus. Bracteæ minimæ, membranaceæ, deciduæ. Corolla 11—13 millimetr. lata ; laciniis patentibus, horizontalibus, ellipticis, obtusis, intus lacteis, extus suave purpureis.

Stamina 6. Filamenta alba, brevissime pubescentia, superne geniculata et attenuata. Antheræ flavæ. Stylus acutus, filiformis, longitudine staminum. Capsula subrotunda.

HABITAT in sepibus Algeriæ. ♃

ASPARAGUS.

CALYX nullus. Corolla sexpartita ; laciniis erectis vel revolutis. Stamina corollâ breviora. Bacca supera, rotunda , trilocularis, polysperma. Semina sphærica aut angulosa. Folia fasciculata; in A. sarmentoso Lin. solitaria.

ASPARAGUS ALBUS.

ASPARAGUS spinis retroflexis ; ramis flexuosis ; foliis fasciculatis, angulatis, muticis , deciduis. *Lin. Spec.* 449.
Asparagus aculeis solitariis ; ramis angulatis , flexuosis; foliis fasciculatis. *Lin. Syst. veget.* 333.
Asparagus aculeatus spinis horridus. *C. B. Pin.* 490. — *T. Inst.* 3oo. — *Moris. s.* 1. *t.* 1. *f.* 3.
Corruda 3. *Clus. Hist.* 2. *p.* 178. *Ic.* —*Lob. Ic.* 788.
Corruda hispanica altera. *Tabern. Ic.* 140.
Asparagus sylvestris 3. *Dod. Pempt.* 704. *Ic.*
Asparagus sylvestris spinosus Clusii. *Ger. Hist.* 1111. *Ic.*
Asparagus spinosus. *Park. Theat.* 455. *Ic.*

FRUTEX 6 decimetr. Caules ramosissimi , fruticosi. Rami tortuosi, patentes , sæpe reclinati, albi aut grisei. Spinæ solitariæ , validæ , horizontales. Folia glauca, numerosa, fasciculata , tenuia, angulosa , 13—22 millimetr. longa. Flores numerosissimi , glomerati, pedicellati, e spinarum basi prodeuntes. Corolla alba, sexpartita ; laciniis retroflexis, obovatis. Stamina longitudine corollæ. Filamenta basi laciniarum inserta. Antheræ croceæ. Floret Æstate. Flores odoratissimi. Turiones edules.

HABITAT in arvis. ♄

1

ASPARAGUS ACUTIFOLIUS.

ASPARAGUS caule inermi, fruticoso; foliis aciformibus, rigidulis, perennantibus, mucronatis, æqualibus. *Lin. Spec.* 449.

Asparagus foliis acutis. *C. B. Pin.* 490. — *T. Inst.* 300. — *Moris. s.* 1. *t.* 1. *f.* 1. *Mala.* — *Zanich. Ist. t.* 179.

Corruda 1. *Clus. Hist.* 2. *p.* 177. *Ic.* — *J. B. Hist.* 3. *p.* 726. *Ic.*

Asparagus sylvestris. *Camer. Epit.* 260. *Ic. bona.* — *Matth. Com.* 374. *Ic.*

Asparagus petræus, Corruda. *Tabern. Ic.* 139. — *Ger. Hist.* 1110. *Ic.*

FRUTEX 8—11 centimetr. Rami numerosi, longi, patentes, sæpe reclinati, inermes. Folia fasciculata, brevia, aciformia, rigidula, perennantia. Flores solitarii et aggregati, pedicellati. Corolla sexpartita; laciniis linearibus, reflexis. Bacca rotunda; matura cinerea. Flores odoratissimi. Turiones edules.

HABITAT in arvis. ♄

ASPARAGUS APHYLLUS.

ASPARAGUS aphyllus; spinis subulatis, striatis, inæqualibus, divergentibus. *Lin. Spec.* 450.

Asparagus aculeatus alter, tribus aut quatuor spinis ad eundem exortum. *C. B. Pin.* 490. — *T. Inst.* 300. — *Moris. s.* 1. *t.* 1. *f.* 2.

Asparagus sylvestris alter. *Dod. Pempt.* 704. *Ic.*

Corruda altera. *Clus. Hist.* 2. *p.* 178. *Ic.*

Corruda hispanica sive lusitanica. *Tabern. Ic.* 139.

Corrudæ varietas. *Lob. Ic.* 787.

Asparagus sylvestris aculeatus. *Ger. Hist.* 1111. *Ic.*

Asparagus petræus, sive Corruda aculeata. *Park. Theat.* 454. *Ic.*

FRUTEX aphyllus, 6 decimetr. Rami numerosissimi, divaricati, intertexti, tortuosi, virides. Spinæ concolores, tetragonæ, validæ, striatæ, divergentes, 3 centimetr. circiter longæ. Flores aggregati, pedicellati, e spinarum basi prodeuntes. Corolla sexpartita; laciniis ellipticis, patentibus. Stigmata 3. Bacca parva, rotunda; matura nigricans.

HABITAT in arvis et ad maris littora. ♄

ASPARAGUS HORRIDUS.

ASPARAGUS aphyllus, fruticosus, pentagonus; aculeis tetragonis, compressis, striatis. *Lin. Syst. veget. 333. — Cavanil. Ic. n.* 148. *t.* 136.
Asparagus hispanicus aculeis crassioribus horridus. *T. Inst.* 3oo.

DIFFERT a præcedenti spinis crassioribus, validioribus. An non varietas?

HABITAT in arvis. ♄

HYACINTHUS.

CALYX nullus. Corolla campanulata, sexfida aut sexpartita. Filamenta basi laciniarum adhærentia. Capsula supera, triangularis, trilocularis, trivalvis, polysperma.

HYACINTHUS ORIENTALIS.

HYACINTHUS corollis infundibuliformibus, semisexfidis, basi ventricosis. *Lin. Spec.* 454.
Hyacinthus orientalis albus. *C. B. Pin.* 44. — *T. Inst.* 345. — *Lob. Ic.* 1o5. — *J. B. Hist.* 2. *p.* 576. *Ic.* — *Ger. Hist.* 113. *Ic.*
Hyacinthus orientalis. *Clus. Hist.* 174 *et* 175. *Ic.* — *Matth. Com.* 743. *Ic.* — *Camer. Epit.* 8oo. *Ic.* — *Moris. s.* 4. *t.* 11. *f.* 1o. — *H. Eyst. Vern.* 2. *p.* 4. *f.* 1.

COLITUR in hortis. ♃

HYACINTHUS SEROTINUS.

HYACINTHUS petalis exterioribus subdistinctis; interioribus coadunatis. *Lin. Spec.* 453. — *Cavanil. Ic. n.* 28. *t.* 3o.
Hyacinthus obsoleto flore. *C. B. Pin.* 44. — *T. Inst.* 345.
Hyacinthus obsoleti coloris hispanicus serotinus. *Clus. Hist.* 177 *et* 178. *Ic.* — *Schaw. Specim. n.* 337.
Hyacinthus obsoleto flore hispanicus. *Ger. Hist.* 115. *Ic.*
Hyacinthus obsoletior hispanicus anglico similis. *J. B. Hist.* 2. *p.* 587. *Ic.*

FOLIA angusta , canaliculata ; nervo medio albo. Scapus 3 decimetr. Flores racemosi , secundi , inodori , nutantes , quasi ferruginei. Laciniæ 3 exteriores revolutæ. Capsula oblonga , triloba ; lobis cylindraceis.

HABITAT in Atlante. ♃

HYACINTHUS ROMANUS.

HYACINTHUS corollis campanulatis, semisexfidis , racemosis ; staminibus
    membranaceis. *Lin. Mant.* 224.
Hyacinthus comosus albus belgicus. *C. B. Pin.* 42.
Hyacinthus comosus albo flore. *Clus. Hist.* 180. *Ic.*
Hyacinthus comosus albus. *Lob. Ic.* 107.

FOLIA canaliculata , 11—18 millimetr. lata, 22—32 centimetr. longa, prostrata aut procumbentia. Scapus foliis paulo brevior. Flores racemosi , distincti ; racemo conico , 5—10 centimetr. Corolla cœrulescens, campanulata, 9—11 millimetr. longa. Limbus albidus, usque ad tertiam partem fissus ; laciniis obtusis. Pedicelli longitudine florum. Antheræ cœruleæ. Stigma acutum. Capsula triangularis. Hyeme floret.

HABITAT in arvis. ♃

M U S C A R I.

CALYX nullus. Corolla ovoidea , inflata , sexdentata. Capsula supera , triangularis , trivalvis , trilocularis , polysperma.

MUSCARI MARITIMUM.

MUSCARI foliis subulatis ; racemo tereti ; corollis cylindricis ; summis coloratis , sessilibus , abortivis.

BULBUS ovatus, tunicatus, solidus. Scapus 11 — 16 centimetr. Folia subulata , canaliculata. Flores conferti , pedicellati , horizontales , racemosi ; racemo superne attenuato. Corollæ fere H. comosi Lin., pallide virescentes , cylindricæ , apice subhexagonæ ; terminales amethistinæ , sessiles, steriles. Capsula triquetra ; angulis acutis.

HABITAT ad maris littora prope veterem Carthaginem. ♃

MUSCARI PARVIFLORUM.

MUSCARI foliis subulato-filiformibus ; racemo terminali, brevissimo ; floribus distinctis.

BULBUS ovatus, tunicatus. Folia subulata, canaliculata, 1 millimetr. lata, 12—15 centimetr. longa, glabra. Scapus fere filiformis, erectus, 13—16 centimetr. Flores racemosi, terminales, distincti, pedicellati ; pedicello brevissimo. Racemus 9—11 millimetr. longus. Corolla dilute cœrulea, globosa, minima, apice sensim latior, subhexagona, sexdentata. Capsula triquetra. Differt ab H. racemoso Lin., cui affinis ; foliis tenuioribus ; floribus longe rarioribus, distinctis ; corollis superne latioribus.

HABITAT ad maris littora prope Carthaginem eversam. ♃

MUSCARI COMOSUM.

HYACINTHUS comosus ; corollis angulato-cylindricis ; summis sterilibus, longius pedicellatis. *Lin. Spec.* 455. — *Jacq. Austr.* 2. *t.* 126.

Muscari arvense latifolium purpurascens. *T. Inst.* 347.

Hyacinthus comosus major purpureus. *C. B. Pin.* 42. — *Moris. s.* 4. *t.* 2. *f.* 1. — *Zanich. Ist. t.* 100.

Hyacinthus cœruleus. *Fusch. Hist.* 835. *Ic.*

Hyacinthus. *Camer. Epit.* 793. *Ic.*

Hyacinthus comosus spurius tertius. *Dod. Pempt.* 218. *Ic.* — *H. Eyst. Vern.* 2. *p.* 17. *f.* 1.

Hyacinthus Dioscoridis comosus major. *Lob. Ic.* 106.

Hyacinthus major. *Dalech. Hist.* 1512. *Ic.*

Hyacinthus comosus. *Ger. Hist.* 117. *Ic.*

Hyacinthus maximus botryoides, coma purpurea. *J. B. Hist.* 2. *p.* 574. *Ic.*

Hyacinthus spica longissima ; floribus supremis sterilibus, erectis ; inferioribus secundis, patulis. *Hall. Hist. n.* 1247.

SCAPUS 3—6 decimetr. Folia glauca, canaliculata, 7—12 millimetr. lata, 2—3 decimetr. longa. Racemus florum laxus, 2—3 decimetr. Rachis sulcata. Corollæ obovatæ, sexdentatæ, purpureo-cœruleæ, angulatæ, pedicellatæ, horizontales ; terminales steriles, erectæ, parvæ ; pedicellis amethistinis. Capsula triangularis ; angulis acutis.

HABITAT in arvis Algeriæ. ♃

ALOE.

CALYX nullus. Corolla tubulosa, sexfida. Filamenta staminum receptaculo vel basi corollæ inserta. Capsula supera, trivalvis, trilocularis, polysperma. Folia carnosa.

ALOE VULGARIS.

ALOE vera ; foliis spinosis, confertis, dentatis, vaginantibus, planis, maculatis. *Lin. Spec.* 458.
Aloe vulgaris. *C. B. Pin.* 286. — *T. Inst.* 366.
Aloe vera vulgaris. *Munting.* 20. *t.* 96.
Aloe vera. *Dodart. Icones.*

FOLIA elongata, mollia, carnosa, a basi ad apicem sensim attenuata, superne plana, subtus convexa, 8—11 centimetr. lata, 3 — 5 decimetr. longa, margine spinosa. Scapus ramosus, quandoque simplex, squamosus. Corolla flava, tubulosa.

HABITAT in regno Tunetano. ♄

AGAVE.

CALYX nullus. Corolla tubulosa, sexfida ; laciniis erectis. Stamina exserta. Capsula infera, trilocularis, trivalvis, polysperma.

AGAVE AMERICANA.

AGAVE foliis dentato-spinosis; scapo ramoso. *Lin. Spec.* 461.
Aloe folio in oblongum aculeum abeunte. *C. B. Pin.* 286. — *T. Inst.* 366.
Aloe ex america. *Dod. Pempt.* 359. *Ic.*
Aloe americana *Dodart. Icones.* — *H. Eyst. Autumn.* 4. *p.* 3. *f.* 1.

FOLIA glauca, 6—10 decimetr. longa, 16 — 30 centimetr. lata, basi angustiora, margine aculeata; aculeo terminali, validissimo. Scapus florifer arboreus, teres, 5—7 metr. ; diametro 8—11 centimetrali, squamis latis, sparsis , adpressis obducto , superne ramosissimo ; ramis patentibus. Flores flavi , sursum spectantes , secundi, numerosissimi. Corollæ sexpartitæ ; laciniis erectis, lanceolatis. Stamina exserta, duplo triplove longiora. Antheræ magnæ, arcuatæ , versatiles. Stylus longitudine staminum. Stigma crassum. Scapus citissime crescit. Æstate floret.

HABITAT Algeriâ. ♃

JUNCUS.

CALYX persistens , sexpartitus. Corolla nulla. Stylus unus. Stigmata tria. Capsula supera, uni aut trilocularis, trivalvis, polysperma. Caulis et folia graminea.

JUNCUS ACUTUS.

JUNCUS culmo subrotundo , mucronato ; panicula terminali ; involucro diphyllo , spinoso. *Lin. Spec.* 463.

Juncus acutus capitulis Sorghi. *C. B. Pin.* 11. — *Prodr.* 21. *Ic.* — *Theat.* 173. *Ic.* — *T. Inst.* 246. — *Moris. s.* 8. *t.* 10. *f.* 15. — *Scheu. Gram.* 338.

Juncus pungens seu Juncus acutus capitulis Sorghi. *J. B. Hist.* 2. *p.* 520. *Ic. mala.*

Juncus maritimus capitulis Sorghi. *Park. Theat.* 1193. *Ic.*

Juncus maritimus Sorghi panicula utriculata. *Barrel. t.* 203. *f.* 2.

FOLIA radicalia duo aut tria , rigida, teretia , lævissime striata , mucronata , pungentia , erecta, 3—9 decimetr. , basim culmi involventia ; vaginis inferne rufescentibus. Culmus teres , firmus et quasi lignosus, 3—6 decimetr. , enodis. Panicula terminalis , conferta , erecta, supra-decomposita , 3—8 centimetr. longa. Pedunculi inæquales , rigidi , subcompressi , angulosi. Vagina communis diphylla , inferne rufescens , spathacea , rigida , erecta ; foliis inæqualibus, apice subulatis , pungentibus ; altero paniculâ longiore aut breviore. Vaginulæ spathaceæ plures ; interiores minores , membranaceæ , mucronatæ. Pedunculi gradatim decompositi. Ramuli inæquales, breves, ex communi centro prodeuntes , basi stipati vaginulis rufescentibus ; duobus exterioribus majoribus , inæqualibus. Flores terminales, bini aut terni, aggregati, squamulis totidem parvis , mucronatis, concavis, rufis basi cincti. Calyx persistens, coriaceus, quinquepartitus, rufescens; laciniis ellipticis, 2 millimetr. longis; tribus interioribus alternis, paululum longioribus, obtusiusculis : tribus exterioribus sæpe mucronatis. Stamina 6. Stylus 1. Stigmata 3. Capsula calyce duplo longior, nitida, ovata, rufescens aut fusca, obtuse trigona, brevissime mucronata, trivalvis, trilocularis, polysperma. Semina parva, fusca, oblonga.

HABITAT in arenis ad maris littora. ♃

JUNCUS RIGIDUS.

JUNCUS culmo nudo, superne incurvo, pungente; panicula laterali, elongata; pedunculis compressis, nodosis; calyce mucronato.

CULMUS nudus, firmus, durus, 6 decimetr. et ultra, superne incurvus, mucronatus, pungens. Panicula lateralis, culmo brevior, coarctata, læviter inflexa, 11—16 centimetr. longa. Pedunculi inæquales; interiores breviores aut nulli, hinc compressi, rigidi, supra-decompositi, nodosi; nodulis rufescentibus aut fuscis, nitidis. Vaginæ plures ex singulo nodo prodeuntes, lanceolatæ, acutæ, adpressæ; duabus exterioribus majoribus. Pedicelli apice uni aut biflori. Calycis laciniæ lanceolatæ, mucronatæ. Nec capsulam nec folia observavi.

HABITAT in arenis ad maris littora. ♃

JUNCUS EFFUSUS.

JUNCUS culmo nudo, stricto; panicula laterali. *Lin. Spec.* 464. — *Leers.*
  Herb. 88. *t.* 13. *f.* 2.
Juncus lævis panicula sparsa major. *C. B. Pin.* 12. — *Theat.* 182. *Ic.* — *T.*
  Inst. 246. — *Moris. s.* 8. *t.* 10. *f.* 4. — *Park. Theat.* 1191. *Ic.* — *Scheu.*
  Gram. 341.
Juncus lævis panicula sparsa. *Lob. Ic.* 84.
Juncus lævis. *Dod. Pempt.* 605. *Ic.* — *Ger. Hist.* 35. *Ic.* — *Tabern. Ic.* 249.
Juncus caule nudo; foliis teretibus, strictis; panicula laterali, sparsa. *Hall.*
  Hist. n. 1311. *Variet. B.*

CULMI tenues, glauci, acuti, 3—6 decimetr., effusi. Panicula lateralis. Flores parvi. Capsulæ obtusæ.

HABITAT in paludibus. ♃

JUNCUS ARTICULATUS.

JUNCUS foliis nodoso-articulatis ; petalis obtusis. *Lin. Spec.* 465. *— Leers. Herb.* 89. *t.* 13. *f.* 6.

Juncus foliis articulosis, floribus umbellatis. *T. Inst.* 247.

Gramen junceum folio articulato aquaticum. *C. B. Pin.* 5. *—Prodr.* 12. *Ic.* —*Theat.* 76. *Ic.—Scheu. Gram.* 331.—*Gesner. ed. Schmied.* 10. *t.* 4. *n.* 12.

Gramen junceum aquaticum. *Park. Theat.* 1270. *Ic.*

Gramen junceum sylvaticum. *Ger. Hist.* 22. *Ic.*

Arundo minima. *Dalech. Hist.* 1001. *Ic.*

Juncus foliaceus capitulis triangulis. *J. B. Hist.* 2. *p.* 521. *Ic.*

Gramen junceum articulatum palustre humilius utriculis donatum. *Moris. s.* 8. *t.* 9. *f.* 2.

Juncus foliis compressis, articulatis ; panicula semel ramosa. *Hall. Hist. n.* 1322.

CULMUS compressus. Calycis laciniæ acutæ.

HABITAT in paludibus. ♃

JUNCUS MULTIFLORUS. Tab. 91.

JUNCUS culmo inferne nodoso, folioso ; foliis teretibus ; panicula terminali, elongata, erecta ; pedunculis inæqualibus, multifariam decompositis, fasciculatis.

CULMUS 6—9 decimetr., crassitie pennæ anserinæ, teres, simplex, firmus, striatus, inferne intersectus nodo uno aut altero, folium emittente cylindricum, apice attenuatum, striatum, 3—6 decimetr. Panicula sæpe 3 decimetr., coarctata, terminalis, interrupta. Vagina communis diphylla ; foliis adpressis, basi vaginantibus, rigidis, superne subulatis, inæqualibus. Pedunculi angulosi, striati, numerosi, multifariam decompositi ; gradatim ex communi centro emergentes, inæquales ; centrales brevissimi. Vaginulæ plerumque 2, inæquales, siccæ, acutæ, basim singuli pedunculi arcte involventes. Flores J. effusi Lin., parvi. Calycis laciniæ acutæ, æquales, persistentes. Capsula fusca, ovata, parva, nitida, brevissime acuminata, longitudine calycis.

HABITAT in paludibus. ♃

I

JUNCUS BUFONIUS.

JUNCUS culmo dichotomo ; foliis angulatis ; floribus solitariis, sessilibus. *Lin. Spec.* 466. — *Leers. Herb.* 90. *t.* 13. *f.* 8.

Juncus palustris humilior erectus. *T. Inst.* 246.

Gramen nemorosum calyculis paleaceis. *C. B. Pin.* 7. — *Theat.* 100. *Ic.* — *Scheu. Gram.* 327.

Holostium. *Matth. Com.* 687. *Ic.* — *Lob. Ic.* 18. — *J. B. Hist.* 2. *p.* 510. *Ic.*

Gramen junceum bufonium. *Tabern. Ic.* 225.

Gramen junceum. *Ger. Hist.* 4. *Ic.*

Gramen junceum vulgare, calyculis paleaceis, sive Holosteum. *Moris. s.* 8. *t.* 9. *f.* 14.

Gramen bufonium erectum angustifolium minus et majus. *Barrel. t.* 263 *et* 264.

Juncus caule brachiato ; foliis setaceis ; floribus solitariis ad ramos sessilibus. *Hall. Hist. n.* 1319.

PLANTA glabra. Radices fibrosæ. Culmi plures ex communi cæspite, filiformes, dichotomi, erecti, 11—27 centimetr. Folia angusta, subulata, basi vaginantia, hinc canaliculata. Flores sessiles aut subsessiles, solitarii in singula bifurcatione ; alii unilaterales, distincti, sæpe remoti in ramulis. Bracteæ nonnullæ, membranaceæ, albæ, basim calycis cingentes. Calyx persistens, pallidus, sexpartitus ; laciniis apice subulatis, margine membranaceis ; tribus exterioribus paululum longioribus. Capsula fusca, elongata, subtrigona, obtusa, nitida, calyce brevior, polysperma. Varietatem majorem observavi, distinctam floribus terminalibus approximatis ; solitariis, binis aut ternis ex ramorum dichotomia.

HABITAT in paludibus. ⊙

JUNCUS PILOSUS.

JUNCUS foliis planis, pilosis ; corymbo racemoso. *Lin. Spec.* 468. — *Leers. Herb.* 91. *t.* 13. *f.* 10.

Juncus latifolius nemorosus major. *T. Inst.* 246.

Gramen hirsutum latifolium majus. *C. B. Pin.* 7. — *Theat.* 101. *Ic.* — *Moris. s.* 8. *t.* 9. *f.* 1. — *Scheu. Gram.* 317.

Gramen hirsutum nemorosum. *Lob. Ic.* 16.

Gramen sylvaticum pilosum. *Tabern. Ic.* 227.

Gramen Luzulæ maximum. *J. B. Hist.* 2. *p.* 493. *Ic.*

Juncus foliis planis , hirsutis ; floribus umbellatis , solitariis , petiolatis , aristatis. *Hall. Hist. n.* 1325.

HABITAT in Atlante. ℔

JUNCUS FOLIOSUS. Tab. 92.

JUNCUS culmo nodoso , ramoso , folioso ; foliis canaliculatis ; panicula terminali , erecta ; laciniis calycinis aciformibus.

CULMUS 6 decimetr. , erectus , striatus , ramosus , rarius simplex , nodis intersectus. Folia glabra , lævia , subulata , canaliculata , mollia , basi vaginantia , culmum involventia. Panicula terminalis , erecta , decomposita. Pedunculi inæquales , filiformes , sæpe dichotomi , vaginulis lanceolatis , acutis basi stipati ; interiores breviores. Flores J. bufonii Lin. ; centrales sessiles aut brevius pedicellati ; terminales solitarii aut bini. Involucrum universale diphyllum ; foliis subulatis , innocuis , inæqualibus ; altero paniculam adæquante aut longiore ; altero breviore. Squamulæ 2 , ovatæ , membranaceæ ; calyci adpressæ. Calyx sexpartitus ; laciniis aciformibus. Capsulam non vidi.

HABITAT Algeriâ in paludibus.

FRANKENIA.

CALYX tubulosus , persistens , quinquepartitus. Petala quinque , unguiculata. Stylus unus. Stigmata duo aut tria. Capsula supera , unilocularis , trivalvis , polysperma.

FRANKENIA CORYMBOSA. Tab. 93.

FRANKENIA fruticosa ; foliis linearibus , pulverulentis , margine reflexis ; floribus corymbosis.

Alsine maritima hispanica fruticosa , foliis quasi vermiculatis. *T. Inst.* 244.
— *Vail. Herb.*

FRUTEX 2—3 decimetr., ramosissimus. Caulis teres, nodosus, procumbens aut erectus. Folia F. lævis Lin., perennantia, numerosa, opposita, linearia, internodiis longiora, margine subtus reflexa, pulverulenta. Fasciculi foliorum axillares. Flores corymbosi, terminales, conferti. Calyx foliolis tribus aut quatuor laxiusculis basi cinctus, persistens, gracilis, pentagonus, erectus, 4—7 millimetr. longus, profunde quinquepartitus ; laciniis linearibus, rigidis, in tubum conniventibus. Corolla pentapetala. Ungues angusti, lineares, longitudinc calycis. Limbus obovatus, subcrenatus, roseus. Stamina 6. Filamenta receptaculo inserta, approximata, subæqualia. Antheræ parvæ, subrotundæ, didymæ. Stylus filiformis. Stigmata 3. Capsula oblonga, acuta, supera, unilocularis, trivalvis, polysperma. Semina minima, fusca, affixa funiculis e parte media valvularum longitudinaliter erumpentibus.

HABITAT ad maris littora prope Arzeau. ♄

FRANKENIA PULVERULENTA.

FRANKENIA foliis obovatis, retusis, subtus pulveratis. *Lin. Spec.* 474. — *Lamarck. Illustr. t.* 262. *f. 3.*
Alsine maritima supina, foliis Chamæsyces. *T. Inst.* 244. —*Schaw. Spec. n.* 23.
Anthyllis valentina. *Clus. Hist.* 2. *p.* 186. *Ic.* —*Lob. Ic.* 421.
Anthyllis maritima Chamæsycæ similis. *C. B. Pin.* 282.
Anthyllis species quibusdam. *J. B. Hist. 3. p.* 373. *Ic.*
Franca maritima quadrifolia annua supina Chamæsyces folio et facie, flore ex albo purpurascente. *Mich. Gen.* 23.

A. Franca maritima quadrifolia annua purpurea supina Chamæsyces folio et facie. *Zan. Hist.* 115. *t.* 79. — *Mich. Gen.* 23.

CAULES plures herbacei, filiformes, dichotomi, prostrati, 11—16 centimetr. longi, ex eodem cæspite in orbem prodeuntes. Folia parva, opposita, obovata, integerrima, brevissime petiolata, punctis pulverulentis conspersa. Flores in dichotomia solitarii, sessiles, axillares et terminales.

HABITAT in arenis prope Kerwan. ☉

FRANKENIA THYMIFOLIA.

FRANKENIA fruticosa, erecta, ramosissima ; foliis cinereis, linearibus, confertis, brevissimis ; floribus axillaribus.

Polygonum fruticosum supinum ericoides cineritium Thymi folio hispanicum. *Barrel. t.* 714.

FRUTEX 8—16 centimetr., erectus, ramosissimus. Rami conferti, nodosi. Cortex trunci rimosus. Folia opposita , rigidula , cinerea , a. basi ad apicem sensim attenuata , obtusiuscula , 2 millimetr. longa , semiteretia , angusta , margine subtus reflexa , in junioribus ramis confertissima et quasi imbricata. Flores axillares , sessiles. Calyx oblongus, tenuis, pentagonus , quinquepartitus , persistens. Corollam nec capsulam observavi.

HABITAT in arenis deserti. ♄

FRANKENIA LÆVIS.

FRANKENIA foliis linearibus, basi ciliatis. *Lin. Spec.* 473. *Exclus. Barrel. Syn.* — *Lamarck. Illustr. t.* 262. *f.* 1.
Franca maritima supina saxatilis glauca ericoides sempervirens , flore purpureo. *Mich. Gen.* 23. *t.* 22. *f.* 1.
Alsine maritima supina , foliis quasi vermiculatis. *T. Inst.* 244.
Polygonum maritimum minus, foliolis Serpilli. *C. B. Pin.* 281.
Polygonum alterum pusillo vermiculato Serpilli folio. *Lob. Ic.* 422. — *Adv.* 180. *Ic.* — *Ger. Hist.* 567. *Ic.*
Erica supina maritima anglica. *Park. Theat.* 1680. *Ic.*
Cali seu Vermiculari marinæ non dissimilis planta. *J. B. Hist.* 3. *p.* 703. *Ic.*
Erica supina maritima anglica. *Rai. Synops.* 314.
Franca , etc. *Guettard. Acad.* 1742. *p.* 244. *t.* 9.

CAULES herbacei, ramosissimi , filiformes, prostrati vel procumbentes. Folia opposita , lineari-filiformia , margine subtus reflexa. Flores axillares , solitarii , sessiles et terminales. Stamina exserta.

HABITAT ad maris littora. ♃

FRANKENIA HIRSUTA.

FRANKENIA caulibus hirsutis ; floribus fasciculatis , terminalibus. *Lin. Spec.* 473. — *Lamarck. Illustr. t.* 262. *f.* 2.
Alsine cretica maritima supina , caule hirsuto , foliis quasi vermiculatis , flore candido. *T. Cor.* 45.
Polygonum creticum Thymi folio. *C. B. Prodr.* 131.

Franca maritima supina multiflora candida ; caulibus hirsutis , foliis quasi vermiculatis. *Mich. Gen.* 23. *t.* 22. *f.* 2.

CAULES herbacei, procumbentes , hirsuti , ramosi , sæpe dichotomi ; 11—22 centimetr. longi. Folia opposita , linearia , obtusa , patentia , margine subtus reflexa. Flores in dichotomia sessiles, solitarii ; alii in glomerulos congesti, terminales. Calyx persistens. Corolla pallide rosea aut alba.

HABITAT ad maris littora. ♃

DIGYNIA.

ORYZA.

CALYX exterior biglumis , uniflorus ; interior biglumis ; glumâ exteriore sulcatâ , aristatâ. Semen unum, superum.

ORYZA SATIVA.

ORYZA. *Lin. Spec.* 475. — *Miller. Illustr. Ic.* — *Lamarck. Illustr. t.* 264. Oryza. *Matth. Com.* 326. *Ic.* — *Camer. Epit.* 192. *Ic.* — *Dod. Pempt.* 509. *Ic.* — *Lob. Ic.* 38.—*Dalech. Hist.* 407. *Ic.*—*Ger. Hist.* 79. *Ic.* — *Tabern. Ic.* 277.—*C. B. Pin.* 24.—*Theat.* 479. *Ic.* — *J. B. Hist.* 2. *p.* 451. — *Moris. s.* 8. *t.* 7. *f.* 1. — *T. Inst.* 514. *t.* 296. — *Catesby. Carol.* 1. *p.* 14. *t.* 14. — *Schaw. Specim. n.* 458. — *Monti. Prodr.* 6.

COLITUR Algeriâ prope Habram. Terram immergunt incolæ , rivulos claudentes , et primo Vere in stagnantes aquas semina mittunt.

TRIGYNIA.

RUMEX.

CALYX persistens, sexpartitus ; laciniis tribus interioribus sæpe petaloideis, absolutâ florescentiâ crescentibus. Styli horizontales. Stigmata penicilliformia. Semen unum, superum, calyce tectum.

N^a. SPECIES aliæ hermaphroditæ, aliæ monoicæ, dioicæ aut polygamæ. In nonnullis styli 2.

RUMEX PULCHER.

RUMEX floribus hermaphroditis ; valvulis dentatis ; subunica granifera ; foliis radicalibus panduræformibus. *Lin. Spec.* 477.
Lapathum pulchrum bononiense sinuatum. *J. B. Hist.* 2. *p.* 988. *Ic.* — *T. Inst.* 504. — *Moris. s.* 5. *t.* 27. *f.* 13.
Lapathum foliis radicalibus utrinque emarginatis ; calycibus reticulatis, ciliatis, verrucosis. *Hall. Hist. n.* 1593.

CAULIS 3—6 decimetr., sulcatus. Rami numerosi, patentes, intertexti, sæpe reclinati. Folia inferiora panduræformia, nervosa nervis pubescentibus ; superiora lanceolata, nonnihil crispa. Flores nutantes, verticillati ; verticillis superioribus approximatis. Calycis laciniæ tres interiores ovatæ, obtusæ, inæqualiter denticulatæ, porosæ, glanduliferæ ; glandulâ unicâ duobus alteris majore.

HABITAT in arvis. ♃

RUMEX BUCEPHALOPHORUS.

RUMEX floribus hermaphroditis ; valvulis dentatis, nudis ; pedicellis planis, reflexis, incrassatis. *Lin. Spec.* 479. — *Cavanil. Ic.* 31. *t.* 41. *f.* 1.
Acetosa Ocymi folio neapolitana. *C. B. Pin.* 114. — *T. Inst.* 503. — *Col. Ecphr.* 1. *p.* 150. *Ic.* — *Schaw. Specim. n.* 7. — *Moris. s.* 5. *t.* 28. *f.* 14.

Acetosa annua italica. *Munting. Brit.* 189. *Ic.* — *Phyt. t.* 76.
Oxalis minor aculeata Candiæ. *J. B. Hist.* 2. *p.* 991. *Ic.*

CAULES sæpe plures ex communi cæspite, erecti, graciles, 13 — 22 centimetr., simplices. Folia glabra aut lævissime pubescentia, integerrima; inferiora, ovata, obtusa; superiora angusto-lanceolata aut linearia. Stipulæ tenuissimæ, albæ, acutæ, nitidæ, magnæ. Flores racemosi, conferti, nutantes. Pedicelli compressi, a basi ad apicem sensim incrassati. Valvulæ calycinæ tres interiores denticulatæ, eglandulosæ. Varietatem observavi distinctam caule 3 decimetr.; foliis ovatis, majoribus.

HABITAT in Atlante et in arvis. ☉

RUMEX ROSEUS.

RUMEX floribus hermaphroditis, distinctis; valvulæ alterius ala maxima, membranacea, declinata; foliis erosis. *Lin. Spec.* 480. *Eclus. Syn. Schaw.*

CAULIS ramosus, striatus, erectus, glaber. Folia cordata, obtusa, petiolata, carnosa, glauca, punctis lucidis conspersa, margine sæpe crispa et erosa. Stipulæ magnæ, membranaceæ, albæ, tenuissimæ. Flores nutantes, solitarii aut bini, paniculati. Pedicelli capillares. Valvulæ calycis interiores maximæ, cordatæ, obtusæ, conniventes, venis purpurascentibus variegatæ.

HABITAT in arvis. ☉

RUMEX TINGITANUS.

RUMEX floribus hermaphroditis, distinctis; valvulis cordatis, obtusis, integerrimis; foliis hastato-ovatis, erosis. *Lin. Spec.* 479.
Acetosa vesicaria perennis repens frutescens, folio deltoide sinuato. *Moris. s.* 5. *t.* 28. *f.* 8.
Acetosa ægyptia, roseo seminis involucro, folio lacero. *Schaw. Specim. n..*5. *Ic.*
Acetosa vesicaria tingitana perennis repens, foliis longis sinuatis. *Zan. Hist.* 9. *t.* 6.

CAULES ramosi, striati, procumbentes, 6—9 decimetr. Folia rigidula, hastata, basi truncata, margine inæqualiter erosa, sæpe panduræformia,

5—8 centimetr. longa, 3—4 lata. Petiolus folio dimidio brevior. Flores verticillati, nutantes ; verticillis confertis. Calycis laciniæ tres interiores maximæ, cordatæ, conniventes, venis purpureis reticulatæ.

HABITAT in arvis ad maris littora. ♃

RUMEX SCUTATUS.

RUMEX floribus hermaphroditis; foliis cordato-hastatis. *Lin. Spec.* 480.
Acetosa rotundifolia hortensis. *C. B. Pin.,* 114. — *T. Inst.* 5o3. — *Moris.*
    s. 5. *t.* 28. *f.* 9. — *Schaw. Specim. n.* 6.
Oxalis rotundifolia. *Dod. Pempt.* 649. *Ic.* — *Dodart. Icones.*
Oxalis rotunda. *Tabern. Ic.* 439. — *Dalech. Hist.* 605. *Ic.*
Oxalis sativa franca rotundifolia repens. *Lob. Ic.* 292.
Acetosa hortensis. *Pauli. Dan. t.* 154.
Oxalis franca seu romana. *Ger. Hist.* 397. *Ic.*
Oxalis folio rotundiore repens. *J. B. Hist.* 2. *p.* 991. *Ic.*
Acetosa romana rotundifolia. *Munting. Phyt. t.* 74. — *Brit.* 200. *Ic.*
Lapathum foliis sagittatis, cis mucronem latissimis ; ramis rectis, diver-
    gentibus. *Hall. Hist. n.* 1594.

PLANTA glabra, procumbens. Rami patentes. Folia glauca, carnosa, mollia, nunc cordata, nunc hastata, obtusa, integerrima. Petiolus folio longior. Flores subverticillati, nutantes, pedicellati ; pedicellis capillaribus. Calycis laciniæ interiores absolutâ florescentiâ subcordatæ, magnæ, conni-ventes, amœne roseæ.

HABITAT in arvis. ♃

RUMEX THYRSOIDES.

RUMEX caule simplici ; foliis hastatis ; panicula coarctata, thyrsoidea.

CAULIS simplex, erectus, striatus, 3—6 decimetr. Folia hastata, mar-gine crispa, undulata, sæpe dentata ; inferiora petiolata, obtusa ; media et superiora caulem amplectentia. Affinis R. Acetosæ Lin. ; differt pani-culâ erectâ, densâ, ramosissimâ, thyrsoideâ ; valvulis calycinis duplo ma-joribus, amœne roseis. An varietas ?

HABITAT in arvis incultis. ♃

1

TRIGLOCHIN.

CALYX persistens , sexpartitus. Corolla nulla. Stylus nullus. Stigmata tria aut sena. Capsula supera, tri aut sexlocularis, polysperma.

TRIGLOCHIN PALUSTRE.

TRIGLOCHIN capsulis trilocularibus , sublinearibus. *Lin. Spec.* 482.—*Œd. Dan. t.* 490.—*Lamarck. Illustr. t.* 270. *f.* 1.—*Leers. Herb.* 93. *t.* 12. *f.* 5. — *Act. Holm.* 1742. *p.* 147. *t.* 6. *f.* 1. 2. 3.—*Hall. Hist. n.* 1308.

Juncago palustris et vulgaris. *T. Inst.* 266. *t.* 142.

Gramen junceum spicatum seu Triglochin. *C. B. Pin.* 6. — *Theat.* 81. *Ic.* —*Tabern. Ic.* 224. — *Moris. s.* 8. *t.* 2. *f.* 18.

Calamagrostios. *Trag.* 679. *Ic.*

Calamagrostis 4. *Dalech. Hist.* 1006. *Ic.*

Gramen marinum spicatum. *Ger. Hist.* 20. *Ic.*—*Park. Theat.* 1279. *Ic.*

Gramen marinum spicatum alterum. *Lob. Ic.* 17.

Gramen Triglochin. *J. B. Hist.* 2. *p.* 508. *Ic.*

A. Juncago maritima perennis, bulbosa radice. *Mich. Gen.* 44.

Juncago maritima. *Barrel. t.* 271.

Hyacinthi parvi facie Gramen Triglochin. *J. B. Hist.* 2. *p.* 508. *Ic.*

HABITAT Algeriâ in pratis humidis. ♃

COLCHICUM.

COROLLA tubulosa ; limbo sexpartito. Styli tres , filiformes. Capsula supera , trilocularis, trivalvis polysperma.

COLCHICUM MONTANUM.

COLCHICUM foliis linearibus , patentissimis. *Lin. Spec.* 485.—*Allion. Pedem. n.* 434. *t.* 74. *f.* 2.

Colchicum montanum angustifolium. *C. B. Pin.* 68. — *T. Inst.* 350.

Colchicum montanum hispanicum. *Clus. Hist.* 200 *et* 201. *Ic.*—*Dalech. Hist.* 1572. *Ic.* — *Ger. Hist.* 159. *Ic.*

Colchicum semine prægnans. *Lob. Ic.* 145.
Colchicum montanum flore purpureo. *J. B. Hist.* 2. *p.* 656. *Ic.*
Colchicum flore cum foliis conjuncto; petalis linearibus. *Hall. Hist. n.* 1256.

BULBUS tunicatus, fuscus. Folia angusto-lanceolata, glabra, integerrima, canaliculata, 4—7 millimetr. lata, 5—10 centimetr. longa, jacentia aut decumbentia, basi vaginis membranaceis involuta. Flos unus ad quatuor. Corolla parva, rosea, foliis brevior. Tubus longus, filiformis. Limbus sexpartitus; laciniis ellipticis, obtusis. Stamina 6, corollâ breviora. Styli 3, filiformes. Capsulam non vidi. Floret Hyeme. Flores simul cum foliis prodeunt.

HABITAT in Atlante. ♃

POLYGYNIA.

ALISMA.

CALYX persistens, tripartitus. Corolla tripetala. Capsulæ plures, superæ, in orbem positæ.

ALISMA PLANTAGO.

ALISMA foliis ovatis, acutis; fructibus obtuse trigonis. *Lin. Spec.* 486.— *Œd. Dan. t.* 561. — *Miller. Illustr. Ic.* — *Curtis. Lond. Ic.* — *Lamarck. Illustr. t.* 272.
Ranunculus palustris Plantaginis folio ampliore. *T. Inst.* 292.
Plantago aquatica latifolia. *C. B. Pin.* 190.
Plantago aquatica. *Brunsf.* 1. *p.* 24. *Ic.* — *Fusch. Hist.* 42. *Ic.* — *Matth. Com.* 376. *Ic.* — *Camer. Epit.* 264. *Ic.* — *Trag.* 226. *Ic.* — *Dod. Pempt.* 606. *Ic.* — *Ger. Hist.* 417. *Ic.* — *Park. Theat.* 1245. *Ic.* — *J. B. Hist.* 3. *p.* 787. *Ic.*
Plantago palustris sive aquatica. *Tabern. Ic.* 734.
Damasonium foliis ellipticis, lanceolatis; capitulo rotunde triquetro. *Hall. Hist. n.* 1184.

FOLIA radicalia, longe petiolata, erecta, cordata, ovata aut lanceolata, glabra, nervosa ; nervis apice conniventibus. Petiolus semicylindricus. Flores paniculati ; paniculâ patulâ, maximâ, multifariam decompositâ. Rami verticillati, inæquales. Petala parva, pallide rosea. Capsulæ numerosæ, monospermæ.

HABITAT in aquis. ♃

ALISMA DAMASONIUM.

ALISMA foliis cordato-oblongis ; floribus hexagynis ; capsulis subulatis.
    Lin. Spec. 486. — *Curtis. Lond. Ic.*
Plantago aquatica stellata. *C. B. Pin.* 190.
Plantago aquatica minor altera. *Lob. Ic.* 301.
Damasonium stellatum. *Dalech. Hist.* 1058. *Ic.* — *J. B. Hist.* 3. *p.* 789.—
    T. Inst. 257. *t.* 132.
Plantago aquatica minor stellata. *Ger. Hist.* 417. *Ic.*—*Park. Theat.* 1245. *Ic.*

FOLIA lanceolata aut ovata. Capsulæ 6, acuminatæ, compressæ, in stellulam dispositæ, superne longitudinaliter dehiscentes, mono aut dispermæ.

HABITAT in arvis humidis Habræ apud Algerienses. ♃

CLASSIS VIII.

OCTANDRIA.

MONOGYNIA.

═══════════════════

LAWSONIA.

CALYX quadripartitus. Corolla tetrapetala. Stamina octo, per paria approximata. Capsula supera, rotunda, quadrilocularis, quadrivalvis, polysperma.

LAWSONIA INERMIS.

LAWSONIA ramis inermibus. *Lin. Spec.* 498.

Lawsonia inermis; foliis subsessilibus, ovatis, utrinque acutis. *Lin. Suppl.* 219. — *Miller. Dict. n.* 1 *et* 2. — *Hort. Kew.* 2. *p.* 9.

Cyprus vel Ligustrum. ægyptium. *Stap. Com.* 178. *Ic.*

Cyprus Henna Alcanna. *Rauwolf. Itin.* 60. *Ic.* — *Dalech. App.* 22. *Ic.*

Ligustrum ægyptiacum. *Alpin. Ægypt.* 23. *Ic.* — *Matth. Com.* 154. *Ic.* — *J. B. Hist.* 1. *p.* 541. *Ic.*

Ligustrum orientale sive Cyprus Dioscoridis et Plinii. *Park. Theat.* 1446. *Ic.*

Ligustri species 2. *Bontius. Javan.* 143. *Ic.*

Alcanna Arabum. *Bellon. Itin.* 35. — *Clus. Bellon. Obs.* 2. *p.* 135. *Ic.* — *Schaw. Specim. n.* 17.

Mail-Anschi. *Rheed. Malab.* 1. *p.* 73.. *t.* 40.

Cyprus. *Rumph. Amb.* 4. *p.* 42. *t.* 17.

Alhenna seu Henna. *Walth. Hort.* 3. *t.* 4.

Rhamnus malabaricus, Mail-Anschi dictus, e Maderaspatan. *Pluk. Alm.* 318. *t.* 220. *f.* 1.

LAWSONIA inermis et spinosa Lin. eadem species certo, quæ junior inermis, vetusta vero spinescit ramis induratis. Poutaletsje Hort. Malab. 4. t. 57. a Linnæo allata ad genus aliud pertinet; huic stamina quatuor et corolla monopetala.

FRUTEX Ligustrum similitudine referens, 2—4 metr., erectus, ramosissimus; ramis patentibus, oppositis; cortice griseo. Folia glabra, elliptica, opposita, integerrima, brevissime petiolata, utrinque attenuata, 9 — 11 millimetr. lata, 18—23 longa. Flores numerosi, paniculati, terminales. Calyx persistens, quadripartitus; laciniis ovatis. Corolla alba, tetrapetala; petalis alternis, patentibus. Stamina 8, corollâ duplo longiora, receptaculo inserta, per paria approximata. Stylus 1, acutus. Capsula rotunda, Pisi magnitudine, quadrilocularis, quadrivalvis, polysperma. Semina parva, rufescentia, angulosa. Floret Æstate. Loca humida et umbrosa amat. Flores odorem gravissimum late spargunt.

EST Cyprus antiquorum. Folia primo Vere colligunt Mauri, aeri libero exponunt et exsiccata conterunt. Maximi usûs sunt pro ornamento. Aquâ diluta et in cataplasmatis formam parata et apposita, quinque ad sex horarum intervallo, cutim colore croceo tingunt qui per duos circiter menses durat. Mulieres ultimas pedum et manuum phalanges eodem artificio fucant, nec abstinent nisi amissis morte maritis aut parentibus. Tinguntur infantes ab ortu usque ad nonum vel decimum ætatis annum. Color unguibus et cuti ita fortiter inhæret ut etiam in momiis antiquissimis non raro servetur. Dorsum, crines, crura æquorum inficiunt. Folia in plagis recentibus imponunt ut agglutinentur, in tumoribus ut resolvantur.

COLITUR Cyprus in hortis per totam Barbariam et præsertim circa urbes Moustagan et Moustaganin in regno Algeriensi. ♃

CHLORA.

CALYX octo ad duodecimpartitus. Corolla patens, octo ad duodecimpartita. Capsula supera, bivalvis, polysperma; valvis intus reflexis.

CHLORA PERFOLIATA.

CHLORA foliis perfoliatis. *Lin. Syst. veget.* 361.

Gentiana perfoliata; corollis octofidis; foliis perfoliatis. *Lin. Spec.* 335.

Centaurium luteum perfoliatum. *C. B. Pin.* 278. — *T. Inst.* 123. — *Moris. s.* 5. *t.* 26. *f.* 1. — *Zanich. Ist. t.* 20. — *Schaw. Specim. n.* 127.

Centaurium luteum. *Camer. Epit.* 427. *Ic.* — *Matth. Com.* 489. *Ic.*

Chlora. *Renealm. Spec.* 76. *Ic.*

Centaurium floribus luteis sive citreis pallidis Mesuæi. *Lob. Ic.* 401. *f. ultima minor.*

Perfoliatum Centaurium luteum. *J. B. Hist.* 3. *p.* 355. *Ic.*

Centaurium minus perfoliatum luteum. *Barrel. t.* 515 *et* 516.

Gentiana foliis radicalibus ovatis; caulinis triangularibus, perfoliatis; floribus octofidis. *Hall. Hist. n.* 649.

VARIETAS europææ, diversa corollis duplo majoribus, novem aut decempartitis, staminibus totidem, aliunde simillima.

HABITAT ad rivulos prope Mascar. ☉

VACCINIUM.

CALYX superus. Corolla campanulata, quadrifida. Stamina octo. Antheræ bicornes. Bacca globosa, infera, umbilicata, quadrilocularis, polysperma.

VACCINIUM MYRTILLUS.

VACCINIUM pedunculis unifloris; foliis serratis, ovatis, deciduis; caule angulato. *Lin. Spec.* 498. — *Gærtner.* 1. *p.* 142. *t.* 28. *f.* 7.

Vitis idæa foliis oblongis crenatis, fructu nigricante. *C. B. Pin.* 470. — *T. Inst.* 608. — *Duham. Arbr.* 2. *p.* 364. *t.* 107.

Myrtillus. *Camer. Epit.* 135. — *Matth. Com.* 196. *Ic.* — *Pauli. Dan. t.* 298.

Vitis idæa sive Myrtillus 1. *Tabern. Ic.* 1078.

Vaccinia nigra. *Dod. Pempt.* 768. *Ic.* — *Lob. Ic.* 2. *p.* 109. — *Ger. Hist.* 1415. *Ic.* — *Park. Theat.* 1456. *Ic.*

Vitis idæa angulosa. *J. B. Hist.* 1. *p.* 520. *Exclus. Ic.*
Myrtillus germanica. *Dalech. Hist.* 192. *Ic.*
Vaccinia. *Blakw. t.* 463.
L'Airelle ou Myrtile. *Regnault. Bot. Suppl. Ic.*
Vaccinium foliis rugosis, ovato-lanceolatis, serratis; caule anguloso. *Hall. Hist. n.* 1020.

HABITAT in Atlante prope Belide Algeriæ. ♄

E R I C A.

CALYX quadrifidus. Corolla globosa aut tubulosa, quadridentata. Antheræ bicolles. Capsula supera, quadrilocularis, quadrivalvis, polysperma.

ERICA ARBOREA.

ERICA antheris bicornibus, inclusis; corollis campanulatis, longioribus; foliis quaternis, patentissimis; caule subarboreo, tomentoso. *Lin. Spec.* 502.
Erica maxima alba. *C. B. Pin.* 485. — *T. Inst.* 602.
Erica Coris folio 1. *Clus. Hist.* 41. *Ic.*
Erica foliis Corios, flore albo. *J. B. Hist.* 1. *p.* 355. *Exclus. Ic.*
Erica major flore albo. *Lob. Ic.* 214.
Erica Clusii 1. *Tabern. Ic.* 1114.
Erica vulgaris hirsutior. *Park. Theat.* 1480. *Ic.* — *Ger. Hist.* 1380. *Ic.* 2.
Erica ramis erectis, tomentosis; foliis perangustis, erectis, confertis, flores superantibus. *Hall. Hist. n.* 1014.

CAULIS arboreus, ramosissimus, 4 — 5 metr. Ramuli approximati; juniores pubescentes. Folia ternata, linearia, margine reflexa. Flores numerosissimi, parvi, nutantes, pedicellati. Squamulæ minimæ, imbricatæ ad basim singuli pedicelli. Corolla parva, globoso-campanulata, alba. Limbus quadridentatus; dentibus ovatis. Calyx quadripartitus, minutus; laciniis ovoideis. Stamina corollâ breviora. Stylus exsertus. Stigma capitatum. Flores late odorem suavissimum spargunt.

HABITAT ad radices Atlantis et in collibus incultis Algeriæ. ♄

ERICA VAGANS.

ERICA antheris muticis , exsertis ; corollis campanulatis , solitariis ; foliis quaternis , patulis. *Lin. Mant.* 230.

CAULIS erectus , 6—12 decimetr. , scabriusculus, ramosus. Folia densa , linearia, obtusiuscula, patentia , nitida , quaterna aut quina , verticillata , superne canaliculata , subtus convexa. Flores numerosissimi , racemosi aut capitati , unilaterales , nutantes , pedicellati ; pedicellis filiformibus. Calyx coloratus , quadripartitus, parvus ; laciniis ovato-oblongis. Corolla teres , rosea , quadridentata. Antheræ ecaudatæ , subfuscæ , bipartitæ , exsertæ. Stylus corollâ longior.

HABITAT in collibus incultis. ♄

DAPHNE.

CALYX tubulosus , coloratus ; limbo quadrifido. Corolla nulla , nisi calycem velis. Stamina intra tubum. Filamenta brevissima. Stylus unus. Stigma simplex. Bacca supera, monosperma. Folia sparsa. Caulis fruticosus.

DAPHNE GNIDIUM.

DAPHNE panicula terminali ; foliis lineari-lanceolatis , acuminatis. *Lin. Spec.* 511.
Thymelæa foliis Lini. *C. B. Pin.* 463.—*T. Inst.* 594.—*Schaw. Specim. n.* 586.
Thymelæa monspeliaca. *J. B. Hist.* 1. *p.* 591. *Ic.*
Thymelæa. *Clus. Hist.* 87. *Ic.* — *Camer. Epit.* 974. *Ic.*—*Dalech. Hist.* 1667.
   Ic — *Ger. Hist.* 1403. *Ic.* — *Park. Theat.* 201. *Ic.*—*Dod. Pempt.* 364. *Ic.*
Thymelæa Grana Gnidii. *Lob. Ic.* 369.
Thymelæa 2. *Tabern. Ic.* 1077.

FRUTEX 9 — 15 decimetr. , erectus, ramosus. Folia sparsa, lineari-lanceolata , mucronata , patentia , integerrima. Flores albi , paniculati , conferti , terminales , odorati. Baccæ rubræ.

HABITAT in monte Zowan. ♄

1   42

STELLERA.

CALYX quadrifidus, persistens. Corolla nulla. Stamina brevissima. Semen unum, superum, nudum, rostratum, calyce tectum.

STELLERA PASSERINA.

STELLERA foliis linearibus; floribus quadrifidis. *Lin. Spec.* 512. — *Jacq. Icones.* — *Hall. Hist. n.* 1028.
Thymelæa Linariæ folio vulgaris. *T. Inst.* 594.
Lithospermum Linariæ folio germanicum. *C. B. Pin.* 259.
Passerina. *Trag.* 535. *Ic.* — *J. B. Hist. 3. p.* 456. *Ic.* — *Gesner. Ic. Lign. t.* 12. *f.* 108.
Linaria altera botryoides montana. *Col. Ecphr.* 1. *p.* 82. *Ic.*
Lithospermum annuum spicatum, Linariæ folio. *Moris. s.* 11. *t.* 31. *f.* 9.

CAULES erecti, graciles, 3 decimetr., nunc simplices, nunc ramosi; ramulis fere filiformibus, virgatis. Folia alterna, sparsa, sessilia, linearia seu lineari-lanceolata, acuta, glabra, integerrima, 2 millimetr. lata, 11—13 longa. Flores parvi, sessiles, conoidei, axillares, solitarii vel aggregati, pallide flavescentes. Semen pyriforme, minimum.

HABITAT in collibus incultis prope Tlemsen. ⊙

PASSERINA.

CALYX quadrifidus, persistens, coloratus. Corolla nulla. Stamina intra tubum. Capsula supera, non dehiscens, monosperma.

Nᵃ. FLORES dioici, monoici, polygami, aut hermaphroditi.

PASSERINA HIRSUTA.

PASSERINA foliis carnosis, extus glabris; caulibus tomentosis. *Lin. Spec.* 513. *Exclus. Breynii Syn.*
Thymelæa tomentosa, foliis Sedi minoris. *C. B. Pin.* 463. — *T. Inst.* 595. — *Schaw. Specim. n.* 587.

Sanamunda 3. *Clus. Hist.* 89. *Ic.* — *Park. Theat.* 202. *Ic.* — *Ger. Hist.* 1596. *Ic.*

Erica alexandrina Italorum etc. *Lob. Ic.* 2. *p.* 217. — *Tabern. Ic.* 1112.

Sesamoides parvum Dalechampii , Sanamunda 3 Clusii. *J. B. Hist.* 1. *p.* 595. *Ic.*

FRUTEX 3—6 decimetr. , ramosissimus. Rami dense conferti , tomentosi , canescentes , teretes. Folia parva , alterna , sparsa , conferta , in junioribus ramis imbricata, sesssilia, crassiuscula, ovata seu ovato-oblonga, obtusiuscula , perennantia ; subtus convexa , glabra ; superne tomentosa ; margine revoluto. Flores parvi , terminales , aggregati , sessiles. Calyx tubulosus , quadrifidus ; intus pallide flavus; extus tomentosus , candidus; laciniis ovoideis, patentibus. Filamenta staminum brevissima. Cortex tenax difficillime frangitur , funibus perficiendis idoneus. Flores hermaphroditi , monoici aut dioici. Hyeme floret.

HABITAT in arenis. ♄

PASSERINA NITIDA. Tab. 94.

PASSERINA foliis confertis , enerviis , linearibus , obtusiusculis , sericeis ; floribus axillaribus, glomeratis , sessilibus.

Daphne nitida ; floribus lateralibus , aggregatis , sessilibus , basi nudis ; foliis lineari-oblongis , sericeis , enerviis. *Vahl. Symb.* 3. *p.* 53.

FRUTEX 3—9 decimetr. aut brevior, pro natali solo , erectus, ramosissimus , Daphnes dioicæ Gouan. similitudinem referens. Folia numerosa, conferta, linearia, obtusiuscula , inferne sensim attenuata, integerrima , canescentia , nitida , sericea villis adpressis, 1 millimetr. lata, 9—11 longa. Flores solitarii aut aggregati , numerosi , sessiles , axillares. Calyx pallide flavus, tenuis , tubulosus , persistens , extus sericeus , basi inflatus , quadridentatus ; dentibus ovatis, acutis. Stamina 8 , intra tubum. Filamenta brevissima. Stylus 1. Stigma 1. Semen 1 , parvum , pyriforme , membranulâ involutum.

HABITAT in montibus incultis, circa Tunetum, Mascar, et aliis locis. ♄

PASSERINA VIRGATA. Tab. 95.

PASSERINA ramis virgatis , villoso-tomentosis ; foliis lanceolatis , villosis , obtusis; floribus axillaribus , aggregatis , sessilibus.

FRUTEX 3—6 decimetr., erectus, inferne ramosus. Rami virgati, teretes, erecti, villoso-tomentosi, incani. Folia alterna, sparsa, sessilia, lanceolata, obtusa, integerrima, 5 millimetr. lata, 13 — 22 longa; inferiora glabra; media et superiora villosa. Flores axillares, glomerati, sessiles. Calyx persistens, parvus, tenuis, tubulosus, extus sericeus et canescens, intus pallide flavus, quadridentatus; dentibus parvis, ovoideis. Stamina inclusa. Filamenta brevissima. Stylus 1. Stigma 1. Fructum non vidi. Cortex firmus ut in congeneribus. Varietatem e Maroco misit Cl. Broussonet distinctam foliis mediis et inferioribus glaberrimis.

HABITAT in arvis incultis prope Tlemsen. ♄

TRIGYNIA.

POLYGONUM.

CALYX coloratus, quinquepartitus. Corolla nulla. Stamina quinque ad octo. Styli duo aut tres. Semen unicum, superum, nudum, angulosum.

POLYGONUM MARITIMUM.

POLYGONUM floribus octandris, trigynis, axillaribus; foliis ovali-lanceolatis, sempervirentibus; caule suffrutescente. *Lin. Spec.* 519.

Polygonum maritimum latifolium. *C. B. Pin.* 281. — *T. Inst.* 510.—*Schaw. Specim. n.* 490.—*Zanich. Ist. t.* 229.—*Moris. s.* 5. *t.* 29. *f.* 3.—*Lob. Ic.* 419.—*Matth. Com.* 677. *Ic.*

Polygonum marinum. *Camer. Epit.* 691. *Ic.*—*J. B. Hist.* 3. *p.* 376. *Ic. bona.*

Polygonum marinum majus. *Park. Theat.* 444. *Ic.*

CAULES prostrati, ramosi, nodosi. Folia glauca, subcarnosa, coriacea, elliptica, integerrima, 7 — 9 millimetr. lata, 13 — 18 longa; margine subtus reflexo. Stipulæ membranaceæ, albæ, vrginantes. Flores axillares, tres ad quinque ex eodem nodo. Calyx quinquepartitus; laciniis ellipticis, margine albo cinctis, medio virescentibus. Stamina 8, calyce breviora. Styli 3.

HABITAT in arenis ad maris littora. ♃

POLYGONUM AVICULARE.

POLYGONUM floribus octandris, trigynis, axillaribus; foliis lanceolatis; caule procumbente, herbaceo. *Lin. Spec.* 519. — *Œd. Dan. t.* 803. — *Curtis. Lond. Ic.*

Polygonum latifolium. *C. B. Pin.* 281. — *T. Inst.* 510. — *Moris. s.* 5. *t.* 29. *f.* 1.

Polygonum sive Centinodia. *J. B. Hist.* 3. *p.* 374. *Ic.*

Polygonum mas. *Fusch. Hist.* 614. *Ic.* — *Dod. Pempt.* 113. *Ic.* — *Lob. Ic.* 419. — *Camer. Epit.* 638. *Ic.* — *Matth. Com.* 676. *Ic.* — *Park. Theat.* 443. *Ic.* — *Ger. Hist.* 565. *Ic.*

Polygonum masculum. *Trag.* 391. *Ic.*

Polygonum majus. *Tabern. Ic.* 832 *et* 833.

Polygonon. *Pauli. Dan. t.* 322.

Polygonum. *Blakw. t.* 315.

Polygonum procumbens; foliis linearibus, acutis; floribus solitariis. *Hall. Hist. n.* 1560.

La Renouée. *Regnault. Bot. Ic.*

CAULES plures ex eodem cæspite, prostrati aut procumbentes, ramosi, graciles, læves, geniculati, ad nodos paululum incrassati. Stipulæ membranaceæ, albæ, vaginantes. Folia alterna, lævia, glauca, glabra, lanceolata, quandoque etiam ovata aut linearia, integerrima. Flores axillares, e vaginulis prodeuntes, solitarii, bini aut terni. Calyx quinquepartitus; laciniis ovatis, concavis, patentibus, margine albido cinctis, parte media et inferiore virescentibus. Stamina 8, calyce breviora. Antheræ luteæ. Styli 3, breves. Stigmata totidem, rotunda. Semen 1, triquetrum, calyce tectum.

HABITAT Algeriâ. ☉

CLASSIS IX.

ENNEANDRIA.

MONOGYNIA.

LAURUS.

CALYX sexpartitus aut sexfidus, persistens. Corolla nulla. Stamina duodecim; exteriora sex, fertilia; interiora sex, exterioribus opposita, quorum tria fertilia, basi biappendiculata aut biglandulosa; tria alterna sterilia. Drupa supera, unilocularis. Caract. ex JUSS. Gen. pl. 80. Stamina numero varia. LINNÆUS.

LAURUS NOBILIS.

LAURUS foliis lanceolatis, venosis, perennantibus; floribus quadrifidis, dioicis. *Lin. Spec.* 529.

Laurus vulgaris. *C. B. Pin.* 460. — *T. Inst.* 597. — *Camer. Epit.* 60. *Ic.* — *Dod. Pempt.* 849. *Ic.* — *Duham. Arbr.* 1. *p.* 350. *t.* 134. — *Blakw. t.* 175.

Laurus. *J. B. Hist.* 1. *p.* 409. *Ic.* — *Dalech. Hist.* 351. *Ic.* — *Ger. Hist.* 1407. *Ic.* — *Trag.* 1063. *Ic.* — *Matth. Com.* 125. *Ic.* — *Pauli. Dan. t.* 72.

Laurus mas et fœmina. *Tabern. Ic.* 950.

Laurus latifolia major et minor. *Park. Theat.* 1488. *Ic.*

HABITAT in Atlante prope Belide Algeriæ. ♃

CLASSIS X.

DECANDRIA.

MONOGYNIA.

ANAGYRIS.

Calyx campanulatus, quinquedentatus. Corolla papilionacea. Vexillum obcordatum, carinâ brevius. Legumen compressum, elongatum, superum.

ANAGYRIS FŒTIDA.

Anagyris. *Lin. Spec.* 534. — *C. B. Pin.* 391. — *T. Inst.* 647. *t.* 415. — *Dod. Pempt.* 785. — *Clus. Hist.* 93. *Ic.* — *Lob. Ic.* 2. *p.* 50. — *Duham. Arbr.* 52. *t.* 18. — *Schaw. Specim. n.* 34. — *Camer. Epit.* 671. *Ic.* — *Matth. Com.* 665. *Ic.* — *Dalech. Hist.* 105. *Ic.* — *Ger. Hist.* 1427. *Ic.* — *Park. Theat.* 245. *Ic.*
Anagyris vera fœtida. *J. B. Hist.* 1. *p.* 364. *Ic.*

Frutex 2 metr., ramosus, erectus. Ramuli juniores pubescentes. Folia petiolata, glauca, ternata; foliolis sessilibus, lanceolatis, obtusis, brevissime mucronatis, subtus sericeis. Stipula parva, decidua, villosa, caniculata, petiolo opposita. Flores numerosi, in racemos breves dispositi, pedicellati. Calyx campanulatus, quinquedentatus; dentibus ovatis. Corolla lutea. Vexillum deflexum, obcordatum, alis et carinâ dimidio brevius, apice maculâ subfuscâ insignitum. Alæ subfalcatæ, obtusæ, carinam adæquantes. Carina læviter arcuata, obtusa, diphylla. Stamina 10. Filamenta approximata nec coalita. Stylus incurvus, acutus. Legumen magnum, compressum, pendulum, arcuatum, pedicellatum, glabrum, crassiusculum, hepta ad enneaspermum. Semina lævia, reniformia. Flores, folia, lignum odorem fœtidum spargunt. Floret primo Vere.

HABITAT Algeriâ. ♄

R U T A.

CALYX tetraphyllus. Corolla tetrapetala. Stamina octo. Pori plures nectariferi ad basim germinis. Capsula supera, quadriloba, quadrilocularis, quadrivalvis, polysperma. Pars quinta flori terminali additur.

RUTA TENUIFOLIA.

RUTA foliis multifariam decompositis; foliolis linearibus.
Ruta legitima. *Jacq. Icones.*
Ruta sylvestris minor. *C. B. Pin.* 336. — *T. Inst.* 257. — *Schaw. Specim. n.* 520. — *J. B. Hist.* 3. *p.* 200. *Ic.* — *Tabern. Ic.* 134. — *Moris. s.* 5. *t.* 14. *f.* 4.
Ruta montana. *Clus. Hist.* 2. *p.* 136. *Ic.* — *Park. Theat.* 134. *Ic.*
Ruta sylvestris minima. *Dod. Pempt.* 120. *Ic.* — *Ger. Hist.* 1255. *Ic.*
Ruta sylvestris. *Camer. Epit.* 495. *Ic.* — *Lob. Ic.* 2. *p.* 54. — *Dalech. Hist.* 973. *Ic.*
Ruta sylvestris tenuifolia. *Matth. Com.* 541. *Ic.*

DIFFERT à R. graveolente Lin. foliis multifariam decompositis; foliolis angustissimis, linearibus. Planta corrosiva et odoris gravissimi.

HABITAT in collibus aridis et incultis prope Mascar. ♃

RUTA LINIFOLIA.

RUTA foliis simplicibus, indivisis. *Lin. Spec.* 549.
Ruta orientalis Linariæ folio, flore parvo. *T. Cor.* 19. — *Buxb. Cent.* 2. *p.* 30. *t.* 28. *f.* 1 *et* 2.
Ruta sylvestris linifolia hispanica. *Boc. Mus. t.* 73. — *T. Inst.* 257. — *Barrel. t.* 1186.

CAULES herbacei , 3 decimetr. , glabri , teretes , erecti , sæpe plures ex eodem cæspite , simplices aut vix ramosi. Folia sparsa , glabra , integerrima , simplicia , spathulato-lanceolata , obtusa , crassiuscula , in petiolum decurrentia, 4—6 millimetr. lata , 13—22 longa ; inferiora minora. Flores corymbosi , terminales. Bracteæ lineari-lanceolatæ , foliaceæ. Calyx quinquedentatus. Corolla lutea , pentapetala ; petalis integris , concavis , ovatis , obtusis. Stamina 10. Filamenta basi ciliata. Germen tuberculis 5 villosis cinctum.

HABITAT in agro Tunetano. ♃

MELIA.

CALYX quinquedentatus. Corolla pentapetala. Stamina decem ; filamentis in tubum coalitis. Drupa sphærica , supera , nucleo sulcato fœta.

MELIA AZEDARACH.

MELIA foliis bipinnatis. *Lin. Spec.* 550. —*Cavanil. Dissert. n.* 526. *t.* 207.
Azedarach. *Dod. Pempt.* 848.—*T. Inst.* 616. *t.* 387.—*Schaw. Specim. n.* 74.
Arbor Fraxini folio flore cœruleo. *C. B. Pin.* 415.
Pseudosycomorus. *Camer. Epit.* 181. *Ic.* — *Matth. Com.* 232. *Ic.*
Azadaracheni arbor. *J. B. Hist.* 1. *p.* 554. *Ic.*
Zizypha candida. *Ger. Hist.* 1491. *Ic.*
Azedaracth herbariorum. *Park. Theat.* 1443. *Ic.*
Azadirachta indica , foliis ramosis minoribus , flore albo subcœruleo purpurascente majore. *Com. Hort.* 1. *p.* 147. *t.* 6.

ARBOR 13—16 metr. , vastis se spargens ramis. Flores odoratissimi. Fructus oleum pro lampadibus suppeditat.

COLITUR in hortis Algeriæ.

ZYGOPHYLLUM.

CALYX pentaphyllus. Corolla pentapetala. Stamina decem ; filamentis intus membranaceis. Capsula supera , quinquelocularis , polysperma.

ZYGOPHYLLUM ALBUM.

ZYGOPHYLLUM foliis petiolatis; foliolis clavatis, carnosis. *Lin. Spec.* 551.
— *Lin. Fil. Decad.* 1. *p.* 11. *t.* 8.

Zygophyllum proliferum; capitulis baccatis, globoso-quinquangularibus;
foliis proliferis, carnosis, tomentosis; caule procumbente. *Forsk.* 87.
t. 12. *f. A.*

PLANTA canescens, brevissime tomentosa. Caulis nodosus, suffruticosus, procumbens, ramosissimus, 16—27 centimetr. Folia opposita,
carnosa, teretia, brevia, obtusa, nunc simplicia, nunc conjugata. Flores
axillares, solitarii, sessiles. Calyx quinquepartitus; laciniis ovatis, obtusis,
marginatis. Corolla alba, pentapetala, calyce longior; receptaculo inserta.
Stamina 10, corollâ breviora, in orbem disposita. Filamenta basi unguiculata. Stigmata 5. Germen pentagonum.

HABITAT in arenis deserti et ad maris littora. ♄

FAGONIA.

CALYX quinquepartitus. Corolla pentapetala; petalis unguiculatis. Capsula supera, profunde pentagona. Semina compressa.

FAGONIA CRETICA.

FAGONIA spinosa; foliis lanceolatis, planis, lævibus. *Lin. Spec.* 553.
Fagonia cretica spinosa. *T. Inst.* 265. — *Schaw. Specim. n.* 230.
Trifolium creticum spinosum. *Clus. Hist.* 2. *p.* 242. *Ic.* — *C. B. Pin.* 330.
— *Prodr.* 142. *Ic.* — *Ger. Hist.* 1207. *Ic.* — *Park. Theat.* 1113. *Ic.* —
Matth. Com. 611. *Ic.*
Trifolium aculeatum creticum. *J. B. Hist.* 2. *p.* 389. *Ic.* — *Moris. s.* 2.
t. 14. *f.* 5.

CAULES procumbentes, glabri, angulosi, 3 decimetr., nodosi, ramosi;
ramis divaricatis, dichotomis. Stipulæ quaternæ, subulatæ, in aculeolum
abeuntes. Folia opposita, petiolata, glabra; foliolis ternatis, integris,
lineari-lanceolatis, 11—16 millimetr. longis, 2 — 4 latis, mucronatis.

Flores solitarii, axillares, pedicellati; pedicellis petiolo brevioribus. Calyx quinquepartitus, deciduus; laciniis ovatis, acutis. Petala 5, foliis calycinis alterna, suborbiculata, patentia, basi unguiculata; limbo roseo. Stamina 10. Antheræ exiguæ, versatiles. Stylus 1, acutus, persistens. Germen pentagonum. Capsula pentagona; angulis compressis, elevatis; loculis totidem monospermis. Semina lævia, ovata, plana.

HABITAT in montibus prope Mascar. ⊙

FAGONIA ARABICA.

FAGONIA spinosa; foliolis linearibus, convexis. *Lin. Spec. 553.*
Fagonia arabica longissimis aculeis armata. *Schaw. Specim. n. 229.*

HABITAT in arenis deserti.

TRIBULUS.

CALYX quinquepartitus. Corolla pentapetala. Stylus nullus. Stigma capitatum. Capsulæ quinque ad decem, conniventes, plerumque spinosæ, polyspermæ, superæ.

TRIBULUS TERRESTRIS.

TRIBULUS foliis sexjugatis, subæqualibus; seminibus quadricornibus. *Lin. Spec. 554. — Gærtner. 1. p. 335. t. 69. f. 2.*
Tribulus terrestris Ciceris folio, seminum integumento aculeato. *T. Inst. 266. t. 141.—Dodart. Icones.*
Tribulus terrestris. *Lob. Ic. 2. p. 84. — Dod. Pempt. 557. Ic. — Camer. Epit. 714. Ic. — Matth. Com. 692. Ic.—Park. Theat. 1097. Ic.—Dalech. Hist. 513. Ic.— Ger. Hist. 1246. Ic. — J. B. Hist. 2. p. 352. Ic.—Moris. s. 2. t. 8. f. 9.*
Tribulus terrestris minor hispanicus. *Barrel. t. 558. — Schaw. Specim. n. 597.*
Tribulus terrestris Ciceris folio, fructu aculeato. *C. B. Pin. 350.—Zanich. Ist. t. 222.*
Tribulus paribus foliorum sex æqualibus; fructu quadricorni. *Hall. Hist. n. 947.*

CAULES 3—7 decimetr. , prostrati , hirsuti , asperi , nodosi , ramosi ; plures ex eodem cæspite. Folia opposita, villosa, abrupte pinnata ; foliolis decem ad quatuordecim, ovato-oblongis, integerrimis, basi oblique excisis. Stipulæ quaternæ, parvæ , lanceolatæ , deciduæ. Flores solitarii , axillares , breviter pedicellati. Calyx deciduus, villosus, quinquepartitus ; laciniis ovato-lanceolatis. Petala 5, lutea , obovata, calyce paulo longiora. Stamina 10 , approximata. Stylus nullus aut brevissimus. Stigma obtusum, crassiusculum, quinquesulcatum. Capsulæ 5 , aggregatæ , crustaceæ, osseæ, inde cuneiformes, hinc convexæ, muricatæ, aculeis plerumque 4, rigidis, subulatis, inæqualibus, divergentibus armatæ , tri aut tetraspermæ ; loculis totidem, oblique transversis, parallelis. Semina parva, oblonga, subteretia, antice obtusa , postice acutissima.

HABITAT in arvis cultis. ☉

ARBUTUS.

CALYX quinquepartitus. Corolla turbinata , quinquedentata. Bacca supera , quinquelocularis, polysperma.

ARBUTUS UNEDO.

ARBUTUS caule arboreo ; foliis glabris , serratis ; baccis polyspermis. *Lin. Spec.* 566.

Arbutus folio serrato. *C. B. Pin.* 460. — *T. Inst.* 598. *t.* 368. — *Duham. Arbr.* 1. *p.* 71. *t.* 26.

Arbutus. *Clus. Hist.* 47. *Ic.* — *Camer. Epit.* 168. *Ic.* — *Matth. Com.* 220. *Ic.* — *Dod. Pempt.* 804. *Ic.* — *Tabern. Ic.* 957. — *Ger. Hist.* 1496. *Ic.* — *Park. Theat.* 1496. *Ic.* — *Dalech. Hist.* 195. *Ic.* — *Lob. Ic.* 2. *p.* 141.

Arbutus Comarus Theophrasti. *J. B. Hist.* 1. *p.* 83. *Ic.* — *Schaw. Specim. n.* 46.

Arbutus folio serrato ; flore oblongo ; fructu ovato. *Miller. Dict. t.* 48. *f.* 1 *et* 2.

HABITAT in Atlante. ♄

DIGYNIA.

SAXIFRAGA.

CALYX persistens, quinquepartitus. Corolla pentapetala, calyci inserta. Capsula supera, birostris, apice dehiscens, bilocularis, polysperma.

SAXIFRAGA GRANULATA.

SAXIFRAGA foliis caulinis reniformibus, lobatis ; caule ramoso ; radice granulata. *Lin. Spec.* 576. — *Miller. Illustr. Ic.* — *Œd. Dan. t.* 514. — *Bergeret. Phyt.* 2. *p.* 47. *Ic.* — *Curtis. Lond. Ic.*

Saxifraga rotundifolia alba. *C. B. Pin.* 309. — *T. Inst.* 252. — *Dodart. Icones.* — *Schaw. Specim. n.* 527.

Saxifraga alba. *Dod. Pempt.* 316. *Ic.* — *Lob. Ic.* 612. — *Trag.* 525. *Ic.* — *Ger. Hist.* 841. *Ic.* — *Dalech. Hist.* 1113. *Ic.* — *Blakw. t.* 56.

Saxifraga 4. *Camer. Epit.* 719. — *Matth. Com.* 694. *Ic.*

Saxifraga major et alba. *Fusch. Hist.* 747. *Ic.*

Saxifraga alba bulbifera. *Park. Theat.* 424. *Ic.*

Saxifraga alba, radice granulosa. *J. B. Hist.* 3. *p.* 706. *Ic.*

Sedum rotundifolium erectum, radice granulosa. *Moris. s..*12. *t.* 9. *f.* 23. — *Gesner. Ic. Lign. t.* 17. *f.* 146.

Saxifraga foliis radicalibus reniformibus, obtuse dentatis ; caulinis palmatis. *Hall. Hist. n.* 976.

PLANTA nonnihil viscosa. Bulbi parvi, numerosi, rotundi, aggregati, radiculis intermixti. Caulis erectus, villosus, 3 decimetr., simplex aut parce ramosus. Rami subaphylli, patuli. Folia villosa; radicalia petiolata, reniformia, crenata ; caulina pauca, remota, plus minusve profunde divisa ; media et superiora sessilia aut brevissime petiolata. Flores corymboso-paniculati. Calyx villosus, semiquinquefidus ; laciniis ovato-oblongis, obtusis. Petala 5, magna, alba, obovata, venis virescentibus variegata.

Stamina 10. Filamenta persistentia. Styli 2. Stigma capitatum. Folia caulina ludunt ; sessilia et petiolata , flabelliformia et ovata observavi ; superiora nonnulla linearia et integra sunt. Varietatem caule hirsutiore ; foliis caulinis profundius dentatis ; petalis duplo minoribus distinctam possideo.

HABITAT in Atlante. ♃

SAXIFRAGA GLOBULIFERA. Tab. 96. f. 1.

SAXIFRAGA caule bulbifero ; foliis nervosis ; imis spathulatis , integerrimis ; superioribus palmato tri aut quinquefidis , in ramo florifero remotis , linearibus.

FACIES S. hypnoides Lin. et ab eadem vix distincta. Caules cæspitosi , ramosi , basi prostrati , ex quorum apice surgunt rami floriferi , erecti , simplices , 8 — 16 centimetr. Folia caulina conferta , nervosa , glabra aut vix pubescentia ; inferiora spathulata , integerrima , obtusa ; superiora longe petiolata , apice palmata ; lobis tribus ad quinque , linearibus , obtusiusculis , inæqualibus. Bulbi axillares , ovati aut subrotundi , villosi. Folia in ramo florifero linearia , integra , pauca , remota. Flores corymbosi ; primordiali sessili aut subsessili ; lateralibus pedicellatis. Calyx pubescens , quinquefidus ; laciniis ovatis , obtusis. Corolla alba. Petala obovata , calyce duplo longiora. Stamina 10 , corollâ breviora. Styli 2. Capsula ovata , bicollis , bilocularis , polysperma. Hyeme et primo Vere floret.

HABITAT in cacumine Atlantis. ♃

SAXIFRAGA SPATHULATA. Tab. 96. f. 2.

SAXIFRAGA foliis spathulatis , obtusis , ciliatis , indivisis ; caule prostrato ; pedicellis axillaribus , unifloris.

CAULES cæspitosi , ramosi , graciles , prostrati , 3—8 centimetr. Folia alterna , conferta , parva , spathulata , quandoque linearia , obtusa , integra , margine ciliata , in petiolum decurrentia. Pedicelli axillares , filiformes , breves , uniflori. Calyx persistens , quinquefidus ; laciniis ovatis , ciliatis. Corolla alba , calyce duplo longior. Petala obovata. Floret primo Vere.

HABITAT in cacumine Atlantis prope Belide. ♃

GYPSOPHILA.

CALYX persistens, tubulosus, quinquefidus, membranulis totidem longitudinalibus, alternis intersectus. Corolla quinquepartita. Capsula supera, unilocularis, polysperma. Receptaculum centrale liberum.

GYPSOPHILA COMPRESSA. Tab. 97.

GYPSOPHILA caule erecto, hinc compresso; foliis subulato-lanceolatis, striatis; pedicellis calycibusque pubescentibus.

CAULIS 2—3 decimetr., erectus, tenuis, nodosus, lævis, compressus, ramosus; ramis paniculatis; ramulis approximatis. Folia opposita, subulata, aut subulato-lanceolata, glabra, adpressa, striata, rigidula, caulem amplectentia, 1—2 millimetr. lata, 2—3 centimetr. longa; inferiora internodiis longiora; superiora breviora. Flores paniculati, magnitudine G. saxifragæ Lin. Pedicelli inæquales, viscosi, pubescentes, uniflori. Calyx simplex, tubulosus, striatus, pubescens, quinquedentatus; dentibus acutis. Petala 5, calyce longiora, unguiculata; unguibus longitudine calycis. Limbus ellipticus parvus, integerrimus, superne albus, subtus venis violaceis longitudinaliter variegatus. Stamina 10, corollâ breviora. Styli 2, filiformes. Capsula lævis, glabra, oblonga, tri aut quadrivalvis, unilocularis, polysperma. Semina fusca, compressa, ovata. Receptaculum centrale, liberum, tenue. Floret primo Vere.

HABITAT in arvis arenosis.

SAPONARIA.

CALYX tubulosus, simplex, quinquedentatus. Corolla pentapetala; petalis unguiculatis. Capsula supera, oblonga, unilocularis, polysperma. Receptaculum centrale, liberum.

SAPONARIA OCYMOIDES.

SAPONARIA calycibus cylindricis, villosis; caulibus dichotomis, procumbentibus. *Lin. Spec.* 585. —*Jacq. Austr. App. t.* 23.

Lychnis Ocymoides repens montanum. *C. B. Pin.* 206. — *T. Inst.* 337.

Ocymoides repens polygonifolia. *Lob. Ic.* 341. — *Dalech. Hist.* 1429. *Ic.*

Saponaria minor quibusdam. *J. B. Hist. 3. p.* 344. *Ic. bona.*

Lychnis montana repens. *Ger. Hist.* 473. *Ic.*

Ocymoides repens. *Park. Theat.* 639. *Ic.*

Lychnis vel Ocymoides repens. *Moris. s. 5. t.* 21. *f. 38.*

Saponaria caule decumbente, nodoso ; foliis ovato-lanceolatis ; calycibus tubulosis, hirsutis. *Hall. Hist. n.* 909.

CAULES 10 — 16 centimetr. vel longiores , prostrati aut procumbentes , dichotomi , nodosi , pubescentes , plures ex communi cæspite. Folia opposita , integerrima , pubescentia ; inferiora ovata , obtusa , petiolata ; superiora lanceolata. Flores corymbosi , terminales , numerosi. Pedunculi villosi , filiformes. Calyx tubulosus, cylindricus, villoso-viscosus, quinquedentatus ; dentibus parvis , erectis , obtusis. Petala 5 , rosea , horizontaliter patentia , oblongo - elliptica , a basi ad apicem sensim latiora , integerrima , quandoque subemarginata , unguiculata ; ungue longitudine calycis, apice biappendiculato. Capsula ovato-oblonga, calyce tecta, semiquadrivalvis, unilocularis, polysperma. Semina fusca , reniformia. Receptaculum columnare, liberum. Planta elegans. In latos tapetes se spargens rupes obtegit.

HABITAT in Atlante. ♃

DIANTHUS.

CALYX persistens , calyculatus ; interior tubulosus , quinquedentatus. Corolla pentapetala , unguiculata. Capsula oblonga , supera , apice dehiscens, unilocularis, polysperma. Receptaculum centrale , liberum.

DIANTHUS PROLIFER.

DIANTHUS floribus aggregatis, capitatis ; squamis calycinis ovatis, obtusis, muticis, tubum superantibus. *Lin. Spec.* 587. — *Œd. Dan. t.* 221.

Caryophyllus sylvestris prolifer. *C. B. Pin.* 209. — *T. Inst.* 333. — *Seguier. Ver.* 1. *p.* 433. *t.* 7.

Armeria prolifera. *Lob. Ic.* 449. — *Ger. Hist.* 599. *Ic.*
Betonica coronaria squamosa sylvestris. *J. B. Hist. 3. p. 335. Ic.*
Caryophyllus prolifer. *Park. Theat.* 538. *Ic.*
Tunica capitulo compacto , ovali ; calyce universali quadrifloro. *Hall. Hist.*
    n. 901.

CAULIS erectus , lævis , gracilis , nodosus , ramosus , quandoque simplex , 3—6 decimetr. Folia angustissima , subulata ; superiora internodiis
longe breviora. Flores. terminales , sessiles , in capitulum aggregati. Squamulæ plures , confertæ , concavæ , obtusæ , coriaceæ , inæquales ; aliæ
flores extus cingentes ; aliæ tenuiores singulos distinguentes et involventes.
Petala parva , rosea , calyce paulo longiora , integerrima aut subdentata.
Capsula oblonga , unilocularis , apice quadrivalvis.

HABITAT in pascuis Algeriæ. ☉

DIANTHUS DIMINUTUS.

DIANTHUS floribus solitariis ; squamis calycinis octonis , florem superan-
    tibus. *Lin. Spec.* 587.
Caryophyllus sylvestris prolifer , flore singulari. *T. Inst.* 333.
Caryophyllo prolifero affinis, unico ex quolibet capitulo flore. *C.B.Pin.* 209.
Caryophyllus sylvestris minimus. *Tabern. Ic.* 290.

DIFFERT a præcedenti caule unifloro. An varietas ?

HABITAT Algeriâ. ♃

DIANTHUS CARYOPHYLLUS.

DIANTHUS floribus solitariis ; squamis calycinis subovatis , brevissimis ;
    corollis crenatis. *Lin. Spec.* 587.
Caryophyllus hortensis simplex flore majore. *C. B. Pin.* 208. — *T. Inst.*
    331.—*Blakw. t.* 85.
Caryophyllus sylvestris major vulgatior. *Lob. Ic.* 440.
Caryophyllei flos simplex. *Dod. Pempt.* 174. *Ic.*
Caryophyllus simplex major. *Ger. Hist.* 590. *Ic.*

RADIX dura et quasi lignosa. Folia glauca ; radicalia longe subulata, canaliculata, glaberrima, integerrima ; superiora internodiis breviora. Caulis 3—7

1   44

decimetr. , glaucus, glaber , teres , erectus , nodosus , sæpe basi decumbens et geniculatus, superne ramosus ; ramis patentibus, uni bi aut trifloris. Calyx calyculatus ; exterior brevis, adpressus , e squamis 4 , ovatis, brevissime mucronatis ; duobus interioribus paululum latioribus ; interior teres , longe tubulosus , quinquedentatus; dentibus erectis , acutis , apice scariosis. Corolla rosea, rarius alba , quandoque purpurea ; unguibus calyce longioribus ; limbo flabelliformi , rotundato , dentato. Capsula teres , apice attenuata , calyce persistente tecta , paulo brevior , unilocularis , superne quadrivalvis. Semina compressa , marginata , undique receptaculo libero, papilloso, columnari affixa.

HABITAT in collibus incultis. ♃

DIANTHUS SERRULATUS.

DIANTHUS foliis lanceolatis , serratis ; pedunculis unifloris ; squamis externis imbricatis , acutis , calyce interiore brevioribus ; petalis fimbriatis.

PLANTA glaberrima. Caulis erectus , nodosus, ramosus, 3—8 decimetr. Folia angusto-lanceolata , 3—7 millimetr. lata , 3—7 centimetr. longa , plana, margine tenuissime serrata et aspera. Pedunculi elongati , uniflori, distincti. Calyx tubulosus , 3 centimetr. , quinquedentatus , calyculatus ; exterior interiore duplo triplove brevior. Squamæ septem ad octo , inæquales , ovato-lanceolatæ , acutæ , imbricatæ. Corolla pallide rosea , duplo minor quam in D. plumario Lin. Petala tenuissime fimbriata.

HABITAT in arenis prope Sfax et Elgem apud Tunetanos. ♃

TRIGYNIA.

CUCUBALUS.

CALYX persistens, tubulosus, quinquedentatus. Petala quinque, absque corona. Capsula supera , polysperma. Receptaculum centrale , liberum.

CUCUBALUS BEHEN.

CUCUBALUS calycibus subglobosis, glabris, reticulato-venosis; capsulis trilocularibus; corollis subnudis. *Lin. Spec.* 591.— *Œd. Dan. t.* 914.— *Bulliard. Herb. t.* 321.

Behen album officinarum. *J. B. Hist.* 3. *p.* 356. *Ic. mala.*

Lychnis sylvestris quæ Behen album vulgo. *C.B. Pin.* 205.— *T. Inst.* 335. —*Schaw. Specim. n.* 402.—*Zanich. Ist. t.* 117.—*Moris. s.* 5. *t.* 20. *f.* 1.

Behen album sive Polemonium. *Dod. Pempt.* 172. *Ic.*

Smilax. *Brunsf.* 3. *p.* 129. *Ic.*

Spumæum Papaver, etc. *Lob. Ic.* 340. — *Park. Theat.* 263. *Ic.*

Herba articularis. *Tabern. Ic.* 298.

Melandrium Plinii. *Clus. Hist.* 293. *Ic.*

Behen album. *Blakw. t.* 268. — *Ger. Hist.* 678. *Ic.*

Polemonium Dodonæi. *Dalech. Hist.* 1186. *Ic.*

Viscago caule brachiato, nodoso; calycibus inflatis, venosis. *Hall. Hist. n.* 913.

PLANTA glaberrima, glauca. Caules basi procumbentes, ramosi. Folia inferiora ovata, in petiolum decurrentia; superiora ovato-oblonga aut lanceolata, acuta, remota. Pedunculi dichotomi. Flos sæpe in dichotomia solitarius, pedicellatus. Calyx inflatus, venoso-reticulatus. Petala alba; limbo bipartito. Capsula ovata, brevis, calyce tecta, apice subsexvalvis, trilocularis. Semina fusca, reniformia.

HABITAT in arvis. ♃

SILENE.

CALYX tubulosus, persistens, quinquedentatus. Corolla pentapetala; fauce coronatâ. Capsula supera, polysperma.

SILENE LUSITANICA.

SILENE hirsuta; petalis dentatis; floribus erectis; fructibus divaricatoreflexis, alternis. *Lin. Spec.* 594.

Viscago hirta lusitanica, stellato flore. *Dill. Elth.* 420. *t.* 311. *f.* 401.

AFFINIS S. quinquevulneræ Lin. Differt petalis crenatis, dilute purpureis ; fructibus horizontalibus, divaricatis. Planta tota hirsuta pilis patulis.

HABITAT inter segetes. ☉

SILENE QUINQUEVULNERA.

SILENE petalis integerrimis, subrotundis ; fructibus erectis, alternis. *Lin. Spec.* 5g5.
Lychnis hirsuta minor, flore variegato. *Dodart. Acad.* 1666. — 99. *Vol.* 4. *p.* 291. *Ic.* — *Mem. p.* 99. *Ic.* — *Icones.*

CAULIS erectus, nodosus, 3—4 decimetr., hirsutus, ramosus, rarius simplex. Folia inferiora spathulata aut obovata, obtusa, petiolata, in petiolum decurrentia ; superiora lanceolata. Flores solitarii, sessiles, distincti, unilaterales. Bracteæ lanceolatæ, longitudine calycis. Calyx hirsutus, teres, tubulosus, fructu perfecto ovatus, decemstriatus, quinquedentatus ; dentibus acutis. Petala parva. Limbus rotundatus, integer aut lævissime crenatus ; disco intense purpureo ; margine pallido. Capsulæ ovatæ, erectæ, bifariam dispositæ, triloculares, polyspermæ. Semina parva, rugosa.

HABITAT inter segetes. ☉

SILENE HISPIDA.

SILENE floribus racemosis, confertis, secundis ; calycibus hirsutissimis ; petalis bifidis.

CAULIS simplex aut parce ramosus, 3—4 decimetr., hirsutus. Folia hirsuta ; inferiora spathulata, obtusa, in petiolum decurrentia ; caulina media et superiora lanceolata, acuta, sessilia. Flores racemosi, subsessiles, unilaterales, conferti, erecti ; racemo 3—8 centimetr. Bracteæ lanceolato-subulatæ, calyce duplo triplove breviores. Calyx tubulosus, striatus, pilosissimus, 22—25 millimetr. longus, quinquedentatus ; dentibus acutis ; maturo fructu ovatus, basi angustatus. Petala bifida. Capsula ovata, glabra, pedicellata, erecta, trilocularis, polysperma.

HABITAT in Atlante. ☉

SILENE IMBRICATA. Tab. 98.

SILENE caule inferne piloso; foliis lanceolatis; floribus sessilibus, secundis, strictis, longe racemosis, imbricatis.

CAULIS inferne hirsutus, erectus, 3—6 decimetr. Rami virgati, graciles. Folia villosa, 3—5 centimetr. longa, 4—9 millimetr. lata; inferiora obtusa; superiora angusta, lanceolata, acuta. Flores sessiles aut brevissime pedicellati, solitarii, unilaterales, adpressi, in racemum longum dispositi, imbricati, internodiis paulo longiores; exceptis inferioribus. Bracteæ parvæ, subulatæ. Calyx tubulosus, glaber, decemstriatus, quinquedentatus, 12 — 16 millimetr. longus. Petala alba, bifida. Capsula glabra, ovato-oblonga, intra calycem pedicellata.

HABITAT in arvis prope Mascar. ☉

SILENE TRIDENTATA.

SILENE hirsuta; foliis angusto-lanceolatis; floribus racemosis, distinctis, sessilibus; dentibus calycinis subulatis; capsulis acuminatis, erectis.
Lychnis sylvestris 6. *Clus. Hist.* 290. *Ic.*
Lychnis sylvestris lanuginosa minor. *C. B. Pin.* 206.
Lychnis parva. *J. B. Hist. 3. p.* 352.
Lychnis sylvestris hirta minima. *Lob. Ic.* 339.
Lychnis sylvestris minima. *Tabern. Ic.* 297.

CAULIS erectus, 2 — 3 decimetr., hirsutus, ramosus. Rami tenues, erecti. Folia hirsuta; radicalia, spathulata aut obovata; caulina inferiora et media angusto-lanceolata. Flores laxe racemosi, alterni, sessiles aut subsessiles, axillares; inferioribus, foliolo lineari - subulato brevioribus. Calyx hirsutus, tubulosus, decemstriatus, erectus, maturo fructu ovato-rotundus, quinquedentatus; dentibus longiusculis, subulatis. Capsula lævis, ovata, acuminata, apice dehiscens, intra calycem subsessilis. Petala rosea, calyce paululum longiora, plerumque tridentata.

HABITAT in arvis Algeriæ. ☉

SILENE NUTANS.

SILENE petalis bifidis; floribus lateralibus, secundis, cernuis; panicula nutante. *Lin. Spec.* 596. — *Œd. Dan. t.* 242. *petala male expressa.*

Lychnis montana viscosa alba latifolia. *C. B. Pin.* 205. — *T. Inst.* 335. —
Moris. s. 5. *t.* 20. *f.* 4.

Lychnis sylvestris 9. *Clus. Hist.* 291. *Ic. bona.* — *Tabern. Ic.* 293.—*Ger.*
Hist. 470. *Ic.* — *Park. Theat.* 631. *Ic.*

Polemonium petræum Gesneri. *J. B. Hist.* 3. *p.* 351. *Ic. mala.*—*Gesner. Ic.*
Lign. t. 18. *f.* 155.

Viscago foliis lanceolatis , hirsutis ; floribus paniculatis , nutantibus. *Hall.*
Hist. n. 915.

Lychnis sylvestris viscosa , foliis Otitidis. *Loes. Prus.* 150 *Ic.*

FOLIA pubescentia ; radicalia, numerosa, spathulata, in petiolum decurrentia ; caulina lanceolata. Caulis 3—6 decimetr. , erectus, villosus, simplex.
Flores paniculati, nutantes, secundi ; pedunculis lateralibus , subdichotomis.
Calyx clavato-tubulosus, viscosus, 13—18 millimetr. longus, decemstriatus,
inferne angustatus , maturo fructu ovatus. Petala alba , involuta , ultra
medium bifida ; laciniis linearibus, obtusis, dente gemino basi intus auctis.
Stamina corollâ longiora. Styli 3 , longitudine staminum. Capsula ovata ,
acuta , trilocularis, apice dehiscens , polysperma. Semina rugosa.

HABITAT in collibus Algeriæ. ♃

SILENE RETICULATA. Tab. 99.

SILENE glabra , viscosa ; foliis angusto-lanceolatis ; pedunculis subtrifloris ;
calyce clavato, reticulato ; petalis linearibus , emarginatis.

CAULIS 3 — 8 decimetr. , erectus , glaber. ramosus, viscidus, gracilis.
Folia glaberrima ; angusto-lanceolata , acuta , 3 — 5 centimetr. longa ,
4—10 millimetr. lata. Flores paniculati. Pedunculi filiformes, uni bi aut
triflori ; flore intermedio sessili aut breviter pedicellato. Foliola duo , subulata ad basim pedicellorum. Calyx persistens, 3 centimetr. , tenuis, clavatus,
lævissime decemstriatus , reticulatus venis purpurascentibus , quinquedeд-
tatus ; dentibus ovatis , acutis. Corolla parva, rosea. Limbus petalorum
linearis, angustus, emarginatus ; ungue tenui , superne biappendiculato ,
longitudine calycis. Stamina 10. Filamenta filiformia. Styli 3. Capsula
lævis , ovato-oblonga , longe pedicellata, calycem vix superans, apice
dehiscens, trilocularis, polysperma. Semina minuta , fusca, subreniformia,
mia, rugosa, receptaculo centrali , elongato , ramoso inserta.

HABITAT Algeriâ.

SILENE BUPLEVROIDES.

SILENE floribus pedunculatis , oppositis , bractea brevioribus; foliis lanceolatis, acutis , glabris. *Lin. Spec.* 598.
Lychnis orientalis Buplevri folio. *T. Cor.* 398.

PLANTA glaberrima. Caules virgati , nodosi , sæpe basi decumbentes ,
læves , teretes , 6 — 10 centimetr. , quandoque longiores, inferne simplices , superne laxe paniculati. Folia opposita , angusto - lanceolata ,
acuminata , glabra , lævissima ; caulina inferiora 8 — 13 centimetr.
longa , in petiolum decurrentia , internodiis multo longiora; superiora
breviora , sessilia. Bracteæ angusto - lanceolatæ , acutissimæ. Pedunculi
axillares , uni bi aut triflori. Flores singuli pedicellati , subnutantes.
Calyx glaber , lævis , tubulosus , sæpe violaceus , 3 centimetr. longus ,
quinquedentatus ; dentibus ovatis , acutis. Petala superne alba, inferne
pallide violacea, ultra medium bifida ; laciniis basi angustatis , obtusis.
Ungues calyce paululum longiores , apice bidentati. Stamina exserta.
Capsula oblonga , longe intra calycem pedicellata. Caules nunc virides ,
nunc purpurascentes.

HABITAT in Atlante. ♃

SILENE CONICA.

SILENE calycibus fructus conicis ; striis triginta ; foliis mollibus ; petalis
bifidis. *Lin. Spec.* 598. — *Jacq. Austr.* 3. *t.* 253.
Lychnis sylvestris angustifolia , calycibus turgidis striatis. *C. B. Pin.* 205.
— *T. Inst.* 337. — *Schaw. Specim. n.* 401. — *Zanich. Ist. t.* 118.
Muscipulæ majori calyce ventricoso similis. *J. B. Hist.* 3. *p.* 350. *Ic.*
Lychnis sylvestris altera incana cauliculis striatis. *Lob. Ic.* 338.

HABITAT in arvis. ☉

SILENE CONOIDEA.

SILENE calycibus fructus globosis, acuminatis ; striis triginta ; foliis glabris;
petalis integris. *Lin. Spec.* 598.
Lychnis sylvestris latifolia , calycibus turgidis striatis. *C. B. Pin.* 205. —
T. Inst. 337.

Muscipula major calyce turgido ventricoso. *J. B. Hist. 3. p.* 349. *Ic.*
Lychnis sylvestris 2. *Clus. Hist.* 288.
Lychnis sylvestris 3 Clusii. *Tabern. Ic.* 295. — *Lob. Ic.* 339.—*Dalech. Hist.* 818. *Ic.*
Lychnis calyculis striatis 2 Clusii. *Ger. Hist.* 470. *Ic.* — *Park. Hist.* 631. *Ic.*
Lychnis sylvestris calyculis striatis turgidis major. *Moris. s. 5. t.* 21. *f. 33.*

PLANTA pubescens. Caulis 2 decimetr., erectus, ramosus, superne dichotomus; ramis corymbosis. Folia sessilia, lanceolata, acuta. Flores erecti, pedicellati. Calyx striis 30, quinquedentatus; dentibus subulatis; junior ovato-cylindraceus; maturo fructu inflatus, magnus, globosus, acuminatus, clausus. Petala parva, rosea. Capsula intra calycem sessilis, cucurbitam lagenariam referens.

HABITAT in arvis. ☉

SILENE BIPARTITA. Tab. 100.

SILENE foliis inferioribus spathulatis; floribus racemosis, secundis, nutantibus; petalis bipartitis.

CAULIS 3 decimetr., pubescens, nodosus, erectus vel basi decumbens, ramosus; ramis nunc simplicibus, nunc superne furcatis. Flos solitarius in singula bifurcatione. Folia opposita; inferiora pubescentia, spathulata, obtusa, in petiolum ciliatum decurrentia; media et superiora lanceolata, sessilia. Flores racemosi, distincti, solitarii, breviter pedicellati, subnutantes. Bracteæ ovato-lanceolatæ. Calyx teres, inferne angustatus, membranaceus, decemsulcatus, quinquedentatus, maturo fructu ovatus, basi coarctatus. Petala 5, rosea. Limbus profunde bipartitus; laciniis angustis, distinctis, obliquis, obtusis; ungue apice biappendiculato. Stamina 10. Filamenta angusta, compressa. Antheræ versatiles. Styli 3, exserti, filiformes. Germen teres. Capsula ovata, glabra, erecta, pedicellata, apice quinque ad septemvalvis, trilocularis, polysperma. Semina fusca, reniformia. Species pulcherrima. Floret primo Vere. Varietatem in agro marocano lectam, minorem et calycibus villosis distinctam communicavit BROUSSONET.

HABITAT in arvis Sbibæ. ☉

SILENE MUSCIPULA.

SILENE petalis bifidis; caule dichotomo; floribus axillaribus, sessilibus; foliis glabris. *Lin. Spec.* 601.

Lychnis sylvestris viscosa rubra altera. *C. B. Pin.* 205. — *T. Inst.* 337.

Lychnis sylvestris 3. *Clus. Hist.* 289. *Ic.* — *Tabern. Ic.* 295. — *Dalech. Hist.* 818. *Ic.*

Muscipula Viscaria sive Lychnidis species. *J. B. Hist.* 3. *p.* 349. *Ic.*

Viscaria sive Muscipula. *Ger. Hist.* 601. *Ic.*

CAULIS erectus, 3—6 decimetr., teres, glaber, crassiusculus, viscosissimus, ramosus; ramis strictis. Folia glaberrima, lato-lanceolata, integerrima, internodiis longiora; inferiora in petiolum decurrentia, obtusa; media et superiora utrinque attenuata, sessilia; ramea angusto-lanceolata. Rami floriferi dichotomi. Flos in bifurcatione subsessilis. Bracteæ subulatæ; nonnullis flore sæpe longioribus. Calyx tubulosus, membranaceus, quinquedentatus, dentibus acutis, maturo fructu ovatus, pentagonus, basi angustatus. Corolla parva, intense rosea, calyce paulo longior. Limbus petalorum emarginatus. Capsula ovato - conica, breviter pedicellata, longitudine calycis, apice dehiscens, quinquevalvis, trilocularis, polysperma. Semina rufa, parva, reniformia, rugosa. Planta viscosissima. Ramis succo glutinoso madidis formicæ, muscæ et alia insecta agglutinantur.

HABITAT in arvis Algeriæ. ☉

SILENE PSEUDO-ATOCION.

SILENE foliis imis obovatis; floribus fasciculatis, terminalibus; calycibus clavatis; petalis linearibus, integerrimis.

CAULES sæpe plures ex eodem cæspite, ramosi, erecti, 16—27 centimetr., hirsuti, rarius glabri. Folia opposita; inferiora obovata, in petiolum decurrentia, basi ciliata; caulina media et superiora sessilia aut subsessilia, ovata; sæpe acuminata. Flores fasciculati, terminales, solitarii, bini vel terni ex communi pedunculo. Pedunculi villosi. Calyx 3 centimetr. longus, tubulosus, teres, tenuis, pubescens; maturo fructu a parte media usque ad apicem ampliatus, quinquedentatus; dentibus acutis. Petala rosea, integerrima, linearia, obtusa. Ungues calyce paululum longiores, apice

1   45

biappendiculati. Capsula ovata , apice dehiscens , trilocularis, polysperma. Facies omnino S. Atocion Jacq Hort. 3. t. 32. Differt petalis integerrimis. An varietas ?

HABITAT in Atlante. ☉

SILENE RAMOSISSIMA.

SILENE pubescens , viscosa , ramosissima ; foliis angusto - lanceolatis ; pedunculis uni ad trifloris ; calycibus ovatis ; petalis bifidis ; capsulis intra calycem subsessilibus.
Lychnis minima hispida noctiflora. *Magn. Bot. App.* 3o8.—*Vail. Herb.*

PLANTA viscosa et villosa villis brevissimis, arenis et pulvere plerumque conspersa. Caulis 2—3 decimetr. , erectus, ramosissimus ; ramis paniculatis. Folia angusto-lanceolata. Flores numerosissimi. Pedunculi axillares , inæquales , uni bi aut triflori; floribus pedicellatis, erectis. Calyx decemstriatus , ovatus , 9 millimetr. longus , quinquedentatus ; dentibus parvis, acutis. Petala alba , parva, bifida. Capsula glabra , lævis , ovata , intra calycem brevissime pedicellata , apice quinquevalvis.

HABITAT in arenis ad maris littora. ♃

SILENE ARENARIA.

SILENE villoso-viscosa ; foliis lineari-lanceolatis , obtusiusculis ; floribus laxe racemosis; petalis bifidis ; capsulis intra calycem pedicellatis.
Lychnis maritima gadensis angustifolia. *T. Inst.* 338.—*Vail. Herb.*

PLANTA villosa et glutinosa , arenis conspersa. Caules basi procumbentes , nodosi, ramosi. Rami alterni, striati. Folia fere Cerastii vulgati Lin. , crassiuscula , villosa; radicalia spathulata; caulina lineari-lanceolata, obtusa, 2—4 millimetr. lata , 13—25 longa. Flores axillares et terminales, laxe racemosi , solitarii et bini, pedicellati. Calyx tubulosus , maturo fructu ovatus, pubescens, decemstriatus, 11 millimetr. longus , quinquedentatus ; dentibus acutis. Petala parva , alba , bifida. Capsula ovata , lævis , apice quinque aut sexvalvis , intra calycem pedicellata. Affinis S. ramosissimæ , differt ramis longe rarioribus ; foliis inferioribus longius villosis; caule basi decumbente; floribus paucioribus; capsulis intra calycem pedicellatis.

HABITAT in arenis ad maris littora. ♃

SILENE RUBELLA.

SILENE erecta , lævis ; calycibus subglobosis , glabris , venosis ; corollis inapertis. *Lin. Spec.* 600.

Lychnis sylvestris flosculo rubro vix conspicuo. *Grisl. Virid. — Schaw. Specim. n.* 403.

Viscago lævis inaperto flore. *Dill. Elth.* 423. *t.* 314. *f.* 406.

HABITAT in Barbaria.

SILENE ARENARIOIDES.

SILENE pubescens ; foliis angusto-linearibus ; pedunculis uni ad trifloris ; calycibus decemstriatis , villosis; petalis bifidis ; capsulis teretibus , pedicellatis.

CAULES ex eodem cæspite plures , nunc erecti , nunc basi decumbentes , tenues, pubescentes , 13—22 centimetr. , simplices aut parce ramosi. Folia inferiora 2 millimetr. lata , 2 — 4 centimetr. longa , inferne paululum angustiora , obtusiuscula ; caulina superiora subulata , connata , inferne ciliata. Pedunculi laterales et terminales, uni ad triflori. Calyx purpurascens, tubulosus , maturo fructu subovatus , basi angustatus , villosus , decemstriatus , 9—11 millimetr. longus, quinquedentatus ; dentibus parvis , ovatis , obtusis. Petala bifida ; unguibus calyce paulo longioribus. Capsula lævis , teres , intra calycem breviter pedicellata , quinquevalvis , apice dehiscens , trilocularis , polysperma.

HABITAT in arvis.

SILENE CINEREA.

SILENE foliis inferioribus ovatis; floribus racemosis , subsessilibus, solitariis, binis aut ternis ; calyce pubescente , decemstriato ; petalis bifidis,

FACIES S. nocturnæ Lin. Caulis 3—6 decimetr. , pubescens lanugine brevissimâ. Folia inferiora ovata , sessilia ; superiora lanceolata , remota. Rami floriferi sæpe bifurcati. Flores racemosi , subsessiles ; inferiores terni; superiores solitarii. Calyx teres, decemsulcatus , pubescens , maturo fructu ovatus, inferne angustatus , quinquedentatus ; dentibus parvis , acutis, sericeis. Petala calyce paulo longiora , alba , bifida ; laciniis angustis , linearibus. Capsula ovata , intra calycem pedicellata. Flos in bifurcatione solitarius , breviter pedicellatus.

HABITAT in arvis Algeriæ.

SILENE PATULA.

SILENE viscosa; ramis paniculato - patentibus ; foliis inferioribus longe petiolatis , ovatis , acuminatis ; pedunculis subtrifloris ; calyce elongato ; petalis semibifidis.

FOLIA pubescentia lanugine brevissimâ ; inferiora obovata , in petiolum longum decurrentia; caulina media et superiora remota , angusto-lanceolata. Caulis 3—10 decimetr., erectus, inferne pubescens, ramosus. Rami oppositi, paniculati , patentes , viscidi, apice sæpe bi aut trifidi , floriferi. Flores in singulo pedunculo solitarii , bini , sæpius terni ; intermedio brevius pedicellato. Bracteolæ 2 , ovoideæ , acutæ ad basim calycis. Calyx tubulosus, 13—22 millimetr. longus, inferne angustior, decemstriatus , glaber aut vix pubescens , maturo fructu a parte media usque ad apicem ampliatus , ovatus, quinquedentatus; dentibus parvis , ovatis , erectis. Corolla alba , magnitudine Lychnidis dioicæ Lin. Limbus petalorum semibifidus. Ungues calyce paululum longiores , apice bidentati. Stamina 10 ; quinque exserta. Styli 3 , prodeuntes. Capsula ovata , intra calycem pedicellata , apice dehiscens , trilocularis , polysperma. Flores cadente sole aperiuntur et gratissimum spirant odorem.

HABITAT in arvis. ♃

ARENARIA.

CALYX persistens , quinquepartitus. Corolla pentapetala ; petalis integris. Capsula supera , unilocularis , polysperma Receptaculum centrale liberum.

ARENARIA SERPYLLIFOLIA.

ARENARIA foliis subovatis , acutis , sessilibus; corollis calyce brevioribus. *Lin. Spec.* 606. — *Curtis. Lond. Ic.*

Alsine minor multicaulis. *C. B. Pin.* 250. —*T. Inst.* 243. —*Moris. s.* 5. *t.* 23. *f.* 5.

Alsine minima. *Dod. Pempt.* 30. *Ic.* — *Lob. Ic.* 461. — *Fusch. Hist.* 23. *Ic.*

Alsine minor. *Tabern. Ic.* 708. —*J. B. Hist.* 3. *p.* 364. *Exclus. Ic.* — *Ger. Hist.* 612. *Ic.*

Alsine aquatica minima. *Park. Theat.* 1259. *Ic.*

Alsine foliis ovato-lanceolatis , subhirsutis ; petalis calyce brevioribus. *Hall. Hist. n.* 875.

PLANTA pubescens lanugine brevissimâ. Caules erecti. Rami numerosi, dichotomi , filiformes , 8 — 16 centimetr. Folia parva , sessilia , ovata , acuta. Flores minuti, numerosi, pedicellati; pedicellis capillaribus. Calycis laciniæ ovato-oblongæ , acutæ. Petala calyce breviora. Capsula conica , parva, acuta, longitudine calycis , apice dehiscens. Semina fusca, minima.

HABITAT in arvis. ⊙

ARENARIA RUBRA.

ARENARIA foliis filiformibus ; stipulis membranaceis , vaginantibus. *Lin. Spec.* 606.

AlsineSpergulæ facie minor, sive Spergula minor flosculo subcœruleo. *C. B. Pin.* 251. — *T. Inst.* 244. — *Lindern. Alsat.* 149. *t.* 4. *f.* 2.

A. Polygonum foliis gramineis , Spergulæ capitulis. *Loes. Prus.* 203. *t.* 63. Spergula purpurea. *J. B. Hist.* 3. *p.* 722. *Ic.* Alsine foliis linearibus ; stipulis ovato-lanceolatis , argenteis. *Hall. Hist. n.* 872.

B. Arenaria marina. *Œd. Dan. t.* 740. Alsine Spergulæ facie media. *C. B. Pin.* 251. — *T. Inst.* 243.

CAULES ex communi cæspite plures, ramosi, diffusi aut procumbentes , nodosi, tenues, paniculati , 13—22 centimetr., superne sæpe pubescentes. Stipulæ binæ , parvæ , ovatæ , membranaceæ, albæ e singulo nodo. Folia subcarnosa , subtus convexa , lineari-subulata. Fasciculi foliorum axillares. Flores parvi, pedicellati, paniculati in summitate ramorum. Calyx profunde quinquepartitus; laciniis lineari-ellipticis , acutis , margine membranaceis. Corolla rosea, rarius alba , calyce vix longior. Petala 5, ovata, integerrima.

Capsula acuta , longitudine calycis , quinquevalvis , polysperma. Semina minima , plana , rufescentia , non marginata.

VARIETATEM in deserto prope Tozzer foliis filiformibus; ramulis capillaribus; floribus numerosissimis distinctam observavi.

HABITAT in arvis arenosis. ☉

ARENARIA MEDIA.

ARENARIA foliis linearibus , carnosis ; stipulis membranaceis. *Lin. Spec.* 606.
Alsine Spergulæ facie minima , seminibus marginatis. *T. Inst.* 244.
Spergula annua ; semine foliaceo, nigro , circulo membranaceo albo cincto.
  Ephem. Nat. Cur. Cent. 5. *p.* 275. *t.* 4.

FACIES omnino præcedentis. Differt foliis crassioribus; capsulâ calyce longiore ; seminibus duplo triplove majoribus , margine membranaceo cinctis.

HABITAT in arenis. ☉

ARENARIA SPATHULATA.

ARENARIA caule erecto , filiformi , pubescente ; foliis inferioribus spathulatis ; petalis obovatis, calyce longioribus.

CAULES erecti , filiformes , pubescentes , 10—16 centimetr. , ramosi , rarius simplices. Rami paniculati, erecti. Folia inferiora spathulata , obtusa, in petiolum producta , 4 millimetr. lata , 9 — 11 longa ; ramea superiora lanceolata , ciliata. Flores corymboso-paniculati , terminales , pedicellati. Calyx pubescens , quinquepartitus ; laciniis ovatis , margine membranaceo , candido cinctis. Corolla alba , magna. Petala obovata , integra , quandoque læviter emarginata. Stamina 10, corollâ breviora. Antheræ cœruleæ. Styli 3. Capsula ovata.

HABITAT in arenis prope Algeriam. ☉

ARENARIA HERNIARIÆFOLIA.

ARENARIA pubescens; caule filiformi, elongato , procumbente ; foliis linearibus ; floribus paniculatis ; petalis calycem vix superantibus.
Alsine maritima longius radicata, Herniariæ foliis. *Boc. Sic.* 18. *t.* 10. —
  T. Inst. 243.

PLANTA pubescens villis brevissimis. Radix crassa , suffruticosa. Caules ex communi cæspite sæpe numerosi , procumbentes , filiformes , ramosi , nodosi , 1—3 decimetr. aut longiores. Folia opposita, linearia , integerrima , acuta , internodiis breviora. Flores parvi , laxe paniculati ; pedicellis capillaribus. Calyx quinquepartitus. Laciniæ ovato-oblongæ , margine membranaceæ Petala alba, elliptica, calyce vix longiora. Stamina 10, corollâ paululum breviora. Styli 3 , capillares. Capsula glabra, longitudine calycis, quinquevalvis, polysperma. Semina minima. An varietas A. hispidæ Lin. ?

HABITAT in arenis prope Mascar. ♃

PENTAGYNIA.

COTYLEDON.

CALYX quadri aut quinquefidus. Corolla monopetala, quadri aut quinquefida. Glandulæ quatuor aut quinque , nectariferæ ad basim germinis. Capsulæ totidem , superæ , hinc longitudinaliter dehiscentes. Folia carnosa.

COTYLEDON HISPIDA.

COTYLEDON foliis carnosis , glaucis , ovato-oblongis , teretiusculis ; floribus campanulatis, subcorymbosis, terminalibus. *Lamarck. Dict.* 2. *p.* 141.

CAULIS erectus , 7—10 centimetr. , tenuis , ramosus.. Rami filiformes , villosi. Folia glabra , carnosa , alterna, glauca , obtusiuscula , 7 — 15 millimetr longa, 2 lata, superne planiuscula , subtus teretia. Flores paniculati , pedicellati ; pedicellis filiformibus, in racemum laxum dispositis , unifloris. Calyx pubescens , parvus , quinquepartitus ; laciniis lanceolatis. Corolla campanulata , 6 millimetr. longa , 2 lata, quinquedentata ; dentibus obtusis. Limbus pallide cœruleus aut ruber. Stamina 10, non exserta. Germina 5. Styli totidem. Facies Sedi albi Lin.

HABITAT prope Tlemsen in rupium fissuris. ☉

COTYLEDON HISPANICA.

COTYLEDON foliis oblongis , subteretibus ; floribus fasciculatis. *Lin. Spec.* 615. — *Loefl. Hisp. t.* 1.
Cotyledon maritima, Sedi folio , flore carneo, fibrosa radice. *T. Inst.* 90.
Cotyledon palustris, Sedi folio , floribus rubris longioribus. *Schaw. Specim.* *n.* 177.

RADIX fibrosa. Caulis simplex , teres , erectus , quandoque basi de-cumbens , 8—16 centimetr. , pubescens. Folia carnosa , sparsa , rufes-centia, pubescentia, superne compressa , subtus teretia, acutiuscula, 2 milli-metr. lata. Flores numerosissimi, conferti , corymbosi. Pedunculi multi-flori. Calyx quinquepartitus ; laciniis parvis , lineari-lanceolatis , corollæ adpressis. Corolla infundibuliformis, pubescens, purpurea. Tubus tenuis , 3 centimetr. longus. Limbus quinquepartitus ; laciniis lanceolatis , paten-tibus. Stamina 10 , exserta. Filamenta capillaria , inæqualia. Styli 5 , filiformes, staminibus breviores. Germina totidem. Capsulam non vidi.

HABITAT prope Portofarine. ☉

SEDUM.

CALYX quinquepartitus. Corolla pentapetala. Squamulæ quin-que, nectariferæ ad basim germinis. Capsulæ totidem, superæ , hinc longitudinaliter dehiscentes.

SEDUM PUBESCENS.

SEDUM pubescens ; foliis oblongis , obtusis , supra planiusculis ; cyma bifida ; petalis lanceolatis. *Vahl. Symb.* 2. *p.* 52.

CAULIS 1—2 decimetr. , ramosissimus, erectus, carnosus. Rami pubes-centes , alterni, quandoque oppositi , sæpe purpurascentes , erecti, corym-bosi. Folia alterna , glauca , sparsa , patula , carnosa , superne compressa , subtus teretia , 11—15 millimetr. longa , 3—4 lata. Flores cymosi, nume-rosi, pedicellati. Petala 6 , parva , lanceolata , acuta , extus pubescentia , intus punctata.

HABITAT in fissuris rupium. ☉

SEDUM HISPIDUM.

SEDUM ramis filiformibus, paniculatis, villosis; foliis semiteretibus.

PLANTA villosa. Caulis erectus, 10—16 decimetr., superne ramosus. Rami filiformes, paniculati; paniculâ patulâ. Folia sparsa, teretia, carnosa, patentia, superne compressa. Flores numerosi, singuli pedicellati; pedicellis capillaribus. Calyx minimus, quinque aut sexpartitus. Corolla aurea, penta aut hexapetala; petalis lanceolatis, acutis. Stamina 10—12, corollâ breviora. Germina 5, subulata, compressa. Styli totidem, capillares. Capsulæ totidem, polyspermæ. Affinis S. reflexo Lin. Differt caule, foliis, ramulis pubescentibus; paniculâ patulâ; floribus longius pedicellatis nec uno versu dispositis.

HABITAT in Atlante. ☉

SEDUM DASYPHYLLUM.

SEDUM foliis oppositis, ovatis, obtusis, carnosis; caule infirmo; floribus sparsis. *Lin. Spec.* 618.—*Jacq. Hort. t.* 153. — *Bulliard. Herb. t.* 11.— *Curtis. Lond. Ic.*
Sedum minus folio circinato. *C.B. Pin.* 283.—*T. Inst.* 263. — *Moris. s.* 12. *t.* 7. *f.* 35.
Sedum parvum folio circinato, flore albo. *J. B. Hist.* 3. *p.* 691. *Ic. Folia nimis elongata.*
Sedum foliis conicis, obtusis, glaucis, reticulatis; caule ramoso, viscido. *Hall. Hist. n.* 961.

PLANTA cæspitosa, 6—10 decimetr. Caules filiformes, ramosi, prostrati aut procumbentes. Folia opposita, parva, glauca, ovata, obtusa, carnosa, subtus convexa, superne excavata, pubescentia aut glabra, pulvere tenuissimo conspersa; in junioribus ramis conferta; in floriferis remota. Flores paniculato-corymbosi, terminales. Calyx parvus; laciniis ovatis, convexis, carnosis, adpressis. Corolla alba. Petala 5, ovato-oblonga, acuta ;· nervo medio purpurascente. Stamina 10. Filamenta capillaria, corollâ breviora; 5 petalis alterna; 5 opposita. Germina 5, acuta. Styli totidem.

HABITAT in fissuris rupium Atlantis. ☉

SEDUM AZUREUM.

SEDUM foliis oblongis , alternis , obtusis, basi solutis; cyma bifida, glabra. *Vahl. Symb.* 2. *p.* 51.

Sedum vermiculare pumilum glabrum , floribus parvis cœruleis. *Schaw. Specim. n.* 550. *Ic.*

HABITAT in rupium fissuris prope Tunetum. ☉

O X A L I S.

CALYX quinquepartitus. Corolla pentapetala; petalis ungue con-nexis. Capsula supera, pentagona , angulis dehiscens, polysperma.

OXALIS ACETOSELLA.

OXALIS scapo unifloro; foliis ternatis ; radice squamoso-articulatâ. *Lin. Spec.* 620.—*Miller. Illustr. Ic.*—*Dict. t.* 195. *f.* 2. *Ic.*—*Bergeret. Phyt.* 1. *p.* 41. *Ic.* — *Curtis. Lond. Ic.* — *Hall. Hist. n.* 928.
Oxys flore albo. *T. Inst.* 88.
Oxys sive Trifolium acidum , flore albo. *J. B. Hist.* 2. *p.* 387.
Trifolium acetosum vulgare. *C. B. Pin.* 330. —*Dod. Pempt.* 578. *Ic.* — *Camer. Epit.* 584. *Ic.* — *Matth. Com.* 608. *Ic.*—*Park. Theat.* 746. *Ic.* —*Pauli. Dan. t.* 138. — *Dalech. Hist.* 1355. *Ic.*
Oxys pliniana. *Lob. Ic.* 2. *p.* 32.
Oxys Trifolium acetosum etc. *Tabern. Ic.* 525.
Oxys. *Fusch. Hist.* 564. *Ic.*— *Ger. Hist.* 1201. *Ic.*
Oxytriphyllon. *Trag.* 521. *Ic.*
Lujula. *Blakw. t.* 308.

HABITAT in Atlante. ♃

G I T H A G O.

CALYX persistens , coriaceus , tubulosus , apice pentaphyllus. Corolla pentapetala ; fauce nudâ. Capsula supera, polysperma. Receptaculum centrale , ramosum.

GITHAGO SEGETUM.

AGROSTEMMA Githago; hirsuta; calvcibus corollam æquantibus; petalis integris, nudis. *Lin. Spec.* 624. — *Œd. Dan. t.* 576. — *Curtis. Lond. Ic.*

Lychnis segetum major. *C. B. Pin.* 204.— *T. Inst.* 335. — *Moris. s. 5. t.* 21. *f.* 31. — *Zanich. Ist. t.* 281.

Nigellastrum. *Dod. Pempt.* 173. *Ic.* — *Pauli. Dan. t.* 91.

Lolium. *Fusch. Hist.* 127. *Ic.*

Lychnis arvensis. *Tabern. Ic.* 293.

Pseudo-Melanthium. *Lob. Ic.* 38. — *Camer. Epit.* 554. *Ic.*—*Matth. Com.* 581. *Ic.*— *Ger. Hist.* 1087. *Ic.* — *J. B. Hist.* 3. *p.* 341.

Lychnoides segetum. *Park. Theat.* 632. *Ic.*

Githago. *Trag.* 127. *Ic.*

Lychnis calycibus longissime caudatis. *Hall. Hist. n.* 926.

CAULIS 6—9 decimetr. , erectus , ramosus , villosus. Folia angustolanceolata , villosa, caulem amplectentia , subtus trinervia , integerrima. Pedunculi longi, solitarii, uniflori. Calyx villosus, decemsulcatus , corollâ paulo longior , quinquefidus; laciniis lanceolatis, acutis , foliaceis. Corolla violacea; unguibus petalorum nudis. Limbus obovatus. Capsula ovata , unilocularis. Semina magna , rugosa, fusca , læviter striata. Receptaculum centrale , liberum , ramosum.

HABITAT inter segetes. ⊙

AGROSTEMMA.

CALYX persistens , coriaceus , quinquedentatus. Corolla pentapetala , unguiculata; fauce coronatâ. Capsula oblonga, supera , polysperma. Receptaculum centrale.

AGROSTEMMA CŒLIROSA.

AGROSTEMMA glâbra ; foliis lineari-lanceolatis; petalis emarginatis, coronatis. *Lin. Spec.* 624.

Lychnis Pseudo - Melanthio similis africana glabra angustifolia. *Herm. Lugdb.* 393. *Ic.*

Lychnis minor seu Nigellastrum minus, flore eleganter rubello. *Moris. s. 5.*
t. 22. f. 32.
Lychnis sicula glabra Pseudo-Melanthii facie. *Dodart. Icones.*
Lychnis foliis glabris, calyce duriore. *Boc. Sic.* 27. *t.* 14. *f.* 2. — *T.*
Inst. 337.

PLANTA tota glabra aut vix pubescens. Caulis erectus, dichotomus,
3—6 decimetr. Folia opposita, integra; inferiora angusto - lanceolata.
Flores laxe paniculati. Pedunculi elongati, tenues, inæquales, uniflori.
Calyx tubulosus, maturo fructu ovatus, sulcis decem sæpe crispis exaratus,
quinquedentatus; dentibus subulatis. Corolla rosea. Limbus petalorum
obcordatus, emarginatus, basi appendiculatus; appendicibus furcatis.
Planta elegans, colore floris suavissime roseo conspicua.

HABITAT in arenis ad maris littora. ☉

L Y C H N I S.

CALYX persistens, tubulosus, quinquedentatus. Corolla pentapetala. Capsula supera, polysperma. Receptaculum centrale.

L Y C H N I S   D I O I C A.

LYCHNIS floribus dioicis. *Lin. Spec.* 626. — *Œd. Dan. t.* 792. — *Bergeret.*
Phyt. 2. *p.* 23. *Ic.* — *Curtis. Lond. Ic.* — *Hall. Hist. n.* 923.
Lychnis sylvestris alba simplex. *C. B. Pin.* 240.—*T. Inst.* 334.—*Zanich.*
Ist. t. 186. *Ic. mala.*
Melandrium Plinii genuinum. *Clus. Hist. p.* 294. *Ic.*
Ocymastrum seu Ocymoides. *Tabern. Ic.* 299. — *Matth. Com.* 706. *Ic.*
Lychnis sylvestris. *Dod. Pempt.* 171. *Ic.*
Lychnis sylvestris noctiflora alba simplex, calyce amplissimo. *Till. Pis.*
105. *t.* 41. *f.* 1.
Ocymoides album multis. *J. B. Hist.* 3. *p.* 342. *Ic.*
Lychnis sylvestris rubello flore. *Ger. Hist.* 469. *Ic.*—*Lob. Ic.* 335.
Lychnis sylvestris purpurea simplex et multiplex. *Moris. s. 5. t.* 21. *f.* 23.
Ocymoides. *Camer. Epit.* 740. *Ic.*

HABITAT Algeriâ. ♃

CERASTIUM.

CALYX persistens, quinquepartitus. Corolla pentapetala; petalis bifidis. Capsula supera, polysperma, apice dehiscens. Receptaculum centrale, liberum.

* *Capsulis oblongis.*

CERASTIUM PERFOLIATUM.

CERASTIUM foliis connatis. *Lin. Spec.* 627.
Myosotis orientalis perfoliata, Lychnidis folio. *T. Cor.* 18. — *Dill. Elth.* 295. *t.* 217. *f.* 284.

CAULIS 2—3 decimetr., lævis, articulatus, erectus, inferne ramosus. Folia connata, glauca, glaberrima, margine sæpe subciliata; inferiora lanceolata, internodiis longiora; superiora longe breviora, ovata. Flores laxe paniculati, pedicellati; pedicellis inæqualibus. Calycis laciniæ adpressæ, ovato-oblongæ, margine membranaceæ. Petala alba, emarginata, lineari-elliptica, longitudine calycis. Capsula glabra, elongata, superne attenuata, lævissime striata, calyce duplo aut triplo longior. Semina numerosa, reniformia, rugosa, receptaculo centrali, libero, ramoso affixa. Corollæ cito evanescunt.

HABITAT in arvis arenosis. ☉

CERASTIUM VULGATUM.

CERASTIUM foliis ovatis; petalis calyci æqualibus; caulibus diffusis. *Lin. Spec.* 627.
Cerastium foliis oblongis, hirsutis; caulibus diffusis; hirsutie nuda. *Curtis. Lond. Ic.*
Myosotis arvensis hirsuta parvo flore. *T. Inst.* 245. — *Vail. Bot. t.* 30. *f.* 1.
Auricula muris quorumdam, flore parvo, vasculo tenui longo. *J. B. Hist.* 3. *p.* 359. *Ic.* — *Gesner. Ic. Æn.* 97.
Myosotis foliis ovato-lanceolatis; petalis calycis longitudine. *Hall. Hist. n.* 893.

PLANTA tota hirsuta villis nec glandulosis nec viscosis. Caules diffusi, ramosi, teretes, sæpe purpurascentes, 1—4 decimetr. Folia ovato-oblonga, connata. Calycis laciniæ oblongæ, margine membranaceæ. Petala calyce plerumque longiora. Stamina 10; alterna breviora. Capsula membranacea, subcylindrica, paululum recurva, calyce duplo fere longior; ore decem-dentato. Semina numerosa, flavescentia. Distinguitur à C. viscoso et C. semidecandro Lin., radice perenni; villis eglandulosis nec viscosis. Variat villis numerosissimis et raris; foliis latioribus et angustioribus. In planta vegetiore petala minora et vice versâ. CURTIS.

HABITAT in hortis. ♃

CERASTIUM VISCOSUM.

CERASTIUM erectum, villoso-viscosum. *Lin. Spec.* 627.—*Curtis. Lond. Ic. optima.*
Myosotis altera hirsuta viscosa. *Vail. Bot. t.* 30. *f. 3. nec. f.* 1.
Myosotis hirsuta et viscosa. *Hall. Hist. n.* 895.

PLANTA villoso-viscosa. Caules ex communi cæspite plures, plerumque simplices, 1—3 decimetr., erecti aut ascendentes. Folia ovata, apice sæpe rotundata, flavo-virescentia. Flores terminales, glomerati, conferti. Calycis laciniæ ovato-oblongæ, acuminatæ. Petala alba, angusta, basi villosa, bifida, longitudine calycis. Stamina 10. Filamenta 5 longiora. Styli 5, pubescentes. Capsula cylindrica, membranacea, calyce duplo longior, apice decemdentata. Semina numerosa, flavescentia, rugosa. Distinguitur caule erecto; foliis flavescentibus, latioribus, obtusis aut etiam apice rotundatis, villoso-viscosis; petalis minoribus; floribus glomeratis, confertis.

CERASTIUM SEMIDECANDRUM.

CERASTIUM floribus pentandris; petalis emarginatis. *Lin. Spec.* 627. — *Curtis. Lond. Ic. bona.*
Myosotis arvensis hirsuta minor. *Vail. Bot. t.* 30. *f.* 2.
Cerastium hirsutum minus parvo flore. *Rai. Synops. t.* 15. *f.* 1.

PLANTA villis viscosis vestita. Radices fibrosæ. Caules ex communi cæspite plures, simplices aut ramosi, primum supra terram expansi, deinde erecti, 1 — 2 decimetr. Folia lanceolata; inferiora basi attenuata ; superiora connata. Flores subcorymbosi, terminales. Calycis laciniæ lanceolatæ , villoso-viscosæ , margine et apice membranaceæ. Petala oblonga , alba, apice emarginata aut erosa , calyce paulo breviora. Stamina 5—6, rarius plura. Capsula membranacea, cylindrica, apice decemdentata, calyce duplo longior.

HABITAT in arvis arenosis. ☉

CERASTIUM DICHOTOMUM.

CERASTIUM foliis lanceolatis ; caule dichotomo , ramosissimo ; capsulis erectis. *Lin. Spec.* 628.
Lychnis segetum minor. *C. B. Pin.* 204.
Myosotis hispanica segetum. *T. Inst.* 245.
Alsine corniculata. *Clus. Hist.* 2. *p.* 184. *Ic.* — *Tabern. Ic.* 708. — *Lob. Ic.* 462. — *J. B. Hist.* 3. *p.* 359. *Ic.*

PLANTA villoso-viscosa. Caulis erectus, dichotomus, 1—3 decimetr. Folia opposita, lanceolata, 4—7 millimetr. lata, 3—4 centimetr. longa ; inferiora, petiolata ; superiora sessilia. Flos in singula dichotomia, solitarius , erectus , breviter pedicellatus. Calyx persistens , quinquepartitus ; laciniis ovato-oblongis , acutis , margine et apice membranaceis. Petala alba , apice sæpe emarginata , calyce breviora. Capsula recta , tubulosa, superne sensim attenuata , membranacea , læviter striata, apice decemdentata , calyce duplo aut triplo longior.

HABITAT inter segetes Algeriæ. ☉

** * Capsulis subrotundis.*

CERASTIUM AQUATICUM.

CERASTIUM foliis cordatis , sessilibus ; floribus solitariis ; fructibus pendulis. *Lin. Spec.* 629. — *Bergeret. Phyt.* 1. *p.* 157. *Ic.* — *Curtis. Lond. Ic.*
Alsine maxima solanifolia. *T. Inst.* 242. — *Mentz. Pug. t.* 2. *f.* 3.
Alsine major. *Camer. Epit.* 851. — *Dod. Pempt.* 29. *Ic.*
Alsine palustris. *Tabern. Ic.* 713. *et* 707.
Alsine maxima. *Lob. Ic.* 460. — *Park. Theat.* 759. *Ic.* — *Dalech. Hist.* 232. *Ic.*

Alsine altissima. *Matth. Com.* 782. *Ic.*

Alsine foliis ovato-cordatis ; imis petiolatis ; tubis quinis. *Hall. Hist. n.* 885.

CAULES prostrati aut procumbentes , nodosi , fragiles , inferne glabri, angulosi, 2—6 decimetr., superne teretes, pubescentes, ramosi ; ramis dichotomis. Folia opposita , sessilia , ovata , acuta , glabra , undulata ; ima petiolata. Flores paniculati , inæqualiter pedicellati , terminales et in ramorum dichotomia solitarii. Calyx quinquepartitus , pubescens , viscosus ; laciniis ovatis , concavis. Petala 5 , alba , calyce paulo longiora , patentia , bipartita ; laciniis lineari - ellipticis. Stamina 10. Styli 5 , filiformes , albi. Capsula nutans , ovata , vix calyce longior, subpentagona , quinquevalvis , unilocularis , polysperma. Semina parva , rufa , rugosa , rotundato - reniformia. Receptaculum centrale , liberum.

HABITAT in paludibus. ♃

SPERGULA.

CALYX persistens , quinquepartitus. Corolla pentapetala ; petalis integris. Capsula supera , unilocularis , quinquevalvis , polysperma. Receptaculum liberum.

SPERGULA ARVENSIS.

SPERGULA foliis verticillatis ; floribus decandris. *Lin. Spec.* 630. — *Curtis. Lond. Ic.*

Alsine Spergula dicta major. *C. B. Pin.* 251. — *T. Inst.* 243. — *Duham. Cult.* 6. *p.* 149. *t.* 1.

Spergula. *Dod. Pempt.* 537. — *Ger. Hist.* 1125. *Ic.* — *Park. Theat.* 562. *Ic.* — *J. B. Hist.* 3. *p.* 722. *Ic.* — *Dalech. Hist.* 1331. *Ic.*

Saginæ Spergula , Polygonon Tragi. *Lob. Ic.* 803.

Alsine foliis verticillatis ; seminibus rotundis. *Hall. Hist. n.* 873.

PLANTA pubescens lanugine brevissimâ. Caulis 3—6 decimetr., simplex aut ramosus, erectus, nodosus ; nodis incrassatis, articulatis. Folia verticillata, crassiuscula, lineari-subulata. Fasciculi axillares. Panicula dichotoma , terminalis. Flores pedicellati, in singula dichotomia solitarii , ante et post florescentiam deflexi, divaricati. Calyx viscidus, persistens, quinque-partitus ; laciniis ovatis, obtusis, adpressis, margine membranaceis. Petala alba, parva, ovata. Stamina 10. Styli 5. Capsula ovata, calyce longior, unilocularis, quinquevalvis, polysperma. Semina fusca, subrotunda, rugosa, marginata. Receptaculum centrale, liberum, ramosum.

HABITAT in arenis et in arvis cultis. ☉

DECAGYNIA.

NEURADA.

CALYX quinquepartitus, superus, parvus. Corolla pentapetala. Germen inferum. Capsula orbiculata, depressa, subtus convexa, undique aculeis munita, decemlocularis. Semina solitaria.

NEURADA PROCUMBENS.

NEURADA. *Lin. Spec.* 631. *Exclus. Pluk. Ic.* —*Lamarck. Illustr. t.* 393.

HABITAT in deserto. ☉

PHYTOLACCA.

CALYX coloratus, quinquepartitus, persistens. Corolla nulla. Bacca supera, sulcata, multilocularis, polysperma. Folia apice callosa.

PHYTOLACCA DECANDRA.

PHYTOLACCA floribus decandris, decagynis. *Lin. Spec.* 631. — *Miller. Illustr. Ic.* — *Bergeret. Phyt.* 2. *p.* 165. *Ic.*
Phytolacca vulgaris. *Dill. Elth.* 318. *t.* 239. *f.* 309. — *Blakw. t.* 515.
Solanum racemosum americanum. *Pluk. t.* 225. *f. 3. mala.*

PLANTA glaberrima. Caulis 1—2 metr., erectus, sæpe purpurascens, ramosus; ramis superne dichotomis. Folia alterna, ovata, acuta, integerrima, margine subundulata, breviter petiolata. Racemi florum solitarii, foliis oppositi. Pedunculus striatus. Pedicelli patentes. Bracteæ subulatæ, adpressæ. Calyx coloratus, albus aut purpurascens, quinquepartitus; laciniis ovatis, obtusis. Corolla nulla. Stamina 10, calyce paulo longiora, quinque alterna, totidem opposita. Germen superum. Styli 10, minimi. Bacca depressa, nigro-cœrulea, orbiculata, decem aut duodecimsulcata, unilocularis, deca aut dodecasperma. Semina semi-orbiculata, hinc convexa et crassiora, uno ordine orbiculatim disposita, receptaculo centrali adhærentia.

HABITAT prope Algeriam. ♃

CLASSIS XI.

DODECANDRIA.

MONOGYNIA.

―――――――

PEGANUM.

CALYX persistens, quinquepartitus. Corolla pentapetala. Capsula obtusa, trilocularis, supera.

PEGANUM HARMALA.

PEGANUM foliis multifidis. *Lin. Spec.* 638. —*Bulliard. Herb. t.* 343.
Harmala. *Dod. Pempt.* 121. *Ic.* — *T. Inst.* 257. *t.* 133. — *Blakw. t.* 310. —
   Ger. Hist. 1255. *Ic.* — *Lob. Ic.* 2. *p.* 55. — *Tabern. Ic.* 135.
Ruta sylvestris flore magno albo. *C. B. Pin.* 336.
Ruta quæ dici solet Harmala. *J. B. Hist.* 3. *p.* 200. *Ic.* — *Matth. Com.*
   542. *Ic.* — *Camer. Epit.* 496. *Ic.*
Ruta sylvestris syriaca sive Harmala. *Park. Theat.* 134. *Ic.*

PLANTA glaberrima. Caules 3 — 6 decimetr. , diffusi , procumbentes , ramosi ; ramis basi nodosis et articulatis, patentibus. Folia pinnata; foliolis remotis , linearibus , acutis , glaucis , crassiusculis , subtus convexis. Flores solitarii , breviter pedicellati. Calyx persistens, quinquepartitus ; laciniis corollâ longioribus , linearibus , pinnatifidis , foliaceis. Corolla pentapetala , patens , 4 centimetr. lata. Petala alba , inferne virescentia , elliptica , obtusa, striata. Stamina circiter 15. Filamenta approximata, subulata, basi unguiculata, crispa. Antheræ lineares, pallide flavæ, emisso pulvere contortæ. Germen superum, obtuse trigonum , depressum , glandulis basi cinctum. Stylus 1, longitudine staminum. Stigma triquetrum, crassiusculum. Capsula obtuse trigona, subrotunda, trivalvis, valvis obtusis, trilocularis, polysperma. Semina numerosa, pyramidata, apice medio septo inserta. Tota planta contrita odorem fœtidum spirat. Pecora intactam relinquunt.

HABITAT in arenis deserti. ♃

N I T R A R I A.

CALYX persistens, quinquedentatus. Corolla pentapetala. Stamina circiter quindecim. Stylus unus. Stigma simplex. Bacca supera, monosperma, nucleo oblongo, uniloculari fœta.

NITRARIA TRIDENTATA.

NITRARIA ramis spinosis ; foliis carnosis, truncatis, cuneiformibus.

FRUTEX 8—12 decimetr., ramosissimus; ramis incurvis, spinosis. Folia alterna, glauca, carnosa, cuneiformia, truncata, apice sæpe tridentata, margine integerrima. Flores parvi, subcorymbosi, pedicellati. Calyx persistens, exiguus, quinquedentatus. Corolla alba, pentapetala ; petalis concavis, linearibus, obtusis. Stamina circiter 15, petalis longiora. Filamenta filiformia. Antheræ parvæ. Stylus 1, brevissimus. Stigma 1. Germen oblongum, superum. Bacca rubra, mollis, ovata, pendula, monosperma. Nucleus elongatus, triqueter, acutus, sulcato-reticulatus, monospermus.

HABITAT in arvis arenosis. ♄

L Y T H R U M.

CALYX persistens, dentatus. Corolla hexapetala, summo calyci inserta. Capsula supera, calyce tecta, bilocularis, polysperma.

LYTHRUM HYSSOPIFOLIA.

LYTHRUM foliis alternis, linearibus ; floribus hexandris. *Lin. Spec.* 642. —*Jacq. Austr.* 2. *t.* 133.

Salicaria Hyssopi folio latiore. *T. Inst.* 253. — *Hall. Jen.* 147. *t.* 6. *f.* 3.
Hyssopifolia major latioribus foliis. *C. B. Pin.* 218. — *Prodr.* 108. *Ic.*
Hyssopifolia aquatica. *J. B. Hist.* 3. *p.* 792. *Ic.*
Salicaria foliis linearibus; floribus per alas sessilibus. *Hall. Hist. n.* 855.

HABITAT ad rivulos. ☉

TRIGYNIA.

RESEDA.

CALYX persistens, quinquepartitus. Petala fimbriata, inæqualia.
Styli brevissimi. Capsula supera, polysperma, unilocularis, apice
dehiscens.

RESEDA LUTEOLA.

RESEDA foliis lanceolatis, integris, basi utrinque unidentatis; calycibus
quadrifidis. *Lin. Syst. veget.* 448. — *Œd. Dan. t.* 864.
Luteola herba Salicis folio. *C. B. Pin.* 100. — *T. Inst.* 423. — *Schaw.*
Specim. n. 394.
Antirrhinum. *Trag.* 362. *Ic.*
Lutum herba. *Dod. Pempt.* 80. *Ic.*
Luteola. *Lob. Ic.* 353. — *Ger. Hist.* 494. *Ic.* — *Tabern. Ic.* 110.
Pseudo-Strutium. *Camer. Epit.* 356. *Ic.* — *Matth. Com.* 442. *Ic.* — *Blakw.*
t. 283.
Lutea vulgaris. *Park. Theat.* 603. *Ic.*
Lutea Plinii quibusdam. *J. B. Hist.* 3. *p.* 465. *Ic.*
Herba lutea. *Dalech. Hist.* 501. *Ic.*
Reseda foliis ellipticis, obtuse lanceolatis, undulatis; calycibus quadrifidis.
Hall. Hist. n. 1058.
La Gaude. *Regnault. Bot. Suppl. Ic.*

CAULIS 6—12 decimetr. , erectus, striatus, glaber, ramosus; ramis
virgatis. Folia sparsa, sessilia, lanceolata, glabra, basi utrinque unidentata,

integerrima, 8—12 centimetr. longa, 10—15 millimetr. lata. Flores longe racemosi , parvi , conferti , breviter pedicellati. Bracteola subulata , adpressa , pedicellum adæquans. Calyx minimus , quadripartitus, persistens ; laciniis ellipticis , obtusis ; duobus superioribus paululum majoribus. Petala plerumque 4 , parva , inæqualia , pallide lutea. Petalum superius majus , basi unguiculatum , convexum , rotundatum , apice multifidum ; alterum brevius, squamiforme, integrum , superiore tectum ; lateralia duo , lingulata , angustissima , superne latiora , sæpe ramosa ; inferiora nulla aut minima. Stamina circiter 20. Antheræ parvæ , luteæ. Styli 3 , breves , persistentes. Capsula depressa, unilocularis, rugosa, apice sexvalvis ; valvulis tribus erectis , ovatis ; tribus intus revolutis, alternis, crassiusculis. Semina minuta, nigra, lævissima, hinc rotundata , inde subemarginata.

HABITAT in arvis. ⊙

RESEDA ALBA.

RESEDA foliis pinnatis ; floribus tetragynis ; calycibus sexpartitis. *Lin. Spec.* 645.
Reseda maxima. *C. B. Pin.* 100.

PLANTA glaberrima. Caules striati , ramosi , diffusi , sursum arcuati. Folia pinnata ; pinnulis lanceolatis , undulatis , integerrimis , decurrentibus ; minoribus interjectis. Costa intermedia alba , subtus convexa, striata. Flores racemosi, conferti, brevissime pedicellati. Calyx persistens , quinquepartitus , parvus; laciniis lineari-subulatis , acutis , inæqualibus. Petala quatuor aut quinque , alba , inæqualiter laciniata , subæqualia , staminibus longiora. Stamina circiter 12. Styli 4 , brevissimi. Capsula oblonga , tetragona , rugosa, unilocularis, apice dehiscens. Semina fusca, reniformia , parietibus affixa.

HABITAT in arvis. ⊙

RESEDA LUTEA.

RESEDA foliis omnibus trifidis ; inferioribus pinnatis. *Lin. Spec.* 645. — *Jacq. Austr.* 4. *t.* 353. — *Bulliard. Herb. t.* 281.
Reseda vulgaris. *C. B. Pin.* 100. — *T. Inst.* 423.
Reseda Plinii neotericorum , etc. *Lob. Ic.* 222. — *Ger. Hist.* 277. *Ic.*

Reseda vulgaris lutea. *Dodart. Icones.*
Reseda minor seu vulgaris. *Park. Theat.* 823. *Ic.*
Reseda lutea. *J. B. Hist. 3. p.* 467. — *Dalech. Hist.* 1199. *Ic.*
Reseda hexapetala ; foliis pinnatis , undulatis ; calyce sexfido. *Hall. Hist.*
 n. 1056.

CAULES ascendentes, ramosi, striati, glabri, asperiusculi. Folia undulata,
in petiolum decurrentia ; inferiora integra, bi aut tripartita , obtusa ; superiora pinnata ; pinnulis lanceolatis , solitariis, binis aut ternis. Flores
racemosi, pedicellati. Calyx persistens , sexpartitus ; laciniis subulatis ,
inæqualibus. Petala 6 aut plura, pallide lutea ; duo superiora majora ,
basi unguiculata et fornicata, scutum semicirculare obtegentia, profunde
bipartita : laciniis paulo infra unguis apicem externe emergentibus ; ligulâ
intermediâ minimâ, quandoque nullâ. Petala duo lateralia minora, simplicia, bi aut trifida, unguiculata ; inferiora nonnulla, angustissima ,
lamellata. Stamina 15—18. Styli 3, brevissimi. Capsula oblonga, exasperata, subtrigona, angulis obtusis, unilocularis, apice dehiscens; oris margine
intus revoluto. Semina parietibus affixa, parva, fusca, reniformia, nitida.

HABITAT in arvis. ☉

RESEDA PHYTEUMA.

RESEDA foliis integris trilobisque ; calycibus sexpartitis, maximis. *Lin.*
 Spec. 645. — *Jacq. Austr.* 2. *t.* 132.
Reseda minor vulgaris. *T. Inst.* 423. — *Schaw. Specim. n.* 504.
Resedæ affinis Phyteuma. *C. B. Pin.* 100. — *Prodr.* 42. *Ic.* — *Park. Theat.* 823. *Ic.*
Erucago apula. *Col. Ecphr.* 269. *Ic.*
Phyteuma. *J. B. Hist. 3. p.* 386. *Ic.* — *Dalech. Hist.* 1198. *Ic.*

CAULES procumbentes, 2 — 3 decimetr., ramosi, angulosi. Folia R.
odoratæ Lin., glabra, simplicia aut triloba, spathulato-lanceolata, obtusa,
in petiolum decurrentia. Flores laxe racemosi, pedicellati. Calyx persistens,
sexpartitus, petalis longior, absolutâ florescentiâ maximus ; laciniis inæqualibus, obtusis. Corolla hexapetala. Petala quatuor superiora tenuiter
fimbriata, basi unguiculata et fornicata ; duo inferiora simplicia, angustissima. Styli 3, brevissimi. Capsula oblonga, inflata, subhexagona,
tricuspidata. Semina reniformia, rugosa.

HABITAT in arvis arenosis. ☉

RESEDA ODORATA.

RESEDA foliis integris trilobisque ; calycibus florem æquantibus. *Lin. Spec.* 646. — *Bergeret. Phyt.* 2. *p.* 237. *Ic.*
Reseda foliis integris trilobisque ; floribus tetragynis. *Miller. Dict. t.* 217.

CAULES ascendentes , striati , ramosi. Folia lanceolata , obtusa , simplicia , quandoque bi aut tripartita. Flores racemosi , pedicellati. Calyx persistens , sexpartitus ; laciniis lineari-subulatis. Petala plerumque 6 , quandoque plura , parva , alba ; superiora duo basi unguiculata , fornicata , scutum rotundatum obtegentia , tenuissime fimbriata ; lateralia et inferiora angustissima. Antheræ croceæ. Styli plerumque 3 , breves. Capsula oblonga , torulosa , apice tricuspidata. Flores odoratissimi.

HABITAT in arenis prope Mascar. ☉

EUPHORBIA.

CALYX octo aut decemfidus ; laciniis alternis erectis ; alternis exterioribus coloratis , petaloideis , patentibus , crassiusculis , formâ variis , dentatis , bicornutis , quandoque tri aut multifidis. Stamina plerumque duodecim , receptaculo inserta. Germen pedicellatum , superum. Styli tres , bifidi. Capsula tricocca , trilocularis , trisperma. Semina figurâ varia. Plantæ lactescentes.

* *Fruticosæ , inermes , nec dichotomæ , nec umbelliferæ.*

EUPHORBIA MAURITANICA.

EUPHORBIA inermis , seminuda , fruticosa , filiformis , flaccida ; foliis alternis. *Lin. Spec.* 649.
Tithymalo aphyllo , pianta di Mauritania. *Imperati.* 664. *Ic.*
Tithymalus aphyllus Mauritaniæ. *Dill. Elth.* 384. *t.* 289. *f.* 373. *bona.*
Tithymalus arboreus africanus. *T. Inst.* 85.
Tithymalus aphyllos. *J. B. Hist.* 3. *p.* 676. *Exclus. Syn.*

FRUTEX 6—12 decimetr. Caules teretes , erecti , carnosi , crassi , surculos glaucos , erectos , virgatos , vix ramosos , superne foliosos aut nudos emittens. Folia sparsa, glauca, lævia, avenia, concava, integerrima, acuta, patentia, 6 millimetr. lata, 15 — 18 longa. Pedunculi sex ad octo, terminales, uniflori. Calyx decemfidus; laciniis quinque exterioribus, petaloideis, subrotundis, dentatis, viridi-flavescentibus. Capsulam non vidi.

HABITAT in Barbaria. ♄

EUPHORBIA DENDROIDES.

EUPHORBIA umbella multifida, dichotoma; involucellis subcordatis; primariis triphyllis; caule arboreo. *Lin. Spec.* 662.
Tithymalus myrtifolius arboreus. *C. B. Pin.* 290.
Tithymalus dendroides. *Camer. Epit.* 965. — *J. B. Hist.* 3. *p.* 675.
Tithymalus arboreus. *Alp. Exot.* 62. *Ic.*
Tithymalus siciliensis, Oleæ folio, caule tumente. *Zan. Hist.* 219. *t.* 168.
Tithymalus dendroides major verior. *Barrel. t.* 910. *bona.*

FRUTEX 8—12 decimetr., erectus, ramosus; ramis teretibus. Folia in ramis vetustioribus nulla; in junioribus numerosa, lanceolata, sparsa, glabra, integerrima, utrinque attenuata, obtusa, in petiolum brevem decurrentia, 7—9 millimetr. lata, 5 centimetr. longa aut longiora, læte viridantia. Umbella quinquefida, dichotoma. Involucrum universale pentaphyllum, lanceolatum; partialia diphylla; foliolis oppositis, rotundatis, sessilibus, glabris, integerrimis. Calyx octofidus; laciniis quatuor exterioribus subrotundis, flavescentibus. Capsula glabra, obtuse trigona. Semina grisea, lævia, subrotunda.

HABITAT in fissuris rupium prope Basilbab in regno Tunetano. ♄

** *Dichotomæ, umbella bifida aut nulla.*

EUPHORBIA PEPLIS.

EUPHORBIA caule decumbente, dichotomo; foliis oppositis, oblongis, obtusis, basi hinc auriculatis; floribus solitariis, axillaribus.
Euphorbia dichotoma; foliis integerrimis, semicordatis; floribus solitariis, axillaribus; caulibus procumbentibus. *Lin. Spec.* 653.
Tithymalus maritimus, folio obtuso aurito rubro perinde ac caule. *T. Inst.* 87. — *Zanich. Ist. t.* 68.
Peplis maritima folio obtuso. *C. B. Pin.* 293.

Peplis. *J. B. Hist. 3. p.* 668. — *Clus. Hist.* 2. *p.* 187. *Ic.*—*Lob. Ic.* 363. —
    Camer. Epit. 970. *Ic.* — *Ger. Hist.* 503. *Ic.* — *Matth. Com.* 868. *Ic.*
Tithymalus seu Peplis maritima, folio obtuso. *Moris. s.* 10. *t.* 2. *f.* 18.

PLANTA glabra. Caules ex eodem cæspite plures, in rosulam expansi,
dichotomi, decumbentes aut prostrati. Folia opposita, brevissime petiolata,
obtusa, 4—6 millimetr. lata, 9—11 longa, integra, nervo longitudinai
inæqualiter bipartita, basi hinc appendiculata; appendice obtuso, nunc
integro, nunc denticulato. Stipulæ parvæ; apice setosæ. Flores axillares,
solitarii, pedicellati; pedicellis brevibus. Capsulæ glabræ, læves, trigonæ;
angulis rotundatis. Semina lævia, grisea, ovata.

HABITAT in arenis ad maris littora. ☉

✳✳✳ *Umbella trifida.*

E U PʰO R B I A   P E P L U S.

EUPHORBIA umbella trifida, dichotoma; involucellis ovatis; foliis inte-
    gerrimis, obovatis, petiolatis. *Lin. Spec.* 653. — *Curtis. Lond. Ic.* —
    Bulliard. Herb. t. 79.
Tithymalus foliis rotundis non crenatis. *T. Inst.* 87.
Peplus sive Esula rotunda. *C. B. Pin.* 292.
Peplos sive Esula rotunda. *J. B. Hist. 3. p.* 669. *Exclus. Ic.* — *Ger. Hist.*
    503. *Ic.* — *Lob. Ic.* 362.—*Camer. Epit.* 969. *Ic.*—*Matth. Com.* 868. *Ic.*
Peplus. *Dod. Pempt.* 375. *Ic.* — *Tabern. Ic.* 597.
Esula rotunda sive Peplus. *Park. Theat.* 194. *Ic.*
Tithymalus annuus sive Esula rotunda. *Moris. s.* 10. *t.* 2. *f.* 11.
Esula folio rotundo. *Rivin.* 2. *t.* 118.
Tithymalus foliis rotundis; stipulis floralibus cordatis, obtusis; petalis
    argute corniculatis. *Hall. Hist. n.* 1049.

CAULIS ramosus, erectus, 1—3 decimetr., glaber. Folia alterna, sparsa,
glabra, integerrima, obovata, petiolata. Umbella triradiata, dichotoma.
Involucrum universale triphyllum; partialibus diphyllis, cordato-ovatis.
Flores minuti, subsessiles. Calyx octofidus; laciniis quatuor exterioribus
petaloideis, bisetosis. Capsula glabra, lævis, trigona. Semina oblonga,
obtuse angulosa, foveolis undique excavata.

HABITAT in arvis cultis. ☉

EUPHORBIA FALCATA.

EUPHORBIA umbella trifida , dichotoma ; involucellis cordato-subfalcatis , acutis ; foliis lanceolatis , obtusiusculis. *Lin. Spec.* 654.— *Jacq. Austr.* 2. *t.* 121.

Tithymalus annuus supinus , folio rotundiore acuminato. *T. Inst.* 87.

Peplos. *Fusch. Hist.* 603. *Ic.*

Pithyusa minor subrotundis et acutis foliis. *Barrel. t.* 751.

Euphorbia mucronata. *Lamarck. Dict.* 2. *p.* 426.

PLANTA glabra. Caules 2—3 decimetr. , ramosi , erecti. Umbella plerumque triradiata ; radiis dichotomis , patulis. Folia alterna , glauca , integerrima ; caulina spathulata , obtusa. Involucra cordato-subfalcata , mucronata ; primordialia ternata ; ramea bina , opposita. Flores parvi , sessiles , solitarii. Calyx intus villosus , octofidus ; laciniis quatuor exterioribus petaloideis , purpureis , bicornutis. Capsula glabra, lævis, parva. Semina oblonga , alba , utrinque duplici serie foveolarum transversalium insculpta. Folia ludunt pro natali solo , nunc spathulata , nunc fere linearia observavi. Umbella nonnunquam bi aut quadriradiata.

HABITAT in arvis cultis. ☉

EUPHORBIA EXIGUA.

EUPHORBIA umbella trifida , dichotoma ; involucellis lanceolatis ; foliis linearibus. *Lin. Spec.* 654.— *Curtis. Lond. Ic.* — *Œd. Dan. t.* 592.

Tithymalus seu Esula exigua. *C. B. Pin.* 291.— *T. Inst.* 86. — *Schaw. Specim. n.* 590.

Tithymalus minimus angustifolius annuus. *J. B. Hist.* 3. *p.* 664. *Ic.* — *Moris. s.* 10. *t.* 2. *f.* 5.

Esula exigua. *Trag.* 296. *Ic.* — *Ger. Hist.* 503. *Ic.* — *Lob. Ic.* 357.—*Dalech. Hist.* 1656. *Ic.*

Tithymalus leptophyllos. *Park. Theat.* 193. *Ic.*

Tithymalus minimus. *Tabern. Ic.* 395.

Tithymalus exiguus saxatilis. *Magn. Bot.* 259. *Ic.*

Tithymalus foliis linearibus ; stipulis lanceolatis , aristatis. *Hall. Hist. n.* 1048.

Euphorbia retusa ; foliis linearibus , retusis ; involucellis lanceolatis. *Cavanil. Ic.* 21. *t.* 34. f. 3. Species distincta floribus pentapetalis.

PLANTA polymorpha. Caules erecti , teretes , graciles , solitarii , bini, terni aut plures ex eodem cæspite , 8—16 centimetr. , quandoque 2—3 decimetr. Folia sparsa, alterna, numerosa, glabra, lineari-subulata ; inferiora sæpe truncata aut emarginata , minora. Umbella tri ad quinquefida, dichotoma ; involucris et involucellis lanceolatis , numerum radiorum æquantibus. Calyx octofidus ; laciniis exterioribus flavis , minutis, lunatis ; cornubus setiformibus. Capsula lævis , glabra , trigona. Semen oblongum , obtusum , rugosum.

HABITAT inter segetes. ⊙

**** *Umbella quinquefida.*

EUPHORBIA SPINOSA. Tab. 101. var. A.

EUPHORBIA umbella subquinquefida , simplici ; involucellis ovatis ; primariis triphyllis ; foliis oblongis , integerrimis, caule fruticoso. *Lin. Spec.* 655.
Tithymalus maritimus spinosus. *C. B. Pin.* 291. — *T. Inst.* 87.
Euphorbia pungens; umbella subquinquefida , simplici ; foliis oblongis , integerrimis; caule fruticoso; ramulis senescentibus pungentibus. *Lamarck. Dict.* 2. *p.* 431.

A. Euphorbia fruticosa inermis , glabra ; foliis lanceolatis , integerrimis ; umbella quinqueradiata ; involucro flavescente , ovato ; capsulis echinatis.

FRUTEX cæspitosus , glaberrimus , 2 — 3 decimetr. , ramosissimus. Ramuli juniores tenues , diffusi ; deinde rigidi , spinescentes. Folia integerrima , glabra, lanceolata, læte viridantia. Umbellæ terminales , parvæ , uni bi tri ad quinqueradiatæ ; radiis simplicibus aut furcatis. Involucrum flavescens, tri ad pentaphyllum, ovato-oblongum ; partiale, si adest, diphyllum, ovatum. Calyx octofidus; laciniis quatuor exterioribus flavis, parvis, orbiculatis, integris. Capsula crassa, echinata, subrotunda Semina lævia , oblonga.

VARIETAS A. in solo pinguiori nata distinguitur caule 6—12 decimetr. , erecto; ramis non spinescentibus; foliis quadruplo aut quintuplo majoribus ;

umbellæ radiis quinis, sæpe furcatis. Naturam inter utramque nullos posuisse limites ex accuratâ et centies repetitâ observatione pro certo habeo.

HABITAT Algeriâ in montibus. ♄

EUPHORBIA PITHYUSA.

EUPHORBIA umbella quinquefida, bifida; involucellis ovatis, mucronatis;
  foliis lanceolatis; infimis involutis, retrorsum imbricatis. *Lin. Spec.* 656.
Tithymalus arboreus linifolius. *T. Inst.* 87.
Tithymalus maritimus Juniperi folio. *Boc. Sic.* 9. *t.* 5. *f.* 2. — *Moris. s.* 10.
  t. 1. *f.* 25.
Tithymalus foliis brevius aculeatis. *C. B. Pin.* 292.
Pithyusa. *Matth. Com.* 867. *Ic.* — *Dalech. Hist.* 1652. *Ic.* — *Camer. Epit.*
  967. *Ic.*
Tithymalus Cyparissias vulgaris. *Park. Theat.* 193. *Ic.*

FRUTEX 3—6 decimetr., inferne aphyllus, sæpe purpurascens, ramosus;
ramis decumbentibus, glabris. Folia glauca, glabra, confertissima et quasi
imbricata, sparsa, lineari-lanceolata, integerrima, acuta, mucronata,
17—22 millimetr. longa, 2—4 lata; inferiora retroversa; superiora erecto-
patentia, latiora, concava. Umbella parva, tri ad quinqueradiata, bifida
aut dichotoma. Involucrum tri ad pentaphyllum, ovatum aut ovato-oblongum, mucronatum. Involucella ovata, concava. Flos in bifurcatione
sessilis. Calyx octofidus; laciniis quatuor petaloideis. subcordatis. Capsula
lævis, trigona. Semina oblonga, lævia. Pedunculi sæpe axillares, floriferi,
paniculati infra umbellam.

HABITAT ad maris littora. ♄

EUPHORBIA PARALIAS.

EUPHORBIA umbella semiquinquefida, bifida; involucellis cordato-reni-
  formibus; foliis sursum imbricatis. *Lin. Spec.* 657. — *Jacq. Hort. t.* 188.
Tithymalus maritimus. *C. B. Pin.* 291. — *T. Inst.* 87. — *Schaw. Specim.*
  n. 591. — *Moris. s.* 10. *t.* 1. *f.* 24. *et t.* 2. *f.* 28.
Tithymalus Paralius. *J. B. Hist.* 3. *p.* 674. *Ic.* — *Dod. Pempt.* 370. *Ic.* —
  Lob. Ic. 354. — *Matth. Com.* 864. *Ic.* — *Camer. Epit.* 962. *Ic.* — *Tabern.*
  Ic. 593. — *Dalech. Hist.* 1647. *Ic.* — *Ger. Hist.* 498. *Ic.* — *Park. Theat.*
  184. *Ic.* — *Zanich. Ist. t.* 40. — *Gesner. Ic. Lign. t.* 17. *f.* 152.

Tithymalus foliis linearibus , aristatis , imbricatis ; stipulis umbellaribus , ovato-lanceolatis ; floralibus cordatis. *Hall. Hist. n.* 1055.

CAULES herbacei , erecti , parum ramosi , teretes , *3 — 6* decimetr. , ramos steriles inferne emittentes. Folia glauca , glabra , crassiuscula , alterna , sparsa , numerosissima , approximata , integerrima , erecta aut sursum imbricata, superne sensim crescentia, lanceolata, nunc obtusa, nunc acuta , brevissime mucronata aut mutica ; superiora sæpe ovata seu ovato-oblonga. Umbella e radiis tribus ad septem , dichotomis. Involucrum universale e foliis totidem , ovatis ; partiale diphyllum ; foliolis cordato-rhomboideis , concavis , oppositis , sessilibus. Calyx octofidus ; laciniis quatuor petaloideis , flavis , bicornutis ; cornubus brevissimis. Capsula trigona , glabra , subrugosa. Semen griseum , læve , ovoideum , hinc longitudinaliter fissum.

HABITAT in arenis ad maris littora. ♃

EUPHORBIA HELIOSCOPIA.

EUPHORBIA umbella quinquefida , trifida , dichotoma ; involucellis obovatis ; foliis cuneiformibus , serratis. *Lin. Spec.* 658. — *Curtis. Lond. Ic.* — *Œd. Dan. t.* 725.
Tithymalus Helioscopius. *C. B. Pin.* 291.—*T. Inst.* 87.—*Fusch. Hist.* 811. — *Camer. Epit.* 963. *Ic.* — *Matth. Com.* 864. *Ic.* — *Ger. Hist.* 498. *Ic.* — *Park. Theat.* 189. *Ic.* — *Lob. Ic.* 356. — *Tabern. Ic.* 593. — *Dalech. Hist.* 1648. *Ic.* — *Dod. Pempt.* 371. *Ic.* — *Moris. s.* 10. *t.* 2. *f.* 9.
Tithymalus Helioscopius solisequus. *J. B. Hist.* 3. *p.* 669. *Ic.*
Esula vulgaris. *Trag.* 294. *Ic.*
Tithymalus foliis petiolatis , subrotundis , serratis ; stipulis rotundis , serratis. *Hall. Hist. n.* 1050.

CAULIS erectus , teres , villosus, 2—3 decimetr. , inferne brachiatus ; ramis oppositis. Folia alterna , sparsa , serrata , cuneiformia, apice sæpe rotundata , in petiolum decurrentia ; superiora sensim majora. Umbella plerumque quinquefida , trifida , dichotoma. Involucrum pentaphyllum, foliis consimile. Involucella numerum radiorum adæquantia. Calyx octofidus ; laciniis quatuor petaloideis , integris , subrotundis , flavis. Capsula trigona , lævis. Semen subovoideum , fuscum , undique reticulatum.

HABITAT prope La Calle. ☉

EUPHORBIA SERRATA.

EUPHORBIA umbella quinquefida, trifida, dichotoma; involucellis diphyllis, reniformibus; foliis amplexicaulibus, cordatis, serratis. *Lin. Spec.* 658. *Bulliard. Herb. t.* 75.

Tithymalus Characias folio serrato. *C. B. Pin.* 290.—*T. Inst.* 87.—*Schaw. Specim. n.* 589.—*Moris. s.* 10. *t.* 1. *f.* 6.

Tithymalus serratus. *Dalech. Hist.* 1649. *Ic.*—*J. B. Hist.* 3. *p.* 673. *Ic.*

Tithymalus Myrtites valentinus. *Clus. Hist.* 2. *p.* 189. *Ic. bona.*

Tithymalus Characias. *Dod. Pempt.* 369. *Ic.*

Tithymalus Characias serratifolius. *Ger. Hist.* 500. *Ic.*

Tithymalus Characias serratus monspeliensis. *Park. Theat.* 186. *Ic.*— *Gesner. Ic. Æn. t.* 14. *f.* 123.

FOLIA mire ludunt; lanceolata, acuta, linearia et truncata sæpe observavi. Umbella nonnunquam prolifera ramos emittit, involucro et involucello superstite.

HABITAT in arenis. ♃ ·

EUPHORBIA VERRUCOSA.

EUPHORBIA umbella quinquefida, subtrifida, bifida; involucellis ovatis; foliis lanceolatis, serrulatis, villosis; capsulis verrucosis. *Lin. Spec.* 658.

Tithymalus Myrsinites fructu verrucæ simili. *C. B. Pin.* 291.—*T. Inst.* 86.

Tithymalus verrucosus. *J. B. Hist.* 3. *p.* 673. *Ic.*—*Moris. s.* 10. *t.* 3. *f.* 3. — *Schaw. Specim. n.* 592.

Tithymalus foliis ellipticis, serratis; stipulis umbellaribus quinis; floralibus obtuse quadrangulis; capsulis undique exasperatis. *Hall. Hist. n.* 1052.

Euphorbia umbella quinquefida, bifida; involucellis obovatis; foliis ovato-lanceolatis, serrulatis, subvillosis; capsulis verrucosis. *Lamarck. Dict.* 2. *p.* 434.

CAULES 3 decimetr. et ultra, simplices aut inferne ramosi, basi sæpe decumbentes. Folia alterna, sparsa, lanceolata seu ovato-lanceolata, inferne angustata, obtusa, apice serrulata, subtus et margine subvillosa. Umbella quinquefida, bifida. Involucrum universale pentaphyllum; foliis obovatis; partiale diphyllum, nunc rotundatum, nunc ovatum, flavescens. Calyx octofidus ; laciniis petaloideis; exterioribus subrotundis , integris , flavis. Capsula crassa , verrucosa. Semina lævia , ovoidea , brunnea. Calyx in nonnullis decemfidus.

HABITAT Algeriâ. ♃

EUPHORBIA PLATYPHYLLA.

EUPHORBIA umbella quinquefida , trifida , dichotoma ; involucris carina pilosis; foliis serratis , lanceolatis ; capsulis verrucosis. *Lin. Spec.* 660. —*Jacq. Austr.* 4. *t.* 376.
Tithymalus arvensis latifolius germanicus. *C. B. Pin.* 291. —*T. Inst.* 86. — *Moris. s.* 10. *t.* 3. *f.* 1.
Tithymalus platyphyllos. *Fusch. Hist.* 813. *Ic.* — *J. B. Hist.* 3. *p.* 670. *Ic.*
Tithymalus foliis lanceolatis , serratis; stipulis floralibus cordatis ; fructibus asperis , lineis lævibus divisis. *Hall. Hist. n.* 1053.

CAULIS erectus , glaber , 3 — 6 decimetr. Folia sparsa , alterna , sessilia, lanceolata , glabra , deflexa , serrulata . 6 — 11 millimetr. lata , 22—45 longa , carinâ sæpe villosa ; inferiora , obtusa ; superiora acutiuscula. Rami floriferi axillares , graciles , paniculati , sæpe numerosissimi. Umbella terminalis, quinquefida , tri aut quadrifida , dichotoma. Involucra serrulata ; universale pentaphyllum ; foliolis lanceolatis ; partiale ovatum seu ovato-oblongum. Calyx octofidus ; laciniis quatuor exterioribus flavis, rotundatis , integris. Capsula verrucosa. Semen ovoideum , parvum , brunneum, lævissimum , nitidum. Planta flavescens.

HABITAT prope La Calle. ☉

EUPHORBIA SEGETALIS.

EUPHORBIA umbella quinquefida ; dichotoma ; involucellis cordatis ; acutis; foliis lineari-lanceolatis ; ramis floriferis. *Lin. Spec.* 657.—*Jacq. Austr.* 5. *t.* 450. — *Lamarck. Dict.* 2. *p.* 433.
Tithymalus Linariæ folio , lunato flore. *T. Inst.* 86.
Tithymalus Linariæ folio longiore. *Moris. s.* 10. *t.* 2. *f.* 3.

Planta glaberrima. Caulis 3 decimetr. , simplex , ascendens. Folia sparsa, lineari - lanceolata , acuta , plana , sessilia , integra. Flores axillares pedunculati infra umbellam. Umbella quinqueradiata, bifida. Involucrum universale pentaphyllum , lanceolatum ; partiale diphyllum , cordatum. Calyx octofidus; laciniis exterioribus bicornutis, flavis. Germen læviter verrucosum.

HABITAT in arvis. ⊙

EUPHORBIA CORALLIOIDES.

EUPHORBIA umbella quinquefida, trifida, dichotoma ; involucellis ovatis ; foliis lanceolatis ; capsulis lanatis. *Lin. Spec.* 659. — *Amœn. Acad. 3. p.* 123. — *Lamarck. Dict.* 2. *p.* 436.
Tithymalus arboreus, caule corallino, folio Hyperici, pericarpio barbato. *Boerh. Lugdb.* 1. *p.* 256.

HABITAT in Barbaria. ♃

EUPHORBIA SETICORNIS.

EUPHORBIA umbella quinquefida, dichotoma ; foliis lanceolatis ; petalis bicornibus. *Poiret. Itin.* 2. *p.* 173.

,, FOLIA superiora apice subdentata ; inferiora integerrima, oblonga,
,, obtusa cum acumine minimo. Involucrum pentaphyllum, foliis consi-
,, mile. Involucella diphylla, cordata. Petala bicornuta ; cornubus setaceis,
,, longis , quod huic proprium. ,, POIRET.

HABITAT prope La Calle.

EUPHORBIA HETEROPHYLLA. Tab. 102.

EUPHORBIA foliis inferioribus emarginatis, mucronatis ; superioribus angusto-lanceolatis, acutis ; umbella quinquefida ; involucellis ovatis, acuminatis ; petalis bicornibus.

CAULES erecti, sæpe plures ex communi cæspite, glabri, herbacei, simplices. Folia glabra, sparsa, integra ; inferiora minuta cuneiformia, truncata aut emarginata, mucronata ; caulina superiora angusto-lanceolata, acuta, integerrima. Umbella quinquefida, bifida. Involucrum universale pentaphyllum, lanceolatum, foliis majus ; partiale diphyllum, ovatum, acutum , mucronatum. Calyx octofidus ; laciniis quatuor exterioribus bicornutis : cornubus setaceis, longis. Capsula lævis , trigona. Semina

I

subrotunda , lævia. Planta polymorpha. Caules in arido solo filiformes. Folia emarginata , cuneiformia aut linearia. Umbella tri ad quinqueradiata ; radiis brevissimis. Affinis E. exiguæ Lin. Differt foliis latioribus ; radiis in planta adulta et vigente quinis ; semine lævi , subrotundo.

HABITAT in arenis prope Tozzer. ☉

EUPHORBIA PUBESCENS.

EUPHORBIA villosa; foliis ovato-oblongis, serrulatis ; umbella quinquefida, trifida , bifida ; involucellis ovatis ; capsulis muricatis.
Tithymalus folio Salicis hirsuto. *Boerh. Index.* 106.
Tithymalus minor paludosus , hirsuto nigro glaucescente folio Amygdali breviore. *Hort. Cath. Suppl. 3. — Vail. Herb.*
Euphorbia umbella quinquefida , trichotoma ; involucellis semicordatis ; foliis cuneiformibus , pilosis , serrulatis ; capsulis muricatis. *Vahl. Symb.* 2. *p. 55.*

CAULIS. erectus , teres , herbaceus , 6 decimetr. , villosus , ramulos axillares emittens. Folia caulem amplectentia , villosa , ovato-oblonga , obtusa cum acumine brevissimo , tenuissime serrulata , 2—5 centimetr. longa , 15—22 millimetr. lata. Umbella quinquefida , sæpe trifida ; radiis bifidis aut dichotomis , villosis. Involucrum universale pentaphyllum , ovatooblongum , obtusum , serratum ; partialibus numerum radiorum æquantibus , ovatis , acuminatis. Flos in dichotomia solitarius , sessilis. Calyx octofidus ; laciniis quatuor exterioribus parvis , semirotundis , integris. Capsula muricata , plerumque purpurea. Semina subrotunda , brunnea , nitida , lineolis lente vitreo conspicuis exasperata. Caules et bracteæ sæpe purpurascentes. Affinis E. platiphyllæ Lin. Differt hirsutie ; capsulis purpureis ; seminibus lineolis exasperatis.

VARIETATEM possideo capsulis villosis et vix muricatis distinctam. Calyx sæpe villosus.

HABITAT ad rivulos prope Tunetum. ♃

EUPHORBIA PANICULATA.

EUPHORBIA foliis spathulato-lanceolatis, glabris, serrulatis ; umbella quinquefida , trifida , bifida ; involucellis ovato-rotundatis ; petalis integris.

PLANTA glabra. Caulis herbaceus, erectus, 3—6 decimetr., simplex aut ramosus. Folia sessilia, sparsa, inferne angustata, spathulato-lanceolata, tenuissime serrata, lævia, 27—40 millimetr. longa, 12—16.lata. Pedunculi floriferi axillares, paniculati infra umbellam. Umbella terminalis, quinquefida, trifida, bifida. Involucrum pentaphyllum, ovatum; partialibus numerum radiorum æquantibus, ovato-rotundatis, flavescentibus. Calyx octofidus; laciniis quatuor exterioribus luteis, integris, rotundatis. Affinis E. palustri Lin. Capsulam non vidi.

HABITAT in Barbaria. ⁊

***** *Umbella multifida.*

EUPHORBIA BIUMBELLATA.

EUPHORBIA umbella multifida, duplici; involucellis diphyllis, subcordatis; foliis linearibus. *Poiret. Itin.* 2. *p.* 174. *Ic.*

,, DISTINGUITUR umbellâ sexdecim ad octodecimradiatâ, ramum emit-
,, tente umbellâ alterâ simillimâ coronatum. Involucrum polyphyllum; fo-
,, liolis ovato-oblongis. Involucella diphylla, cordata. Caulis simplex, 3
,, decimetr., aut altior. Folia linearia, obtusa. An planta monstruosa?

HABITAT prope La Calle.

EUPHORBIA BUPLEVROIDES. Tab. 103.

EUPHORBIA foliis angusto-lanceolatis, serrulatis; floribus axillaribus paniculatis; umbella quinqueradiata; bracteis ovato-oblongis, acuminatis.

CAULES simplices, erecti, 3—6 decimetr., crassitie pennæ anserinæ. Folia glabra, serrulata, sessilia, sparsa, utrinque attenuata, acuta, canaliculata, patentia, 6—8 millimetr. lata, 5—8 centimetr. longa. Pedunculi floriferi axillares, paniculati, foliis nunc breviores nunc longiores, simplices aut bifurcati. Umbella terminalis e radiis quinque aut sex, dichotomis. Involucrum universale penta aut hexaphyllum, lanceolatum, acutum; partiale diphyllum; foliis oppositis, ovato-oblongis, acuminatis, concavis, flavescentibus. Petala flava, rotundata. Capsulam non vidi.

HABITAT in Atlante prope Tlemsen. ⁊

PENTAGYNIA.

GLINUS.

CALYX persistens, profunde quinquepartitus ; laciniis ellipticis. Petala sex ad duodecim , filiformia, bi aut trifurcata. Stamina circiter quindecim , disco hypogyno inserta. Antheræ biloculares ; loculis distinctis. Germen superum , oblongum , subpentagonum. Styli quinque. Capsula oblonga, pentagona, quinquelocularis polysperma. Semina subreniformia, funiculo setiformi cincta, et eodem mediante affixa receptaculo columnari.

GLINUS LOTOIDES.

GLINUS. *Lin. Spec.* 663. — *Loefl. Hisp.* 200. — *Burm. Ind. t.* 36.
Alsine lotoides sicula. *Boc. Sic.* 21. *t.* 11. — *T. Inst.* 242.
Portulaca bœtica luteo flore spuria aquatica. *Barrel. t.* 336.

HERBA cinerei coloris , tota hirsuta villis brevibus , ramosis. Caules 2—6 decimetr. , cæspitosi, prostrati aut procumbentes, dichotomi. Folia inæqualia, subverticillata , bina terna quaterna aut plura, petiolata , suborbiculata , undulata , integerrima. Flores glomerati, axillares, secundum caulis longitudinem ; alii sessiles ; alii breviter pedicellati ; pedicellis inæqualibus. Calyx profunde quinquepartitus ; laciniis ellipticis ; duabus interioribus albis, petaloideis; tertiâ semipetaloideâ. Petala 6—12, filiformia, alba, apice bi aut trifurcata ; nonnullis sæpe simplicibus. Stamina 15—16, calyce breviora , disco hypogyno inserta. Antheræ pallide luteæ, versatiles , biloculares ; loculis distinctis. Styli 5, breves. Stigmata totidem , simplicia. Germen oblongum, subpentagonum. Capsula pentagona , calyce tecta, vix brevior, quinquevalvis, quinquelocularis , polysperma. Semina numerosa , parva , subreniformia , fusca , hinc cincta funiculo setiformi , albo, et affixa receptaculo centrali, cylindraceo.

HABITAT Algeriâ. ☉

DODECAGYNIA.

SEMPERVIVUM.

CALYX persistens, sex ad quindecimpartitus. Petala sex ad quindecim. Stamina totidem. Capsulæ sex ad quindecim, stellatim dispositæ. Folia carnosa.

SEMPERVIVUM ARBOREUM.

SEMPERVIVUM caule arborescente, lævi, ramoso. *Lin. Spec.* 664.
Sedum majus arborescens. *J. B. Hist. 3. p.* 686. *Ic. — T. Inst.* 262. —
    Ger. Hist. 510.
Sempervivum sive Sedum arborescens majus. *Dod. Pempt.* 127. *Ic.*
Sedum majus legitimum. *Clus. Hist. 2. p.* 58.—*Park. Theat.* 730. *Ic. mala.*
Sedum majus arborescens græcum. *Lob. Ic.* 379.
Sempervivum arborescens. *Camer. Epit.* 857. *Ic.—Matth. Com.* 786. *Ic.*

CAULIS fruticosus, teres, nudus, 8—12 decimetr., ramosus. Rami glabri, carnosi, sæpe inferne angustiores. Folia in apice confertissima, alterna, in rosulam expansa, spathulata, nitida, plana, carnosa, crassiuscula, mucronata, margine ciliato-serrulata; interiora longiora, 5—6 centimetr. lônga, 13—15 millimetr. lata, in ramis floriferis sparsa. Flores paniculato-thyrsoidei, numerosissimi. Pedunculi teretes, superne ramosi, lævissime pubescentes aut glabri. Bracteolæ lanceolatæ, acutæ, alternæ, marcescentes, deciduæ. Flores singuli pedicellati. Calyx parvus, persistens, decemfidus; laciniis linearibus, obtusis, æqualibus, adpressis. Corolla lutea, decapetala; petalis calyci alternis, linearibus, acutiusculis, patentibus, radiantibus. Stamina 20, decem alterna, totidem petalis opposita. Filamenta subæqualia, capillaria, lutea, longitudine corollæ. Antheræ parvæ, ovatæ, concolores. Germina 10, supera, oblonga, compressa, glabra, staminibus paulo breviora. Styli totidem, capillares, erecti. Stigma simplex, parvulum, obtusum. Glandula nectarifera ad basim singuli germinis. Capsulam maturam non vidi. Folia sæpe lituris albis, flavescentibus et violaceis variegata.

HABITAT in montibus prope Algeriam. ♄

CLASSIS XII.

ICOSANDRIA.

MONOGYNIA.

===

CACTUS.

CALYX urceolatus aut tubulosus, squamis numerosis, imbricatis tectus. Petala numerosa, multiplici ordine, bas i coalita ; interiora majora. Stylus unus. Stigma multifidum. Bacca infera, umbilicata, squamularum vestigiis exasperata, polysperma.

CACTUS OPUNTIA.

CACTUS articulato prolifer, laxus; articulis ovatis ; spinis setaceis. *Lin. Spec.* 669.
Opuntia vulgo herbariorum. *J. B. Hist.* 1. *p.* 154. *Ic.*—*T. Inst.* 239.— *Miller. Dict. t.* 191.
Ficus indica. *Lob. Ic.* 2. *p.* 241.—*Camer. Epit.* 183. *Ic.*—*Matth. Com.* 234. *Ic.*—*Ger. Hist.* 1512. *Ic.*—*Park. Theat.* 1497. *Ic.*—*Dod. Pempt.* 813. *Ic.*
Ficus indica folio spinoso fructu majore. *C. B. Pin.* 458.
Ficus indica spinosa. *Tabern. Ic.* 958.

COROLLA lutea. Stamina ad tactum irritabilia. Fructus pulposus, mollis, polyspermus , intus albus flavus aut ruber , nutriens , refrigerans et maximi usûs. Folia, sublatis aculeis, optimum pabulum pecoribus præstant. Munimentum hortorum et domorum impenetrabile.

HABITAT in Barbaria. ♄

MYRTUS.

CALYX quinquefidus. Corolla pentapetala, calyci inserta, laciniis alterna. Stamina numerosa. Bacca umbilicata, infera, bi aut trilocularis.

MYRTUS COMMUNIS.

MYRTUS floribus solitariis; involucro diphyllo. *Lin. Spec.* 673.
Myrtus latifolia romana. *C. B. Pin.* 468. — *T. Inst.* 640. *t.* 409. — *Miller. Dict.* 123. *t.* 184.
Myrtus latifolia belgica forte romana. *J. B. Hist.* 1. *p.* 512. *Ic.*
Myrtus. *Camer. Epit.* 132. *Ic.* — *Dalech. Hist.* 237. *Ic.* — *Tabern. Ic.* 1054.
Myrtus altera. *Dod. Pempt.* 772. *Ic.*
Myrtus laurea maxima. *Lob. Ic.* 2. *p.* 125. — *Ger. Hist.* 1411. *Ic.*
Myrtus latifolia maxima. *Park. Theat.* 1453. *Ic.* — *Matth. Com.* 196. *Ic.*
Le Myrte. *Regnault. Bot. Ic.*

A. Myrtus latifolia bœtica vel foliis laurinis. *C. B. Pin.* 469. — *T. Inst.* 640. — *Duham. Arbr.* 2. *p.* 44. *t.* 10. — *Schaw. Specim. n.* 418.
Myrtus bœtica latifolia domestica. *Clus. Hist.* 65. *Ic.* — *Lob. Ic.* 2. *p.* 127. — *Dalech. Hist.* 238. *Ic.* — *Ger. Hist.* 1411. *Ic.* — *Blakw. t.* 114. — *J. B. Hist.* 1. *p.* 511. *Ic.*
Myrtus exotica. *Camer. Epit.* 134. *Ic.*

BACCÆ edules. Cortex et folia ad perficienda coria inserviunt.

HABITAT in collibus incultis et in Atlante. ♄

PUNICA.

CALYX coloratus, persistens, crassus, turbinatus, quinque aut sexfidus. Corolla penta aut hexapetala, calyci inserta. Stamina numerosa. Pomum rotundum, maximum, inferum, calyce coronatum, cortice coriaceo involutum, octo ad decemloculare; septis transversis, membranaceis. Semina numerosa, angulosa; singulum in arilla pulposa reconditum.

PUNICA GRANATUM.

PUNICA foliis lanceolatis ; caule arboreo. *Lin. Spec.* 676.—*Miller. Illustr. Ic.*
Punica quæ Malum granatum fert. *T. Inst.* 636. *t.* 407.
Malus punica sativa. *C. B. Pin.* 438.
Malus punica. *Camer. Epit.* 130. *Ic.* — *J. B. Hist.* 1. *p.* 76. *Ic.* — *Dod.*
  Pempt. 794. *Ic.*—*Lob. Ic.* 130. — *Ger. Hist.* 1450. *Ic.*—*Matth. Com.* 193.
  Ic.—*Park. Theat.* 1510. *Ic.* — *Trag.* 1037. *Ic.*—*Pauli. Dan. t.* 280.
Malus granata sive Punica. *Tabern. Ic.* 1033.
Punica Malus. *Dalech. Hist.* 303. *Ic.* — *Gesner. Ic. Lign. t.* 20. *f.* 175.
Granata Punica Mala. *Blakw. t.* 145.
Le Grenadier. *Regnault. Bot. Ic.*

FRUCTUS edulis, refrigerans. Cortex maximi usûs ad perficienda coria
et colore luteo inficienda.

COLITUR in hortis et sponte crescit in montibus. ♄

AMYGDALUS.

CALYX quinquefidus. Corolla pentapetala, calyci inserta. Drupa
nucleo poroso fœta.

AMYGDALUS PERSICA.

AMYGDALUS foliorum serraturis omnibus acutis; floribus sessilibus, soli-
  tariis. *Lin. Spec.* 676.
Persica molli carne et vulgaris viridis et alba. *C. B. Pin.* 440. — *T. Inst.*
  624. *t.* 402.—*Duham. Arbr.* 2. *p.* 100. *t.* 22.
Persica. *Camer. Epit.* 144 *et* 145. *Ic.* — *Matth. Com.* 203. *Ic.* — *Ger. Hist.*
  1447. *Ic.* — *Fusch. Hist.* 601. *Ic.*
Malus persica. *Dod. Pempt.* 796. *Ic.*—*Lob. Ic.* 2. *p.* 139. — *Tabern. Ic.* 994.
  —*Dalech. Hist.* 295. *Ic.* — *Park. Theat.* 1513. *Ic.* — *Pauli. Dan. t.* 83.
  —*J. B. Hist.* 1. *p.* 157. — *Blakw. t.* 101.
Le Pêcher. *Regnault. Bot. Ic,*

COLITUR in hortis. ♄

AMYGDALUS COMMUNIS.

AMYGDALUS foliis serratis; infimis glandulosis; floribus sessilibus, geminis. *Lin. Spec.* 677.

Amygdalus sativa fructu majori. *C. B Pin.* 441. — *T. Inst.* 627. *t.* 402. — *Duham. Arbr.* 1. *p.* 48. *t.* 17. — *Arbr. fruit.* 1. *p.* 123. *t.* 2.

Amygdalus dulcis. *J. B. Hist.* 1. *p.* 174.

Amygdalus. *Tabern. Ic.* 996. — *Dod. Pempt.* 798. *Ic.*—*Lob. Ic.* 2. *p.* 140. — *Dalech. Hist.* 317. *Ic.*—*Park. Theat.* 155. *Ic.* — *Ger. Hist.* 1445. *Ic.*— *Matth. Com.* 221. *Ic.* — *Trag.* 1089. *Ic.* — *Pauli. Dan. t.* 18.

L'Amandier. *Regnault. Bot. Ic.*

A. Amygdalus amara. *C. B. Pin.* 441.—*T. Inst.* 627.—*J. B. Hist.* 1. *p.* 174.

SPONTE crescit in arvis et in hortis colitur. ♄

PRUNUS.

CALYX quinquefidus. Corolla pentapetala. Drupa fœta nuce lævi; suturis prominulis.

PRUNUS ARMENIACA.

PRUNUS floribus sessilibus; foliis subcordatis. *Lin. Spec.* 679.

Armeniaca fructu majori. *T. Inst.* 623. — *Duham. Arbr.* 1. *p.* 74. *t.* 27. — *Arbr. Fruit.* 1. *p.* 135. *t.* 2.

Mala armeniaca majora. *C. B. Pin.* 442.

Armeniaca Mala majora. *J. B. Hist.* 1. *p.* 167. *Ic.* — *Camer. Epit.* 146. *Ic.* — *Tabern. Ic.* 993.

Armeniaca Malus. *Matth. Com.* 204. *Ic.*—*Park. Theat.* 1512. *Ic.*—*Lob. Ic.* 2. *p.* 177.

Armeniaca. *Blakw. t.* 281.

Armeniaca Malus major. *Ger. Hist.* 1448. *Ic.* — *Dalech. Hist.* 297. *Ic.*

L'Abricotier. *Regnault. Bot. Ic.*

A. Armeniaca Mala minora. *J. B. Hist.* 1. *p.* 167. *Ic.* — *T. Inst.* 624. — *Duham. Arbr.* 1. *p.* 74. *t.* 28. — *Arbr. Fruit.* 1. *p.* 135. *t.* 2.

1   50

Malus armeniaca minor. *C. B. Pin.* 442. — *Dalech. Hist.* 247. *Ic.* — *Ger. Hist.* 1448. *Ic.*

Armeniaca minora. *Camer. Epit.* 147. *Ic.* — *Matth. Com.* 204. *Ic.* — *Tabern. Ic.* 993.

COLITUR in hortis. ♄

PRUNUS AVIUM.

PRUNUS umbellis sessilibus ; foliis ovato-lanceolatis , conduplicatis, subtus pubescentibus. *Lin. Spec.* 680.

Cerasus major ac sylvestris, fructu subdulci nigro colore inficiente. *C. B. Pin.* 450. — *T. Inst.* 626. — *Duham. Arbr.* 1. *p.* 148.

Cerasus sylvestris fructu nigro. *J. B. Hist.* 1. *p.* 220.

Cerasa nigra. *Tabern. Ic.* 986. — *Blakw. t.* 425.

COLITUR in hortis prope Tlemsen. ♄

PRUNUS DOMESTICA.

PRUNUS pedunculis subsolitariis ; foliis lanceolato-ovatis, convolutis; ramis muticis. *Lin. Spec.* 680.

A. Prunus fructu magno dulci atro-cœruleo. *T. Inst.* 622.

Pruna magna dulcia atro-cœrulea. *C. B. Pin.* 443.

B. Prunus fructu parvo dulci atro-cœruleo. *T. Inst.* 622.

Pruna parva dulcia atro-cœrulea. *C. B. Pin.* 433.

COLITUR in hortis. ♄

PRUNUS INSITITIA.

PRUNUS pedunculis geminis ; foliis ovatis, subvillosis, convolutis ; ramis spinescentibus. *Lin. Spec.* 680.

Prunus sylvestris præcox altior. *T. Inst.* 623.

Pruna sylvestria præcocia. *C. B. Pin.* 444.

Prunus sylvestris major. *Rai. Hist.* 1528. — *Duham. Arbr.* 2. *t.* 41.

ALTITUDO 5—7 metr. Drupa cœrulea, parva, subrotunda , acerba.

HABITAT Algeriâ. ♄

PRUNUS PROSTRATA.

PRUNUS foliis ovatis , inæqualiter serratis , eglandulosis , subtus tomentosis.
Prunus pedunculis geminis ; foliis ovatis , inciso-serratis , eglandulosis ,
  subtus albicantibus ; caule prostrato. *Billard. Dec.* 1. *p.* 15. *t.* 6.
Prunus cretica montana minima humifusa, flore suave rubente. *T. Cor.* 43.
Amygdalus incana. *Pallas. Ros. I. p.* 13. *t.* 7.

FRUTEX 3—8 decimetr. Caules ramosissimi , procumbentes ; cortice in
vetustioribus fusco. Folia obovata , eglandulosa , brevissime petiolata.,
inæqualiter serrata , subtus tomentosa, incana, superne glabra, 6—11 millimetr. lata, 10—13 longa. Stipulæ binæ , setaceæ. Flores sessiles , axillares ,
solitarii aut bini. Calyx quinquefidus ; laciniis ovatis , obtusis , intus tomentosis. Petala 5 , elliptica , dilute rosea aut alba , laciniis calycinis alterna.
Germen ovatum. Stylus 1. Drupa parva , ovata , rubra.

HABITAT in Atlante. ♄

DIGYNIA.

MESPILUS.

CALYX quinquefidus. Corolla pentapetala , calyci inserta. Bacca
mono ad pentasperma ; nucleo osseo.

MESPILUS OXYACANTHA

CRATÆGUS foliis obtusis, subtrifidis , serratis. *Lin. Spec.* 683.—*Jacq. Austr.* 3.
  t. 292. *f.* 2. — *Œd. Dan. t.* 634. — *Bulliard. Herb. t.* 333.
Mespilus Apii folio sylvestris, sive Oxyacantha. *C. B. Pin.* 454.—*T. Inst.*
  642. — *Duham. Arbr.* 2. *p.* 17.
Oxyacantha vulgaris sive Spinus albus. *J. B. Hist.* 1. *p.* 49.
Spina alba. *Blakw. t.* 149.
Mespilus spinosa; foliis glabris, serratis, retusis, trifidis. *Hall. Hist. n.* 1087.

HABITAT in sepibus prope Bone et La Calle. ♄

MESPILUS AZAROLUS.

CRATÆGUS foliis obtusis, subtrifidis, subdentatis. *Lin. Spec.* 683.

Mespilus Apii folio laciniato. *C. B. Pin.* 453. — *T. Inst.* 642. — *Duham. Arbr.* 2. *p.* 16. *t.* 5. •

Mespilus Aronia veterum. *J. B. Hist.* 1. *p.* 67. *Ic.*

Mespilus Aronia. *Dod. Pempt.* 801. *Ic.* — *Lob. Ic.* 2. *p.* 201. — *Ger. Hist.* 1454. *Ic.* — *Park. Theat.* 1423. *Ic.* — *Tabern. Ic.* 1034. — *Dalech. Hist.* 333. *Ic.*

Mespilus prima. *Matth. Com.* 209. *Ic.* — *Camer. Epit.* 153. *Ic.*

Pyrus Azarolus. *Scop. Carn.* 1. *p.* 347.

BACCA quinquelocularis. SCOPOLI. Varietates duas observavi ; aliam fructu rubro, alteram fructu luteo distinctam.

HABITAT in Barbaria. ♄

TRIGYNIA.

SORBUS.

CALYX quinquefidus. Corolla pentapetala. Bacca polysperma ; nucleis cartilagineis. Folia pinnata.

Nᵃ. NIMIUM affinis Cratægo.

SORBUS DOMESTICA.

SORBUS foliis pinnatis, subtus villosis. *Lin. Spec.* 684. — *Jacq. Austr.* 5. *t.* 447. — *Crantz. Austr. p.* 87. *t.* 2. *f.* 3. *fructus.* — *Hall. Hist. n.* 1092.

Sorbus sativa. *C. B. Pin.* 415. — *T. Inst.* 633. — *Duham. Arbr.* 2. *p.* 272. *t.* 73. — *Blakw. t.* 174.

Sorbus legitima. *Clus. Hist.* 10. *Ic.* — *Park. Theat.* 1420. *Ic.* — *Ger. Hist.* 1471. *Ic.*

Sorbus domestica. *Lob. Ic.* 2. *p.* 106. — *Dod. Pempt.* 803. *Ic.* — *J. B. Hist.*
  1. *p.* 59. *Ic. mala.* — *Tabern. Ic.* 1019. — *Matth. Com.* 215. *Ic.* — *Dalech.*
  Hist. 330. *Ic.* — *Trag.* 1012. *Ic. mala.*
Sorba. *Camer. Epit.* 160. *Ic.*
Sorbum ovatum. *Fusch. Hist.* 576. *Ic.*
Le Sorbier commun. *Regnault. Bot. Ic.*

  HABITAT Algeriâ. ♄

PENTAGYNIA.

PYRUS.

CALYX quinquefidus. Corolla pentapetala, calyci inserta. Pomum
oblongum, capsulam quinquelocularem includens.

PYRUS COMMUNIS.

PYRUS foliis serratis; floribus corymbosis. *Lin. Spec.* 686.
Pyrus sylvestris. *C. B. Pin.* 439. — *T. Inst.* 632. — *Park. Theat.* 1500. *Ic.*
Pyra sylvestria. *Tabern. Ic.* 1018.

  COLITUR in hortis. ♄

PYRUS CYDONIA.

PYRUS foliis integerrimis; floribus solitariis. *Lin. Spec.* 687.
Cydonia angustifolia vulgaris. *T. Inst.* 633.
Cotonea sylvestris. *C. B. Pin.* 4340

  COLITUR in hortis. ♄

MALUS.

CALYX quinquefidus. Corolla pentapetala, calyci inserta. Pomum
subglobosum, utrinque umbilicatum, capsulam quinquelocularem
includens.

MALUS COMMUNIS.

Pyrus Malus ; foliis serratis ; umbellis sessilibus. *Lin. Spec.* 686. — *Miller. Illustr. Ic.*

Malus sylvestris. *C. B. Pin.* 443. — *Ger. Hist.* 1461. *Ic.* — *Park. Theat.* 1503. *Ic.* — *Tabern. Ic.* 1008. — *Blakw. t.* 178.

Pyrus foliis ovatis, acuminatis, subtus hirsutis ; petiolis florigeris brevissimis. *Hall. Hist. n.* 1097.

Colitur in hortis. ♄

MESEMBRYANTHEMUM.

Calyx persistens, quadri aut quinquefidus. Petala linearia, numerosissima, in orbem disposita, calyci inserta. Stamina numerosa. Styli quatuor, quinque aut decem. Capsula infera, radiata, multilocularis, polysperma. Folia carnosa.

MESEMBRYANTHEMUM NODIFLORUM.

Mesembryanthemum foliis altern s, teretiusculis, obtusis, basi ciliatis. *Lin. Spec.* 687.

Kellu seu Kali 2. *Alpin. Ægypt.* 2. *p.* 59. *Ic.*

Kali floridum repens neapolitanum. *Col. Ecphr.* 2. *p.* 73. *Ic.*

Kali Crassulæ minoris foliis. *C. B. Pin.* 289. — *Moris. s.* 5. *t.* 33. *f.* 4.

Planta 2—3 decimetr., tota papillis minimis, argenteis conspersa. Caules herbacei, basi procumbentes, diffusi, ramosi ; ramis teretibus, carnosis. Folia subteretia, obtusiuscula, succosa, mollia ; inferiora opposita ; superiora alterna. Flores albi, solitarii, axillares, breviter pedicellati. Calyx quinquedentatus ; dentibus linearibus, inæqualibus, obtusis. Styli 4—5.

Habitat prope Sfax ad maris littora. ☉

MESEMBRYANTHEMUM COPTICUM.

Mesembryanthemum foliis senis, semiteretibus, papulosis, distinctis ; floribus sessilibus, axillaribus ; calycibus quinquefidis. *Lin. Spec.* 688. — *Jacq. Hort.* 3. *p.* 7. *t.* 6.

Kellu seu Kali 3. *Alpin. Ægypt. p.* 5g. *Ic.*
Kali ægyptiacum foliis valde longis hirsutis. *C. B. Pin.* 289.

HABITAT ad maris littora prope Sfax. ⊙

A I Z O O N.

CALYX coloratus, persistens quinquepartitus. Corolla nulla.
Capsula supera, quinquevalvis, quinquelocularis.

A I Z O O N C A N A R I E N S E.

AIZOON foliis cuneiformi-ovatis; floribus sessilibus. *Lin. Spec.* 700.
Ficoidea procumbens Portulacæ folio, etc. *Nissol. Acad.* 1711. *p.* 322. *t.*
13. *f.* 1.
Kali aizoides canariensis procumbens. *Pluk. t.* 303. *f.* 4. — *Volk. Norib.*
236. *Ic.*
Glinus cristallinus. *Forsk. Arab.* 95. *t.* 14.

PLANTA tota punctis pellucidis conspersa. Caules plures ex eodem
cæspite, in orbem expansi, prostrati, ramosi, villosi. Folia spathulata,
obtusa, petiolata, villosa, cinerea, integerrima. Flores sessiles, plerumque
solitarii, in caule et ramis nidulantes. Calyx persistens, villosus, quinquepartitus; laciniis ovatis, erectis. Capsula pentagona, truncata, quinquedentata.

HABITAT in arenis ad maris littora. ⊙

A I Z O O N H I S P A N I C U M.

AIZOON foliis lanceolatis; floribus sessilibus. *Lin. Spec.* 700.
Ficoides hispanica annua, folio longiore. *Dill. Elth.* 143. *t.* 117. *f.* 143.

CAULES prostrati, punctis pellucidis conspersi. Folia lanceolata, margine
subtus revoluta. Fores solitarii, sessiles. Calycis laciniæ subulatæ, capsulâ
pentagonâ longiores.

HABITAT in arenis. ⊙

POLYGYNIA.

ROSA.

CALYX persistens, urceolatus, baccatus, collo angustatus, quinquefidus; laciniis sæpe pinnatifidis. Petala quinque, calyci inserta. Stamina numerosa. Germen superum. Semina hispida, calyce baccato tecta. Folia impari-pinnata; petiolis basi utrinque stipulaceis.

ROSA MOSCHATA.

ROSA foliolis quinis, ovatis, serratis, acutis, lævibus; floribus corymbosis; calycibus oblongis; laciniis integris.

CAULES 12—20 decimetr. Aculei remoti, validi, reflexi. Foliola quina, ovata, serrata, acuta, lævia. Petioli sæpe aculeati, pubescentes. Flores numerosi, corymbosi. Pedunculi hirsuti. Calyx oblongus, villosus, quinquefidus; laciniis lanceolatis, integris, intus pubescentibus. Petala alba, obovata, magnitudine R. caninæ Lin. Odor fragrantissimus. Ubique crescit in sepibus.

COLITUR a Tunetanis. Oleum essentiale odoratissimum e petalis distillatione obtinent. ♄

ROSA MAIALIS.

ROSA minor rubello flore, quæ a mense Maio Maialis dicitur C. B. Pin. 483. — T. Inst. 638. — Regnier. Act. Societ. Lausan. 1. p. 68. t. 4. An Rosa cinnamomea Lin. ?

CAULES 6—9 decimetr. Aculei reflexi, distincti. Foliola 5, ovata, serrata, nunc acuminata, nunc rotundata. Flores pauci, terminales. Pedunculi breves, stipulâ petiolari inferne involuti. Calyx lævis, ovatus : laciniis margine barbatis, apice sæpe foliaceis. Petala rubra, emarginata, magnitudine R. alpinæ Lin.

HABITAT in Atlante. ♄

ROSA MICROPHYLLA.

ROSA aculèis reflexis ; foliolis quinis, suborbiculatis, serratis, glabris.

HABITAT in Atlante. ♄

RUBUS.

CALYX persistens, quinquepartitus. Corolla pentapetala, calyci inserta. Bacca supera, acinis conglobatis, monospermis composita.

RUBUS FRUTICOSUS.

RUBUS foliis quinato-digitatis ternatisque ; caule petiolisque aculeatis. *Lin. Spec.* 707. — *Miller. Illustr. Ic.*

Rubus vulgaris sive Rubus fructu nigro. *C. B. Pin.* 479.—*T. Inst.* 614.— *Duham. Arbr.* 2. *p.* 232. *t.* 55. — *Zanich. Ist. t.* 264.

Rubus. *Dod. Pempt.* 742. *Ic.* — *Lob. Ic.* 2. *p.* 211. — *Fusch. Hist.* 152. *Ic.* — *Trag.* 970. *Ic.* — *Ger. Hist.* 1272. *Ic.* — *Pauli. Dan. t.* 337.—*Dalech. Hist.* 119. *Ic.*—*Park. Theat.* 113. *Ic.*—*Camer. Epit.* 751. *Ic.*—*Blakw. t.* 45.

Rubus major fructu nigro. *J. B. Hist.* 2. *p.* 57. *Ic.*

Rubus caule spinoso, serpente ; foliis quinatis et ternatis, subtus subtomentosis ; bacca lævi. *Hall. Hist. n.* 1109.

La Ronce. *Regnault. Bot. Ic.*

VARIETATEM distinctam foliis subtus tomentosis, incanis prope La Calle in mòntibus observavi.

HABITAT Algeriâ. ♄

FRAGARIA.

CALYX persistens, decempartitus ; laciniis alternis minoribus. Corolla pentapetala, calyci inserta. Germen superum. Semina nuda, receptaculo baccato affixa.

1

FRAGARIA VESCA.

FRAGARIA flagellis reptans. *Lin. Spec.* 708. — *Bergeret. Phyt.* 2. *p.* 67. *Ic.*
Fragaria vulgaris. *C. B. Pin.* 326. — *T. Inst.* 295.
Fragaria *Dod. Pempt.* 672. *Ic.* — *Lob. Ic.* 697. — *Blakw. t.* 77. — *Fusch.*
   Hist. 853. *Ic.* — *Ger. Hist.* 997. *Ic.* — *J. B. Hist.* 2. *p.* 394. *Ic.* — *Trag.*
   500. *Ic.* — *Tabern. Ic.* 118. — *Park. Theat.* 758. *Ic.* — *Pauli Dan.*
   t. 237. *Ic.*

HABITAT in Atlante. ♃

GEUM.

CALYX persistens, decempartitus ; laciniis alternis minoribus.
Corolla pentapetala, calyci inserta. Semina aristata ; aristis sæpe
geniculatis.

GEUM ATLANTICUM.

GEUM villosum ; foliis inferioribus pinnatis ; pinnula terminali cordata,
   maxima ; caule subunifloro ; fructibus hirsutis ; aristis contortis.

PLANTA tota villosa. Caulis 3—6 decimetr., simplex, uniflorus. Folia
radicalia petiolata, pinnata ; pinnulis tribus ad quinque, quandoque septem,
remotis, subrotundis aut ovatis, crenato-dentatis ; terminali cordatâ,
obtusâ, maximâ ; caulina inferiora obovata ; superiora inæqualiter lobata
aut laciniata ; laciniis acutis. Stipulæ magnæ, ovatæ, incisæ. Flos G. mon-
tani Lin. Petala lutea. Semina villosa. Arista contorta, nunc glabra,
nunc subvillosa. Affinis G. montano Lin. Differt foliolis paucioribus,
remotioribus ; caule altiore ; aristis contortis nec barbatis.

HABITAT in Atlante prope Tlemsen. ♃

CLASSIS XIII.

POLYANDRIA.

MONOGYNIA.

CAPPARIS.

Cᴀʟʏx tetraphyllus. Corolla tetrapetala. Bacca supera , stipitata , polysperma.

CAPPARIS SPINOSA.

Cᴀᴘᴘᴀʀɪs pedunculis solitariis , unifloris ; stipulis spinosis ; foliis annuis ; capsulis ovalibus. *Lin. Spec.* 720.—*Hàll. Hist. n.* 1077.

Capparis spinosa , fructu minore , folio rotundo. *C. B. Pın.* 480.—*T. Inst.* 261. *t.* 139. — *Schaw. Specim. n.* 111. *Ic.*—*Duham. Arbr.* 1. *p.* 122. *t.* 47.

Capparis retuso folio. *Lob. Ic.* 635.

Capparis spinosa. *J. B. Hist.* 2. *p.* 63. *Ic.*

Capparis 2. *Tabern. Ic.* 444. — *Trag.* 967. *Ic.* — *Camer. Epit.* 375. *Ic.* — *Matth. Com.* 455. *Ic.* — *Dalèch. Hist.* 155. *Ic.*

Capparis folio rotundiore. *Ger. Hist.* 895. *Ic.*

Le Caprier. *Regnault. Bot. Ic.*

Cᴀᴜʟᴇs fruticosi. Rami longi , procumbentes , glabri. Folia subcarnosa , nitida , fere orbiculata , integerrima , alterna. Petiolus brevis. Spinulæ binæ , laterales, incurvæ. Calyx deciduus ; foliis concavis , obtusis ; duobus margine membranaceis. Petala 4 , magna , alba , foliis calycinis alterna , apice rotundata ; superioribus duobus basi excavatis. Filamenta numerosa , filiformia , corollâ longiora. Germen ovoideum , pedicellatum.

Hᴀʙɪᴛᴀᴛ in rupium fissuris. ♄

CAPPARIS OVATA.

CAPPARIS folio acuto. *C. B. Pin.* 480. — *T. Inst.* 261. — *Lob. Ic.* 634. — *Ger. Hist.* 895. — *Dod. Pempt.* 746. — *Tabern. Ic.* 444. — *Park. Theat.* 1023. — *Dalech. Hist.* 155. *Ic.* — *Matth. Com.* 455. *Ic.*
Capparis sicula, duplicata spina, folio acuto. *Boc. Sic.* 79. *t.* 42. *f. 3.*

FOLIA ovata, acutiuscula.

HABITAT in fissuris rupium prope Oran. ♄

CHELIDONIUM.

CALYX diphyllus, deciduus. Corolla tetrapetala. Capsula supera, siliquosa, bivalvis, polysperma.

CHELIDONIUM CORNICULATUM.

CHELIDONIUM pedunculis unifloris ; foliis sessilibus, pinnatifidis ; caule hispido. *Lin. Spec.* 724.
Glaucium hirsutum, flore phœniceo. *T. Inst.* 254.
Papaver corniculatum phœniceum hirsutum. *C. B. Pin.* 171.
Papaver corniculatum phœniceum, folio hirsuto. *J. B. Hist.* 3. *p.* 399. *Ic.*
Papaver corniculatum rubrum. *Dod. Pempt.* 449. *Ic.*
Papaver cornutum phœniceo flore. *Clus. Hist.* 2. *p.* 91. *Ic.* — *Lob. Ic.* 271.
Papaver cornutum flore rubro. *Ger. Hist.* 367. *Ic.*
Papaver corniculatum alterum. *Dalech. Hist.* 1713. *Ic.*
Papaver corniculatum hirsutum, flore phœniceo. *Dodart. Icones.*

CAULIS ramosus, 3—6 decimetr., villosus, erectus. Folia glauca, hirsuta, pinnatifida; laciniis distinctis, inæqualiter dentatis; radicalia petiolata; caulina amplectentia. Calyx hirsutus, oblongus, acuminatus. Petala purpurea. Germen villosum. Capsula siliquosa, 1 — 2 decimetr., recta, tuberculosa, aspera, hirsuta. Stigma latum, compressum, bifidum.

HABITAT inter segetes prope Tozzer et Cafsam. ☉.

CHELID.ONIUM GLAUCIUM.

CHELIDONIUM pedunculis unifloris; foliis amplexicaulibus, sinuatis; caule glabro. *Lin. Spec.* 724. — *Œd. Dan. t.* 585.

Glaucium flore luteo. *T. Inst.* 254. — *Schaw. Specim. n.* 265. — *Zanich. Ist. t.* 166.

Papaver corniculatum. *Fusch. Hist.* 520. *Ic.* — *Lob. Ic.* 270.

Papaver corniculatum flavo flore. *Clus. Hist.* 2. *p.* 91. *Ic.* — *J. B. Hist.* 3. *p.* 398. *Ic.*

Papaver cornutum flore luteo. *Ger. Hist.* 367. *Ic.·*

Papaver corniculatum majus. *Dod. Pempt.* 448. *Ic.*

Papaver corniculatum flore luteo. *Dodart. Icones.*

Papaver corniculatum luteum. *Moris. s.* 3. *t.* 14. *f.* 1.

Papaver cornutum Matthioli. *Dalech. Hist.* 1712. *Ic.*

Papaver sylvestre corniculatum. *Trag.* 123. *Ic.*

Glaucium foliis radicalibus semipinnatis; caulinis amplexicaulibus. *Hall. Hist. n.* 1060.

FOLIA villosa, glauca; radicalia 3 decimetr., pinnatifida; foliolis ovatis, inæqualiter laciniatis et dentatis, remotis, obtusis, decurrentibus, extimis majoribus; caulina amplectentia, lobata, dentata. Calyx hirsutus. Corolla lutea; petalis 2 paululum majoribus. Siliqua longissima, arcuata.

HABITAT ad maris littora. ☉

CHELIDONIUM HYBRIDUM.

CHELIDONIUM pedunculis unifloris; foliis pinnatifidis, linearibus; caule lævi; siliquis trivalvibus. *Lin. Spec.* 724.

Glaucium flore violaceo. *T. Inst.* 254. — *Schaw. Specim. n.* 266.

Papaver corniculatum violaceum. *C. B. Pin.* 172. — *Dod. Pempt.* 449. — *J. B. Hist.* 3. *p.* 399. — *Moris. s.* 3. *t.* 14. *f.* 3. — *Dalech. Hist.* 1713. — *Lob. Ic.* 272. — *Clus. Hist.* 2. *p.* 92. *Ic.* — *Ger. Hist.* 367. *Ic.* — *Park. Theat.* 262. *Ic.*

CAULIS, petioli, calyces pilis rariusculis hirsuti. Folia multifariam decomposita; foliolis linearibus, inæqualibus, mucronatis. Corolla intense violacea. Siliqua recta, trivalvis.

HABITAT inter segetes. ☉

PAPAVER.

CALYX diphyllus, deciduus. Corolla tetrapetala. Stylus nullus. Stigma orbiculatum, radiatum, persistens. Capsula supera, multilocularis, polysperma, poris sub stigmate dehiscens.

PAPAVER ARGEMONE.

PAPAVER capsulis clavatis, hispidis; caule folioso, multifloro. *Lin. Spec.* 725. — *Œd. Dan. t.* 867.

Papaver erraticum capite longiore hispido. *T. Inst.* 238. — *Schaw. Specim. n.* 462.

Argemone capitulo longiore. *Lob. Ic.* 276. — *C. B. Pin.* 172. — *Ger. Hist.* 373. *Ic.*

Argemone capitulo longiore spinoso. *J. B. Hist.* 3. *p.* 396. *Ic. mala.*

Argemone capitulis longioribus hirsutis. *Moris. s.* 3. *t.* 14. *f.* 10.

Papaver foliis hispidis, pinnatis; pinnis lobatis; capitulis ellipticis, hispidis. *Hall. Hist. n.* 1063.

CAULES pilosi; pilis adpresssis. Capsulæ clavatæ, hispidæ. Corolla dimidio minor quam in P. Rhœade. Lin.

HABITAT inter segetes. ☉

PAPAVER RHŒAS.

PAPAVER capsulis glabris, globosis; caule piloso, multifloro; foliis pinnatifidis, incisis. *Lin. Spec.* 726. — *Curtis. Lond. Ic.*

Papaver rubrum. *Brunsf.* 3. *p.* 52. *Ic.*

Papaver erraticum majus etc. *C. B. Pin.* 171. — *T. Inst.* 238. — *Zanich. Ist. t.* 261.

Papaver erraticum rubrum fluidum. *Tabern. Ic.* 570.

Papaver Rhœas seu caduco puniceo flore Papaver. *Lob. Ic.* 275.

Papaver erraticum rubrum campestre. *J. B. Hist.* 3. *p.* 395. *Ic.*

Papaver erraticum. *Dod. Pempt.* 447. *Ic.* — *Fusch. Hist.* 515. *Ic.* — *Matth. Com.* 745. *Ic.* — *Camer. Epit.* 802. *Ic.* — *Pauli. Dan. t.* 101.

Papaver erraticum simplex et multiplex. *Moris. s.* 3. *t.* 14. *f.* 6.

Papaver Rhœas. *Park. Theat.* 366. — *Ger. Hist.* 371. *Ic.*

Papaver erraticum Rhœas. *Blakw. t.* 2.

Argemone. *Trag.* 120. *Ic.*

Papaver foliis semi-pinnatis, hispidis; fructu ovato, glabro. *Hall. Hist.*
  n. 1064.

Le Pavot rouge. *Regnault. Bot. Ic.*

AFFINIS P. dubio Lin. Differt pilis caulinis mollioribus, patentibus;
capsulis obovatis nec elongatis.

HABITAT inter segetes. ☉

PAPAVER SOMNIFERUM.

PAPAVER calycibus capsulisque glabris; foliis amplexicaulibus, incisis.
  Lin. Spec. 726. — *Hall. Hist. n.* 1065. — *Bulliard. Herb. t.* 57.

Papaver hortense semine albo, sativum Dioscoridis, album Plinio. *C. B.*
  Pin. 170. — *T. Inst.* 237. — *Moris. s.* 3. *t.* 14. *f.* 4.

Papaver album sativum. *Lob. Ic.* 272. — *Ger. Hist.* 369. *Ic.* — *Dod. Pempt.*
  445. *Ic.* — *Tabern. Ic.* 569. — *Dalech. Hist.* 1708. *Ic.*

Papaver sativum. *Fusch. Hist.* 518. *Ic.* — *Camer. Epit.* 803. *Ic.* — *Matth.*
  Com. 745. *Ic.*

Papaver. *Trag.* 122. *Ic.* — *Pauli. Dan. t.* 309.

Papaver sativum simplex nigrum. *Park. Theat.* 366. *Ic.*

Papaver album. *J. B. Hist.* 3. *p.* 390. *Ic.*

Le Pavot noir. *Regnault. Bot. Ic.*

COLITUR prope Porto-Farine apud Tunetanos. E capsulis incisione
Opium extrahunt. Semina aqua ebulliente cocta cum oleo et sale condita
comedunt. ☉

PAPAVER OBTUSIFOLIUM.

PAPAVER foliis hirsutis, decompositis; lobis inferiorum obtusis; pilis
  caulinis adpressis; capsulis glabris, ovato-oblongis.

CAULIS 3 decimetr., erectus, pilosus. Folia hispida, bifariam décom-
posita; pinnulis inferiorum obtusis, brevibus; superiorum acutis. Pedunculi longi, aphylli, uniflori, pilosi; pilis adpressis. Calyx pilosus. Pili

rufescentes. Corolla rosea , magnitudine P. Argemone Lin. Capsula ovato-oblonga , glaberrima. Affinis P. dubio Lin. cujus forte varietas. Differt hirsutie; pinnulis foliorum inferiorum obtusissimis ; capsulis ovato-oblongis.

HABITAT in Atlante prope Belide. ☉

C I S T U S.

CALYX persistens, pentaphyllus; foliis duobus exterioribus plerumque minoribus, quandoque nullis aut minimis. Corolla pentapetala. Capsula supera, tri ad decemvalvis, polysperma.

Exstipulati, fruticosi. Capsula 5—10 locularis, 5—10 valvis.

CISTUS VILLOSUS.

CISTUS arborescens, exstipulatus ; foliis ovatis , petiolatis, hirtis. *Lin. Syst. veget.* 496.

Cistus pilosus. *Lin. Spec.* 736.

Cistus major folio rotundiore. *J. B. Hist.* 2. *p.* 2. *Ic.* — *T. Inst.* 259.— *Duham. Arbr.* 1. *p.* 167. *t.* 64.

Cistus mas folio rotundo hirsutissimo. *C. B. Pin.* 464.

Cistus mas Matthioli. *Dalech. Hist.* 222.

Cistus fruticosus, exstipulatus ; foliis ovatis , petiolatis , hirtis ; pedunculis longis , unifloris. *Lamarck. Dict.* 2. *p.* 13.

FRUTEX 6 — 9 decimetr., ramosus , erectus. Rami teretes ; juniores villosi, incani. Folia opposita , ovata, obtusa, sæpe rotundata, 10—28 millimetr. lata , 2—4 centimetr. longa, rugosa, inferne nervoso-reticulata, villosa ; villis brevibus ; ramea media et superiora brevissime mucronata. Petioli breves, basi latiores , connati , vaginantes , ciliati , nervosi. Flores corymboso-paniculati. Pedunculi axillares et terminales , uni bi rarius triflori , nodulo plerumque intersecti. Calyx pentaphyllus ; foliis ovatis , acutis , subæqualibus , villosis , incanis. Corolla magna , rosea , pentapetala. Limbus rotundatus , tenuissime crenulatus.

HABITAT in Atlante et in collibus incultis. ♃

CISTUS LADANIFERUS.

CISTUS arborescens, exstipulatus ; foliis lanceolatis, supra lævibus ; petiolis basi coalitis, vaginantibus. *Lin. Spec.* 737.

Cistus ladanifera hispanica, Salicis folio, flore candido. *T. Inst.* 260.

Cistus ladanifera hispanica incana. *C. B. Pin.* 467.

Cistus Ledon angustifolium flore albo. *Clus. Hist.* 77. *Ic.*—*Lob. Ic.* 2. *p.* 120. — *Ger. Hist.* 1286. *Ic.* — *Park. Theat.* 663. *Ic.* — *Dalech. Hist.* 233. *Ic.*

Ledum Clusii 1. *Tabern. Ic.* 1065.

A. Maculatus.

Cistus ladanifera hispanica, Salicis folio, flore albo macula punicante insignito. *T. Inst.* 260.

Cistus Ledon 1 angustifolium, flore macula ex purpura nigricante infecto. *Clus. Hist.* 77. *Ic.*

Cistus Ledon flore macula nigricante notato. *J. B. Hist.* 2. *p.* 8.

Ledon flore macula nigricante notato. *Commel. Hort.* 1. *p.* 39. *t.* 20.

Cistus ladaniferus. *Curtis. Magazin. t.* 112.

FRUTEX 12—28 decimetr., erectus. Rami juniores fusci, glabri, viscosi. Folia opposita, lanceolata, acuta, integerrima, 8 — 14 millimetr. lata ; 5 — 8 centimetr. longa ; superne lævia, glaberrima; subtus incana, trinervia, venoso - reticulata, margine revoluta. Petioli breves, basi connati, vaginantes. Pedunculi axillares, foliosi, angulosi, nodosi, longi, uniflori, pedicellum floriferum e nodulo terminali emittentes. Calyx persistens, pentaphyllus ; foliis magnis, ovatis, obtusis, concavis, inæqualibus. Corolla maxima, 5 — 7 centimetr. lata. Petala 5, albâ, apice rotundata. Stamina numerosa. Capsulâ globosa, angulosa, pubescens, calyce tecta ; valvulis octo ad decem; loculis totidem, polyspermis. Tuberculus subrotundus in apice prominulus. Semina parva, numerosissima, angulosa. Rami humore glutinoso, nitido, odorato madidi. Varietas A distinguitur petalis maculâ purpureâ basi pictis. Floret Æstate.

HABITAT in Atlante prope Mascar et Tlemsen. ♄

CISTUS MONSPELIENSIS.

CISTUS arborescens, exstipulatus ; foliis lineari - lanceolatis, sessilibus, utrinque villosis, trinerviis. *Lin. Spec.* 737.

1   52

Cistus Ledon foliis Oleæ sed angustioribus. *C. B. Pin.* r67.—*T. Inst.* 260.

Ledon 5. *Clus. Hist.* 79. *Ic.*

Ledon narbonense. *Lob. Ic.* 2. *p.* 119.

Cistus Ledon narbonense. *Tabern. Ic.* 1071.

Cistus Ledon. *Ger. Hist.* 1287. *Ic.*

Cistus ladanifera sive Ledum monspeliense angusto folio nigricans. *J. B. Hist.* 2. *p.* 10. *Ic.*

FRUTEX 6—9 decimetr. , ramosissimus , erectus , viscosus. Rami fusci ; juniores villosi. Folia opposita , sessilia , angusto - lanceolata , rugosa , glutinosa ; subtus pallidiora , pubescentia , trinervia , venoso-reticulata , margine revoluta. Stipulæ nullæ. Flores racemosi ; conferti , pedicellati. Calyx hirsutissimus. Folia ovata , acuta , subæqualia. Corolla parva , alba. Capsula subrotunda , pentagona.

HABITAT in collibus incultis. ♄

CISTUS SALVIFOLIUS.

CISTUS arborescens, exstipulatus; foliis ovatis , petiolatis , utrinque hirsutis. *Lin. Spec.* 738. — *Cavanil. Ic. n.* 149. *t.* 137.

Cistus fœmina folio Salviæ elatior et rectis virgis. *C. B. Pin.* 464. — *T. Inst.* 259.

Cistus fœmina. *Clus. Hist.* 70. *Ic.* — *Lob. Ic.* 2. *p* 112. — *Dalech. Hist.* 226. *Ic.* — *Ger. Hist.* 1276. *Ic.* — *Park. Theat.* 660. *Ic.*

Cistus fœmina monspeliana flore albo. *J. B. Hist.* 2. *p.* 4. *Ic.*

Cistus fruticosus ; foliis petiolatis , ovatis , rugosis , serratis. *Hall. Hist n.* 1031.

FRUTEX 3—6 decimetr. , ramosus , villosus. Folia opposita , ovata , obtusa , rugosa , villosa ; villis stellatis , brevibus. Petioli breves , hirsuti , teretes. Stipulæ nullæ. Pedunculi axillares , longi , hispidi , basi foliosi , superne nudi , erecti , uniflori , nodulo intersecti. Calyx pentaphyllus. Folia duo exteriora majora, cordata ; interiora tria , ovata , acuta. Petala alba aut flavescentia , calyce longiora. Capsula pubescens aut glabra , truncata , subrotunda , pentagona , quinquevalvis , quinquelocularis , polysperma. Semina minuta.

HABITAT in monte Zowan apud Tunetanos. ♄

CISTUS ALBIDUS.

CISTUS arborescens, exstipulatus; foliis ovato-lanceolatis, tomentosis, incanis, sessilibus, subtrinerviis. *Lin. Spec.* 737.

Cistus mas folio oblongo incano. *C. B. Pin.* 464. — *T. Inst.* 259.

Cistus mas 1. *Clus. Hist.* 68. *Ic.* — *Lob. Ic.* 2. *p.* 111. — *Dalech. Hist.* 225. *Ic.* — *Ger. Hist.* 1275. *Ic.* — *Park. Theat.* 658. *Ic.*

Cistus mas 4 monspeliensis, folio oblongo albido. *J. B. Hist.* 2. *p.* 3. *Ic.*

Cistus mas latifolius. *Tabern. Ic.* 1055.

FRUTEX 6 — 9 decimetr., erectus, ramosus, pubescens lanugine brevissimâ. Folia oblongo-elliptica, plana aut vix undulata, opposita, sessilia, utrinque attenuata, canescentia, venoso-reticulata, subtus trinervia, 2—5 centimetr. longa, 16—20 millimetr. lata. Pedunculi terminales, uniflori, tomentosi, 2—3 centimetr. longi, nodulo intersecti. Calyx persistens, pentaphyllus, pubescens; foliolis ovatis, acutis; duobus exterioribus laxiusculis. Corolla rosea; petalis integris. Capsula pubescens, ovata, rotunda, subpentagona, quinquevalvis, quinquelocularis, polysperma, calyce tecta.

HABITAT in collibus incultis. ♄

CISTUS HETEROPHYLLUS. Tab. 104.

CISTUS exstipulatus; foliis ovato-lanceolatis, basi vaginantibus, margine revolutis; calycibus pedunculisque hirsutis, subunifloris.

FRUTEX 6 decimetr., erectus, ramosissimus. Rami juniores villosi, incani, teretes. Stipulæ nullæ. Folia opposita, ovato-oblonga seu elliptica, 13—18 millimetr. longa, 7—9 lata, superne læviuscula, inferne pallidiora, margine revoluta, nervosa; nervis transversis, villosis; villis brevissimis. Petioli breves, connati, basi vaginantes. Flores terminales, solitarii bini terni aut quaterni, pedunculati. Pedunculi hirsuti, foliosi, plerumque uniflori, nodulo intersecti foliola duo lanceolata emittente. Calyx villosus, persistens, pentaphyllus; foliis ovato-oblongis, subæqualibus; duobus interioribus acutis. Corolla magna, rosea; diametro fere 5 centimetr. Petala obovata. Capsula subrotunda, villosa, quinquelocularis, quinquevalvis, polysperma.

VARIETATEM possideo distinctam foliis rotundatis. Eadem planta sæpe folia inferiora rotunda aut subrotunda, superiora lanceolata profert, unde nomine C. heterophylli dicta. Affinis C. incano Lin.

HABITAT in collibus incultis Algeriæ. ♄

CISTUS LIBANOTIS.

CISTUS arborescens, exstipulatus; foliis revolutis; floribus umbellatis. *Lin.
Spec.* 739.
Cistus Ledon foliis angustis. *C. B. Pin.* 467. — *T. Inst.* 260.
Ledon 6. *Clus. Hist.* 79. *Ic.*—*Lob. Ic.* 2. *p.* 119.
Cistus Ledon 6, minoribus angustioribusque foliis. *J. B.Hist.* 2. *p.* 11. *Ic.*
Cistus Ledon 5 Clusii. *Ger. Hist.* 1287. *Ic.*
Ledum 5 Clusii. *Dalech. Hist.* 235. *Ic.*
Cistus Ledon angustis foliis. *Park. Theat.* 665. *Ic.*
Ledum Clusii 9. *Tabern. Ic.* 1068.
Cistus. angusto Libanotidis. folio, flore singulari. *Barrel. t.* 294.
An Ledon 9. *Clus. Hist.* 80. ?

FRUTEX 2 — 3 decimetr., ramosissimus, erectus. Ramuli juniores canescentes. Folia opposita, linearia, numerosa, internodiis longiora, glabra, sessilia, margine subtus replicata. Stipulæ nullæ. Pedunculi numerosi, villosi, foliosi; foliis internodio brevioribus. Flores corymbosi, tres ad sex, quandoque octo in eodem pedunculo. Pedicelli inæquales. Calyx villosus, triphyllus; foliis ovatis, acutis. Corolla alba. Capsula ovata, quinquelocularis, quinquevalvis, polysperma. Semina minima Affinis C. umbellato Lin., cujus calyx etiam triphyllus. Differt pedunculis calycibusque villosis. An species distincta ?

HABITAT in collibus incultis prope Spitolam in regno Tunetano. ♄

** *Exstipulati, fruticosi. Capsula trivalvis.*

CISTUS HALIMIFOLIUS.

CISTUS arborescens, exstipulatus; foliolis duobus calycinis linearibus. *Lin.
Spec.* 738. — *Cavanil. Ic. n.* 150. *t.* 138.
Cistus folio Halimi. *Clus.Hist.* 1. *p.* 71.—*Tabern. Ic.* 1058. — *Dalech.Hist.*
227. *Ic.*—*Ger. Hist.* 1276. *Ic.*—*Park. Theat.* 660. *Ic.*—*J. B. Hist.* 2. *p.* 5.

Cistus fœmina folio Portulacæ marinæ etc. *Lob. Ic.* 2. *p.* 113.
Cistus Halimi minoris folio. *Barrel. t.* 287.
Cistus halimifolius foliis acutis. *Miller. Dict. t.* 290.

FRUTEX sæpe ad humanam altitudinem assurgens. Rami numerosi, erecti, teretes, oppositi; juniores canescentes, nonnunquam glandulis et pilis brevissimis, stellatis conspersi. Stipulæ nullæ. Folia incana, lævia, integerrima, opposita, lanceolata, basi attenuata, in petiolum brevissimum decurrentia, 9—13 millimetr. lata, 22—34 longa; inferiora obtusa; superiora acuta. Pedunculi fere filiformes, paniculati, erecti, uni bi aut triflori. Pedicelli inæquales, uniflori. Calyx parvus, pentaphyllus, conspersus pilis brevissimis, ramosis, glomeratis. Folia duo exteriora linearia, acuta; interiora tria ovato-oblonga. Corolla lutea, magnitudine C. Helianthemi Lin. Capsula ovata, pubescens, trivalvis, calyce tecta. Semina minuta, fusca.

HABITAT in arenis ad maris littora. ♄

CISTUS LÆVIPES.

CISTUS suffruticosus, ascendens, exstipulatus; foliis alternis, fasciculatis, filiformibus, glabris; pedunculis racemosis. *Lin. Spec.* 739.—*Jacq. Hort. t.* 158.—*Cavanil. Ic. n.* 189. *t.* 173.
Helianthemum massiliense Coridis folio. *T. Inst.* 250.
Cistus suffruticosus, procumbens; foliis alternatim confertis, inæqualibus, setaceis. *Gerard. Gallop.* 394. *t.* 14.
Cistus humilis massilotica, Camphoratæ tenuissimis foliis glabris. *Pluk. t.* 84. *f.* 6.
Chamæcistus massiliensis, foliis Camphoratæ similibus et glabris. *Rai. Hist.* 1016.

FRUTEX 2 decimetr. Rami juniores filiformes. Folia numerosissima, setacea, glabra, glauca, opposita; fasciculis axillaribus. Flores laxe racemosi, nutantes. Pedicelli capillares. Bracteæ parvæ. Rachis, pedunculi, calyces pubescentes. Calycis folia duo exteriora minuta; interiora ovata, striata. Corolla lutea. Capsula glabra, trivalvis, trilocularis. Semina fusca, triquetra; superficie irregulariter insculptâ.

HABITAT in fissuris rupium Atlantis. ♄

CISTUS FUMANA. Tab. 105. Var. A.

CISTUS suffruticosus , procumbens , exstipulatus ; foliis alternis , linearibus , margine scabris ; pedunculis unifloris. *Lin. Spec.* 740. — *Jacq. Austr. 3. t.* 252.

Helianthemum tenuifolium glabrum , luteo flore , per humum sparsum. *J. B. Hist.* 2. *p.* 18. *Ic.* — *T. Inst.* 249.

Chamæcistus Ericæ folio luteus humilior. *C. B. Pin.* 466.

Chamæcistus 6. *Clus. Hist. p.* 75. *Ic.*

Cistus minor brevi vermiculatoque folio hispanicus. *Barrel. t.* 286 *et* 446.

Cistus foliis duris , confertis , linearibus ; petiolis unifloris ; calycibus glabris. *Hall. Hist. n.* 1032.

A. Cistus calycinus ; fruticosus , exstipulatus , erectus ; foliis linearibus ; pedunculis unifloris ; calycibus triphyllis. *Lin. Mant.* 565.

Helianthemum tenuifolium glabrum erectum , luteo flore. *J. B. Hist.* 2. *p.* 18. — *T. Inst.* 249.

Chamæcistus Ericæ folio luteus elatior. *C. B. Pin.* 466. — *Pluk. t.* 83. *f.* 6.

Chamæcistus luteus vermiculato folio major. *Barrel. t.* 445.

FRUTEX procumbens aut prostratus , 15—24 centimetr. Rami graciles , patentes , tortuosi, glabri. Folia alterna, sparsa, erecta, glauca, linearia, acutiuscula , 1 millimetr. lata , 10—12 longa , superne plana et nonnihil canaliculata, subtus convexa, margine asperiuscula et sæpe pilis raris lente vitreo conspicuis conspersa ; inferiora longe minora, magis conferta. Flores pauci, nutantes. Pedicelli foliis oppositi, filiformes, uniflori, folio longiores. Calyx pentaphyllus, sæpe purpurascens. Folia duo exteriora, minuta, obtusa ; tria interiora sulcata , ovata , acuta , conniventia. Corolla lutea , fugax, calyce paulo longior ; limbo rotundato. Capsula subrotunda , lævis , trilocularis, trivalvis, calyce tecta.

VARIETAS A differt caule erecto , 3—4 decimetr.; foliis paulo latioribus.

HABITAT in Atlante prope Mayane. ♄

CISTUS OCYMOIDES.

CISTUS suffruticosus, exstipulatus ; foliis ovatis, petiolatis, dorso carinatis, incanis , minimis ; pedunculis ramosis, umbellato-paniculatis. *Lamarck. Dict.* 2. *p.* 18.

Helianthemum folio Sampsuchi. *T. Inst.* 250.

Cistus folio Sampsuchi incano. *C. B. Pin.* 465.

Cistus folio Sampsuchi. *Clus. Hist.* 72. *Ic.* — *Lob. Ic.* 2. *p.* 114. — *J. B. Hist.* 2. *p.* 6. *Ic.*

Cistus foliis obovatis, trinerviis ; ramulorum utrinque incanis, apice reflexis; calycibus racemosis; pedunculisque glaberrimis. *Vahl. Symb.* 3. *p.* 68.

FRUTEX 3—6 decimetr., ramosissimus, erectus. Folia numerosa, conferta, parva, incana, nunc obovata, nunc obovato-lanceolata aut spathulata, petiolata, rigidula, superne canaliculo exarata ; costâ dorsali, longitudinali, prominulâ. Stipulæ nullæ. Pedunculi laterales, longi, filiformes, sæpe ramosi. Rami oppositi; inferiores remoti. Flores pedicellati ; pedicellis capillaribus. Calyx acutus, triphyllus ; foliis ovatis, concavis, mucronatis. Petala alba, basi maculâ purpureâ insignita. Capsula oblonga, parva, lævis. Rami floriferi et calyces glabri, aut villis patulis, mollissimis, longiusculis conspersi.

HABITAT in regno Marocano. BROUSSONET. ♄

CISTUS TUBERARIA.

CISTUS exstipulatus, perennis ; foliis radicalibus ovatis, trinerviis, tomentosis ; caulinis glabris, lanceolatis ; summis alternis. *Lin. Spec.* 741. —*Cavanil. Ic. n.* 105. *t.* 97.

Helianthemum Plantaginis folio perenne. *T. Inst.* 250. — *Buxb. Cent.* 3. *p.* 33. *t.* 63. *mala.*

Cistus folio Plantaginis. *C. B. Pin.* 465.

Tuberaria nostras. *J. B. Hist.* 2. *p.* 12. *Ic.*

CAULES suffruticosi, basi ramosi, erecti, inferne villosi, superne glabri. Rami virgati. Folia radicalia ovata seu elliptica, in petiolum decurrentia, villosa, tri ad quinquenervia, 2 — 5 centimetr. lata, 5 — 8 longa, conferta ; infima et media opposita, lanceolata, acuta, trinervia, remota, longe minora; superiora alterna, glabra. Stipulæ nullæ. Flores laxe paniculati. Pedunculi longi, uniflori. Calyx glaber. Foliola duo exteriora linearia ; interiora tria ovata, acuta. Corolla lutea. Pedunculi fructiferi nutantes. Capsula trivalvis, calyce tecta.

HABITAT prope La Calle in collibus incultis. ♄

*** *Exstipulati, herbacei. Capsula trivalvis, trilocularis.*

CISTUS SERRATUS.

CISTUS herbaceus, exstipulatus; foliis oppositis, lanceolato-ovatis, trinerviis; petalis serratis. *Cavanil. Ic. n.* 191. *t.* 175. *f.* 1.

Helianthemum creticum annuum, lato Plantaginis folio, flore aureo. *T. Cor.* 18. — *Vail. Herb.*

Cistus lanceolatus, suffruticosus ; foliis lanceolatis, trinerviis, pilosis. *Vahl. Symb.* 2. *p.* 62.

PLANTA tota hirsuta villis albidis. Caulis herbaceus, erectus, 3—4 decimetr., simplex vel parce ramosus. Folia opposita, lanceolata aut ovato-lanceolata, integerrima, trinervia; inferiora obtusa, in petiolum brevissimum decurrentia ; media et superiora sessilia, acuta ; extrema alterna. Flores laxe racemosi, ebracteati, singuli pedicellati ; pedicellis filiformibus. Calyx parvus, pentaphyllus, villosissimus. Folia duo exteriora patula, lanceolata ; tria interiora ovata, acuta. Petala flava, calyce longiora, immaculata, fugacia, denticulata. Capsula villosa, subtriquetra, calyce tecta, polysperma. Facies C. guttati Lin. cui affinis, sed omni parte major. Differt petalis immaculatis et dentatis.

HABITAT in arenis et in collibus incultis. ⊙

**** *Stipulati, fruticosi. Capsula trivalvis, trilocularis.*

CISTUS SQUAMATUS.

CISTUS suffruticosus, stipulatus ; foliis obtectis squamis orbiculatis. *Lin. Spec.* 743. — *Cavanil. Ic. n.* 151. *t.* 139.

Cistus humilis compactis in verticillos minoris Halimi foliis. *Barrel. t.* 327. — *Boc. Mus.* 2. *p.* 76. *t.* 64.

Helianthemum pumilum Portulacæ marinæ folio argenteo. *T. Inst.* 250.

FRUTEX 16—28 centimetr., ramosissimus, erectus. Rami canescentes, subtetragoni. Stipulæ 4, minutæ, acutæ. Folia Atriplicis portulacoides Lin., opposita, lanceolata, 7 millimetr. lata, 13—22 longa, petiolata, canescentia, undique squamulis orbiculatis obtecta. Flores racemoso-capitati, parvi , conferti ; racemis convolutis. Petala lutea , calyce longiora. Capsula pubescens , triquetra, oblonga , obtusa, trivalvis, trilocularis , polysperma.

HABITAT ad littora maris prope Arzeau. ♄

CISTUS LAVANDULÆFOLIUS.

CISTUS suffruticosus, erectus , stipulatus ; foliis lanceolatis , margine revo-
lutis , subincanis ; racemis incurvis , terminalibus ; floribus confertis.
Lamarck. Dict. 2. *p.* 25. *Exclus. T. et Clus. Syn.*
Cistus Lavandulæ latiore folio. *Barrel. t.* 288.
Cistus folio Spicæ. *C. B. Pin.* 465.
Cistus syriacus. *Jacq. Icones.*
Cistus suffruticosus , stipulatus ; foliis lanceolato-linearibus , tomentosis ;
calycibus racemosis , tomentosis, secundis , pendulis. *Vahl. Symb.* 1. *p.* 39.

FRUTEX tomentosus , incanus , erectus , 2—3 decimetr. , ramosissimus.
Rami teretes. Folia opposita , angusto-lanceolata , petiolata , margine
subtus revoluta et candidiora , 2 — 3 centimetr. longa , 4 — 7 millimetr.
lata. Stipulæ 4 , subulatæ. Folia axillaria fasciculata. Flores numerosi ,
conferti , racemosi , terminales ; racemis 5—9 centimetr. longis , ante florescentiam revolutis. Bracteæ subulatæ, pedicello breviores, ciliatæ. Calycis
foliola duo exteriora parva, lanceolata, ciliata; interiora tria ovato-oblonga,
acuta, incana ; nervo unico longitudinali. Corolla lutea , calyce duplo
longior. Stamina numerosa , concolora. Stylus 1. Stigma capitatum. Germen
subrotundum , villosum. Capsula oblonga , apice villosa , parva , nutans ,
triquetra , trivalvis, trilocularis, polysperma, calyce tecta. Floret primo Vere.

HABITAT prope Porto-Farine apud Tunetanos in collibus arenosis
et incultis. ♄

CISTUS SESSILIFLORUS. Tab. 106.

CISTUS fruticosus, stipulatus ; foliis oppositis alternisque, linearibus, cinereis,
margine revolutis ; racemis secundis ; capsulis exsertis, pubescentibus.

FRUTEX 3—6 decimetr. , erectus, ramosissimus. Rami vetustiores sub-
fusci ; juniores filiformes , teretes, pubescentes lanugine brevissimâ. Folia
subpetiolata , linearia , obtusiuscula , canescentia , brevissime tomentosa,
margine subtus revoluta ; inferiora opposita ; media et superiora alterna.

1

Fasciculi axillares. Stipulæ parvæ, lineares. Flores sessiles, parvi, race-mosi, secundi. Racemus 2 — 5 centimetr. Bracteæ minutæ, lineari-lanceolatæ. Calyx pubescens, pentaphyllus. Folia duo exteriora minima, linearia; tria interiora ovata, obtusa, trisulca. Corolla flava, evanida, calyce paulo longior. Germen subrotundum, tomentosum, incanum. Stylus 1. Stigma 1. Capsula subrotunda, pubescens, calyce longior, trilocularis, trivalvis, polysperma. Semina minima, rufescentia, angulosa.

HABITAT in collibus aridis et incultis prope Mascar. ♄

CISTUS ELLIPTICUS. Tab. 107.

CISTUS stipulatus, cinereus, fruticosus; foliis oppositis, ellipticis; racemis secundis; floribus sessilibus; capsulis exsertis.

CAULIS fruticosus, ramosus, erectus, 3—6 decimetr. Rami pubescentes lanugine brevissimâ. Folia opposita, breviter petiolata, elliptica, margine subtus reflexa, oblique nervosa, cinereo-candida; villis brevissimis, densissimis, stellatis utrinque obtecta, 7 millimetr. lata, 9 — 12 longa. Stipulæ quaternæ, parvæ, lineares. Flores racemosi, secundi, parvi, sessiles. Folia duo calycina exteriora lineari-lanceolata; tria interiora ovata, obtusa, pubescentia, striata. Petala flava, calyce paulo longiora, evanida. Capsula subrotunda, trilocularis, trivalvis, pubescens, exserta.

HABITAT in Atlante prope Mayane Algeriæ. ♄

CISTUS GLAUCUS.

CISTUS fruticosus, glaber, stipulatus; foliis oppositis, subcarnosis.

FRUTEX 1—2 decimetr., glaberrimus, ramosus, erectus. Folia glauca, subcarnosa, opposita, brevissime petiolata, integerrima; inferiora ovato-oblonga, 9—15 millimetr. longa, 4—7 lata; superiora lineari-lanceolata. Stipulæ quaternæ, parvæ, ovatæ. Flores racemosi, pedicellati. Bracteæ ovatæ, pedicello duplo triplove breviores; calycis foliola duo exteriora parva; tria interiora ovata, obtusa, trinervia, membranacea. Corollam nec capsulam observavi.

HABITAT in rupibus calcareis prope Cafsam. ♄

CISTUS ARABICUS.

CISTUS suffruticosus , stipulatus ; foliis alternis , lanceolatis , planis , lævibus. *Lin. Spec.* 745.

Cistus minor Thymi folio , flore ferrugineo. *Barrel. t.* 285. *bona.*

Helianthemum creticum Linariæ folio , flore croceo. *T. Cor.* 18. — *Vail. Herb.*

Cistus ferrugineus, suffruticosus, stipulatus; foliis alternis, lanceolatis, planis; infimis sublinearibus , pedunculis lateralibus, unifloris. *Lamarck. Dict.* 3. *p.* 25.

Cistus suffruticosus, stipulatus , procumbens ; foliis linearibus , pedunculorum alternis , ramulorum confertis. *Vahl. Symb.* 2. *p.* 62. *t.* 35.

FRUTEX 2 — 3 decimetr. Rami plures ex communi cæspite , teretes , virides , graciles , procumbentes , superne pubescentes lanugine brevissimâ. Folia alterna , subpetiolata ; inferiora conferta , linearia ; ramea lanceolata , plana , pubescentia , 2—4 millimetr. lata , 8 — 11 longa. Stipulæ duæ , minutæ , lanceolatæ. Flores laxe racemosi. Pedicelli filiformes , superne incrassati , foliis longiores et cum iisdem alternantes. Calyx pubescens. Folia duo exteriora linearia , patentia ; tria interiora ovata , acuta , nervosa. Corolla calyce longior , crocea. Capsulæ glabræ , nutantes , triangulares , trivalves , triloculares , longitudine calycis. Semina ovato-triquetra , acuta , subcompressa , foveolis exarata. Floret primo Vere.

HABITAT in rupibus prope Tunetum et in Atlante. ♄

CISTUS GLUTINOSUS.

CISTUS suffruticosus , stipulatus ; foliis linearibus , oppositis alternisque ; pedunculis villosis , glutinosis. *Lin. Mant.* 246. — *Cavanil. Ic. n.* 158. *t.* 145. *f.* 2.

Chamæcistus incanus Tragorigani folio hispanicus. *Barrel. t.* 415.

CAULES fruticosi , ramosissimi , 11—16 centimetr. , quandoque longiores. Rami juniores filiformes, pubescentes, glutinosi. Folia Thymi vulgaris Lin., opposita , numerosa , conferta in ramis vetustioribus , linearia, pubescentia, patentia, angustissima , margine subtus replicata ; superiora

remotiora. Fasciculi axillares. Stipulæ 4 , subulatæ, minimæ. Flores parvi ,
racemosi, nutantes. Calyx pubescens , viscidus. Petala lutea, calyce longiora.
Cortex rimosus in ramis antiquis.

HABITAT in collibus incultis et arenosis. ♄

CISTUS THYMIFOLIUS.

CISTUS suffruticosus , stipulatus , procumbens ; foliis linearibus, oppositis ,
  brevissimis , congestis. *Lin. Spec.* 743.
Cistus luteus Thymi folio polyanthos seu major. *Barrel. t.* 443 *et* 444.

VARIETAS omnino videtur C. glutinosi Lin. cui simillimus. Differt foliis,
ramis , calycibusque non glutinosis , lævissime pubescentibus.

HABITAT in collibus incultis et aridis. ♄

CISTUS POLYANTHOS. Tab. 108.

CISTUS suffruticosus , stipulatus; foliis inferioribus subtus incanis ; caulinis
  utrinque viridibus , ciliatis ; calycibus hispidis ; racemis paniculatis.

CAULES suffruticosi. Rami plures ex eodem cæspite , 2 — 3 decimetr. ,
teretes , villosi , tuberculosi , asperi. Folia opposita , petiolata ; inferiora , ovata , obtusa , minora , subtus candida , tomentosa ; media et
superiora ovato - oblonga seu lanceolata , utrinque viridantia , margine
ciliata , obtusa , subtus nervosa, 8 — 11 millimetr. lata , 17 — 22 longa ;
nervis obliquis. Stipulæ 4 , petiolatæ , lineari-lanceolatæ , obtusiusculæ ,
petiolo longiores. Pedunculi filiformes. Flores racemosi ; racemis paniculatis , erectis , ante florescentiam revolutis , 3 centimetr. longis. Flores parvi ,
pedicellati ; pedicellis capillaribus. Bracteæ lineares , pedicello breviores.
Calyx villis albidis , mollibus , numerosis , patentibus hirsutus. Foliola
duo exteriora laxa , minora ; tria interiora ovata , trisulca , obtusa. Corolla
flava , calyce longior. Stamina numerosa , minuta. Stylus 1. Stigma simplex. Germen pubescens. Capsula parva , apice villosa , triquetra , trivalvis ,
trilocularis , polysperma. Semina exigua , rufa , angulosa. Ramos vix hir-
sutos observavi. Floret primo Vere.

HABITAT in arenis prope Mascar. ♄

CISTUS CILIATUS. Tab. 109.

CISTUS suffruticosus, procumbens, stipulatus; ramis tomentosis; foliis angusto-lanceolatis, villosis; calycibus membranaceis; angulis ciliatis.

CAULES suffruticosi, decumbentes, basi ramosi, 2 — 3 decimetr. Rami tomentosi, incani, teretes, simplices. Folia opposita, brevissime petiolata, angusto-lanceolata, superne hirsuta, subtus canescentia, tomentosa, margine revoluta, 2—4 millimetr. lata, 11 — 18 longa. Stipulæ 4, lineares, petiolo longiores. Flores racemosi, terminales, ante florescentiam revoluti. Bracteæ lineari-lanceolatæ. Calyx pentaphyllus. Folia duo exteriora minuta, linearia, laxa; interiora tria ovata, acuta, membranacea, angulosa; angulis elevatis, obliquis, fuscis, glandulosis, pilosis. Corolla rosea, paulo major quam in C. Helianthemo Lin. Petala apice rotundata. Stamina numerosa. Stylus 1. Stygma 1. Germen rotundum, villosum, incanum. Capsula subrotunda, trivalvis, trilocularis, polysperma, calyce tecta.

HABITAT prope Cafsam in collibus aridis et arenosis. ♄

CISTUS RACEMOSUS.

CISTUS suffruticosus; foliis lanceolato-linearibus, subtus tomentosis. *Lin. Mant.* 76.
Cistus Lavandulæ folio thyrsoides. *Barrel. t.* 293.

SUFFRUTEX 2—3 decimetr. Rami numerosi ex communi trunco, erecti, graciles, tomentosi, incani, læves, teretes, elongati, simplices. Folia opposita, sessilia, linearia seu lineari-lanceolata, superne viridantia, inferne læviter tomentosa et canescentia, margine subtus revoluta, 18—22 millimetr. longa internodiis longiora. Stipulæ 4, parvæ, lineari-subulatæ. Flores racemosi, unilaterales, pedicellati; pedicellis calyce brevioribus. Racemus lævis, 8—10 centimetr. Calyx glaber. Folia duo exteriora linearia, patentia; tria interiora ovata, acuta, membranacea; angulis tribus aut quatuor fuscis, elevatis, obliquis. Corolla alba, magnitudine C. Helianthemi Lin. Capsulæ nutantes, læves, obtuse triquetræ, trivalves, triloculares, calyce tectæ. Semina angulosa.

HABITAT in Atlante, prope Mayane. ♄

C I S T U S   V I R G A T U S.

Cistus suffruticosus , stipulatus; ramis virgatis , incanis ; erectis ; foliis
linearibus, margine revolutis; floribus racemosis, secundis; calycibus
capsulisque pubescentibus.

Facies omnino C. racemosi Lin. Differt calycibus pubescentibus ,
obtusis, brevioribus; angulis concoloribus , minus elevatis; petalis roseis;
capsulâ pubescente , longitudine calycis , quæ brevior in C. racemoso.
Caules et folia simillima.

Habitat in Atlante prope Mayane. ♄

C I S T U S   H E L I A N T H E M O I D E S.

Cistus suffruticosus, stipulatus , basi procumbens; foliis hirsutis , subtus
incanis ; inferioribus ellipticis; superioribus lanceolatis; calyce hispido.

Facies omnino et statura C. Helianthemi Lin. Differt foliis superne
pilosis, inferne tomentosis , incanis; calyce hirsutissimo.

Habitat in Atlante. ♄

C I S T U S   C R O C E U S. Tab. 110.

Cistus fruticosus stipulatus , pubescens; villis brevissimis, stellatis; foliis
petiolatis , ellipticis , obtusis.
Cistus humilis. *Clus. Hisp.* 151.
Helianthemum frutescens, folio Majoranæ incano. *T. Inst.* 249.—*Vail. Herb.*

Frutex 2—3 decimetr. Rami plures ex eodem cæspite , simplices
erecti , teretes , tomentosi , canescentes. Folia opposita , petiolata , inferne
canescentia , oblique nervosa , margine revoluta , utrinque pubescentia
villis confertissimis , brevissimis , stellatis; inferiora minora , subrotunda ;
media elliptica, obtusa; superiora lanceolata, acutiuscula, 8—14 millimetr.
longa , 4—7 lata. Stipulæ quaternæ , subulatæ , petiolo paulo longiores.
Flores racemosi; racemis ante florescentiam convolutis. Bracteæ lanceolatæ,
pubescentes, longitudine pedicellorum. Calyx pubescens, pentaphyllus ,
angulosus , flavescens. Folia duo exteriora minora ; tria interiora ovata ,
sulcata. Corolla magnitudine C. Helianthemi Lin. , crocea. Stamina

numerosa. Stylus 1. Stigma 1. Germen subrotundum, villosum. Capsula longitudine calycis, subrotunda, pubescens, trivalvis; valvulis obtusis. Varietatem observavi distinctam foliis subtus incanis; calycibus villosis nec flavescentibus.

HABITAT in Atlante prope Tlemsen. ♄

CISTUS NUMMULARIUS.

CISTUS suffruticosus, stipulatus; foliis inferioribus orbiculatis; superioribus ovatis. *Lin. Spec.* 743. — *Cavanil. Ic. n.* 154. *t.* 142. *bona.*
Cistus humilis vel Chamæcistus Nummulariæ folio. *Magn. Bot.* 294.

CAULES suffruticosi, plures ex communi cæspite, simplices, incani, tomentosi, 1—2 decimetr., basi plerumque decumbentes. Folia opposita, breviter petiolata, parva, ovata aut ovato-rotundata, superne viridantia, glabra vel pubescentia, quandoque amœne purpurea, inferne tomentosa, candida; inferiora approximata, minora. Stipulæ quaternæ, parvæ, oblongæ, deciduæ, petiolo paululum longiores. Flores racemoso-paniculati, conferti, terminales, pedicellati. Calyx parvus, hirsutus pilis brevibus. Folia duo exteriora minima; tria interiora ovata, obtusa. Petala obovata, lutea, calyce longiora. Germen subrotundum, pubescens. Capsulam non vidi. Est Cistus nummularius Cavanil. an vero Linnæi? nondum constat. Helianthemum ad Nummularium accedens. J.B. Hist. 2. p. 20. foliis villosis differt. In nostro folia tomento brevissimo inferne tantum obducta nec villosa. Floret primo Vere.

HABITAT in montibus prope Sbibam. ♄

****** *Stipulati, herbacei. Capsula trilocularis, trivalvis.*

CISTUS NILOTICUS.

CISTUS herbaceus, stipulatus, erectus, subtomentosus: floribus solitariis, sessilibus, oppositifoliis. *Lin. Mant.* 246.

PLANTA tota cinerea. Caulis erectus, 2—3 decimetr., pubescens, ramosus; ramis erectis. Folia opposita, sessilia, lanceolata, 7—11 millimetr. lata, 13—26 longa. Stipulæ 4, lanceolatæ, parvæ. Flores racemosi, unilaterales, solitarii, alterni, erecti ; pedicellis calyce brevioribus, cum bracteis alternantibus aut iisdem oppositis. Calyx pentaphyllus, pubescens ; folia duo exteriora minora, lineari-lanceolata ; interiora ovata, acuta, trinervia. Corolla pallide lutea. Capsula magna, lævis, triquetra, glabra, longitudine calycis, trivalvis ; valvulis ovatis, obtusis. Semina minima, numerosa, rufa, placentæ centrali, ramoso affixa. Varietas C. Ledifolii Lamarck. Dict. p. 27.

HABITAT Algeriâ in collibus arenosis et incultis. ☉

CISTUS SALICIFOLIUS.

CISTUS herbaceus, patulus, villosus , stipulatus ; floribus racemosis , erectis ; pedicellis horizontalibus. *Lin. Spec.* 742. *Exclus. Clus. Syn.* — *Cavanil. Ic. n.* 156. *t.* 144.

Helianthemum annuum humile, foliis ovatis, flore fugaci. *Seguier. Veron. 3. p.* 197. *t.* 6. *f.* 3. Folia hirsutiora repræsentat.

Cistus Salicis folio *C. B. Pin.* 465. — *T. Inst.* 249. — *Vail. Herb.*

Cistus herbaceus , patulus, stipulatus ; floribus racemosis ; pedunculis calyce longioribus , patentissimis. *Lamarck. Dict. 2. p.* 27.

PLANTA tota cinereo-pubescens. Rami plures ex eodem cæspite , patentes , 8—17 centimetr. Folia breviter petiolata, opposita, elliptica, obtusa , 13 millimetr. longa , 5—6 lata. Stipulæ quaternæ , lineares , petiolo paulo longiores. Flores racemosi , parvi , pedicellati ; pedicellis patentibus, sæpe horizontalibus , alternis , calyce longioribus. Calycis folia duo exteriora, parva , linearia ; interiora tria ovata , trinervia. Petala minuta , pallide lutea. Capsula lævis, erecta, trigona , trivalvis, trilocularis, polysperma , longitudine calycis. Affinis C. ledifolio Lin. at omni parte minor. Rami radicales patentes. Pedicelli horizontales, calyce longiores. Capsula parva.

HABITAT in collibus incultis Algeriæ. ☉

CISTUS ÆGYPTIACUS.

CISTUS herbaceus, erectus, stipulatus ; foliis lineari-lanceolatis, petiolatis ; calycibus inflatis , corollâ majoribus. *Lin. Spec.* 742. — *Jacq. Obs. 3. p.* 17. *t.* 68.

CAULIS erectus , teres , pubescens , ramosus , 2 — 3 decimetr. Folia opposita , angusto - lanceolata , petiolata , obtusiuscula , superne viridia , subtus pubescentia , pallidiora aut cinerea , margine replicata.

Stipulæ quaternæ , lineares. Flores laxe racemosi , pedicellati ; pedicellis alternis , pubescentibus. Calycis folia duo exteriora linearia, parva; interiora
tria ovata , vesiculosa, membranacea, angulosa ; angulis elevatis , ciliatis.
Corolla pallide lutea , calyce brevior. Capsula rotunda, nutans , trivalvis ,
trilocularis , polysperma. Semina minuta, angulosa.

HABITAT prope Arzeau apud Algerienses. ☉

CORCHORUS.

CALYX pentaphyllus , deciduus. Corolla pentapetala. Capsula
supera , elongata , rarius rotunda , multivalvis , multilocularis ,
polysperma.

CORCHORUS TRILOCULARIS.

CORCHORUS capsulis trilocularibus , trivalvibus , triquetris ; angulis bifidis ,
scabris ; foliis oblongis; serraturis infimis setaceis. *Lin. Mant.* 77.—*Jacq.*
Hort. t. 173.

CAULIS 3 decimetr. Folia petiolata, ovato-oblonga, serrata; superiorum
serraturis infimis setaceis. Pedunculi breves , biflori. Capsula siliquosa, mutica , trivalvis, triquetra ; angulis scabris, sulco exaratis.

FOLIA aquâ ebulliente cocta , cum sale et oleo condita , alimentum non
injucundum præbent.

COLITUR in hortis. ☉

DIGYNIA.

CALLIGONUM.

CALYX quinquepartitus. Corolla nulla. Stamina duodecim ad
quindecim. Capsula supera, tetragona, unilocularis, monosperma,
setis ramosis echinata.

1   54

CALLIGONUM COMOSUM.

CALLIGONUM fructibus rotundis , setoso - aculeatis.
Calligonum fructibus cancellatis , mollibus. *L'herit. Societ. Lin. Lond.* 180.

FRUTEX 6—9 decimetr. , nodosus , ramosus ; cortice griseo. Ramuli juniores Ephedræ simillimi , virides , articulati , nodosi. Flores axillares , pedicellati, e singulo nodo. Capsula subrotunda, filamentis ramosis , rigidulis exasperata. Florem perfectum non vidi.

HABITAT in arenis prope Cafsam. ♄

T R I G Y N I A.

D E L P H I N I U M.

CALYX nullus. Corolla irregularis, pentapetala ; petalo superiore postice calcarato. Nectarium unum aut duplex , tubulosum, petalo superiore inclusum. Germina unum ad quinque , supera. Capsulæ totidem , polyspermæ , hinc longitudinaliter dehiscentes , uniloculares ; valvulis margine seminiferis.

DELPHINIUM PEREGRINUM.

DELPHINIUM trigynum ; foliis inferioribus multipartitis , obtusis ; superioribus simplicibus ; corollis heptapetalis ; nectariis geminis.
Delphinium nectariis diphyllis ; corollis enneapetalis ; foliis multipartitis , obtusis. *Lin. Spec.* 749.
Delphinium latifolium parvo flore. *T. Inst.* 426.
Consolida regalis latifolia parvo flore. *C. B. Pin.* 142. — *Prodr.* 74. *Ic.*
Consolida regalis peregrina parvo flore. *J. B. Hist.* 3. *p.* 212. *Ic. mala.*

CAULIS erectus, glaber , 2—3 decimetr. Rami virgati , patentes. Folia glabra ; inferiora multipartita ; laciniis inæqualibus , obtusis ; superiora integra, angusto-lanceolata, acuta. Flores longe racemosi. Bracteæ lineari-subulatæ, pedicello longiores. Bracteolæ plerumque duæ infra pedicelli apicem. Corolla magnitudine fere D. Consolidæ Lin., azurea, heptapetala. Petala quinque exteriora ovato-oblonga, obtusa, superiore calcarató; interiora duo parva, longe unguiculata, integerrima, apice rotundata. Calcar obtusiusculum, petalis longius. Nectaria duo, conniventia, intus canaliculata, postice subulata, acuta; limbo ampliato, azureo, petaloideo inferne rotundato, superne appendiculato. Germina 3, glabra. Styli totidem. Capsulæ 3, mucronatæ, parvæ. Semina protúberantia.

VARIETATEM prope Sfax in arenis legi distinctam ramis fere filiformibus; corollis albo-violaceis.

HABITAT inter segetes. ☉

DELPHINIUM AMBIGUUM.

DELPHINIUM nectariis monophyllis; corollis hexapetalis; capsulis ternis; foliis multipartitis. *Lin. Spec.* 749.
Delphinium elatius simplici flore. *Clus. Hist.* 2. *p.* 206. *Ic.*
Consolida regalis flore minore. *C. B. Pin.* 142.

HABITAT in Barbaria. ☉

DELPHINIUM PENTAGYNUM. Tab. 111.

DELPHINIUM pistillis quinis; foliis multifariam decompositis; caule superne pubescente; floribus heptapetalis; nectario gemello.
Delphinium calcaribus internis bifidis; capsulis quinis; foliis palmato-multifidis, glabris. *Lamarck. Dict.* 2. *p.* 264.
Delphinium lusitanicum glabrum, Aconiti folio. *T. Inst.* 426.—*Vail. Herb.*

CAULIS 3—9 decimetr., ramosus, erectus, læviter flexuosus, superne pubescens lanugine brevissimâ, densâ. Folia fere D. Ajacis Lin., lævissime pubescentia aut glabra; radicalia circumscriptione rotunda, longe petiolata; caulina flabelliformia, multifariam decomposita; laciniis linearibus, inæqualibus, acutis, divergentibus. Petioli basi vaginantes. Flores racemosi, singuli pedicellati: pedicellis pubescentibus, erectis, bracteolâ subulatâ duplo triplove longioribus. Foliola bina altera conformia, infra singuli pedicelli apicem. Calyx nullus. Corolla magnitudine D. Ajacis Lin., cœrulea, externe pubescens. Petala 7 , inæqualia; quinque exteriora ovata , obtusa; superiore ut in congeneribus calcarato ; duo interiora unguiculata , villis longis hirsuta, bifida; lobis inæqualibus. Calcar acutum , læviter arcuatum, petalis paulo longius. Nectaria 2 , conniventia, intus longitudinaliter canaliculata; limbo ampliato , surrecto, petaloideo. Stamina numerosa. Antheræ intense cœruleæ. Germina 5 , rarius 3 , villosa. Styli et capsulæ totidem , polyspermæ.

HABITAT Algeriâ inter segetes. ☉

PENTAGYNIA.

NIGELLA.

CALYX nullus. Corolla pentapetala; petalis unguiculatis. Nectaria plura. Germina tria ad decem , supera. Capsulæ totidem , polyspermæ, uniloculares, hinc longitudinaliter dehiscentes; suturis seminiferis.

NIGELLA DAMASCENA.

NIGELLA floribus involucro folioso cinctis. *Lin. Spec.* 753. — *Miller. Dict.* *t.* 187. *f.* 2.

Nigella angustifolia , flore majore simplici cœruleo. *C. B. Pin.* 145. — *T.* *Inst.* 258. — *Schaw. Specim. n.* 421.

Melanthium damascenum. *Dod. Pempt.* 304. *Ic.* — *Ger. Hist.* 1084. *Ic.*

Melanthium damascenum pleno flore. *Clus. Hist.* 2. *p.* 208. *Ic.*

Melanthium capite et flore majore. *J. B. Hist.* 3. *p.* 207. *Ic.*

Melanthium sylvestre. *Matth. Com.* 580. *Ic.* — *Camer. Epit.* 552. *Ic.* — *Tabern. Ic.* 72. — *Lob. Ic.* 741.

Nigella hortensis altera. *Fusch. Hist.* 504. *Ic.*

Nigella. *Trag.* 117. *Ic.*

Melanthium sylvestre prius Matthioli. *Dalech. Hist.* 813. *Ic.*

Nigella romana sativa , floribus foliosis. *Moris. s.* 12. *t.* 18. *f.* 7 *et* 8.

Nigella hortensis. *Blakw. t.* 558.

CAULIS erectus , 3 decimetr. , striatus , ramosus. Folia bi seu trifariam decomposita ; foliolis subulatis , remotiusculis. Pedunculi uniflori. Involucrum pentaphyllum, pinnatifidum, corollâ longius. Corolla pentapetala, pallide cœrulea , acuminata. Styli 5. Capsula inflata , ovata , quinquelocularis.

HABITAT inter segetes. ☉

NIGELLA ARVENSIS.

NIGELLA pistillis quinis ; petalis integris ; capsulis turbinatis. *Lin. Spec.* 753. — *Bulliard. Herb. t.* 126.

Nigella arvensis cornuta. *C. B. Pin.* 145.—*T. Inst.* 258.—*Moris. s.* 12. *t.* 18. *f.* 1.

Melanthium sylvestre alterum. *Camer. Epit.* 553. *Ic.* — *Tabern. Ic.* 72. — *Lob. Ic.* 742.

Melanthium sylvestre sive arvense. *J. B. Hist.* 3. *p.* 209. *Ic.*—*Dod. Pempt.* 303. *Ic.* — *Fusch. Hist.* 505. *Ic. bona.* — *Ger. Hist.* 1084. *Ic.*

Melanthium sylvestre 2. *Matth. Com.* 580. *Ic.*

Nigella flore nudo ; siliquarum cornubus longissimis. *Hall. Hist. n.* 1194.

CAULIS 3 decimetr. , erectus , ramosus , glaber , angulosus. Rami longi , patentes. Folia inferiora pubescentia , tripinnata ; superiora bipinnata aut pinnata ; foliolis angustis , acutis , inæqualibus. Pedunculi longi , uniflori, striati. Calyx nullus. Corolla albo-cœrulea aut albo-virescens. Petala 5, unguiculata , ovata , obtusa. Stamina numerosa. Germina 5, rarius 4 aut 6. Styli totidem, Capsulæ basi connexæ, glabræ, superne liberæ, elongatæ, extus trisulcatæ. Styli persistentes, longitudine capsularum. Semina parva, numerosa, nigra , angulosa , arcuata , lente vitreo observata rugosa apparent.

HABITAT inter segetes prope La Calle. ☉

NIGELLA SATIVA.

NIGELLA pistillis quinis ; capsulis muricatis , subrotundis ; foliis subpilosis. *Lin. Spec.* 753.

Nigella flore minore simplici candido. *C. B. Pin.* 45.—*T. Inst.* 258.—*Schaw. Specim. n.* 422.—*Moris. s.* 12. *t.* 18. *f.* 4.

Melanthium sativum. *Camer. Epit.* 551. *Ic.*—*Dalech. Hist.* 812. *Ic.*—*Matth. Com.* 580. *Ic.* — *Tabern. Ic.* 71.

Melanthium calyce et flore minore , semine nigro et luteo. *J. B. Hist.* 3. *p.* 208. *Ic.*

Melanthium. *Dod. Pempt.* 3o3. *Ic.*—*Ger. Hist.* 1084. *Ic.*—*Pauli. Dan. t.* 137.
Melanthium hortense primum. *Fusch. Hist.* 5o3. *Ic.*
Melanthium sive Nigella romana odora. *Lob. Ic.* 740.

CAULIS angulosus , ramosus, pubescens. Folia multifariam decomposita ;
laciniis linearibus, inæqualibus. Pedunculi uniflori , superne nudi. Corolla
N. arvensis Lin. , parva, alba aut pallide cœrulea. Capsulæ turbinatæ ,
5—6 , coalitæ, tuberculosæ Styli totidem , erecti.

HABITAT in arvis. ☉

NIGELLA HISPANICA. Tab. 112.

NIGELLA pistillis suboctonis ; caule angulato; foliis multifariam decom-
positis; capsulis superne intus membranaceis.
Nigella pistillis denis , corollam æquantibus. *Lin. Spec.* 753.
Nigella latifolia , flore majore simplici cœruleo. *C. B. Pin.* 145.—*Prodr.* 75.
— *T. Inst.* 258.
Melanthium hispanicum majus. *H. Eyst. Æst.* 2. *p.* 10. *f.* 11.
Nigella hispanica flore amplo. *Ger. Hist.* 1085. — *Park. Theat.* 1375.
Ic. — *Moris. s.* 12. *t.* 18. *f.* 9.

CAULIS erectus, 3—4 decimetr. , glaber, firmus, angulosus, ramosus ;
ramis patulis. Folia alterna , glabra , bi seu trifariam decomposita; foliolis
inæqualibus , confertis , linearibus , acutis. Pedunculi elongati , striati ,
uniflori, superne sensim incrassati. Calyx nullus. Corolla magnitudine N.
damascenæ Lin. Petala patentia , ovata, unguiculata , acuminata , pallide
cœrulea , venoso-reticulata. Germina 7—10. Styli totidem , contorti , corollam adæquantes. Capsulæ inferne connexæ , superne compressæ et
intus membranaceæ.

HABITAT inter segetes. ☉

REAUMURIA.

CALYX persistens, quinquepartitus ; laciniis ovatis, acutis; foliolis
subulatis , imbricatis cinctus. Corolla pentapetala. Stamina corollâ
breviora. Capsula supera , pentagona , unilocularis, quinquevalvis ,
polysperma. Semina setosa.

REAUMURIA VERMICULATA.

REAUMURIA. *Lin. Spec.* 754.
Reaumuria foliis carnosis, planis, parvis, confertissimis. *Forsk. Arab.* 101.
Sedum minus fruticosum. *C. B. Pin.* 284.
Sedum minus arborescens vermiculatum. *Lob. Ic.* 380.
Kali vermiculatum albo et amplo Sedi rosei flore. *Barrel. t.* 888.
Vermicularis fructu minor. *Ger. Hist.* 523. *Ic.*
Sedum siculum vermiculatum, flore Saxifragæ albæ, semine villoso. *Boc.*
     Sic. 6. *t.* 4. *f.* G.

FRUTEX Salsolæ fruticosæ Lin. similitudinem referens, 2—3 decimetr.,
teres, erectus, ramosus, glaber; cortice albo. Folia fere Sedi reflexi Lin.,
numerosa, sparsa, glauca, carnosa, superne compressa, subtus teretia,
lineari-subulata. Flores in ramis solitarii, pedicellati; pedicellis foliosis.
Foliola numerosa, imbricata, basim calycis cingentia. Calyx persistens,
quinquepartitus; laciniis ovatis, acutis. Corolla alba. Petala 5, elliptica,
obtusa, calyce paulo longiora. Stamina 20—30, receptaculo inserta. Filamenta capillaria. Styli 5, filiformes. Stigmata totidem, simplicia, acuta.
Capsula ovata, lævis, pentagona, calyce vix longior, quinquevalvis,
quinquelocularis; valvulis ab apice ad basim dehiscentibus; dissepimentis
deciduis. Semina 6—8, angusta, oblonga, villis mollibus, longis, numerosis, albis aut rufescentibus undique conspersa. Floret Æstate.

HABITAT in arenis deserti et ad maris littora prope Sfax. ♄

POLYGYNIA.

ANEMONE.

CALYX nullus. Corolla penta ad enneapetala. Germina plura,
supera. Capsulæ totidem, confertæ, monospermæ, papposæ aut
nudæ. Involucrum foliaceum a flore distinctum.

ANEMONE PALMATA.

ANEMONE foliis rotundatis , lobatis, crenatis ; involucro multifido ; petalis exterioribus villosis , majoribus.

Anemone foliis reniformibus , lobatis , crenatis ; involucro multifido ; calyce hexaphyllo , colorato. *Lin. Spec.* 758.

Anemone Cyclaminis seu Malvæ folio lutea. *C. B. Pin.* 173. — *T. Inst.* 275. — *Moris. s.* 4. *t.* 25. *f.* 3.

Anemone hortensis latifolia simplici flavo flore. *Clus. Hist.* 248. *Ic.* — *Lob. Ic.* 279. — *Tabern. Ic.* 26. — *J. B. Hist.* 3. *p.* 401. *Ic.* Icones Lob. Tabern. et J. B. folia radicalia absque flore repræsentant.

Anemone latifolia flava. *Barrel. t.* 792.

FOLIA radicalia petiolata , reniformi-rotundata , tri aut quinqueloba, rarius integra, crenata, dentata , rigidula, subvillosa , hinc colore violaceo tincta , paululum latiora quam longa ; diametro sæpe 5 centimetr. Scapus simplex, raro divisus , subvillosus , erectus , uniflorus. Involucrum di aut triphyllum ; foliis flabelliformibus , inæqualiter laciniatis. Corolla lutea , 2 centimetr. lata. Petala 10—15 , longe-elliptica , obtusa ; exteriora extus villosa , majora , calycem mentientia. Semina lanata , in capitulum ovato-oblongum aggregata. Species pulcherrima. Floret Hyeme.

HABITAT Algeriâ locis humidis et incultis. ♃

CLEMATIS.

CALYX nullus. Corolla tetra aut pentapetala. Germina plura , supera. Capsulæ totidem , monospermæ , non dehiscentes, aggregatæ. Stylus plumosus, persistens.

CLEMATIS CIRRHOSA.

CLEMATIS cirrhis scandens ; foliis simplicibus. *Lin. Spec.* 766.

Clematis foliis simplicibus ; caule cirrhis oppositis scandente ; pedunculis unifloris , lateralibus. *Lin. Syst. veget.* 512.

Clematis peregrina, foliis Pyri incisis nunc singularibus nunc ternis. *T. Cor.* 20.

Clematis peregrina foliis Pyri incisis. *C. B. Pin.* 300. — *T. Inst.* 293. — *Schaw. Specim. n.* 156.

Clematis altera bœtica. *Clus. Hist.* 123. *Ic.—Tabern. Ic.* 879.—*Lob. Ic.* 628.
— *Ger. Hist.* 886. *Ic.* — *Park. Theat.* 383. *Ic.* — *Dalech. Hist.* 1434. *Ic.*
—*J. B. Hist.* 2. *p.* 126. *Ic.*

CAULES fruticosi, ramosi, angulosi, scandentes. Cirrhi bini, oppositi.
Folia opposita, perennantia, simplicia, subcordata, glabra, inæqualiter
dentata, plura ex singulo nodo 11—13 millimetr. lata, 18—27 longa,
petiolo longiora. Flores axillares quatuor ad octo, pedicellati; pedicellis filiformibus. Calyx persistens, campanulatus, bifidus; lobis ovatis,
obtusis, post florescentiam crescentibus. Petala 4, magna, obovata, pallide
lutea, pubescentia, campanulata. Stamina numerosa, corollâ breviora.
Filamenta compressa, superne attenuata. Antheræ erectæ, oblongæ, adnatæ.
Germina plura. Styli totidem, villosi. Semina compressa, in capitulum
pedicellatum tomentosum aggregata; pedicello, peractâ florescentiâ, supra
calycem emergente. Pappus longus, candidus, plumosus, mollissimus.
Frutex pulcherrimus, supra sepes et arbores scandens.

HABITAT prope Algeriam et in Atlante. ♄

CLEMATIS FLAMMULA.

CLEMATIS foliis inferioribus pinnatis, scandentibus, laciniatis; summis
simplicibus, integerrimis, lanceolatis. *Lin. Spec.* 766.
Clematis seu Flammula repens. *C. B. Pin.* 300. — *T. Inst.* 293. —*Schaw.*
Specim. n. 155.
Flammula. *Dod. Pempt.* 404. *Ic.*
Clematis altera urens, vulgi Flammula. *Lob. Ic.* 627.
Clematis sive Flammula scandens tenuifolia alba. *J. B. Hist.* 2. *p.* 127. *Ic.*
Clematis urens. *Ger. Hist.* 888. *Ic.—Park. Theat.* 380. *Ic.*
Clematis caule scandente; foliis pinnatis, trilobatis. *Hall. Hist. n.* 1143.

PLANTA glabra. Caules petiolis cirrhosis scandentes, 1—2 metr., ramosi,
tortuosi, implexi. Folia opposita, bipinnata; foliolis septenis, quinis
et ternis; inferioribus laciniatis aut lobatis; superioribus ovatis, integris.
Petioli longi, cirrhosi. Flores paniculato-corymbosi, numerosi. Corolla
alba, tetrapetala, magnitudine et formâ C. erectæ Lin. Styli longi, persistentes, plumosi. Floret Æstate. Flores odorem aromaticum late spargunt.

HABITAT Algeriâ in sepibus. ♃

1

ADONIS.

CALYX pentaphyllus. Petala quinque aut plura, absque squamula nectarifera. Semina aggregata; arillis monospermis. Germen superum.

ADONIS ÆSTIVALIS.

ADONIS floribus pentapetalis; fructibus ovatis. *Lin. Spec.* 771.
Ranunculus arvensis, foliis Chamæmeli, flore phœniceo. *T. Inst.* 291.
Adonis flore pallido. *Camer. Epit.* 648. *Ic.*

HABITAT inter segetes Algeriæ. ☉

ADONIS AUTUMNALIS.

ADONIS floribus octopetalis; fructibus subcylindricis. *Lin. Spec.* 771. —
   Curtis. Lond. Ic. optima.
Ranunculus arvensis, foliis Chamæmeli, flore minore atrorubente. *T.*
   Inst. 291.
Adonis hortensis, flore minore atrorubente. *C. B. Pin.* 178.
Flos Adonis vulgo. *Clus. Hist.* 336. *Ic.* — *Lob. Ic.* 283. — *J. B. Hist. 3.*
   p. 125. — *Park. Parad.* 293. *Ic.* — *Ger. Hist.* 387. *Ic.*
Eranthemum. *Dod. Pempt.* 260. *Ic.*
Adonis radice annua; flore octopetalo. *Hall. Hist. n.* 1158.

RADIX fusiformis, albicans, fibras nonnullas emittens. Caulis erectus, 3 decimetr., striatus, villosus, ramosus. Folia alterna, petiolata, multifariam pinnata, pinnulis inæqualibus, numerosis, confertis, fere capillaribus, acutis; superiora sæpe sessilia. Flos in extremitate ramorum solitarius. Calyx coloratus, pentaphyllus; foliolis inæqualibus, concavis, obovatis, deciduis, corollâ brevioribus, apice subdentatis. Petala plerumque 8, purpurea aut flavescentia, inæqualia, obovata, inferne sensim attenuata, apice rotundata, denticulata; unguibus intus fuscis. Stamina numerosa, indefinita. Antheræ atropurpureæ, quandoque flavescentes. Stylus nullus. Stigma acutum, reflexum. Semina subovata, acuta, rugosa, arillata, in capitulum oblongum congesta. Petala numero variant; in nonnullis septem aut sex, rarius quinque observavi. An varietas præcedentis?

HABITAT inter segetes Algeriæ. ☉

RANUNCULUS.

CALYX deciduus , pentaphyllus. Corolla pentapetala. Lamellula ad basim singuli petali. Capsulæ superæ, aggregatæ , monospermæ.

* *Foliis indivisis.*

RANUNCULUS FLAMMULA.

RANUNCULUS foliis ovato-lanceolatis , petiolatis ; caule declinato. *Lin. Spec.* 772. — *Œd. Dan. t.* 575. — *Bulliard. Herb. t.*15.
Ranunculus longifolius palustris minor. *C. B. Pin.* 180. — *T. Inst.* 292. — *Moris. s.* 4. *t.* 29. *f.* 34.
Flammula Ranunculus. *Dod. Pempt.* 432. *Ic.* — *Pauli. Dan. t.* 109.
Flammeus Ranunculus aquatilis angustifolius etc. *Lob. Ic.* 670.
Ranunculus flammeus minor. *Ger. Hist.* 961. *Ic.*—*Park. Theat.* 1215. *Ic.* 2.
Ranunculus flammeus aquaticus angustifolius. *Dalech. Hist.* 1035. *Ic.*
Ranunculus lanceatus minor. *Tabern. Ic.* 49.
Ranunculus caule declinato ; foliis elliptico-lanceolatis , subserratis. *Hall. Hist. n.* 1182.

CAULIS ramosus , striatus , glaber , 3 decimetr. , inferne procumbens aut prostratus. Folia glabra , petiolata, petiolis basi vaginantibus ; radicalia utrinque acuminata, elliptica, lanceolata, quandoque ovata, nunc integra, nunc dentata ; caulina inferiora angusto-lanceolata ; superiora linearia , integerrima. Corollæ luteæ , parvæ. Semina minuta , in capitulum rotundum aggregata. Planta polymorpha. Variat foliis integris , dentatis aut serratis; caule procumbente et erecto, nonnunquam 6 decimetr.

HABITAT ad paludum ripas prope La Calle. ♃

RANUNCULUS BULLATUS.

RANUNCULUS foliis ovatis , serratis ; scapo nudo, unifloro. *Lin. Spec.* 774.
Ranunculus lusitanicus , folio subrotundo, parvo flore. *T. Inst.* 286. — *Schaw. Specim. n.* 501.
Ranunculus grumosa radice species 2. *Clus. Hist.* 238. *Ic.*

Ranunculus lusitanicus 1. *Tabern. Ic.* 5o. — *Dod. Pempt.* 429. *Ic.* — *Dalech.*
    Hist. 1o33. *Ic.* — *Park. Theat.* 332. *Ic.*
Ranunculus autumnalis, folio lato rotundo serrato. *J. B. Hist. 3. p.* 866. *Ic.*
Ranunculus autumnalis. *Ger. Hist.* 954. *Ic.*
Ranunculus latifolius autumnalis, caule hirsuto, flore minimo. *Moris. s.* 4.
    t. 31. *f.* 51.

RADICES numerosæ, carnosæ, crassiusculæ, teretes, inferne attenuatæ,
fasciculatæ, fibrillas emittentes. Folia terna, quaterna, quina aut sena,
jacentia, in orbem posita, ovata, obtusa, brevissime petiolata, villosa,
serrata; serraturis inæqualibus, nunc obtusis, nunc acutis. Scapus hirsutus, erectus, 1—2 decimetr., uniflorus. Calyx pentaphyllus, villosus;
foliis ovatis, obtusis. Corolla lutea, magnitudine R. bulbosi Lin. Petala
5 aut plura. Semina in capitulum subrotundum collecta. Floret Hyeme.

HABITAT in arvis incultis. ♃

RANUNCULUS FICARIA.

RANUNCULUS foliis cordatis, angulatis, petiolatis; caule unifloro. *Lin.*
    Spec. 774. — *Œd. Dan. t.* 499. — *Bergeret. Phyt.* 1. *p.* 43. *Ic.* — *Curtis.*
    Lond. Ic. — *Bulliard. Herb. Tab.* 43.
Ranunculus vernus rotundifolius minor. *T. Inst.* 286. — *Schaw. Specim.*
    n. 5o2.
Chelidonia rotundifolia minor. *C. B. Pin.* 3o9.
Ficaria. *Brunsf.* 1. *p.* 215. *Ic.*
Chelidonium minus. *Fusch. Hist.* 867. *Ic.* — *Dod. Pempt.* 49. *Ic.* —
    Lob. Ic. 593. — *Tabern. Ic.* 753. — *Matth. Com.* 468. *Ic.* — *Ger. Hist.*
    816. *Ic.* — *Park. Theat.* 617. *Ic.* — *Trag.* 113. *Ic.* — *Dalech. Hist.* 1o48.
    Ic. — *Blakw. t.* 51. — *Camer. Epit.* 4o3. *Ic.* — *Paul. Dan. t.* 33. — *Dodart.*
    Icones.
Scrophularia minor sive Chelidonium minus. *J. B. Hist.* 3. *p.* 468. *Ic.*
Ranunculus rotundifolius Asphodeli radice. *Moris. s.* 4. *t.* 3o. *f.* 45.
Ficaria. *Hall. Hist. n.* 116o.
L'Eclairette ou petite Chélidoine. *Regnault. Bot. Ic.*

PLANTA glaberrima. Radix composita fibris candidis, tortuosis, et bulbis
pluribus, parvis, oblongis, in fasciculum approximatis. Folia cordata,
obtusa, nitida, crassiuscula, venoso-reticulata, nonunquam maculâ

fuscâ insignita , sinuato-repanda aut crenata, quandoque integerrima , margine glandulosa. Petioli longi , læviter canaliculati , inferne dilatati , vaginantes. Caules plures ex communi cæspite , 1—3 decimetr. , prostrati. Pedunculi elongati , striati , uniflori. Calyx coloratus , deciduus, triphyllus ; foliolis oblongis , concavis. Petala 8 — 10 , lanceolato-elliptica , superne lutea , lucida , a parte media ad basim pallidiora , subtus nonnihil virescentia , integerrima , in stellulam expansa , basi nectarifera. Stamina numerosa, concolora. Antheræ oblongæ , erectæ. Semina ovata , lævia, convexa, in capitulum rotundum aggregata.

HABITAT in umbrosis. ♃

** *Foliis divisis.*

RANUNCULUS MACROPHYLLUS.

RANUNCULUS caule hirsuto ; foliis radicalibus orbiculatis , profunde lobatis, incisis ; rameis superioribus lanceolatis , integris.

FACIES R. cretici Lin. Folia hirsuta ; radicalia petiolata , rotundata , basi emarginata, 8—11 centimetr. lata , profunde tri ad quinqueloba , lobis inferne angustatis , apice rotundatis , inæqualiter incisis et crenatis ; caulina pauca ; media lobata , lobis inæqualibus ; superiora digitata , lanceolata , integerrima. Caulis erectus , crassus , subdichotomus, hirsutus, 3 decimetr. et ultra. Pedunculi hirsutissimi , uniflori. Calyx pentaphyllus , hirsutus. Folia colorata , ovato-oblonga. Petala obovata , apice rotundata. Affinis R. cretico Lin. Differt foliis profundius lobatis, minus villosis.

HABITAT ad rivulorum ripas prope Sbibam. ♃

RANUNCULUS TRILOBUS. Tab. 113.

RANUNCULUS caule erecto ; foliis glabris ; caulinis trilobis ; pedunculis striatis ; seminibus compressis , tuberculosis.

RADICES fibrosæ , numerosæ. Caulis erectus, glaber, striatus, 2—3 decimetr. Folia glabra ; radicalia crenata ; caulina inferiora et media petiolata profunde triloba , lobis cuneiformibus , inæqualiter dentatis ; superiora laciniata , laciniis angusto-lanceolatis. Pedunculi striati , uniflori. Flores minimi. Corolla lutea. Semina in capitulum rotundum aggregata, parva, compressa, orbiculata cum acumine, utrinque tuber-culosa. Affinis R. parvifloro Lin. Differt caule erecto ; foliis caulinis glabris, profunde trilobis.

HABITAT in arvis humidis prope Mayane. ♃

RANUNCULUS FLABELLATUS. Tab. 114.

RANUNCULUS caule simplici, hirsuto; foliis radicalibus flabelliformibus, inciso-lobatis ; caulinis paucis, multipartitis ; caule subunifloro.

BULBI radicales oblongi, fasciculati, in radiculam filiformem et fibro-sam abeuntes; Folia radicalia petiolata, petiolis villosis ; primordialia flabelliformia, apice dentata ; alia inciso-lobata; quædam sæpe multifida ; laciniis acutis, inæqualibus. Caulis villosus, erectus, simplex, 2—3 deci-metr., inferne nudus, superne folia nonnulla multipartita emittens, uni ad triflorus. Flos magnitudine R. bulbosi Lin. Calyx villosus ; foliis ovato-oblongis. Petala flava. Semina mucronata, lævia, in capitulum oblongum aggregata. Hyeme floret.

HABITAT circa Algeriam in collibus incultis et humidis. ♃

RANUNCULUS MONSPELIACUS.

RANUNCULUS foliis tripartitis, crenatis; caule simplici, villoso, subnudo, unifloro. *Lin. Spec.* 778. — *Poiret. Itin.* 2. *p.* 183.
Ranunculus saxatilis magno flore. *C. B. Pin.* 182.—*Prodr.* 96.—*T. Inst.* 291.

HABITAT prope La Calle. ♃

RANUNCULUS SPICATUS. Tab. 115.

RANUNCULUS foliis radicalibus rotundatis, lobatis, incisis ; caule simplici, villoso, paucifloro; seminibus longe spicatis.

RADICES bulbosæ. Bulbi numerosi, oblongi, fasciculati. Folia radicalia 2—5 centimetr. lata, petiolata, villosa, orbiculata, basi emarginata, inæqualiter lobata, incisa et crenata ; crenulis rotundatis. Caulis erectus, villosus, læviter striatus, simplex, folia bi aut quadripartita emittens,. quandoque aphyllus. Pedunculi pauci, uniflori. Calyx pentaphyllus, villosus; foliis ovato - oblongis, coloratis. Corolla lutea, magnitudine R. acris Lin. Petala 5 , obovata , apice rotundata. Stamina indefinîta. Germina numerosa. Styli totidem, brevissimi. Semina plana , marginata , in spicam densam, cylindraceam , 2—5 decimetr. disposita.

HABITAT in paludibus Algeriæ. ♃

RANUNCULUS BULBOSUS.

RANUNCULUS calycibus retroflexis; pedunculis sulcatis , caule erecto ; foliis compositis. *Lin. Spec.* 778. — *Œd. Dan. t.* 551.—*Miller. Illustr. Ic.* — *Bulliard. Herb. t.* 27. — *Curtis. Lond. Ic.*

Ranunculus pratensis , radice verticilli modo rotunda. *C. B. Pin.* 179. — *T. Inst.* 289.

Ranunculus tuberosus major. *J. B. Hist.* 3. *p.* 417. *Ic.*

Crus Galli. *Brunsf.* 1. *p.* 125. *Ic.*

Ranunculus bulbosus. *Lob. Ic.* 667. — *Dod. Pempt.* 431. *Ic.*

Ranunculi tertia species. *Fusch. Hist.* 160. *Ic.*

Ranunculus 5. *Matth. Com.* 459. *Ic.*

Ranunculus minor. *Tabern. Ic.* 41.

Ranunculus radice subrotunda; foliis hirsutis , semitrilobis ; lobis petiolatis , acute serratis. *Hall. Hist. n.* 1174.

RADIX tuberosa. Pedunculi striati. Calyx deflexus.

HABITAT Algeriâ. ♃

RANUNCULUS PALUDOSUS.

RANUNCULUS pubescens ; foliis imis triparttis , foliolis multifidis , flabelliformibus ; superis linearibus , integerrimis ; calyce erecto.

Ranunculus foliis inferioribus tripartito-multifidis , incisis ; superioribus linearibus. *Poiret. Itin.* 2. *p.* 184.

PLANTA tota pubescens villis brevibus , adpressis. Radices fibrosæ , fasciculatæ. Folia radicalia petiolata , petiolis basi vaginantibus ; primordialia obovata , dentata , simplicia , quibus succedunt majora , pinnata , lobis ternis , flabelliformibus , inæqualiter inciso-laciniatis , laciniis nunc acutis , nunc obtusiusculis ; ramea superiora simplicia , linearia , integerrima. Caulis erectus , 3 decimetr. , quandoque brevior aut longior , ramosus ; ramis patulis. Pedunculi fere filiformes , uniflori , teretes nec striati. Calyx villosus, pentaphyllus, corollæ adpressus ; foliis ovatis, concavis. Corolla lutea, magnitudine R. acris Lin. Germina in capitulum oblongum disposita. Fructum non vidi. Affinis R. pallidiori Villars. Differt hirsutie ; foliis inferioribus magis laciniatis ; calyce erecto. Communicavit POIRET.

HABITAT prope La Calle in pratis humidis. ♃

RANUNCULUS ARVENSIS.

RANUNCULUS seminibus aculeatis ; foliis superioribus decompositis, linearibus. *Lin. Spec.* 780. — *Œd. Dan. t.* 219. — *Bulliard. Herb. t.* 117.
Ranunculus arvensis echinatus. *C. B. Pin.* 179.—*T. Inst.* 289.—*J. B. Hist.* 3. *p.* 859. *Ic.* — *Schaw. Specim. n.* 498. — *Moris. s.* 4. *t.* 29. *f.* 23.
Ranunculi hortensis simplicis species prima. *Fusch. Hist.* 157. *Ic. bona.* — *Dalech. Hist.* 1030. *Ic.*
Ranunculus sylvestris. *Dod. Pempt.* 427. *Ic.*
Ranunculus arvorum. *Lob. Ic.* 665. — *Ger. Hist.* 951. *Ic.* — *Park Theat.* 328. *Ic.*
Ranunculus arvensis angustifolius. *Tabern. Ic.* 47.
Ranunculus seminibus aculeatis ; foliis tripartitis ; lobis longe petiolatis, bipartitis et tripartitis, acute incisis. *Hall. Hist. n.* 1176.

CAULIS erectus, 3 decimetr., striatus, ramosus. Folia subvillosa ; radicalia triloba ; caulina profunde laciniata, laciniis angustis ; superiora linearia. Pedunculi filiformes. Calyx villosus. Corolla parva, lutea. Semina 6—8, in capitulum rotundum aggregata, plana, magna, orbiculata, utrinque echinata ; aculeis marginalibus longioribus.

PLANTA acerrima. Masticata fauces inflammat et erodit ; cuti applicata, vesiculas promovet. Uncia succi canem intra triduum occidit, ventriculo rubro et eroso. HALLER.

HABITAT in agris cultis. ☉

RANUNCULUS MURICATUS.

RANUNCULUS seminibus aculeatis ; foliis simplicibus, lobatis, obtusis, glabris ; caule diffuso. *Lin. Spec.* 780.
Ranunculus palustris echinatus. *C. B. Pin.* 180. — *Prodr.* 95. — *T. Inst.* 286. — *J. B. Hist.* 3. *p.* 858. *Ic.*

FOLIA radicalia triloba , glabra , dentata; dentibus obtusis , inæqualibus. Pedunculi uniflori. Calyx reflexus ; foliolis acutis. Corolla parva, lutea. Semen compressum, utrinque excavatum, oblongum , acuminatum , hinc et inde muricatum.

HABITAT in paludibus. ⊙

RANUNCULUS MILLEFOLIATUS. Tab. 116.

RANUNCULUS foliis multifariam decompositis , lineari - subulatis ; caule subaphyllo , villoso, paucifloro ; calycibus erectis , hirsutis.
Ranunculus foliis supradecompositis, linearibus ; calycibus pilosis ; caule ramoso , sericeo-villoso. *Vahl. Symb.* 2. *p.* 63. *t.* 37.

RADICES tuberosæ , oblongæ, fasciculatæ, inferne attenuatæ et in radiculam filiformem abeuntes. Folia radicalia , multifariam decomposita , petiolata ; petiolis villosis ; foliolis extremis inæqualibus , numerosis , glabris , parvis , linearibus , acutis. Scapus simplex aut raro divisus, teres , erectus , hirsutus , 2 — 3 decimetr. , plerumque uniflorus , folium unicum aut duplex superne emittens. Calyx pentaphyllus ; foliis coloratis, ovato-oblongis , subacutis. Corolla lutea , magnitudine R. Linguæ Lin. Petala obovata , apice rotundata. Stamina numerosa , indefinita. Germina in capitulum oblongum conferta , apice reflexa. Semina non vidi. Affinis R. chærophyllo Lin. Differt foliis tenuius divisis ; pinnulis longe minoribus, acutioribus ; corollâ duplo triplove majore ; calyce erecto nec reflexo. Hyeme floret.

SPONTE crescit in montibus Sbibæ apud Tunetanos. ♃

RANUNCULUS PARVIFLORUS.

RANUNCULUS seminibus muricatis ; foliis simplicibus , laciniatis , acutis , hirsutis ; caule diffuso. *Lin. Spec.* 780.
Ranunculus hirtus annuus , flore minimo. *Rai Synops.* 248. *t.* 12. *f.* 1.
Ranunculus hirsutus , flore omnium minimo luteo. *Moris. s.* 4. *t.* 28. *f.* 21.

CAULES prostrati aut procumbentes , fere filiformes , villosi. Folia parva, villosa; inferiora subtriloba , rotundata. Pedicelli uniflori , folio oppositi.

Flores parvi. Petala elliptica, lutea. Semina compressa, rugoso-muricata, acuminata. Floret primo Vere.

HABITAT Algeriâ. ⊙

RANUNCULUS HEDERACEUS.

RANUNCULUS foliis subrotundis, trilobis, integerrimis ; caule repente. *Lin. Spec.* 781. — *Curtis. Lond. Ic.* — *Œd. Dan. t.* 321.

Ranunculus aquaticus hederaceus, flore albo parvo. *T. Inst.* 286.—*Schaw. Specim. n.* 499.

Ranunculus aquaticus hederaceus luteus. *C. B. Pin.* 180.

Ranunculus hederaceus rivulorum, atra macula notatus. *J. B. Hist.* 3. *p.* 782. *Ic.*

Ranunculus hederaceus. *Dalech. Hist.* 1031. *Ic.* — *Moris. s.* 4. *t.* 29. *f.* 29.

AFFINIS R. aquatili Lin. Differt foliis tri ad quinquelobis ; lobis rotundatis, parum profundis, plerumque integris. Semina minuta, rugosa, subrotunda.

HABITAT in aquis stagnantibus. ♃

RANUNCULUS AQUATILIS.

RANUNCULUS foliis submersis capillaceis ; emersis subpeltatis. *Lin. Spec.* 781.

Ranunculus aquaticus, folio rotundo et capillaceo. *C. B. Pin.* 180.—*T. Inst.* 291. — *Schaw. Specim. n.* 500.

Ranunculus aquatilis albus tenuifolius. *J. B. Hist.* 3. *p.* 781. *Ic.*

Ranunculus aquaticus Hepaticæ facie. *Lob. Ic.* 2. *p.* 35. — *Moris. s.* 4. *t.* 29. *f.* 31. — *Park. Theat.* 1216. *Ic.*

Ranunculus aquatilis. *Ger. Hist.* 829. *Ic.* — *Dod. Pempt.* 587. *Ic.*

Ranunculus aquatilis, Hepatica fluviatilis etc. *Tabern. Ic.* 54. *mala.*

Ranunculus aquatilis albus, lato et Fœniculi folio italicus. *Barrel. t.* 565. *bona.*

Ranunculus fluitans ; petiolis unifloris ; foliis imis capillaribus ; supremis reniformibus, orbiculatis, palmatis. *Hall. Hist. n.* 1163.

A. Ranunculus aquaticus capillaceus. *C. B. Pin.* 180. — *T. Inst.* 291. — *Moris. s.* 4. *t.* 29. *f.* 32.

Ranunculus aquatilis omnino. *J. B. Hist. 3. p.* 781. *Ic.*

Millefolium aquaticum , foliis Abrotani , Ranunculi flore et capitulo. *C. B. Pin.* 141.

Ranunculus alter aquaticus fœniculaceus. *Col. Ecphr.* 1. *p.* 316. *Ic.*

Millefolium Maratriphyllon tertium , flore et semine Ranunculi aquatici , Hepaticæ facie. *Lob. Ic.* 791.—*Ger. Hist.* 827. *Ic.*

Millefolium aquaticum , Ranunculi flore et capitulo. *Park. Theat.* 1256. *Ic.*

Ranunculus aquaticus albus , Fœniculi folio. *Barrel. t.* 566.

Fœniculum aquaticum tertium. *Tabern. Ic.* 74.

Ranunculus caule fluitante; petiolis unifloris; foliis capillaribus ; laciniis divergentibus. *Hall. Hist. n.* 1162.

B. Ranunculus foliis omnibus capillaceis, circumscriptione rotundis, *Lin. Spec.* 782.

Ranunculus aquaticus albus , circinnatis tenuissime divisis foliis , floribus ex alis longis pediculis innixis. *Pluk. t.* 55. *f.* 2.

Millefolium aquaticum cornutum. *C. B. Prodr.* 73. *Ic.* — *J. B. Hist. 3. p.* 784. *Ic.* — *Park. Theat.* 1257. *Ic.*

CAULES longissimi , glaberrimi , fistulosi , radicum capillarium fasciculos e nodulis emittentes. Folia petiolata , glabra , petiolis folio longioribus , basi vaginantibus et membranaceis ; submersa circumscriptione rotunda , multipartita , dichotoma , laciniis capillaribus ; superiora natantia , orbiculata , subpeltata , 13—18 millimetr. lata , plus minusve profunde triloba , quandoque triphylla ; lobis incisis aut dentatis ; dentibus obtusis, tribus ad septem. Pedunculi laterales nec axillares , uniflori , folio nunc longiores , nunc breviores , nudi. Calycis folia ovata , concava , margine membranacea. Corolla alba ; ungue petalorum flavescente. Semina numerosa , minima , elongata , subcompressa , hinc læviter arcuata , in capitulum rotundum collecta , rugosa , acuminata. Receptaculum ovatum , villosum.

IN varietate A folia omnia multipartita , dichotoma , capillaria , circumscriptione vaga et divergentia.

VARIETAS B differt foliis cauli approximatis , tenuissime divisis; foliolis numerosissimis, dense congestis; circumscriptione omnino circulari.

PLANTÆ corrosivæ , cuti applicatæ vesicas excitant. HALLER.

HABITAT in aquis. ♃

RANUNCULUS PEUCEDANOIDES.

RANUNCULUS foliis capillaceis, circumscriptione oblongis. *Lin. Spec.* 782.
— *Œd. Dan. t.* 376.

Ranunculus aquatilis albus fluitans, Peucedani foliis. *T. Inst.* 291.

Ranunculo sive polyanthemo aquatili albo affine Millefolium Maratriphyllon fluitans. *J. B. Hist. 3. p.* 782. *Ic.*

Ranunculus caule fluitante; petiolis unifloris; foliis capillaceis, longissimis;
laciniis parallelis. *Hall. Hist. n.* 1161.

FOLIA multipartita; laciniis filiformibus, dichotomis, longis, parallele
fluitantibus.

HABITAT in aquis. ♃

FINIS TOMI PRIMI.

CPSIA information can be obtained at www.ICGtesting.com
Printed in the USA
LVOW05s0242060913

351245LV00001B/9/P

9 781108 064323